U0170121

YUNNAN-STYLE GARDENING

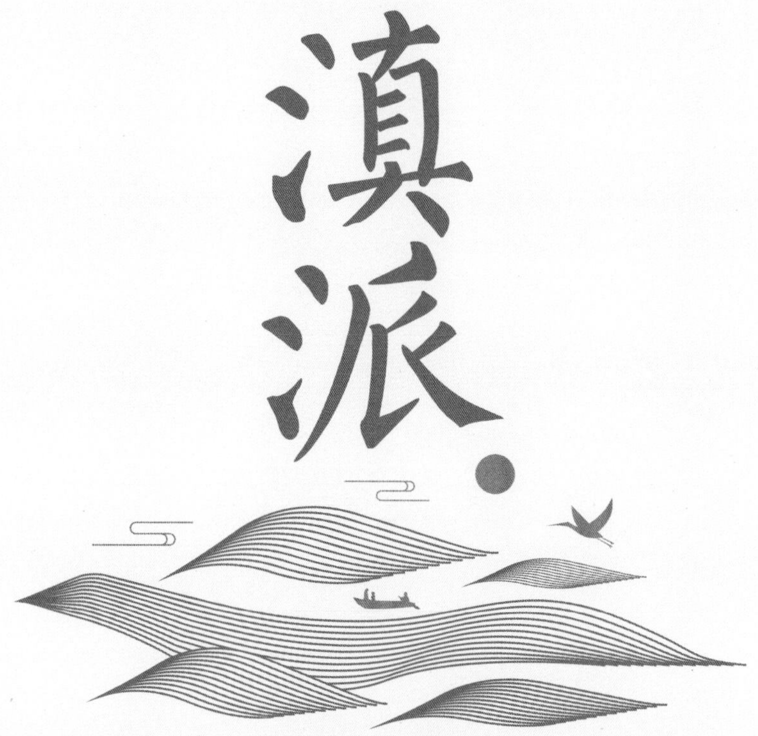

CULTURAL LANDSCAPE OF BEAUTIFUL YUNNAN

美丽云南的文化景观

云南省风景园林行业协会◎编

崔茂善◎主编

云南出版集团

云南人民出版社

图书在版编目（CIP）数据

滇派园林 : 美丽云南的文化景观 / 云南省风景园林行业协会编 ; 崔茂善主编. -- 昆明 : 云南人民出版社, 2021.10

ISBN 978-7-222-20465-2

Ⅰ. ①滇… Ⅱ. ①云… ②崔… Ⅲ. ①园林艺术－云南 Ⅳ. ①TU986.627.4

中国版本图书馆CIP数据核字(2021)第195973号

出 品 人　赵石定
责任编辑　郭木玉
助理编辑　巫孟连
封面设计　黄　锐
装帧设计　禾　茂
责任校对　溥　思
责任印制　代隆参

滇派园林

——美丽云南的文化景观

云南省风景园林行业协会　编

崔茂善　主编

出 版　云南出版集团　云南人民出版社
发 行　云南人民出版社
社 址　昆明市环城西路609号
邮 编　650034
网 址　www.ynpph.com.cn
E-mail　ynrms@sina.com
开 本　889mm×1194mm　1/16
印 张　30.5
字 数　650千
印 数　1—3000册
版 次　2021年10月第1版第1次印刷
印 刷　云南民大印务有限公司
书 号　ISBN 978-7-222-20465-2
定 价　198.00元

云南人民出版社
微信公众号

编委会

专家组

组　长

裴盛基

中国科学院昆明植物研究所，研究员

副组长

崔茂善

云南省风景园林行业协会，高级工程师

组　员

（按姓氏笔画排序）

王仲朗

中国科学院昆明植物园，研究员

毛志睿

昆明理工大学，副教授

许又凯

中国科学院西双版纳热带植物园，研究员

孙　平

云南省风景名胜区协会，正高级工程师

杨宇明

云南省林业和草原科学院，教授

杨志明

昆钢本部搬迁转型工作组，正高级工程师

陆树刚

云南大学，教授

罗康敏

昆明市金殿名胜区，正高级工程师

和世钧

西南林业大学，教授

唐　文

昆明理工大学，教授

梁　辉

红河州住房和城乡建设局，正高级工程师

滇派園林

賀美麗雲南的文化景觀付梓

辛丑之秋 孟兆禎

孟兆祯先生为本书所赐墨宝

孟兆祯，风景园林学家，风景园林规划与设计教育家，中国工程院院士，北京林业大学教授、博士生导师。1956 年从北京农业大学造园专业毕业后留校任教，后因院系调整，进入北京林学院，长期从事园林艺术、园林设计、园林工程、园冶例释等课的教学与科研工作，先后担任助教、讲师、副教授、教授、博士生导师和风景园林系主任。1999 年当选为中国工程院院士，2004 年获得首届林业科技贡献奖，2011 年获得首届中国风景园林学会终身成就奖。

序　言

中国园林有悠久的历史和丰富的内容，据记载，远在公元前202—220年间的汉代就建立起来的“上林苑”是我国最早出现的古代园林。由于我国地域辽阔，东西南北自然景观各异，人文风貌多元、和而不同，形成了各自风格的风景园林和流派。位于我国西南山地高原的云南，由于地理位置特殊和气候类型多样，形成了极其丰富的生物多样性和植物景观类型。世居于云南的26个民族在不同的生存环境中，通过与周围环境、山水、植物等景观要素长期相互作用，塑造出了形态各异、内容丰富的园林景观，为滇派园林的形成奠定了自然与文化的基础。

云南省风景园林行业协会成立于2015年春，正值我国社会主义建设蓬勃发展、城乡人居环境建设需求旺盛的时代，云南得天独厚的资源禀赋为风景园林行业的发展开创了一个黄金时代。协会在“有效保护和恢复自然境域”“规划设计和建设人工境域”两大目标任务的引领下，结合云南大山大水大自然的特色，为实现“城在山中，房在林中，水在城中，人在绿中”的理念，在崔茂善会长的领导下，提出了建设云南风格景观园林——滇派园林的新说。“滇派园林”的提出不仅是对云南园林独特性客观存在认识上的一个提升，而且是对云南风景园林行业创新发展的一个有益的探索，让园林行业同行为之耳目一新，并引起了自然与文化景观研究学者们的浓厚兴趣和高度关注。

2020年初冬，“云南省植物学会第十三届会员代表大会暨植物多样性与绿色发展学术研讨会”在昆明召开，我有幸在此次会议上认识崔茂善会长，交流讨论滇派园林在云南城乡景观建设中如何充分利用云南丰富的乡土植物与民族文化资源，展现云南地域文化景观特色，促进美丽“植物王国”生物多样性和文化多样性传承保护工作。经过数次交流与切磋，为我日后参与和共同推动《滇派园林——美丽云南的文化景观》的撰写和出版工作创造了机会。

我前半生是跟随恩师蔡希陶先生在西双版纳热带丛林中度过，在参与创建西双版纳热带植物园的27年经历中，早已和植物园事业结下了人生不解之缘。在后来的30多年人生旅途中，我有幸借工作之便在世界各地参观访问过许多植物园，包括代表西方经典园林的英国皇家植物园邱园、德国柏林植物园、美国纽约植物园、密苏里植物园、新加坡植物园等现代派园林，以及在发展中国家建立起来的印尼茂物植物园、巴西圣保罗植物园、墨西哥瓦哈卡仙人掌专类植物园等著名植物园，共计40多个国家的200余座植物园。每到一地，访问植物园成了我的一大习惯和爱好。植物园是世界公认的植物学家理想的科研园地，同时具有科学展现各地自然与文化景观的引领示范作用。近年来，我在从事自然圣境研究和社区自然文化景观保护工作中，进一步加深了民族传统文化对乡村园林景观影响的认识。

著名人类学家林耀华先生曾说过："所谓科学，就是把平常的知识加以系统化。"园林科学的认知和发展，同样是建立在人类数千年来安排和经营人居环境和自然与文化景观的实践基础上，逐步发展起来的一门跨学科的科学。《滇派园林——美丽云南的文化景观》，由云南省风景园林行业协会会长崔茂善先生担任主编，组织了许多长期在云南各地从事园林建设实践工作、具有丰富造园建园技术和设计经验的专家和专业技术人员，并在认同滇派园林的共同理念和内容的基础上，同时在从事与风景园林密切相关的植物学、林学、建筑、艺术和民族文化研究等领域一批知名专家学者的参与和支持下共同完成的第一本有关滇派园林的学术著作。古人云："万事开头难。"此书虽有许多不尽完美或不达人意之处，但毕竟为推动滇派园林的发展开了一个好头，值得鼓励和支持。

当前我国已进入生态文明建设的新时代。生态文明是区别于农业文明和工业文明，重构人与自然关系的一种新型文明形态，以人与自然和谐共生为核心理念，把生态环境放在优先位置，坚持"以人为本，绿色发展"的理念，用系统思维统筹社会、经济发展与生态环境保护，为建设地球生命共同体，实现人与自然和谐共生为目的。园林建设工作者原本就是营造绿色大地景观工程行业的群体，理应以生态文明的理念为引领，努力结合自身行业的具体任务，践行生态文明的发展理念，在我国公园城市建设和美丽乡村建设的新任务中，走在城乡绿色发展的最前列，在新的百年奋斗目标中为实现云南城乡人民对美好生活的向往，不断做出新的贡献！

联合国《生物多样性公约》第十五次缔约方大会（COP15）即将于近期在昆明召开，全球代表将共襄此次盛会，共商“人与自然和谐共生”这一当今世界首等大事，国际社会选择在昆明召开这次大会，是希望全球朋友见证生物多样性给云南人民带来的幸福感，见证我国生态文明建设的成果，同时为全球生物多样性保护提供新思路。《滇派园林——美丽云南的文化景观》的出版问世，既是我们云南向全世界展示美丽云南园林文化景观的极好载体，又是云南广大园林科技工作者为全球生物多样性大会在云南召开提供的一份献礼，向大会表达我们的致敬之意。预祝大会圆满成功！

裴盛基

中国科学院昆明植物研究所研究员

2021 年 9 月 20 日于昆明

前　言

园林作为人类认识自然、改造自然、建造美好环境的文明产物，因不同的自然环境和人文环境而形成了不同的流派。滇派园林是在云南特有的自然因素和人文因素作用下所形成的园林流派。

为赓续根脉、传承基因、发展滇派园林，在联合国《生物多样性公约》第十五次缔约方会议（COP15）即将在昆明召开之际，云南省风景园林行业协会组织编撰了《滇派园林——美丽云南的文化景观》，其主要目的是：给COP15增添园林之彩，助力生物多样性保护，助推生态文明建设，促进人与自然和谐共生的现代化建设；让更多仁人志士认知滇派园林、领略滇派园林、关注滇派园林、支持滇派园林，推进滇派园林高质量发展；助推云南民族团结示范区、生态文明排头兵及面向南亚东南亚辐射中心建设，促进云南全面建设社会主义现代化宏伟大业。

本书以“保护生物多样性和建设生态文明”为主线，以“专业性与普及性”相结合为准则，在广泛调研和征求意见的基础上，一是成立专家组，确保质量。专家组组长由著名植物学家、中国植物学会民族植物学分会名誉理事长、中国科学院昆明植物研究所研究员裴盛基担任，副组长由云南省专家协会副会长、云南省风景园林行业协会会长崔茂善担任，组员由来自中国科学院昆明植物研究所、中国科学院西双版纳热带植物园、云南大学、昆明理工大学、云南省林业和草原科学院、西南林业大学及相关政府部门和企业集团的有关专家组成。二是落实责任、相互协同。由裴盛基和杨宇明两位专家负责第一章“云南自然环境与滇派园林”的编撰，重点对滇派园林进行系统提炼和权威诠释；由王仲朗专家负责第二章“滇派园林植物的多样性”的编撰，重点对滇派园林植物进行介绍；由裴盛基专家负责第三章“滇派园林文化的多样性”的编撰，重点对滇派园林文化的多姿多彩进行阐述；由朱勇和罗康敏两位专家负责第四章“滇派园林功能的多样性”的编撰，重点对滇派园林的功能进行阐述；由孙平、毛志睿和唐文3位专家负责第五章“滇派园林艺术的多样性”的编撰，重点对滇派园林的景观艺术进行呈现；由崔茂善、杨志明和施宇峰3位专家负责第六章“滇派园林的特色景观”的编撰，重点对滇派园林的特色景观进行展现；由崔茂善、杨志明和梁辉3位专家负责第七章“滇派园林的传承与创新发展”的编撰，重点对怎样传承与创新发展滇派园林进行阐述和实践简介。三是成立编委会，全力负责书稿编辑出版各环节工作。

在编撰过程中，承蒙中国风景园林学家、中国工程院院士孟兆祯鞭策鼓励并献墨宝，在此表示衷心的感谢！著名植物学家、中国民族植物学倡导者、中国科学院昆明植物研究所研究员裴盛基在书稿的筹划、组稿、编撰、审核等工作中倾注了大量的智慧和汗水，在此表示由衷的谢意！此外，省内外众多专家学者为本书的出版献计出力，向你们表示诚挚的谢意！

衷心祝愿并坚信COP15圆满成功！

云南省风景园林行业协会

2021年9月11日

Introduction to Yunnan-style Gardening: the Cultural Landscape of Beautiful Yunnan

By Pei Shengji

Yunnan Province in China, lying between 21°08′–29°15′N and 97°31′–106°11′E, is located in the transition area between Continental East Asia, Southeast Asia and the Himalayas. The province has an area of 394000 km^2 and an immense altitudinal range of 76 to 6740 m. Most (96%) of Yunnan is mountainous or hilly and most (64%) is forest-covered. Yunnan is well-known for its extraordinarily rich biological and cultural diversity, both of which, in turn, are related to the province's great topographic diversity and large altitudinal range. The 26 indigenous ethnic groups in Yunnan have, in total, 49 million people. According to up-to-date data, Yunnan's flora contains 19333 species of vascular plants and ferns, which represent 50.1% of the total floristic diversity of China. Of the plants, more than 4000 species are recognized as being of exceptional ornamental value, the eight most famous types of which are: *Camellia reticulata* (with 1432 cultivars), *Rhododendron* (with 320 species), Magnoliaceae (with 12 genera and 120 species), *Primula* (with 138 species), *Gentiana* (with 130 species), Orchidaceae (with 135 genera, 1764 species and 16 varieties), *Begonia* (with 110 species) and *Meconopsis* (with 20 species and 2 varieties). Truly, Yunnan deserves the accolade the "Kingdom of Plants".

The diversities of the biophysical environment and of human cultures form the foundations of Yunnan-style Gardening. On one hand are the material elements, the chief ones being the mountainous topography, water bodies, ornamental plants, indigenous architecture and indigenous arts. On the other hand are the intangible assets of traditional cultural beliefs, spiritual understandings, and local considerations of safety and security. It is the interaction between these various elements over the passage of time that has led to the development of the great diversity of beautiful gardening styles that can be seen in Yunnan today.

Thinking about gardening along the lines outlined above, Mr. Cui Maoshan（崔茂善）, the President of the Yunnan Association of Landscape Gardening Industries, has proposed the term "Yunnan-style Gardening"（滇派园林） for the particular type of gardening found in Yunnan. An advantage of recognizing it as a distinct type in this way is that it opens up the possibility of comparing and contrasting it with the other major types of gardening that have been recognized for China, namely Classical Ancient Chinese Gardening （中国古典园林）, Palace Gardening （宫廷园林）, Jiangnan-style Gardening （江南园林） and Lingnan-style Gardening （岭南园林）.The favor of Yunnan-style Gardening lies (as examples) in the types of location chosen for garden creation and the positioning of exhibition plots, the types of garden plants selected and the ways in which they are planted, and choices made about garden architecture and the artistic works to be incorporated into the gardens. All this is influenced by the particular cultures and native plants found in Yunnan, the ways in which people have interacted with the natural environment over time, and a certain communality in the ways that the various cultural elements of Yunnan have lived in their shared Yunnan home.

The book is a compilation of research papers and case studies, grouped into

A photo of Professor Pei Shengji and Mr.Cui Maoshan at Pei's office after discussion on the book to be published on October 1, 2021

seven chapters, dealing with different aspects of landscape creation and gardening in Yunnan:

Chapter One, outlining the natural and cultural environments of Yunnan, has six sections containing descriptions of the physical and cultural environments, the wealth of biophysical and geographical information available for Yunnan, the concept of Yunnan-style Gardening and progress made in the development of this concept to date.

Chapter Two contains two research papers that provide an overview of the diversity of native garden plants found in Yunnan, together with descriptions of the eight most famous types of Yunnan flowers and more than 200 species of ornamental value. Some have been already used in garden plantings, and others having potential.

Chapter Three is Cultural Diversity of Yunnan-style Gardening that contains four case study reports demonstrating the diversity of gardening types found in Yunnan. One is about the Dai village landscape of Xishuangbanna, which is notable for its tropical climate, high diversity of tropical garden plants and features of the traditional village settlements that make them well-adapted for this particular ecological zone. The second consists of a brief introduction to the landscape-type associated with the Zhuang people, together with descriptions of some representative plants closely associated with Zhuang culture. The third case study reports on a survey of Buddhist temple yard plants in Xishuangbanna, including descriptions of the associated architecture and works of art. Finally, a survey of the plants of Jizu sacred mountain in West Yunnan rounds off the chapter.

Chapter Four is about the functional diversity of Yunnan-style Gardening. Included are three case study reports on landscape functions, and urban and rural gardening plants respectively.

Chapter Five covers articles showing diversity of gardening art and the ethno-architecture of gardens in Yunnan. It consists of nine case study reports that demonstrate the diversity of such architectural styles. Descriptions are provided with a number of aspects, including the related landscape design and construction, and the uses made of stone and rock carvings and the famous Yunnan-style gardening practices including A

Thousand-lion Mountain in Jianchuan, Rododendon Hill of Golden Temple of Kunming and Book-yard art, as well as the boldness of landscape construction form.

Chapter Six, are ten articles presenting featured landscape of Yunnan-style Gardening consisting of five case-study reports, which describe some special aspects of Yunnan-style Gardening, including gardens that integrate Chinese and western styles, and descriptions of some representative gardens, including private and village gardens, bamboo species, road greening plants and city parks etc.

Chapter Seven, dealing with cultural inheritance and innovation in the Yunnan context, covers a number of issues relating to the use and future of Yunnan-style Gardening and associated arts. Among them are discussions about the 3000-year old Cangyuan rock paintings,the boldness of landscape construction found in Yunnan and the development of sightseeing nurseries.

During October 11-15th 2021, Kunming, the capital city of Yunnan Province, will host the first proceedings of the Conference of Parties to the Convention on Biological Diversity (COP15). Challenges facing conservation of biodiversity will be addressed under the theme "*Ecological Civilization – Building a Sharing Future for all Life on Earth*". The present book, on Yunnan-style Gardening, is being published to mark this very special occasion.

目录

Contents

Chapter Three: Cultural Diversity of Yunnan-style Gardening // 123

Chapter Four: Functional Diversity of Yunnan-style Gardening // 161

Chapter Five: Diversity of Gardening Art in Yunnan-style Gardening // 203

第一章

云南自然环境与滇派园林

引　言

裴盛基[①] 杨宇明[②]

园林是地球表面景观要素受到人类影响而形成的特有景观现象，是人类文明发展和进步的产物。园林景观的组成要素包括地形、水系、建筑、艺术和植物等，园林是人居环境中的重要组成部分，其形成和发展必然受到自然地理环境，特别是作为重要景观要素植物的生态分布、形态特征和人类情感与文化表达的多重影响，包括哲学思想、文化艺术、传统文化观念和现代科学发展与进步等方面的影响。

滇派园林是建立在云南特殊的自然地理与文化环境背景基础上形成和发展起来的自然与文化相融合的景观现象。本章内容由6个部分组成：第一节　云南自然环境概述；第二节　云南生物多样性与民族文化对滇派园林植物形成的影响；第三节　滇派园林的概念提出及形成共识；第四节　滇派园林的定义及特征和内涵；第五节　滇派园林的历史文化积淀。本章对滇派园林的产生所依托的环境背景状况、“滇派园林”的提出与发展经过、当下阶段从科学的视角对“滇派园林”做出的定义及特征和内涵所进行的解读与分析，可为进一步深入研究滇派园林提供思路和探讨。

① 单位：中国科学院昆明植物研究所。
② 单位：云南省林业和草原科学院。

第一节　云南自然环境概述

杨志明[1]

一、位置与省情

云南地处中国与东南亚、南亚的结合部，位于东经97°31′—106°11′、北纬21°8′—29°15′，北回归线横贯南部，东西最大长度865千米，南北最大宽度990千米，总面积为39.4平方千米，占全国总面积的4.1%，居全国第8位。东面与广西壮族自治区和贵州省相连，东南面和南面分别与越南和老挝毗连，西面与缅甸接壤、并经缅甸通向印度洋，西北面与西藏自治区相连、与被称为“世界屋脊”的青藏高原相连，北面是四川省。

“边疆、民族、山区、美丽”成为云南新的亮丽名片。“欠发达”仍是云南的基本省情。

二、地形与地貌

云南属于山地高原地形，总面积的10%为高原面积、84%为山地面积、6%为盆地面积。以元江谷地和云岭山脉南段宽谷为界，分为东西两大地形区：东部地区、中部地区系云贵高原的组成部分，地形波状起伏，发育着各种类型的岩溶地形；西南部地区的边境地区，地形渐趋缓和、河谷开阔；西部、西北部地区为横断山脉纵谷区，高山峡谷相间、山高坡陡，相对高差较大。云南的地形特色鲜明，呈现多样化。

云南地貌复杂多样，差异较大。东部和南部是云贵高原，呈现起伏状，并伴有喀斯特地貌；西北部是横断山脉，高山峡谷相间。高山中山低山纵横交织、山川河

① 单位：昆钢本部搬迁转型工作组。

流湖泊交织成网，大小坝子星罗棋布并常有河流蜿蜒其中，山坝交错、错综复杂，山谷相间、形态多样。

三、山脉与河湖

云南的山又多又高。东部有高原山脉，大致向东北、西南方向延伸，如轿子山、乌蒙山、梁王山和牛首山等；南部为横断山脉，如无量山和哀牢山等；西部有高黎贡山、怒山和部分云岭等大山脉；北部为青藏高原南延伸，如中甸大雪山和部分云岭等高大山脉，云南海拔最高的梅里雪山就在此地。云南大小山不计其数，海拔超过2500米的山峰有30座。

云南境内有600多条河流，多为入海河流的上游，分别属于珠江、红河、金沙江、澜沧江、怒江和伊洛瓦底江六大水系。金沙江、澜沧江和怒江自北向南并行并流170多千米，形成三江并流的自然景观。三江并流于1988 年被国务院定为国家级风景名胜区，于2003年被列入《世界遗产名录》。

云南有大小湖泊40余个，还有众多人工水库。滇东和滇中有星云湖、杞麓湖、滇池、抚仙湖和阳宗海等；滇南有异龙湖、长桥海和大屯海等；滇西有洱海、程海、茈碧湖、剑湖和泸沽湖等。滇池、洱海、抚仙湖、程海、泸沽湖、杞麓湖、星云湖、阳宗海和异龙湖为云南九大高原湖泊，其中：滇池面积330平方千米，既是云南最大的淡水湖，又是西南第一大湖，还是中国第六大淡水湖，被誉为“高原明珠”；抚仙湖既是云南第一深水湖，又是中国第二深水湖。

四、土壤与光照

云南土壤类型较多。据《云南土壤》介绍，“全省铁铝土纲红壤系列的土壤占56.55%，淋溶土纲的棕壤系列的土壤占18.12%，半淋溶土纲的燥红土等占1.34%，初育土纲的紫色土、石灰岩土等占17.19%，人为土纲的水稻土占3.88%，高山土纲占1.92%，其他占1%”。[①]就全省而言，红壤类型是主要的基带土壤，适宜于多种植物类型的生长和繁衍。

云南光照充足。全省年日照时数在1000—2800小时，年太阳总辐射量每平方厘米在90—150千卡，并随着地理位置和地形海拔等因素的变化而变化。德宏、丽江和大理等地的日照时数较长，一般达2300小时以上，每平方厘米太阳总辐射量在130千卡以上；金平、河口和西畴等地的日照时数较少，一般达1500小时左右，每平方厘

① 云南省土壤肥料工作站，云南土壤普查办公室 . 云南土壤 [M]. 昆明：云南科技出版社，1996.

米太阳总辐射量在120千卡以下。一般情况下，随着海拔高度增加，日照时数和太阳总辐射量有减少的趋势，只是在热带和河谷等地，受云雾和遮蔽等因素影响，在海拔低到一定高度后，随着海拔降低、光照时间不会增加。光照时数多，有利于植物的分布和生长。

云南山高谷深，空气流动大，有利于植物花粉甚至种子扩散，拓展了植物生长范围，同时紫外线辐射强，增强了观赏效应。

五、气温与降雨

云南气温类型多样，全省无霜期长，一般为300—330天；局部地方全年无霜期。河口、元江、景洪等热带地区，年平均气温在21℃以上，全年基本无霜雪，适宜于各种热带植物生长；蒙自、普洱、临沧等亚热带地区，年平均气温在18℃以上，适宜于各种亚热带植物生长；昆明、楚雄、大理等温带地区，年平均气温在15℃以上，适宜于各种温带植物生长；丽江等地高原地区，年平均气温在13℃以下，适宜于各种寒带植物生；云南气温的年温差小，一般在10—15℃，最高气温月为7月，月均温在19—22℃；最低气温月为1月，月均温3—17℃。云南气温的日温差大，一般在12—20℃。云南春季气温回升快且常常春温高于秋温，每年3—4月，气温高、降雨少；每年5—10月，气温高、降雨多。

云南大部分地区年降雨量超过1100毫米，降雨总量不少，可在季节上和地域上分配不均，干湿季节分明。每年11月至次年4月为旱季，降雨量少、只占全年的15%；每年5—10月为雨季，降雨量大，达全年的85%。降雨东部水少、西部水多，北部水少、南部水多，坝区水少、山区水多，雨季水多、旱季水少。坝区、丘陵在冬春季节时常缺水甚至干旱，高山、雨季时常因降雨量较大而造成灾害。

六、资源较丰富

云南特殊的地理位置、复杂的地形地貌、多样的气候条件，孕育了云南丰富的生物多样性。据《云南省生物物种名录》（2016版）记录，云南有大型真菌2729种，占全国的56.9%；地衣1067种，占全国的60.4%；高等植物19365种，包括苔藓1906种、蕨类1363种、裸子植物127种、被子植物15969种，占全国的50.2%。云南拥有特有植物2721种，有国家重点保护的野生植物151种，占国家比例的41.0%。中国有香料植物500多种，其中云南有360多种，居全国首位。云南药用资源6559种（植物6157种、动物372种），药材产量近10亿千克，品种和数量均居全国之首。云南拥有观赏植物2100多种，其中花卉植物有1500种以上。云南有脊椎动物2273种，占全国的52.1%，其中鱼类617种、两栖类189种、爬行类209种、鸟类945种、哺乳类313种。云南特有动物351种，全国仅分布于云南的动物600多种，国家重点保护野生动物242种。

云南矿种全、储量大，被称为“有色金属王国”。已发现矿产140多种，有60余个矿种保有储量居全国前10位，其中铅、锌、锡、铜和磷等25种矿产含量分别居全国前3位。

云南能源资源得天独厚。水能资源蕴藏量10437万千瓦，占全国总蕴藏量的15.3%，居全国第3位，位于西藏和四川之后；云南海拔高、日照时间长、太阳辐射强，太阳能资源仅次于西藏、青海和内蒙古，居全国第4位。云南高山峡谷众多，许多山区有效风能密度可达每平方米160瓦以上，有效利用时数可达6000小时，全省风能资源总储量为1.23亿千瓦，属于风能丰富区域。

七、气候多样性

受太平洋和印度洋两大热带暖湿海洋季风及亚洲大陆气候和高原气候的共同影响，且地形地貌复杂多样，云南气候类型众多。

从水平分布看，有北热带、南亚热带、中亚热带、北亚热带、南温带、中温带和北温带等气候带。北热带包括如河口、元江、景洪、元谋和勐腊等地；南亚热带包括盈江、云县、墨江、梁河、芒市、南涧、景东、石屏、建水、开远、蒙自、华坪、东川和巧家等地；中亚热带包括施甸、凤庆、弥渡、禄丰、玉溪、宜良、弥勒、丘北、广南、宾川、永善、盐津、彝良和绥江等地；北亚热带包括保山市大部、漾濞、弥渡、禄丰、广南、楚雄州大部、昆明市大部、曲靖市中部和南部以及大关、西畴、砚山、个旧等地；南温带包括云龙、宣威、丽江、永胜、曲靖市北部及昭通、鲁甸、镇雄和威信等地；中温带包括云南东部海拔在2100—2800米地区和西部海拔在2400—2800米的地区，如维西和兰坪等地；北温带包括滇东北海拔2600米和滇西北海拔2800米以上的地区，如昭通市的大山包、东川区的落雪以及滇西北德钦、维西和香格里拉等地。

从垂直分布看，垂直变化明显。山高谷深，从河谷到山顶，气温随着高度变化而变化。一般海拔每上升100米，温度平均下降0.6—0.7℃，“一山分四季、十里不同天”的立体气候明显。

图 1–1　云南自然景观

图 1–2　云南自然景观

图 1–3　云南自然景观

八、景观多样性

（一）自然景观丰富

云南有高山峡谷、熔岩地貌、现代冰川、高原湖泊、火山地热、地质奇观和热带雨林等方面类型多、特色明的自然景观。高山峡谷主要集中在滇西北的大理州、丽江市、怒江州和迪庆州等，如丽江的玉龙雪山、迪庆香格里拉的梅里雪山、丽江的虎跳峡和长江第一湾、怒江的大峡谷和三江并流等。熔岩地貌主要集中在滇中、富民、泸西和陆良等地，如富民的西游洞、泸西的阿庐古洞和建水的燕子洞等。现代冰川主要集中在滇西北的丽江和迪庆，如丽江的玉龙雪山和迪庆香格里拉的梅里雪山。高原湖泊主要集中在滇中、滇南、滇西的昆明、大理、玉溪等地，如昆明的滇池、大理的洱海、澄江的抚仙湖和宁蒗的泸沽湖等。火山地热主要集中在滇西的大理、保山和德宏等地，如洱源的地热国、腾冲的热海和火山等。地质奇观分布于全省各地，如元谋的土林、陆良的彩色沙林等。热带雨林主要集中在滇西南的临沧、普洱和西双版纳等地，如临沧的五老山、普洱的太阳河和西双版纳的热带雨林，特别是西双版纳的原始森林，被誉为“植物王国皇冠上的绿宝石”。（云南部分自然景观见图1–1、图1–2、图1–3）

（二）人文景观璀璨

云南各族人民特别是各个少数民族在长期的生存和发展中，由于生存环境、民族文化、技艺能力、审美情感和价值评判等方面的不同，建造了大量甚至常常带有民族特色的人文景观。如楚雄彝人古镇、楚雄太阳历公园、大理三塔、昆明圆通寺、昆明筇竹寺、昆明的世界园艺博览园、昆明瀑布公园和云南民族村等。（云南部分人文景观见图1–4、图1–5、图1–6）

昆明世博园的花钟

昆明世博园的花溪和花柱

昆明世博园的花海

昆明世博园的花船

图 1–4　云南人文景观

昆明世博园的茶园

昆明世博园的主题雕塑

昆明世博园的树木园

昆明世博园的国际馆

图 1–5　云南人文景观

图 1–6　云南人文景观

图 1–7　云南契合景观

（三）契合景观绚丽

自然的地形地势、环境植被、景物特点等特征契合历史传说、人文故事、地域文化、风俗习惯、宗教信仰和民族特色等，营造出了众多的绚丽景观，如昆明西山龙门、宾川鸡足山等。（云南部分契合景观见图1–7）

参考文献

[1]中共云南省委政策研究室. 云南省情（1949—1984）[M]. 昆明：云南人民出版社，1986.

[2]新编云南省情编委会. 新编云南省情[M]. 昆明：云南人民出版社，1996.

第二节 云南生物多样性与民族文化对滇派园林植物形成的影响

杨宇明[①] 和世钧[②]

地处祖国西南边陲的云南，是一个山岭重叠、江河纵贯的山地省份，同时又是一个多民族聚居的边疆省份。特殊的地理位置和复杂多变的自然环境孕育了丰富的生物多样性。生活在这片土地上的各民族同胞，在尊重自然、顺应自然、保护自然、与自然和谐相处的漫长历史长河中，形成了各自独具特色的民族文化。独特的自然地理环境和生物多样性以及多元的民族文化深深地影响并孕育了成为滇派园林重要组成部分的各民族特色园林文化。

一、生物地理区系对滇派园林植物形成的影响

云南的生物多样性素以丰富、珍稀、古老和特殊而著名，一是因为云南所处的地理位置十分特殊，位于全球3个著名自然地理区域（青藏高原区、中南半岛热带季风区和东亚亚热带季风区）的结合过渡部位，来自中南半岛东南亚热带季风区的热带生物区系成分大量出现并分布于云南南部热带和南亚热带地区，甚至可沿河谷北上延伸到横断山脉的纵深地带；源于青藏高原的高山中温带至寒温带的高寒喜马拉雅生物地理成分，亦可沿着东喜马拉雅的横断山脉山地环境一路南下至滇西南甚至滇南山地，形成了地球上最热的生物地理群与最寒冷的高山生物地理群在云南交汇的独特生物景观现象；而在滇东喀斯特山原和滇中高原来自太平洋东亚季风区的亚热带生物类群在云南东部和中部大范围分布，成为全球罕见的不同生物地理区系南北和东西的交错荟萃之地，使得云南生物地理区系极其复杂和多样化。二是由于云南地形地势呈现西北高、东南低的巨大倾斜，垂直高差大，从梅里雪山卡瓦格博

① 单位：云南省林业和草原科学院。
② 单位：西南林业大学。

峰的6740米到滇东南红河与南溪河汇合处的76.4米（高差达 6663.6米），地理气候带的垂直地带性与水平地带性的双向叠加，使得云南从南到北跨度只有8个纬度，直线距离约960千米，却涵盖了相当于从海南岛三亚到黑龙江漠河的8个气候带类型（北热带、南亚热带、中亚热带、北亚热带、山地暖温带、中温带、寒温带直至高山寒带），并且在从高原面上竖起了数列的高耸山峰的正向垂直带，同时又有从高原面向下的深切河谷的反向垂直带，形成了在地球其他地方都罕见的双向垂直生态系列，在此山地气候带下发育了相应的从干热河谷到开阔的高原面或盆地再到高耸的高寒山地，是地球上最完整的山地生态系统类型垂直系列。三是云南大地是东亚大陆唯一同时受到太平洋与印度洋两大洋大气环流影响的区域，从云南最高峰的梅里雪山—碧罗雪山—怒山山脉成为太平洋和印度洋的分水岭，来自两大洋的暖湿气流带来了丰厚的水汽与热量，使得云南大地水热条件十分优越。与此同时，纵向岭谷的起伏地貌对光、热、水、汽又进行了再次分配，形成了多样化的气候类型与生境条件，导致物种的隔离分化与快速演进形成了高比例的特有种，成为云南物种丰富、多样和特有性极高的主要地理因素。

云南的生态系统类型分布了从最南部的西双版纳以龙脑香科为代表的望天树、番龙眼、千果榄仁等东南亚热带雨林，中部以山茶科、壳斗科、樟科、木兰科等的众多东亚物种为代表的亚热带常绿阔叶林，到滇西北玉龙雪山、白马雪山和梅里雪山高海拔的云冷杉、落叶松寒温性针叶林、高山杜鹃灌丛、五花草甸、流石滩直至高山冰漠带等生态系统类型，分布了除滨海和沙漠之外的中国所有生态系统代表类型。如果沿着澜沧江出境口——海拔476米的磨憨口岸河谷出发，经哀牢山、无量山、苍山，到海拔6740米的梅里雪山、白马雪山走一趟，可以看见从中南半岛北热带的热带雨林、季雨林，南亚热带季风常绿阔叶林和暖热性针叶林，东亚季风气候下的亚热带湿性常绿阔叶林和暖温性针叶林，青藏高原东喜马拉雅的高山寒带的寒温性针叶林、寒温性灌丛、五花草甸和高山流石滩，直至相当于西伯利亚冻原的高山冰漠带等所有生态系统代表类型，相当于游历了整个北半球。在生物地理区系上涵盖了印马界的热带成分、古北界的中国—喜马拉雅和中国—日本成分，还有东亚广布的亚热带成分，生物地理区系成分极为复杂而多样化，各类代表性植物均有分布，成为滇派园林植物区系地理组成多样化的主要生物地理基础。

二、生物多样性对滇派园林植物形成的影响

云南特殊的地理位置和巨大倾斜的地形地势和太平洋、印度洋两大洋的丰厚水汽，孕育了云南极其丰富的植物物种多样性，云南成为我国植物多样性最丰富的省份，也是许多物种的起源地和分化中心，生物物种及特有类群数量均居全国之

首，云南生物多样性在全国乃至世界均占重要地位。云南除有“动物王国”“植物王国”“世界花园”的美誉外，还享有“竹类故乡”“药材宝库”“香料博物馆”“菌类大世界”和“物种基因库”的美誉。丰富的物种资源是我国生物产业发展的源泉，是国家的核心战略资源，亦是观赏植物的主要源泉，在国家生态环境保护和生态安全体系建设中具有不可替代的地位。

云南面积仅占全国总面积的4.1%，却囊括了地球上除海洋和沙漠外的所有生态系统类型，主要生物类群物种种数均接近或超过全国的一半。有高等植物19333种，占全国的50.1%，其中观赏植物2100多种，药用植物1000多种，香料植物400多种，珍稀濒危植物500多种，国家I、II级保护植物60种，有农作物及野生型和近缘种类达千种以上，是亚洲栽培稻、荞麦、茶、甘蔗等作物的起源中心与分化中心。云南拥有的2000多种观赏植物已经和正在成为滇派园林造园艺术中应用植物的主要来源，特别是云南特有的树木花卉不同于我国其他地方，成为滇派园林的特质与内涵所在。滇东南中生代的喀斯特古老地层，就是从进入新生代古近纪以来，保持了古地理环境的相对稳定，特别是中新世新构造运动对这里没有产生巨大冲击，在全球广泛受到第四纪更新世冰盖所侵袭时，滇东南地区却温暖湿润，没有受冰期波及，使之成为北半球生物界的冰期“避难所”，因而植物区系没有发生较大的动荡，起源古老的热植物区系在这里长期繁衍保存，喀斯特南亚热带山原植物也得到长期特化发展，保存了许多世界珍稀孑遗物种，分化了许多古老特有的珍稀植物，而成为世界著名的古老特有植物的分布中心，也是当今古老孑遗植物的就地保护地。同时由于青藏高原的抬升，横断山脉的层层阻挡了第四纪冰期的侵蚀和青藏高原南下的冷空气，使得云南东南部深受东南热带季风气候的泽惠，成为第四纪冰期的“避难所”，目前仍保存着相当多的新生代古近纪残遗的古老植物科属以及许多孑遗植物种类，而且单位面积的个体数量高于其他分布地点，该区古老、特有的另一特点还表现在数量较多的单型科、少型科、少型属、单种属甚至单种科，成为全球古老孑遗植物的分布中心，残遗保存了大量古老孑遗物种，如：木本蕨类中的苏铁蕨（*Brainea insignis*）、桫椤（*Alsophila* spp.）等；中国现存最原始的裸子植物多歧苏铁（*Cycas multipinnata*）、叉叶苏铁（*Cycas bifida*）和目前尚不能人工引种驯化的极狭域孑遗树种云南穗花杉（*Amentotaxus yunnanensis*）和单种科的马尾树（*Rhoiptelea chiliantha*）等植物活化石，还有滇东南保存了世界上最古老的被子植物华盖木（*Manglietiastrum sinicum*）、观光木（*Tsoongiodendron odorum*）、伯乐树（*Bretschneidera sinensis*）等，使得滇东南成为世界著名的古特有植物的多样化中心和古老孑遗物种最后的遗存地，其中多歧苏铁、叉叶苏铁等多种苏铁、福建柏和木兰科大量的观赏树种如红花木莲（*Manglietia insignis*）、长蕊木兰（*Alcimandra cathcartii*）、拟单性木兰（*Parakmeria* spp.）等，毛枝五针松（*Pinus wangii*）、七叶树（*Aesculus chinensis*）、马尾树（*Rhoiptelea chiliantha*）等已被滇派园林广泛应用。草本观赏植物秋海棠（*Begonia* spp.）最具代表性，云南集中分布了我国秋海棠80%的种类，许多是近年来发表的类群，古老的孑遗物种及新分化的新物种共同组成了滇派园林植物的重要源泉地。

喜马拉雅造山运动使滇西北横断山脉地区生境极为多样化，物种的同域地理隔离分化激烈，在相对较短的时期内演化形成了许多新的特有物种，如树种中的秃杉（*Taiwania flousiana*）、光叶珙桐（*Davidia involucrata Baill. var.vilmoriniana*）、薄片青冈（*Cyclobalanopsis lamellosa*）、贡山竹（*Gaoligongshania megalothyrsa*）、毒空竹（*Cephalostachyum viruientum*）等极狭域特有和花卉中的杏黄兜兰（*Paphiopedilum armeniacum*）、硬叶兜兰（*Paphiopedilum micranthum*）、蜂腰兰（*Bulleyia yunnanensis*）、独花兰（*Changnienia amoena*）等多种兰科植物，云南八大名花在这里就集中分布了8个种，山茶（*Camellia japonica*）、杜鹃（*Rhododendron* spp.）、绿绒蒿、兰花、报春花、百合花、龙胆和滇牡丹等，其中以杜鹃属中的大树杜鹃（*Rhododendron protistum*）、凸尖杜鹃（*Rhododendron sinogrande*）、乳黄杜鹃（*Rhododendron lacteum*）、火红杜鹃（*Rhododendron neriiflorum*）等类极为丰富，其种类占到世界杜鹃属总数的1/3，被称为“杜鹃王国”和“花的世界”，而成为世界著名的高山花卉多样性分化中心和新特有植物的荟萃地，新分化的特有植物高度集中占到本地区物种总数的2/3，滇西北成为地球生物多样性分化中心和新物种的荟萃地，新特有植物高度集中具有全球唯一性，也是云南高山花卉和八大名花的荟萃地。滇西北具有观赏价值的高山植物著名代表有：木本园林树种有杜鹃（*Rhododendron* spp.）、山茶（*Camellia japonica*）、花楸（*Sorbus pohuashanensis*）、蔷薇（*Rosa* spp.）、珙桐（*Davidia involucrata*）、槭树科（*Aceraceae*）、滇牡丹（*Paeonia delavayi var.lutea*）、箭竹（*Fargesia* spp.）、新小竹（*Neomicrocalamus prainii*）、玉山竹（*Yushania niitakayamensis*）等；草本植物以绿绒蒿（*Meconopsis* spp.）、马先蒿（*Pedicularis* spp.）、报春花（*Primula* spp.）、龙胆（*Gentiana* spp.）、百合（*Lilium* spp.）、兰花（*Cymbidium* spp.）等寒温性高山花卉为代表。

滇中高原亚热带气候区木本植物如滇朴（*Celtis tetrandra*）、昆明榆（*Ulmus pumila* var.*kunmingensis*）、滇楸（*Catalpa fargesii*）、滇山茶（*Camellia reticulata*）、云南梧桐（*Firmiana major*）、黄连木（*Pistacia chinensis*）、清香木（*Pistacia weinmannifolia*）、月季（*Rosa chinensis*）、梁王茶（*Nothopanax delavayi*）、滇润楠（*Machilus yunnanensis*）、香樟（*Cinnamomum camphora*）、球花石楠（*Photinia glomerata*）等，竹类中如龙竹（*Dendrocalamus giganteus*）、凤尾竹（*Bambusa multiplex*）、筇竹（ *Chimonobambusa tumidissinoda*）、方竹（ *Chimonobambusa quadrangularis*）、

箭竹（*Fargesia spathacea*）、香竹（*Chimonocalamus delicatus*）、玉山竹（*Yushania niitakayamensis*）等，草本植物如滇丁香（*Luculia pinceana*）、月见草（*Oenothera biennis*）、石竹（*Dianthus chinensis*）、三色堇（*Viola tricolor*）等，藤本如铁线莲（*Clematis florida*）、金银花（*Lonicera japonica*）、素馨（*Jasminum grandiflorum*）、迎春花（*Jasminum nudiflorum*）等，均代表了滇中高原亚热带季风气候下的植物类群。

滇南热带、南亚热带地区的木本植物以南传佛教的"五树六花"为代表，"五树"是指贝叶棕（*Corypha umbraculifea*）、菩提树（*Ficus religiosa*）、高山榕（*Ficus altissima*）、槟榔（*Areca catechu*）、糖棕（*Borassus flabellifer*）；"六花"是指睡莲（*Nymphaea tetragona*）、文殊兰（*Crinum asiaticum var. sinicum*）、黄兰（*Michelia champaca*）、鸡蛋花（*Plumeria rubra*）、白缅桂（*Michelia alba*）、地涌金莲（*Musella lasiocarpa*）。同时还有其他木本植物中的火烧花（*Mayodendron igneum*）、凤凰木（*Delonix regia*）、山扁豆（*Cassia mimosoides*）、千果榄仁（*Terminalia myriocarpa*）、多种榕树（*Ficus spp.*）、鱼尾葵（*Caryota ochlandra*）、董棕（*Caryota urens*）和竹类中的牡竹属（*Dendrocalamus*）、香竹属（*Chimonocalamus*）、刺竹属（*Bambusa*）泰竹属（*Thyrsostachys*）、空竹属（*Cephalostachyum*）等热性丛生竹类等，都代表着滇派园林造园艺术所选用的主要植物来源。可见，滇派园林所选的观赏植物资源十分广泛，并具备不同自然地理区域的代表性特征，成为滇派园林不同于我国其他园林风格的主要特征与亮点。

三、民族文化对滇派园林植物形成的影响

广义的文化，是指人类在依托自然、适应自然和改造自然的历史长河中不断创造、不断丰富，又不断革新的人类活动的总和，是人类适应所处环境的策略与手段。文化的形成，实际上就是在人类对环境和物质条件所采取生存策略和利用方式的全过程中逐渐产生、持续形成并不断发展的过程。自然地理环境条件影响着生物的生存与繁衍，而自然生态与物种群落的生存方式孕育着不同的文化形态。因此，生物多样性是文化多元性的前提条件和物质基础。云南独特多样的生态环境、丰富的生物多样性以及多彩的民族文化，造就了人类文明进步的经典范例。

云南特殊的自然地理环境，是丰富的生物多样性的"天堂"，而生物多样性为不同的民族提供着赖以生存的物种资源和生态环境以及无可替代的生态服务功能，提供给人类生物产品的原料，直接提供食物、药物等各种原材料和经济社会发展的生产资料。正是依托生物多样性，不同民族在其生活的地理、气候环境条件和生产生活方式等方面的差异，在漫长的历史进程中创造了各民族独具特色、多姿多彩的文化，成就了云南独特的民族植物文化。

研究表明，生物物种丰富的地域，语言和文化也相对丰富；文化多样性丰富的区域，生物多样性也丰富，文化多样性与生物多样性之间呈现正相关关系。世界上物种密集度最高、自然地理条件最复杂的热带地区，往往也是人类文化、民族和语言多样性最丰富的地区。这无疑是由于高山深谷、山脉河流等复杂的自然地理环境造成的地理隔离所致。它不仅有助于生物类群的分化，同时也促进了不同人类文化和民族的分化。

人类在获得生存和发展的全过程中，突出的行为表现就是对环境条件的适应和对自然资源的利用，特别是对植物资源的利用。而在人与自然的基本关系中，人类对环境的适应和对资源的利用过程成为人类文化形成的源泉。

由于人类的生存和发展往往处于不同的地理环境，因此不同的民族在不同的发展阶段对不同的环境和物质条件所采取的适应策略和利用方式不同，也就形成了不同的文化；人类通过文化的手段对环境产生生态适应，对资源保持持续利用，并达到一种动态平衡的状态。

云南地处喜马拉雅东侧的云贵高原西部，大部分属横断山脉的北南延伸，山脉河流相间分布，地势起伏、地貌类型多样，高山、大河、高原、坝子、湖泊、山地、雪山、冰川、峡谷此起彼伏。复杂多变的地形地貌、多样的生物资源所形成的生态环境多样性滋养着云南26个世居民族，形成了与生物多样性相联系的各具特色、丰富多彩的民族文化，特别在对植物资源的利用过程中，积累并形成了保护、利用和管理的一整套丰富的优秀传统知识，是当今的云南民族文化中的精髓。

云南各民族的耕作文化、民族医药、饮食文化习俗、传统生产生活方式和宗教信仰文化等与生物多样性紧密联系在一起，呈现出丰富的节庆文化、迥异纷呈的饮食文化、古老传奇的纳西族东巴文化，傣族的稻作文化、贝叶文化、竹文化和花文化等，还有象征着勤劳的哈尼族的梯田文化、彝族的太阳历、傣医药、藏医药等等。这些源远流长的文化和传统，无一不在彰显着民族文化的丰富多彩及其魅力。它们源于自然，又与自然和谐共生，与民族地区的社会经济发展息息相关，又有效促进了云南生物多样性资源的保护、管理与可持续发展。

然而，在琳琅满目的民族文化中，滇派园林成为云南民族文化的一大特色。园林本身因不同的自然条件和人文因素形成不同的流派，孕育于独特的自然环境和民族文化的滇派园林，集民族性、多样性、融合性和山水性为一体，成为园林流派的靓丽风景。云南各少数民族在长期的资源利用与管理的历史过程中，形成了丰富多彩的园林文化和相互依存与密切关联的关系。例如，在云南乃至全国久负盛名的八大名花、许多珍稀或中国特有的植物与花卉——鸽子花（珙桐）、古老的裸子植物——银杏、鲜红浪漫的云南樱花、花色奇特的滇牡丹、种类繁多的秋海棠等，都是滇派园林植物的代表。还有云南各少数民族在长期的生活和资源利用过程中形成的多彩的竹文化等。事实上，竹类植物的多样性在园林中的应用，已成为以各民族特色园林文化为主体的滇派园林植物形成中的重要组成部分。

自古以来，云南各民族与滇派园林植物共生共存，结下了不解之缘。

优昙花，是佛教圣坛上的一种佛花。佛经《长阿含经》记载："优昙，传说中的仙界极品之花，因其花'青白无俗艳'被尊为佛家花，三千年一开，观者受福。"据《昆明县志》记载，市内的昙华寺，因明崇祯七年（1634年）建寺时，草堂偏院处有一株优昙花而得名。如今，寺内的优昙花树龄已300多年，树高达8米，胸径约40厘米，仍枝繁叶茂，花开不息。

其实，传说中的仙界极品优昙花，正是滇中亚热带常绿阔叶林区常见的木兰科植物山玉兰（*Magnolia delavayi*），常绿，花开洁白芳香，花期较长，深受多民族青睐。

菩提树（*Ficus religosa*），对西双版纳傣家人来说，是神圣、吉祥和高尚的象征。傣族同胞对菩提树十分敬重、虔诚，几乎每个村寨和寺庙的附近都植有许多菩提树，并有着"决不得砍伐菩提树，即使是其枯枝落叶也不得当柴烧"的习俗。佛教一直都视菩提树为圣树。

在大理、剑川、丽江一带的白族、纳西族人家，多以象征吉祥富贵而艳丽的山茶花以及清香高雅的兰花点缀庭院。

纳西族聚居地丽江的"万朵茶花"树，堪称一绝。它位于今玉龙县城北郊、玉龙雪山东侧的玉峰寺内。据传1711年建造玉佛寺时，此树已是"一座大花棚"。我国大旅行家徐霞客于明崇祯十二年（1639年）2月10日游丽江时观赏过这棵茶花树。他在游记中写道："楼前茶树，盘荫数亩，高与楼齐。……疑为数百年物。"这是一棵古老而又神奇的山茶树，花名"狮子头"。每年立春时节初放，直到立夏，花期竟达3个月有余，期间连续开花20多批，每批开花千余朵，一批未蔫下一批又含苞欲放，年开花2万—3万朵，故有"万朵茶花"之称，被誉为"山茶之王"。

滇西北一带的摩梭、纳西人家崇拜漆树科植物清香木（*Pistacia weinmannifolia*），清香木因其四季常青、宁静闪亮的品格、浓郁清明的叶香味，成熟的种皮还可以食用等特点而深得民族同胞喜爱。他们常将清香木植于房前屋后或做成盆景置于庭院，取其年年风调雨顺、幸福长久之寓意。

滇中地区多民族喜爱的山茱萸科植物四照花（*Cornus capitata*）、滇山茶、滇丁香、滇牡丹、滇皂荚、滇楸、滇青冈、滇榆等带"滇"字头的云南特有观赏园林植物，在园林绿化和造园艺术中随处可见，它们是滇派园林植物的代表，是滇派园林的特色，是云南丰富的植物多样性的缩影。在滇派园林园艺中，无论是在乔木、灌木中，还是在草本植物中均有云南特有植物，它们凸显出滇派园林的特色。（表1-1为滇派园林中的云南特有植物）

所有这一切，表明了云南民族植物文化对于滇派园林植物形成的深刻影响和悠久的历史文化，以及滇派园林所具有的极强的民族性，充分体现了民族文化的魅力，无不彰显着各民族同胞对生活的热爱和对未来的憧憬！

表 1–1　滇派园林中的云南特有植物

层次	植物名称	拉丁学名
乔木	滇山茶	*Camellia reticulata*
	滇桐	*Craigia yunnanensis*
	滇杨	*Populus yunnanensis*
	滇榛	*Corylus yunnanensis*
	滇楠	*Phoebe nanmu*
	滇冬青	*Ilex yunnanensis*
	滇桦	*Betula alnoides*
	滇刺枣	*Ziziphus mauritiana*
	滇朴	*Celtis kunmingensis*
	滇润楠	*Machilus yunnanensis*
	滇素馨	*Jasminum subhumile*
	滇锥栎	*Castanopsis delavayi*
	滇石栎	*Lithocarpus dealbatus*
	滇油杉	*Keteleeria evelyniana*
	滇楸	*Catalpa fargesii*
	滇青冈	*Cyclobalanopsis glaucoides*
	滇南红木荷	*Rhodoleia henryi*
	滇柏	*Cupressus duclouxiana*
	滇榆	*Ulmus lanceaefolia*
	滇皂荚	*Gleditsia japonica var.delavayi*
	云南松	*Pinus yunnanensis*
	云南红豆杉	*Taxus yunnanensis*
	云南枫杨	*Pterocarya delavayi*
	云南含笑	*Michelia yunnanensis*
	云南金钱槭	*Dipteronia dyeriana*
	云南柳	*Salix cavaleriei*
	云南拟单性木兰	*Parakmeria yunnanensis*
	云南欧李	*Cerasus yunnanensis*
	云南七叶树	*Aesculus wangii*
	云南山楂	*Crataegus scabrifolia*
	云南苏铁	*Cycas siamensis*
	云南穗花杉	*Amentotaxus yunnanensis*
	云南铁杉	*Tsuga dumosa*
	云南五针松	*Pinus squamata*
	云南茴香	*Illicium simonsii*
	云南沙棘	*Hippophae rhamnoides subsp. yunnanensis*

续表

层次	植物名称	拉丁学名
灌木	云南连翘	*Hypericum patulum*
	滇素馨	*Jasminum subhumile*
	滇瑞香	*Daphne feddei*
	滇白珠	*Gaultheria leucocarpa*
	滇橄榄	*Phyllanthus emblica*
	滇丁香	*Luculia pinceana*
	滇木瓜	*Delavaya toxocarpa*
	滇杨梅	*Myrica nana*
	云南羊蹄甲	*Bauhinia yunnanensis*
草本	滇龙胆	*Gentiana rigescens*
	滇香薷	*Origanum vulgare*
	滇黄精	*Polygonatum kingianum*
	滇百合	*Lilium bakerianum*
	滇菖蒲	*Acorus calamus*
	滇紫苏	*Perilla frutescens*
	云南黄芪	*Astragalus yunnanensis*

参考文献

[1]杨宇明，王娟，王建浩，裴盛基. 云南生物多样性及其保护研究[M]. 北京：科学出版社，2008.

[2]杨宇明，王慷林，孙茂盛. 云南竹类图志[M]. 昆明：云南人民出版社，2019.

[3]吴静波，李增耀. 竹文化[M]. 昆明：云南民族出版社，2003.

[4]云南日报社新闻研究所. 云南：可爱的地方[M]. 昆明：云南人民出版社，1984.

[5]木基元. 彩云下的民族乐园[M]. 昆明：云南大学出版社，2017.

[6]郭家骥. 西双版纳傣族的稻作文化研究[M]. 昆明：云南大学出版社，1998.

[7]李璐. 植物新语：彩云之南[M]. 上海：科学技术出版社，2017.

第三节　滇派园林的概念提出及形成共识

崔茂善[①]

园林（gardening）作为科学性与艺术性有机结合的人类文明成果之一，以一定的自然环境为依托、人文环境为特色，在长期发展中，因自然环境和人文环境的差异而形成了不同的流派。

一、园林流派概述

（一）世界的园林流派

从世界范围看，主要有三大园林流派：一是东方园林，以中国园林和日本园林为代表，其主要特征是自然山水园；二是西亚园林，以古代阿拉伯地区的叙利亚和伊拉克为代表，主要特征是花园与教堂园；三是欧洲园林，以意大利、法国和英国为代表，主要特征是以规则式布局为主、自然景观为辅。当然，每大流派又根据不同的标准，划分为不同的流派，例如：东方园林按国家可分为中国园林、日本园林、韩国园林、印度园林、东南亚园林等。

（二）中国的园林流派

中国被誉为“世界园林之母”，按地域可分为四个流派：一是北方园林，功能定位是皇家花园，具有“大气恢宏、壮观霸气”等的主要特征，以皇家园林为主要代表，如颐和园和圆明园等；二是岭南园林，功能定位是商贾花园，具有“开放庄重、吉祥如意”等的主要特征，以商贾达官的家园和岭南田园景观为主要代表，如清晖园和梁园等；三是江南园林，功能定位是达官贵族的花园，具有“典雅超脱、宁静文气”等的主要特征，以士大夫和达官贵族的私家园林为主要代表，如拙政园

① 单位：云南省风景园林行业协会。

和留园等；四是西南园林，功能定位是精英人士的花园，具有“傲骨灵气、文秀清幽”等的主要特征，如杜甫草堂和武侯祠等。

按享有者也分为四个流派：一是皇家园林，享有者为皇家；二是私家园林，享有者为达官贵族；三是寺观园林，享有者为宗教信众；四是公众园林，享有者为人民大众。当然，随着我国社会主义制度的建立以及政治、经济、社会、文化和生态文明建设的巨大发展，皇家园林、私家园林和寺观园林已划归国家所有，服务对象已变为广大人民群众。

二、滇派园林的历史与概念提出

滇派园林具有悠久的历史并在不断创新发展。

1. 青铜器时期

据考证，青铜器时期，云南就有很发达的青铜器制作工艺和很高的艺术水平，如在大理祥云县境内考古发掘的“干栏式小铜房”。该铜房下层空敞、上层挑出，有窗洞，屋顶悬山，长脊短檐，倒梯形屋面，有挡风板，屋面横向水平错落有致，说明当时的建筑中就有了园林意识。

2. 唐宋时期

唐代南诏国的崛起，逐渐形成了具有白族特色的民居及园林艺术；宋朝宗教的繁荣，形成了滇西不同于滇南的佛寺布局。景洪曼飞龙塔就是在这一时期形成的佛寺园林精品。

3. 元朝时期

1253年，蒙古人渡过金沙江占领了大理，云南逐渐进入一个新的民族斗争与融合的时期，产生了一些新的民族文化。在金沙江、澜沧江和怒江下游地区，佛教、伊斯兰教流行，儒学在民间得到普及。与之相应的寺观、清真寺、文庙和书院等在各地十分兴盛。昆明圆通寺、西山太华寺、建水文庙、大理西云书院等建筑群，殿廊亭阁与山水植物巧妙组合，是地域文化、民族文化、宗教文化、儒学思想相融合形成的具有云南特色的典型园林精品，彰显了云南民族文化、山水景观、植物多样性的特色，并出现了明显的文化差异与地区分化。

4. 明清时期

随着经济发展，各地区崇尚自然、建设园林成为风尚，具有自然趣味和文化内容的亭、台、楼、阁等建筑日益增多。清代大理在建“海山一览堂”和“山腰玉带”等园林胜地时就在洱海周边大面积植树，使洱海呈现出“千尺长堤三尺柳，绿荫临水水含烟”的美妙景致，创作了优美的自然与园林环境相结合的典范。

5. 现代时期

新中国成立后，特别是改革开放以来，国家实力的增强，地区经济的发展，盛世造园的思想得到充分体现，一大批具有云南特色的园林景观在滇域涌现，出现了一些令人耳目一新的云南特色地方园林。比如，昆明各县区建设的园博园。时代理念、应用现代科技、展现地域特色、体现民族文化、践行生态文明的现代园林在滇域涌现，出现了一些令人耳目一新的云南特色地方园林。（樊国盛，2012）尤其是20世纪90年代以后，随着经济高速增长、社会繁荣进步，建造了大量的传承山水相依造园手法、融入时代理念、应用现代科技、展现地域特色、体现民族文化、践行生态文明的现代园林。例如：享誉中外的昆明世界园艺博览园的“花钟”“花海”“花船”“花柱”和“花溪”，是昆明“天气常如二三月，花枝不断四时春”地域特色的充分体现；云南民族村是对云南25个世居少数民族的多姿多彩文化的集中展现；昆明瀑布公园是举世瞩目的牛栏江—滇池补水工程入滇水口，利用地势自然落差建造的高约12.5米、宽幅约400米的人工瀑布公园，是集昆明城市饮用水通道、景观提升、滇池治理等多功能于一体的综合设施建设，被称为“亚洲第一大人工瀑布公园”；位于滇南热带雨林之中的中国科学院西双版纳热带植物园，既是中国面积最大、收集物种最丰富、植物专类园区最多的植物园，是集科学研究、植物保存和科普教育为一体的综合性研究机构和AAAAA级风景名胜区为一体的创新型科学植物园。此外，据专家考证，昆明黑龙潭公园唐梅、宋柏和明茶的树龄分别为1300年、800多年和500多年，昆明昙华寺山玉兰的树龄有360多年，昆明金殿名胜区太和宫的紫薇树龄为410多年等。可见，滇派园林具有上千年的历史。

2006年，云南省专家协会副会长、云南高夫企业董事长崔茂善高级工程师率先提出了滇派园林概念。

三、形成滇派园林的共识

2007年，崔茂善先生遍访了’99昆明世界园艺博览会原园林园艺技术总监阎树屏先生、云南农业大学园林园艺学院原院长李文祥教授、昆明市科协科普部陈振兴部长、《品牌时代》周刊袁新华记者以及中国科学院昆明植物研究所、西南林业大学、昆明市园林科学研究所、昆明理工大学、云南省林业和草原科学研究院、云南省农业科学院、云南大学、云南省设计集团和昆明市园林规划设计院等单位的专家、学者，求证滇派园林提法是否正确。（图1–8、图1–9）

2008年，由云南高夫企业赞助，在高夫尔康苑举办了有80余专家学者参加的“滇派园林　引领未来”学术研讨会，初步形成了滇派园林的认识。

2012年，云南省园林行业协会和云南省专家协会在西南林业大学主办了“2012

图 1–8　本书主编崔茂善（左）与'99 昆明世界园艺博览会园林园艺技术总监阎树屏先生（右）

图 1–9　本书主编崔茂善（左）与中国科学院昆明植物研究所裴盛基研究员（右）

滇派园林高峰论坛”，中国科学院昆明植物研究所孙航研究员、孙卫邦研究员，云南农业大学李文祥教授以及周边省份专家做了专题报告，150余位来自省内外的专家学者、行业精英进行了广泛研讨，基本形成了滇派园林的共识。

2015年4月29日，云南省风景园林行业协会（Yunnan Landscape Architecture Industry Association，缩写：YNLAIA）成立，联系政府、服务社会、成就会员，发挥社团优势，推进滇派园林的宏伟事业。（图1–10）

图 1–10　2015 年 4 月 29 日，云南省风景园林行业协会第一次会员大会参会人员合影

2015年5月17日，云南省风景园林行业协会举办了“滇派园林高峰论坛”，北京林业大学苏雪痕教授、华中农业大学包满珠教授、云南省政府花泽飞参事等做了主旨演讲，有300余名省内外的专家学者、行业精英参加论坛进行了深入交流研讨，形成了滇派园林的共识。

2020年11月12—14日，云南省风景园林行业协会崔茂善会长与中国科学院昆明植物研究所裴盛基研究员进行了深入研究、引发共鸣，认为：滇派园林客观存在，只是过去没有明确概念而已。裴先生并就滇派园林的定义、特征和内涵等方面进行了诠释。

2021年，以编辑出版《滇派园林——美丽云南的文化景观》为标志，乘联合国《生物多样性公约》第十五次缔约方大会（COP15）之风，展现风采，走出云南、走向世界。

"路虽远、行则将至，事虽难、做则必成。"滇派园林将筑牢为民服务之基、勇担造美好环境之责，依托自然环境和人文环境的多样性和独特性，以植物多样性和独特性为基础、文化多样性和独特性为灵魂，走传承与创新发展之路，助推"生态文明：共建地球生命共同体"建设，坚定信心、攻坚克难，开创更加美好的未来。

参考文献

[1]孟兆祯. 孟兆祯文集：风景园林的理论与实践[M]. 天津：天津大学出版社. 2011.

[2]樊国盛，段晓梅，魏开云. 园林理论与实践[M]. 北京：中国电力出版社，2007.

[3]李刚，张佐. 云南揽胜：云南名胜古迹大观[M]. 昆明：云南人民出版社，1999.

[4]施惟达，段炳昌. 云南民族文化概说[M]. 昆明：云南大学出版社，2004.

[5]新编云南省情编委会. 新编云南省情[M]. 昆明：云南人民出版社，1996.

[6]中共云南省委政策研究室. 云南省情（1949—1984）[M]. 昆明：云南人民出版社，1986.

[7]马建武，陈坚，林萍，等. 云南少数民族园林景观[M]. 北京：中国林业出版社，2006.

[8]余嘉华. 云南风物志[M]. 昆明：云南教育出版社，1997.

[9]林萍，马建武，陈坚，等.云南省主要少数民族园林植物特色及文化内涵[J]. 西南林学院学报，2002，22（2）：35-38.

[10]马建武，林萍，陈坚，等. 云南少数民族园林发展概述[J]. 西南林学院学报，2005（1）：76-79.

[11]梁辉，杨桂英. 发展滇派园林的对策及措施[J]. 古建园林技术，2010（3）：42-43.

[12]张云，马建武，陈坚，等. 白族园林风格探析[J]. 西南林学院学报，2002，22（2）：39-43.

[13]马小伟，杨宏莹，刘德钦."滇派园林"的品牌创建之路[J]. 全国商情（经济理论研究），2008（4）：47-48.

[14]杨志明. 滇派园林的主要特色[J]. 农业科技与信息：现代园林，2010（2）：19-21.

[15]杨志明. 我国城市园林绿化的发展趋势[J]. 现代园艺，2017（9）：90-92.

第四节　滇派园林的定义及特征和内涵

▌裴盛基[①]

园林（gardening）是人类与自然界相互作用的产物，是人类在认识自然、利用自然、改造自然的历史过程中，逐渐发展起来的一种与自然相适应的生活方式，“是人在聚居环境下的自然回归”（李亚，2019）。园林学是“研究如何运用自然因素（特别是生态因素）、社会因素来创造优美的、生态平衡的人类生活领域的学科”。（中国大百科全书）景观（landscape）是指一个区域内生态空间的总体特征，植物与人类活动组成一个相互作用的整体，形成景观。景观文化是整个民族文化的一个组成部分。（裴盛基、淮虎银，2007）《中国大百科全书》将园林景观按面积大小分为3个层次：小尺度范围内造园的传统园林，中尺度上城市人居环境的绿化、规划以及大尺度上解决环境资源及土地利用等生存环境矛盾的大地景观规划。又据英文版《园林辞典》（*The Garden Dictionary*, Taylor, 1936）对园林下的定义：园林是“一个多少闭合的地方，靠近房子植树”。这个定义后来扩展到几乎所有户外植物的收集种植园林，对于大多数人而言，依然意味着家庭花园。景观包括自然景观和文化景观，自然景观指山川、河流、水系、自然植被系统等构成的各种自然景观；文化景观是指人为构建或受人类文化影响形成的景观现象，是人类和大自然共同的杰作，这项工作并非短时间内铸成，而是人类与自然长期相互作用的结果，也是不断发展的活态文化资产。（UNESCO-UNU-Japan Environment Funds, 2005）早在20世纪初期，美国地理学家曾对“文化景观”做过这样的定义：“文化景观是文化群体塑造出来的一类自然景观。”（Sauer, 1925）这是一个言简意赅的有关“文化景观”的定义。

我国园林有悠久的历史和丰富的内容。据记载，汉代（前202—220年）的“上林苑”应是中国历史上最早记载的园林（贺善安等，2005）；其后司马光记载的

① 单位：中国科学院昆明植物研究所。

“独乐园”等亦是我国早期园林之一。中国古代园林早期是以应用为目的的药草园和以休闲人居、娱乐服务为目的的古典园林，受到自然影响的大地艺术作品。英国著名植物学家E.H.威尔逊于1899—1911年曾经分别受大英帝国和美国哈佛大学阿诺得树木园派遣前来中国调查采集植物长达11年，他的足迹遍及湖北、四川、云南等地，后出版了英文名著*China－Mother of Gardens*（哈佛大学阿诺得树木园，1929）。2017年我国植物学家包志毅等将此书译为中文，以《中国乃世界花园之母》书名出版。威尔逊在他的这本著作里不仅为中国植物之丰富、山川之秀美、中国人民利用植物之智慧所惊叹，而且高度评价中国为“世界园林之母（China－Mother of Gardens）”，他在此书中称赞：“中国观赏园艺的发展历史可以追溯到远古时代……中国人天生重视花卉和花园……中国人是具有技艺和最具成就的造园家……中国人追求奇特的人文景观，但又表现出对自然之美的强烈热爱。”同时，威尔逊还指出，“成都平原是中国西部的花园”，“日本的造园艺术源于中国”。西方植物学家对中国园林的盛赞还在Gorge Forest（英）、Pere Jeam Delavayi（法）、Joseph Rock（美）等许多西方植物学家的著作中有类似的表述，表明中国园林在世界上拥有独树一帜的历史地位，是东方园林的代表。

中国园林的发展历史悠久，形成了南北各异、东西不同的园林风格和流派，包括著名的皇家古典园林、寺观园林、江南园林、岭南园林等，展现园林景观具有显著的地域差异和文化表达差异，其主要表现是园林的内容要素如地形地貌、水系配置、植物构成、园林建筑和园林艺术等各个方面的差异。“滇派园林”的提出是随着近代位于西南边陲的云南社会经济科学快速发展进步而孕育而生的一个园林新流派。滇派园林的重要物质基础是“植物王国云南”；滇派园林形成的重要文化背景是被誉为“鲜活的人类学博物馆云南”，拥有多元民族文化的云南。因此，“滇派园林”的特定含义可以解读为“以云南丰富的植物多样性资源为基础，生态环境多样性为依托，由云南各族人民共同创造建立起来的独特地域文化景观”。按照园林历史和起源，传统园林和现代园林，包括较大流派的东方园林和西方园林，无论何种类型的园林，均应从科学的角度探讨，同属于文化景观的范畴。

文化景观有别于自然景观的重要特征是园林景观形态和结构受到人类文化的影响和修饰，因而被称为“文化景观”。文化景观的本质是人与自然的和谐与统一，符合当代生态文明的理念。滇派园林与其他现存园林的共同点是具有上千年的历史，是园林植物、地形、山水、建筑、艺术的多样性和丰富性及地域文化和民族文化的展现。滇派园林不仅展现出云南园林植物的多样性（粗略估计最少也有4000种植物），景观建筑、园林艺术和文化内涵的多样性，而且与我国其他园林流派有显著不同和差异。例如，园林自然地形地貌起伏多山，本身就构成园林奇观，如石林风景区、土林景区、喀斯特地区壮族民族园林景观、滇西北高山峡谷中玉龙雪山脚下白水景区、香格里拉的纳帕海高山植物园等；滇南热带著名的西双版纳热带雨林地区的傣族村寨园林、曼听公园景区、雨林谷景区、南传佛教寺庙园林；滇中地区的昆明滇池风景区、昆明西山景区、金殿园林风景区、黑龙潭的道观园林、通海秀山园林景区、楚雄紫溪山、大理三塔寺、感通寺、鸡足山等享有盛名的云南风景名胜区以及现代科学植物园的代表性作品——中国科学院西双版纳热带植物园等都在园林植物配置、园林建筑艺术、地形地貌选择和配置上具有突出的云南地域特色。滇派园林在植物配置上的重要特征是乡土植物的多样性，如云南八大名花，即云南山茶（*Camellia reticulata*）、杜鹃（*Rhododendron* spp.）、木兰（*Magnolia* spp.）、龙胆（*Gentiana* spp.）、百合（*Lilium* spp.）、报春（Primula spp.）、绿绒蒿（*Meconopsis* spp.）、兰花（*Orchidaceae* spp.），木兰科（Magnoliaceae），樟科（Lauraceae），豆科（Leguminosae），棕榈科（Palmae）等热带和亚热带乡土园林植物，不仅种类多样，而且所占园林植物的比重配置较大，这些都是受地域文化和植物资源的禀赋所产生之现象。滇派园林的另一个特征是民族文化的影响十分显著，许多园林植物具有民族信仰文化特征，植物表达出民族信仰文化的标志，如马缨花杜鹃（*Rhododendron delavayi*）、云南山茶花（*Camellia reticulata*）、黄连木（*Pistacia chinensis*）、清香木（*Pistacia weinmannifolia*）、滇朴（*Celtis kunmingensis*）等都是滇中高原地区彝族、白族等民族的传统文化崇拜植物；佛教寺院植物“五树六花”是傣族人民传统崇拜的佛树佛花；在云南少数民族中有“自然圣境”的传统文化信仰，又称之为竜山林（傣族）、龙山林（壮族、哈尼族）、龙潭林（彝族、白族、纳西族）、神山林（日咋）（藏族）等，是天然林或自然景观山体、湖泊、河流等被当地民族赋予神圣的文化定义进行自然崇拜，受到严格保护的文化景观，也就是赋予信仰文化内涵的自然景观系统，为当地的重要文化景观的特定地域，具有十分重要的生物多样性和文化多样性保护价值，2003年联合国教科文组织与中国科学院昆明植物研究所在云南（昆明、西双版纳）共同召开了一次《自然圣境对生物多样性保护的重要作用》的国际会议，2005年联合国教科文组织、世界自然基金会及日本环境积极合作在东京又一次召开《自然圣境与文化景观》的国际会议，此次会议通过了《东京宣言》（*Tokyo Declaration*）提出：“自然圣境和文化景观对于保护文化和生物多样性具有重要的现实和长远的意义。”在联合国第十五届生物多样性缔约方大会（COP15）即将在我国云南召开之际，滇派园林在此特别时刻正式公开亮相有着十分重要的意义，不仅向全世界展现云南生物多样性与文化多样性在云南园林景观中的多样性和独特性，而且有助于云南在生态文明新时代建设“公园城市”和“美丽乡村”提供云南方案乃至中国方案的重要意义。

从总体上来看，滇派园林的特点是五个多样性，归纳如下：

1）以云南乡土植物为主的园林植物构成的多样性；

2）用造景来表达原住民文化创意的多样性；

3）兼具生态服务、品赏观光和体验服务的功能多样性；

4）就地取材、朴实大方、道法自然的景观多样性；

5）园林艺术创作多元及塑造手法的多样性。

综合以上特点，滇派园林的特征可归纳为：依山傍水、顺势造园、奇花异木、就地取材、四季常绿、色香俱全、品味文化、道法自然。

参考文献

[1]贺善安，张佐双，颜姻. 植物园学[M]. 北京：中国农业出版社，2005.

[2]李亚. 植物园学导论[M]. 南京：东南大学出版社，2019.

[3]（英）E.H.威尔逊. 中国乃世界园林之母（*China—Mother of Gardens*）[M]. 包志毅，主译. 北京：中国青年出版社，2017.

[4]裴盛基，淮虎银. 民族植物学[M]. 上海：上海科学技术出版社，2007.

[5]裴盛基，许又凯. 西双版纳的植物与民族文化[M]. 上海：上海科学技术出版社，2020.

[6]UNESCO-UNU-Japanese Environment Funds In Trust, 2005: International Symposium on Conserving Cultural and Biological Diversity: The Role of Sacred Natural Sites and Cultural Landscapes, Tokyo Japan, 30 May−2 June, 2005.

[7]Hong Deyuan and Stephen Blackmore ed., 2013: Plants of China, A Companion to Flora of China, Science Press, Beijing.

[8]Pei Shengji. Botanical Gardens in China, Published for Harold L. Lyon Arboretum by University of Hawaii Press , 1984.

第五节　滇派园林的历史文化积淀

黄懿陆[1]

一、滇派园林的历史根基

（一）缺乏文献记载的史前建筑

1. 百万年前的木质文化

一个国家的园林史，就是一个国家文明历史的结晶。

中国园林文化起源于何时、以什么建筑为标志成为园林学界关注的热点。

凡是园林，必然与建筑密切相关，而早期建筑均为木质建筑。这里说到的木质文化，就是考古发掘发现的云南甘棠箐遗址。（图1-11、图1-12）

图 1-11　甘棠箐出土器物

图 1-12　甘棠箐出土木器

2016年5月16日，一个振奋人心的消息从北京传来——“江川甘棠箐旧石器遗址

① 单位：云南中华文明研究会。

入选全国十大考古新发现”。特殊的埋藏条件使得我们有幸看到远古时代的人类活动所留下的各种遗存：石制品、木制品、哺乳动物化石、用火痕迹和植物种子，这些遗存构成了更新世早期人类一个相对完整的生活画卷。“其中最令人惊叹的莫过于百万年前有人类加工痕迹的木制品，在世界范围内也是突破性的发现，为远古人类曾广泛使用木制品的设想增添了强有力的实物证据。”①在元谋人至甘棠箐乃至石林百石岭人生活的时代，也就是在180万—70万年之前的。那个时代，欧洲尚还没有直立猿人的足迹。在木器制品方面，甘棠箐出土的木制品年代有判断认为距今100万年，“是世界上发现的时代最早的木制品”②。然而，这个年代判断仅仅是云南媒体的报道。就目前而言，在中国的旧石器遗址里还从未发现过木器，江川甘棠箐遗址出土木制品算是填补了中国旧石器时代木制器研究的空白。③

不过，《中国文物信息网》在刊载云南省文物考古研究所的报告时，是这样说的：“2005年曾与香港大学合作采样测定了光释光年代，结论是样品年代超出了测年范围，可能大于20万年。目前，遗址古地磁、铝铍法和光释光测年工作仍在进行中，绝对年代有待确定。”④

这就是关于甘棠箐的历史年代，目前尚无定论。

2. 抚仙湖水下遗址改写世界园林史

2001年、2006年、2007年、2014年，中国考古学界、史前文明研究学界等，分别对形成于340万年前的抚仙湖水下存在一个古城的说法进行核实。尤其是2014年作为云南省文化项目的科学考察，根据当前掌握的实际证据和本次科考发现的新材料，认为抚仙湖水下建筑是一个史前遗址，是一个可以揭开人类文明和中华民族起源之谜的实实在在的石质建筑群落。这个建筑群落有2.4平方千米，有30座石质建筑。目前，学术界只是考察了其中的两座。尚有28座存在着无限秘密等待着我们去发现、去考察、去促成全省、国家乃至世界学术界对抚仙湖水下遗址进行真正意义的考古。

科考人员在本次考察中发现，抚仙湖水下遗址是靠近抚仙湖东面距离岸边191米、依坡就势顺岩石掺进石质材料人工堆砌的塔形结构建筑。根据2006年的资料，塔高19米，5层。这是一个文献上没有记载的人工遗址。原来掌握的文字、符号和图像大部分已经找到。特别是寻找到了人工使用金属器，在同一石质文化构件雕琢太阳、月亮和男女性生殖器、奇偶数字及其阴阳三角形结构组合全景图像，弥补了

① 贾昌明．远古人类生活的完整图景 [J]. 中国社会科学报，2016（6）.
② 江川甘棠箐旧石器遗址入选全国十大考古新发现 [R/OL]. 春城晚报，2016-05-17.
③ 李继升，刘琼，刘建辉，李文静．云南江川甘棠箐遗址发现数十件木制品 [R/OL]. 春城晚报，2016-01-05.
④ 云南省文物考古研究所．云南江川甘棠箐旧石器时代遗址 [R/OL]. 中国文物信息网，2016-02-18.

2006年公布残缺图像的不足。

抚仙湖水下遗址主要是石质建筑。值得注意的是，这座石质建筑夹杂着一些干栏式建筑。在一些石质构件上，发现一些残留的柱子矗立在石头上，可以构成干栏式建筑的样式。从而可以知道，抚仙湖水下遗址既出现了具有西方文化明显特征的石质建筑，也出现了具有中国东方特点的干栏式建筑。目前，在学术界已考察的两座石质建筑中，其中一座是塔形建筑，底部长90米、高19米，5层；另一座是83米长、3.7米高的三角形建筑。另外还发现石板铺筑的道路，还有类似西方斗兽场的建筑等。最深的建筑距离水面89米，最高的建筑顶部距离水面2米。这些建筑无疑就是滇派园林的开山之作，是世界园林的光辉典范，是人类社会的伟大创造，是宇宙之间的神圣奇迹。

值得注意的是，抚仙湖水下遗址塔形建筑下面，可能存在着一批干栏式建筑。学术界的几次考古调查或科学考察均发现干栏式建筑木桩，唯见地上或石础中有30厘米左右的木桩，照明之处，可以看见。但凡用手去摸，就会化为淤泥，消融于水中。这一片面积到底多大，云南大学高原湖泊生态与治理研究院张虎才团队、国际考古学暨历史语言学学会研究员、云南省文史研究馆馆员黄懿陆将联袂合作，于2021年11月对湖中存在干栏木桩地段进行考察。

关于抚仙湖水下遗址的年代，目前仅有一些基本数据。美国贝塔实验室对水中打捞出来存在金属器雕琢的石质碳化钙进行检测，可以判断镶嵌的塔形、三角形建筑为公元前2700年至公元前2200年尚在岸上时期所建，故能在建筑中使用金属器进行雕琢。而我们不知道它们在什么年代、因为什么原因陷落湖中。建筑在水中没有倒塌，排除了地震坍塌的可能性。这些建筑顶部距离湖面4米以上，根据沉积速率推测，这些建筑在6000年前就已经存在。抚仙湖水下遗址更多的秘密，还需要更多的坚持、支持和参与，才能慢慢揭开真相。

表 1–2　抚仙湖水下遗址主要文物与水面距离年代表

编号	名称	形状			距离水面（米）	距今年代（年）
		长	宽	高（厚）		
Ⅱ G	三角建筑	83 米	14—21 米	0—3.7 米	12	6200—5900
VIH：22	祭典石案	145 厘米	56 厘米	20 厘米	3.6	7400—7100
VIH：17	主座位	58 厘米	23 厘米	12 厘米	5.6	7200—6500
VIH：16	主座位	80 厘米	39 厘米	17 厘米	5.5	7200—6500
VIH：5	日月人图	77 厘米	74 厘米	50 厘米	5	7270—6970
VIH：20	太阳神	12 厘米	60 厘米	60 厘米	3.5	7500—7200
VIH：25	易字	70 厘米	45 厘米	30 厘米	4.2	7400—7100
VIH6：14	0、1 符号	77 厘米	57 厘米	26 厘米	8.6	6700—6400

抚仙湖水下遗址最深的地方距离水面89米，最高建筑顶部距离水面4米。可见2.4平方千米的石质建筑不同位置其年代是不一致的。倘若根据中国科学院南京地理与湖泊研究所《抚仙湖》提供的下沉速率700厘米/1000年，则7米/1000年，最深的建筑日月人图完全沉到今天的位置，需要15000年。倘若按照云南师范大学旅游与地理科学院张虎才教授根据附着物距今4700—4400年的年代测定，加上下沉速率下沉的15000年，抚仙湖水下遗址在20000年前就建在岸边今天的位置上。

二、新石器晚期到滇国时期的干栏式建筑遗址

（一）海门口遗址

剑川海门口遗址为新石器时代至青铜时代遗址，《中国考古学辞典》提供的年代距今4000—2500年[①]。

云南学者闵锐在《考古》发表研究文章认为，“遗址可分为三期，年代大致距今5000—2500年”。[②]但其执笔的“考古简报”则将上限定位在5300年前。[③]

通过第三次发掘工作，基本清楚了海门口遗址的分布范围和面积及有木桩柱的分布范围和面积。在海尾河西岸，南至河和公路交会处北约50米处，北到育烟苗圃北界，南北距离约400米；西至环湖公路以西，东西最宽处约120米，总面积超过5万平方米，木桩分布集中区面积也达到2万—2.5万平方米。

根据2008年以来的勘探，剑川海门口遗址的保护范围已经确定在14.5万平方米范围之内。保存之好、面积又如此之大的早期干栏式建筑遗址，不仅在全国少有，在亚洲也是鲜见的。难怪《中国云南与越南的青铜文明》一书中写道：“北京大学的严文明、李伯谦、孙华先生，故宫博物院的张忠培先生和国家文物局的黄景略先生都认为海门口遗址是中国乃至亚洲发现的最大水滨干栏建筑聚落遗址。”[④]

（二）抚仙湖北岸学山遗址

云南省文物考古研究所在抚仙湖北岸澄江县右所镇旧城村的学山发现了古滇村落遗址，填补了过去古滇考古只有墓葬没有居住遗址考古的空白。同时，这里的墓葬出土的一些陶器形制与通海东山出土的4000年前的陶罐如出一辙。考古专家对这里的发现做进一步的探究，以期进一步揭开古滇文化的源流之谜。学山聚落遗址位

① 王巍．中国考古学辞典[M]．上海：上海辞书出版社，2014：297.
② 闵锐．云南剑川县海门口遗址第三次发掘[J]．考古，2009（8）.
③ 云南省文物考古研究所，大理州文物管理局，剑川县文物管理所．中国剑川海门口遗址[M]，昆明：云南民族出版社，2010：20.
④ 李昆声．中国云南与越南的青铜文明[M]．北京：中国社科文献出版社，2013：115.

于澄江县右所镇旧城村北面。距离它200余米的东北面是大名鼎鼎的金莲山古墓群。目前，学山聚落遗址出土了20座古屋子、20座古墓。考古人员惊喜地发现，古村聚落有4排房屋，有道路连接；在古屋里不仅有火塘，还发现了陶片、碎铜片，甚至有2个墓穴直接就在屋子里，且墓穴有明显的人为凿过的迹象。至于埋葬的方式则各有区别，有断头葬、叠肢葬、解肢葬等现象存在，但墓穴中未见棺木痕迹。

图 1–13　出土的滇国时期干栏式青铜建筑实物图

（三）滇国时期的建筑风格

中国古代建筑大都是以木结构为主要结构形式，梁架结构的构架形式最常见的是抬梁式、穿斗式、抬梁穿斗结合式、井干式及干栏式等。干栏式建筑主要为防潮湿而建，长脊短檐式的屋顶以及高出地面的底架，都是为适应多雨地区的环境。（图1–13、图1–14）

而滇国时期的房屋建筑，主要有干栏式和井干式两种形式，其主要根据出土的青铜实物表现出来。

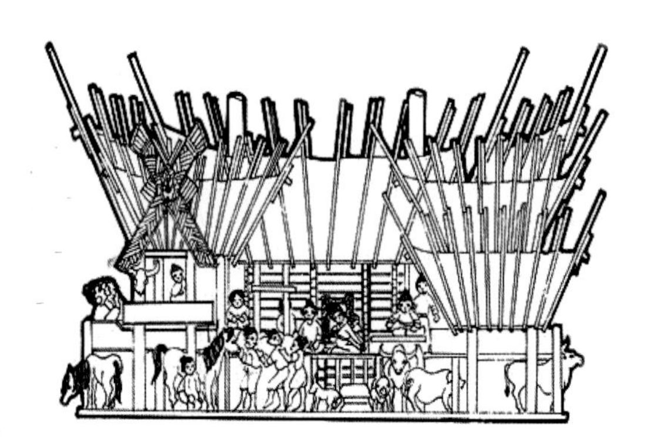

图 1–14　干栏式建筑线描图

三、小　结

在中国园林研究史上，人们只知道有北方园林、江南园林、岭南园林三大流派，而独具特色的滇派园林籍籍无名。那是因为很长一段时期以来，考古中尚未发现史前云南的建筑文化，即便后来发现了也缺乏相关的研究人员。比如宏伟壮观的抚仙湖水下遗址的园林风格、历史地位，至今较少有人探讨。

其实，在抚仙湖水下遗址被发现的时候，就体现了其世界风格、皇家风范、民俗特点，是一座具备了东西方完美结合的伟大建筑形式。据此可以肯定，2.4平方千米抚仙湖水下遗址东西方风格建筑的出现，既有石质建筑，也存在干栏式建筑，这样的建筑形式的客观存在，完全可以改写世界园林史。

2.4平方千米的抚仙湖水下遗址，毫无疑问地就是滇派园林的早期形式，而且是世界园林的源头活水！①

① 黄懿陆．滇派园林是世界园林的源头活水 [J]. 滇派园林，2015（1）；云南经济日报·三迤瞭望 [R/OL]. 2015–05–15.

第二章

滇派园林植物的多样性

引　言

王仲朗[1]　沈云光[2]　李景秀[3]

云南省位于祖国的西南边陲，拥有复杂多样的自然环境，孕育了极为丰富的生物资源，素有“动植物王国”的美誉，是中国17个生物多样性关键地区和全球34个物种最丰富的热点地区之一。尽管云南面积只占全国面积的4.1%，但其高等植物（19000种左右）却占了全国总数的一半左右，植物多样性居全国之首，是我国重要的生物多样性宝库和西南生态安全屏障，长期以来备受国内外学者的关注。云南的野生植物中至少有4000种具有重要的观赏价值。据统计，各类型滇派园林使用的植物种类相对丰富，常用的园林植物超过2000种，其中不少乡土植物尽显地方特色，如作为昆明市、楚雄市市花和大理州州花的云南山茶（*Camellia reticulata*）；有的富有民俗文化气息，如马缨花（*Rhododendron delavayi*）、龙女花（*Magolia wilsonii*）、地涌金莲（*Musella lasiocarpa*）等。云南的园林植物种类比全国其他省份种类更多，类型也更齐全。要在短短的一章中将云南物种如此丰富的园林植物多样性展现出来是极其困难的。本章以最具特色的云南八大名花为主线，辅以其他一些重要的类群如秋海棠、滇丁香、云南松、滇朴、云南红豆杉等园林植物作为补充。需要指出的是，竹类是滇派园林极其重要的一个类群，由于在本书中有专门的章节进行介绍，因此有关竹类在滇派园林中的物种多样性在本章中就不再赘述。

① 单位：中国科学院昆明植物研究所。
② 单位：中国科学院昆明植物研究所。
③ 单位：中国科学院昆明植物研究所。

第一节　滇派园林植物多样性概述

王仲朗[①]　沈云光[②]　李景秀[③]

园林植物（landscape plant）是指适用于园林绿化的植物材料，包括木本和草本的观花、观叶、观果植物，以及适用于园林、绿地和风景名胜区的防护植物与经济植物。滇派园林是以云南丰富的植物多样性资源为基础，以环境多样性为依托，由云南各族人民共同创造建立的独特的地域文化景观。本节主要从介绍云南丰富的环境多样性孕育出的丰富多样的云南野生植物，重点阐述其中具有云南特色的乡土植物的概况，并突出可作为园林景观用植物的角度来概述滇派园林植物的多样性。

复杂的地形地貌、丰富的气候类型和特殊的地理位置，造就了云南丰富的生物多样性，使得云南有“动植物王国”的美誉，是中国17个生物多样性关键地区和全球34个物种最丰富的热点地区之一。就植物种类而言，全国一半左右分布于云南，而云南面积仅为全国面积的4.1%。在分布于云南的被子植物中，大约有一半又仅分布于云南，为云南特有的乡土植物。历时33年于2006年完成的21卷本《云南植物志》是中国最大的一部地方植物志，基本摸清了云南植物家底，共记载了433科3008属16201种高等植物。近年，云南又进一步发布了《云南省自然保护区年报2016》《云南省生物物种名录（2016版）》《云南省生物物种红色名录（2017版）》《云南省生态系统名录（2018版）》。据Cheng Du et al. 2020统计，2000—2019年中国新发表了4407种维管植物新分类群，包括7个新科、132个新属、3543个新种、68个新亚种、497个新品种、160个新变型。

据中国科学院昆明植物研究所孙航研究组的最新统计（Li-shenQian et al. 2020），云南省有地衣66科203属1067种，苔藓126科499属1906种，蕨类61科193属1363种，裸子植物9科25属113种，被子植物244科2367属15951种。云南的苔藓植物种

① 单位：中国科学院昆明植物研究所。
② 单位：中国科学院昆明植物研究所。
③ 单位：中国科学院昆明植物研究所。

数为全国总数的68.2%、全球的6.5%，蕨类种数为全国的57.7%、全球的12.5%，裸子植物种数为全国的37%、全球的11.1%，被子植物种数为全国的50%、世界的5.8%。

云南的野生植物中至少有4000种具有重要观赏价值的植物，滇西北更是享有“世界园艺之母”的美誉。根据李晓贤等（2003）调查结果，滇西北的野生花卉有83科324属2206种，其中草本花卉1463种、木本花卉743种，滇西北特有野生花卉751种。

滇派园林经历了两汉、魏晋、南北朝的生成期，唐、宋、元的发展期及明、清的成熟期，先后出现了以大理为中心的皇家园林、分布于全省的寺观园林和私家园林及公共园林。在发展植物景观的过程中十分重视对自然山林、植被资源、古树名木的保护，许多风景名胜区的植物景观及古树名木都成为当地的特色园林植物景观。在植物材料应用上以观花植物最多，其次为常绿植物和乡土植物，出现频度较高的有蔷薇科、木兰科、杜鹃花科、木樨科、棕榈科、山茶科等的植物。据统计，各类型滇派园林使用的植物种类相对丰富，常用的园林植物超过2000种，其中不少乡土植物尽显地方特色，如作为昆明市、楚雄市市花和大理州州花的云南山茶，有的富有民俗文化气息，如马缨花（*Rhododendron delavayi*）、龙女花（*Magolia wilsonii*）、地涌金莲（*Musellal asiocarpa*）等。

乡土植物指的是在一个地区内土生土长的植物，而不是外来的。以云南八大名花为代表的乡土植物彰显了滇派园林的特色。乡土植物有的分布很广，有的则分布很窄，下面以州（市）为单位简要介绍云南省各具特色的乡土植物。但一些分布较广的乡土植物如云南松，难免在各州（市）有重复，因此就不一一归在各州（市）里列举而单列一类。在各州（市）范围内所列举的通常是该州（市）才有的或者只在附近州（市）互相共有，因此这些植物往往是本地区的特有植物和珍贵植物。由于植物种类比较多，下面也只能列举主要的且通常是野生的植物。

云南的乡土植物繁多，大体可分为两类，一类是几乎遍及全省的或在省内有较大的分布地区；另一类则是只有局部地区才有的。云南乡土植物分布较广的种类十分丰富，比较重要的有如下几种。云南松（*Pinus yunnanensis*），分布于思茅一带以北地区，为喜光性强的深根性树种，适应性强，能耐冬春干旱气候及瘠薄土壤，能生于酸性红壤、红黄壤及棕色森林土或微石灰性土壤上。云南油杉（*Keteleeria evelyniana*），为我国特有种，主产于云南，在贵州西部及西南部、四川西南部安宁河流域至西部大渡河流域亦有分布，常混生于云南松林中或组成小片纯林，亦有人工林。翠柏（*Calocedrus macrolepis*），主产于滇中以南地区海拔1000—2000米地带，成小面积纯林或散生于林内，或为人工纯林。云南含笑（*Michelia yunnanensis*），产于云南中部、南部，生于海拔1100—2300米的山地灌丛中，花极芳香，可提取浸膏，为云南常见的优良观赏植物。金铁锁（*Psammosilene tunicoides*），产于保山、红河以北大部分地区海拔2000—3800米的砾石山坡或石灰质岩石缝中，为极其重要的药用植物。云南樟（*Cinnamomum glanuliferum*），除昭通及迪庆北部外，几乎遍布全省，多生于山地常绿阔叶林中，海拔1500—2500（3000）米。四蕊朴（*Celtis tetrandra*），又名滇朴，分布于云南大部分地区，多生于沟谷、河谷的林中或林缘，山坡灌丛中也有，海拔700—1500米，为落叶秋景观叶植物，适应性强。滇润楠（*Machilus yunnanensis*），主产于云南中部、西部至西北部，生于海拔1500—2000米的山地常绿阔叶林中，喜湿润和土壤肥沃的山坡，为深根性树种，生长良好。香油果（*Lindera caudata*），除滇东北及滇西北外，几乎遍布云南，生于海拔700—2300米的灌丛、疏林、路边、林缘等处。旱冬瓜（*Alnus nepalensis*），几乎遍布云南，是中国西南分布较广的种类，生于海拔700—3600米的山坡林中、河流阶地及村落中。鸡嗉子（*Dendrobenthamia capitata*），遍布云南大部分地区，生于海拔1300—3150米的混交林中，中国南部的一些省份也有，是重要的观花和观果植物。云南拟单性木兰（*Parakmeria yunnanensis*），主产于云南，广西临近地区也有分布，生于海拔1200—1500米的山谷密林中，是珍贵的用材树种以及提取芳香油和城市园林绿化的优良树种。此外，各种山茶、杜鹃、橡子树等等，种类十分丰富，不可能一一罗列，有些如云南八大名花的云南山茶、杜鹃花、木兰等在下一节中会有较为详细的描述，在此不再赘述。

分布区较窄而仅在某一地区才有的种类如下。大理以北一带的龙女花（*Magolia wilsonii*）和大理木兰（*Magnolia taliensis*），贡山等地的贡山厚朴（*Magnolia rostrata*），上帕一带的上帕厚朴（*Magnolia shangpaeusis*），澜沧江流域的秃杉（*Taiwania flousiana*），迪庆、怒江、丽江、大理等地的苍山冷杉（*Abies delavayi*），丽江的柔毛冷杉（*Abies faxoniana*）、丽江云杉（*Piceali kiangenlis*）、旱地木槿（*Hibiscus aridicola*），迪庆等地的贝母（*Fritillaria cirrhosa*）、胡黄连（*Picrorrhiza scrophulasiaeflora*）、蝉花（*Cordyceps sobolifera*）、三分三（*Anisodus acutangulus*）等。昭通的天麻（*Gastrodia elata*）、厚朴（*Magnotia officiualis*）、钓樟（*Lindera umbellata*）、银叶桂（*Cinnamomum mairei*）、珙桐（*Davidia involucrate*）、包栎树（*Lithocarpus cleistocarpa*）、茅栗（*Castanea sequinii*）、丹参红根（*Salvia kiaometiensis*）、包栎（*Quercus serrata*）等。滇中包括曲靖、楚雄等地的昆明柏（*Sabina gaussenii*）、地盘松（*Pinus yunnanensis* var. *pygmaea*）、干香柏（*Cupressus duclouxiana*）、西南蜡梅（*Chimonanthus campanulatus*）、垂丝海棠（*Malus asiatica*）、滇重楼（*Paris polyphylla* var. *yunnanensis*）、栓皮栎（*Quercus variabilis*）、滇青冈（*Quercus schottkyana*）、滇楸（*Catalpa fargesii* f. *duclouxii*）、滇厚壳树（*Ehretia corylifolia*）、宽叶水韭（*Isoetes japonica*）等；保山、德宏等地的地檀香（*Gaultheria forrestii*）、印度木荷（*Schima khasiana*）、盈江龙脑香（*Dipterocarpus gracilis*）、滇西水东哥（*Saurauia roxburghii*）、桦木、核桃、黄兰

含笑（*Michelia champaca*）、鸡血藤（凤庆南五味子）（*Kadsura interior*）、婆罗双（*Shorea assamica*）、芸香草（*Cymbopogon distans*）、麻栎、竹节三七（*Panax japonicus*）、诃子（*Terminalia chebula*）、马蹄香（*Valeriana jatamansi*）、竹节树（*Carallia brachiata*）、西垂茉莉（*Clerodendron griffithianum*）等等，大树杜鹃也是这一地区的宝贵树种。临沧虽与红河、文山等地同在一纬度上，但所生长的植物有些不同，如假山龙眼（*Heliciopsis terminalis*）、母猪果（*Helicia nilagiria*）、毛瓣无患子（*Sapindus rarak*）、百日青（*Podocarpus neriifolius*）、竹节树、野龙眼（*Dimocarpus longan*）、云南胡桐（*Calophyllum polyanthum*）、具嘴荷包果（*Xantolis boniana* var. *rostrata*）、铁力木（*Mesua nagassarium*）、大叶紫珠（*Callicarpa macrophylla*）、三对节（*Clerodendron serratum*）、苦子马槟榔（*Capparis yunnanensis*）、绒毛苹婆（*Sterculia villosa*）、印度栲（*Castanopsis indica*）、薄叶高山栎（*Quercus kingiana*）、三棱栎（*Trigonobalanus doichangensis*）、多蕊木（*Tupidanthus calyptratus*）、树参（*Dendropanax dentigerus*）、银叶诃子（*Terminalia argyrophylla*）等。玉溪南部、红河、文山等地的细青皮（*Altingia excelsa*）、蒙自蕈树（*Altingia yunnanensis*）、思茅松（*Pinus kesiya* var. *langbianensis*）、锯叶竹节树（*Carallia lanceaefolia*）、粗丝木（*Gomphandra tetradra*）、百日青、猪腰豆（*Whitfordiodendron filipes*）、假海桐（*Pittosporopsis kerri*）、马槟榔（*Capparis masaikai*）、云南苏铁（*Cycas siamensis*）、旱地油杉（*Keteleeria xerophila*）、毛枝五针松（*Pinus wangii*）、鸡毛松（*Podocarpus imbricatus*）、喙核桃（*Annamocarya sinensis*）、马蛋果（*Gynocardia odorata*）、云南七叶树（*Aesculus wangii*）、鹅掌楸（*Liriodendron chinense*）、大叶木莲（*Manglietia magaphylla*）、观光木（*Tsoongiodendron odorum*）、滇波罗蜜（*Artocarpus lakcoha*）、黑节草（*Dendrobium* candidum）、马尾树（*Rhoiptelea chiliantha*）、梭子果（*Eberhardtia tonkinensis*）、绒毛番龙眼（*Pometia tomentosa*）、滇木花生（*Madhucapa squieri*）、大果五加（*Diplopanax stachyanthus*）、姜状三七（Panax *zingiberensis*）、毛叶坡垒（*Hopea mollissima*）等等，这一地区是云南植物种类比较丰富的地区之一。

思茅、西双版纳是云南植物种类最丰富的地区，乡土植物也异常丰富，如木兰一类的植物有大叶木兰（*Magnolia henryi*）、合果木（*Paramichelia baillonii*）、滇南木莲（*Manglietia duclouxii*）、思茅木莲（*Manglietia chingii*）、景洪木莲（*Manglietia wangii*）、狭叶含笑（*Michelia lanceolata*）等，不次于文山、红河等地区；其他乡土植物还有鸡毛松、长叶竹柏（*Podocarpus fleuryi*）、林生杧果（*Mangifera sylvatica*）、见血封喉（*Antiaris toxicaria*）、榆绿木（*Calycopteris floribunda*）、四数木（*Tetrameles nudiflora*）、望天树（*Parashorea chinensis*）、版纳三尖杉（*Cephalotaxus mannii*）、八宝树（*Duabunga grandiflora*）、风吹楠（*Horsfieldia amygdalina*）、红光树（*Knema furfuracea*）、糯米果（*Gnetummontanum* var. *megalocarpa*）、云南肉豆蔻（*Myristica yunnanensis*）、野荔枝（*Litchi* sp.）、越南油树（*Dipterocarpus tonkinensis*）、青皮（*Vatica astrotricha*）、缅茄（*Pahudia xylocarpa*）、黑黄檀（*Dalbergia fusca*）、顶果木（*Acrocarpus fraxinifolius*）、黑心树（*Cassia siamea*）、密子豆（*Pycnospora lutescens*）、相思子（*Abrus pulchellus*）、大叶茶（*Camellia sinensis* var. *assamica*）、思茅木姜子（*Litseapierrei* var. *szemois*）、山红树（*Pellacalyx yunnanensis*）、原始莲座蕨（*Anchangiolpteris henryi*）、树蕨（桫椤）（*Cyathea spinulosa*）、黑桫椤（*Alsophila podophyla*）、王冠蕨（*Pseudodrynaria coroneus*）等。

贺善安在*Plants of China：A Companion to the Flora of China*中指出，中国有世界上最丰富的园林观赏植物，超过7500种常见的栽培植物源于中国，占世界总数的60%—70%。他认为中国有20000种潜在的观赏植物，其中2000种已被应用。他还总结中国排名前10的科分别是菊科（Asteraceae）、睡莲科（Nyphaeaceae）、杜鹃花科（Ericaceae）、牡丹科（Paeoniaceae）、木兰科（Magnoliaceae）、山茶科（Theaceae）、槭树科（Aceraceae）、毛茛科（Ranunculaceae）、蔷薇科（Rosaceae）、忍冬科（Caprifoliaceae）。根据近年来科研工作者对云南省观赏植物的调查，如李伟（2017）、李艳琳（2016）对昆明市花卉植物、城市植物的调查，刘志勇（2016）对昆明市园林绿化乡土植物、段晓梅和刘伟（2010）对西双版纳景洪市城市植物、洪献梅（2011）对丽江城市园林绿化植物、金志辉等（2010）对普洱市城市绿地植物、杨桂芳（2012）对丽江古城园林植物、叶媛（2019）对云南高原湖泊湿地湖滨区植物、张新军等（2020）对云南省观赏湿地植物等的调查结果表明，云南的园林植物种类比全国其他省份种类更多、类型也更齐全。以云南八大名花为代表的乡土植物种类彰显了滇派园林植物的特色，这些代表性的乡土植物在下一节中将做较为详细的阐述。

此外，云南潜在观赏价值高的种类中有不少却面临濒危，有些甚至属于极小种群野生植物。极小种群野生植物是指分布地域狭窄或呈间断分布，长期受到自身因素限制和外界因素干扰，呈现种群退化和数量持续减少，种群（population）及个体（individual）数量都极少，已经低于稳定存活界限的最小生存种群（minimum viable population，简称MVP），而随时濒临灭绝的野生植物。不少极小种群野生植物其实也是特色明显的观赏植物，比如华盖木、滇桐、漾濞槭、旱地木槿等，通过近年来的研究攻关，已经能够大量繁殖，也强烈推荐其作为滇派园林的主推园林植物，这些种类栽培运用得越多，保护工作也就会做得越好，在下一节中也将选取部分极小种群园林植物做详细介绍。

第二节　滇派园林植物多样性的具体展现

王仲朗[①]　沈云光[②]　李景秀[③]

就植物种类而言，古代的滇派园林植物以云南原产的乡土植物为主，以云南八大名花为代表的特色乡土植物成为识别滇派园林的重要特征之一，下文将以这些代表性的云南乡土植物种类为基线做具体展现。

一、云南山茶

（一）悠久的栽培驯化历史

云南山茶（*Camellia reticulata*）又称滇山茶、南山茶、腾冲红花油茶，以花朵硕大、花色鲜艳、花期长、品种繁多、树体高大、寿命长而名扬海内外，享有“云南山茶甲天下”的美誉，位列云南八大名花之首，是昆明市的市花。

云南山茶栽培历史悠久，最早的书面记载见于唐昭宗光化元年（898年）《南诏图传》，其中描画了奇王细奴罗庭院中两株高出屋檐的数百年古山茶，文载：“奇王之家，瑞花两树，生于舍隅，四时常发，俗称橙花。”橙花，据考证即茶花。由此推测，云南山茶的栽培史有1500年以上。

“云南茶花红似火、千朵万朵压枝低”的景象被历代诗人名家争相传颂。最有名的莫过于明朝的名僧担当的诗句，令人过目不忘，“冷艳争春喜烂然，山茶按谱甲于滇，树头万朵齐吞火，残雪烧红半个天”。成书于16世纪的《云南通志》载：“茶花奇甲天下，明晋安谢肇淛谓其品七十有二。豫章邓渼纪其十德，为诗百韵。赵璧作谱近百种，以深红软枝、分心卷瓣为上。”这说明云南山茶在明代就有“云南山茶甲天下”的美誉。

① 单位：中国科学院昆明植物研究所。
② 单位：中国科学院昆明植物研究所。
③ 单位：中国科学院昆明植物研究所。

明代旅游家徐霞客徒步考察中国名山大川，在云南也写下了很多关于茶花的篇章。《徐霞客游记·滇中花木记》中盛赞云南茶花、杜鹃花："滇中花木皆奇，而山茶、山鹃为最。山茶花大逾碗，攒合成球，有分心、卷边、软枝者为第一。省城推重者，城外太华寺。城中张石夫所居红楼楼前，一株挺立三丈余，一株盘垂几及半亩。垂者丛枝密干，下覆及地，所谓柔枝也；又为分心大红，遂为滇城冠。山鹃一花具五色，花大如山茶，闻一路迤西，莫盛于大理、永昌境。花红，形与吾地同，但家食时，疑色不称名，至此则花红之实，红艳果不减花也。"宾川鸡足山"院有山茶甚巨"。通海秀山"宫前巨山茶二株，曰红云殿。宫建自万历初，距今才六十年，山茶树遂冠南土"。大理三塔"其后又有正殿，庭中有白山茶一株，花大如红茶，而瓣簇如之，花尚未尽也"，从书中描述的花期和花瓣着生方式看，这株白山茶应是云南山茶的传统名品'童子面'。书中还记载："中立我太祖高皇帝（即明太祖朱元璋）赐僧《无极归云南诗》十八章，前后有御跋。此僧自云南入朝，以白马、茶树献，高皇帝临轩见之，而马嘶花开，遂蒙厚眷。"腾冲的山茶花"其木高十余丈，围丈余，垂荫数亩，望之如火，树下可坐百人"。明代徐霞客的书中大量记载了从滇中至滇西云南山茶人工种植的情况，从一个侧面表明云南山茶在明代就已普遍栽培于庭院和寺庙中。

（二）遗存的山茶古树与云南多彩的民族文化息息相关

据文献记载，山茶又被称为曼陀罗，这与佛教大有渊源的别名在我国明代达到使用的顶峰。明代王象晋《群芳谱》云："山茶，一名曼陀罗树。"在我国古代和近现代，有很多文献、诗词中称山茶为曼陀罗树或曼陀罗。在中国历史长河中，有关曼陀罗的诗词非常多，周钟岳在给《滇南茶花小志》题词云："玉斧轻挥大渡河，剩教炎德益州多。已从异域移优钵，更喜漫天雨曼陀。照殿名传滇海艳，看花人带酒颜酡。南中待补嵇含状，合与虞衡志不磨。"全篇题名是茶花，诗中用曼陀罗的别名来指代茶花，也从另一个侧面表明曼陀罗是山茶的别名之一，而且与佛教法雨的典故息息相关。

曼陀罗，佛教梵语的音译名，其词义为"悦意"。佛教界视曼陀罗为祥瑞之花。考其渊源，则与佛祖释迦牟尼"拈花"及其大弟子摩诃迦叶"微笑"的传法典故有关。《妙法莲华经—分别功德品》云："佛说是诸菩萨摩诃萨得大法利时，于虚空中雨曼陀罗华（花）。"《阿弥陀经》亦曰："昼夜六时，天雨曼陀罗花。"由于佛祖传法时漫天下起曼陀罗花雨，因此"曼陀罗花""曼陀罗雨"以及简称的"花雨"，也就成了佛法传播和佛光普照的象征。

山茶花为长寿树种，又与"拈花微笑""天雨曼陀罗花"等佛教典故有关，因此被人们尊为瑞花佳木，中国的佛教寺院中曾广泛栽培，至今仍保存了众多的山茶古树。笔者曾赴云南楚雄紫溪山调查云南山茶古树，山上有众多云南山茶古树，其中不乏重瓣者。仔细探寻这些古树的周边环境，表面上他们与周边野生植物融为一体，但是经过搜寻发现，这些古树无一例外是在残存的建筑遗址上，明显是人工种植后的遗存。据《紫溪山志》记载，紫溪山有68处寺庙遗址，列有云南山茶古树130株，其中72株树龄在200年以上。根据近年来的统计，云南省人工栽培型山茶古树90%以上都保存在寺院中，在宾川鸡足山、巍山巍宝山和楚雄紫溪山的寺庙群附近都遗存有大量云南山茶古树，祥云水目寺、巍山茶房寺、永平金光寺和报国寺、晋宁盘龙寺、西山太华寺和华亭寺、凤庆石洞寺和群岳寺、昆明黑龙潭、昆明金殿、昆明松华坝张家祠、宜良宝洪寺和靖安寺等地亦可见少量云南山茶古树遗存。这些都说明，云南山茶在滇派园林中的寺庙园林中具有重要的地位。

在云南，很多地方也信奉原始宗教，保留着大量的保护生态环境的思想观念和行为习惯，与生物多样性相关的思想主要表现在自然崇拜、图腾崇拜和祖先崇拜等形式当中。彝族将众多的茶花古树保存在土主庙中，是传统文化在古树保护中的重要体现。以东巴教为基础的纳西族原始宗教崇尚万物有灵、与自然和谐相处，更多地表现在对茶花及对各种生物的保护和崇拜上。此外，云南不同的少数民族对待云南山茶也各具特色，大理白族将其作为庭园用花和身份的象征，楚雄彝族对茶花怀有崇敬之情，在腾冲则又被作为油料植物。每个分布地区都有自己独特的山茶文化，从不同角度对云南山茶多样性产生推动作用。（辛桐，2015）

（三）世界最高的栽培山茶古树和野生山茶古树

1. 世界最高的栽培山茶古树

云南西部的巍山彝族回族自治县这座美丽的边陲小城，是国家级历史文化名城。在巍山遗存有不少山茶古树，比较有名的有5株：巍宝山灵官殿明朝的桂叶银红1株、茶克塘村三官寺清朝的玉带紫袍1株、民胜村公所崖子脚村清朝金蕊蝶翅1株、民胜村公所几路村清朝的平瓣独心大理茶1株、五星村公所上碧阱村清朝平瓣独心大理茶1株。这些山茶古树是这座国家级历史文化名城里不可或缺的一道风景。

生长在巍宝山灵官殿内的云南山茶栽培品种桂叶银红古树，是明代晚期种植的，树龄300年以上，高17.5米，胸径36厘米，基径39厘米。据民国初年《蒙化志稿》记载，这株茶花“大可合抱，高三四丈，花时蓓蕾，艳丽异常”。树高耸过屋，又紧挨大殿，盛花时满树红花，照红殿宇，因此又被称为“照殿红”。高大的古茶树与雄伟的建筑相辉映，构成古朴的和谐之美。巍宝山古山茶于1989年被认定为世界上最高的栽培茶花古树。

2. “最高的野生山茶古树”

永平宝台山总面积1047公顷，植被覆盖率达96.68%，有各类植物1001种，其中蕨类植物22科41属90种、种子植物134科443属911种，仅列入国家一、二级保护范围的野生动物就达30多种。山上有始建于明崇祯元年（1628年）的古建筑群金光寺，建筑古朴雄壮、雕工精细、构思奇巧，是极为难得的艺术珍品，素有“滇西名胜”之称。2005年12月23日，国家林业局正式批准设立宝台山为“云南宝台山国家级森林公园”。2008年王仲朗等人赴宝台山考察，发现了大量成片的野生云南山茶群落，很多都已长成了大树，嘱咐当地的陈光显先生留意寻找哪一株是最高的，并估计可能会在沟谷。2010年陈光显先生报告说找到一棵估计高20米以上的山茶古树，听到消息，王仲朗等带着测量设备经实地测量后高度在25米，是目前山茶属植物中发现的长得最高的野生山茶古树。后来中央电视台专门把这一段拍成纪录片在《花开中国》中播出，“最高的山茶树”从此名扬天下。

（四）云南山茶是最有特色的云南观赏花卉

云南山茶虽然引种到日本有近千年的历史，被引到欧洲的时间也有几百年，但在这些国家的适应性都不太好，虽然也能开花，但就是没有在原产地云南开得靓丽和鲜艳。要看最亮眼的云南山茶花还是应该到昆明、大理、楚雄、腾冲等地。红土高原和较强的紫外线造就了云南山茶，也使原生品种的云南山茶成为滇派园林中最具特色的植物类群。针对云南山茶花大色艳的特性和适应性较弱的缺点，国际上将云南山茶作为亲本，通过与其他适应性强的山茶杂交产生了大量的种间杂交品种。

山茶花是中国十大名花之一，也是中国原产的世界著名花卉。自国际山茶协会于2004年启动国际杰出茶花园（International Camellia Garden of Excellence）的认证以来，至2021年全世界有57个茶花园获得这一殊荣，作为原产国，我国有11个茶花园通过此认证，约占全世界数量的五分之一。云南省是我国获得这一认证最多的省份，迄今有3个：中国科学院昆明植物园（2012）、昆明金殿名胜区（2016）、大理玉洱园（2016），这些都是云南省观赏茶花的最佳去处。全国第一座国际茶花友谊园于1984年在中国科学院昆明植物园茶花园设立，是云南省山茶品类最齐全的山茶专类园。此外，楚雄的西山公园和紫溪山山茶物种园、大理的张家花园和大理茶花谷及苍山植物园、腾冲的和睦茶花村和来风山茶花基地、凤庆的洛党乡茶花村、昆明白邑黑龙潭茶花园、景东哀牢红茶花基地、昆明黄文仲茶花基地等是现代观赏栽培茶花的重要场所。2019年5月世界山茶属植物品种数据库（http：//camellia.iflora.cn）正式对外开放使用，该数据库的建成使用标志着其在该领域的完整性、权威性，已成为由中国人领导和主导的国际合作的典范，为提升中国的世界影响力做出了较大贡献。

（五）云南山茶品种极其丰富

云南山茶的栽培历史悠久，但传承下来的传统品种并不多，多篇文献中有72个品种的记录。相比山茶（*C. japonica*）和茶梅（*C. sasanqua*），云南山茶传播到欧美国家相对较晚，由于其适应性较差，直到20世纪40年代才有较多的云南传统品种传播到美国。

云南山茶的花是山茶属中最大的，吸引了世界各地的茶花育种工作者和爱好者开展大量的种间杂交工作，据Wang Y.N. et al.（2021）的最新统计，云南山茶及其杂交后代的品种数量达到1432个，是山茶属中排名第2多品种的类群。这里列举10大传统品种10个世界各地现代选育的优良品种。

1. 恨天高（*Camellia reticulata* 'Hentiangao'）（图2–2）

图 2–1　恨天高

原产于云南大理的传统名品，古称‘汉红菊瓣’，因其生长极其缓慢，后改名为‘恨天高’。花桃红色，玫瑰重瓣型，雌蕊退化扁平、无法结实，只能通过嫁接繁殖；植株矮小，生长缓慢；叶宽大，叶脉明显。该品种在古代数量稀少，极其名贵，现代已经大量繁殖，在云南花木市场很容易见到，尤其在大理的白族庭园中很常见，是茶花爱好者喜闻乐见的传统名品。《滇南茶花小志》记载：“恨天高，枝干短小，一桃红，片多花大；一朱红，花较小，片亦少”，现存者为前者，后者已失传。

2. 童子面（*Camellia reticulata* 'Tongzimian'）（图2–1）

图 2–2　童子面

原产于云南大理和楚雄的传统名品，古称‘银红菊瓣’。花乳白色而带红晕，似幼童娇嫩的脸色；植株矮小，枝条短，分枝多，叶多集中于枝顶端。在楚雄紫溪山曾有1株世界上最大的童子面古树，据称有800年的历史。现在楚雄红墙的土主庙仍保留了两株比较大的童子面古树。

3. 狮子头（*Camellia reticulata* 'Shizitou'）（图2–3）

图 2–3　狮子头

原产于云南大理及昆明的传统品种，又称‘九心十八瓣’。花牡丹型，内轮花瓣曲折卷旋，花心高耸，雄蕊分数束夹于曲折花瓣中。是云南各地保存古树最多的品种。《滇南茶花小志》记载：“九心十八瓣，一名狮子头，其色或深或浅，丰茸圆湛，如狻猊之举首奋跃。”

图 2-4　大玛瑙

图 2-5　大理茶

图 2-6　松子鳞

图 2-7　牡丹茶

4. **大玛瑙**（***Camellia reticulata*** **'Damanao'**）（图2-4）

原产于云南大理的传统品种，为'狮子头'芽变而来，其植株枝、叶与'狮子头'难以区分，唯花色为红白相间可区别，且花朵的白斑比例并不稳定，《滇南茶花小志》记载："红白玛瑙狮子头，状若九心十八瓣，红多者曰红玛瑙，白色者曰白玛瑙。"

5. **大理茶**（***Camellia reticulata*** **'Dali Cha'**）（图2-5）

原产于云南大理的传统品种，深受人民喜爱，现在广为流传。花朵硕大，牡丹型，为云南山茶花中花型最大的品种；叶肥大，叶缘波状起伏。广通一平浪附近大平地有大理茶古树1株，树龄超过400年；腾冲市区有多株百年以上的大理茶古树。

6. **松子鳞**（***Camellia reticulata 'Songzilin'***）（图2-6）

原产于云南昆明的传统品种。花完全重瓣型，初开时有如松球张鳞，花瓣平铺密集；叶倒卵形，叶缘略反卷。昆明西山太华寺原有1株松子鳞古树，相传为明建文帝手植，已于1962年枯死；晋宁盘龙寺现存1株元代松子鳞古树，高约12米。《滇南茶花小志》记载："松子鳞，色浅红，瓣细碎，如松毬张鳞。"

7. **牡丹茶**（***Camellia reticulata*** **'Mudan Cha'**）（图2-7）

原产于云南昆明的传统品种。花牡丹型，桃红色，刚开时颜色较深，而后会渐渐淡化，内轮花瓣有白脉纹及白条。较难栽培，现今数量较少，为珍稀品种。宜良县宝洪寺原有大树1株，已于1969年枯死。《滇南茶花小志》记载："牡丹茶瓣极多，大如牡丹，色银红，花心吐艳，叶厚边缘齿深。"

8. **早桃红**（***Camellia reticulata*** **'Zaotaohong'**）（图2-8）

原产于云南昆明的传统品种。花色桃红，牡丹型，花期早；叶大，椭圆形至椭圆状卵圆形，可区别于其他品种。生长强壮，在云南各地尤其滇中地区为常见的古树品种。昆明北郊的黑龙潭有1株‘明茶’，即为早桃红古树。《滇南茶花小志》记载：“早桃红品种有二：杨家早桃红，桃红色，开最早，瓣繁。黄家早桃红，桃红色，开最早，瓣简。”

图 2–8　早桃红

9. **紫袍（*Camellia reticulata* ‘Zipao’）**（图2–9）

原产于云南大理和昆明的传统品种。花紫红色，花瓣排列整齐，叶片宽肥而厚，树干上多有裂纹凹陷，俗称‘蜂窝眼’。本品种变异大，中心花瓣具明显白色条纹的称‘玉带紫袍’（白色条纹实为雄蕊变成花瓣后留下的痕迹）；还有树干上没有‘蜂窝眼’的俗称‘滑杆紫袍’。《滇南茶花小志》记载：“紫袍，色极紫，大如牡丹。玉带紫袍，花瓣中有白色一道。”

图 2–9　紫袍

10. **宝珠茶（*Camellia reticulata* ‘Baozhu Cha’）**（图2–10）

原产于云南昆明的传统品种。与品种‘大桃红’较相近，但花心凸出，形成圆球形花冠，叶片肥大，脉纹明显。凤庆县石洞寺有宝珠茶古树1株，生长健壮。《滇南茶花小志》记载：“宝珠，叶圆而有光泽，瓣若狮子头，色鲜红如朱。”

图 2–10　宝珠茶

11. **帕克斯先生（*Camellia* ‘Dr. Clifford Parks’）**（图2–11）

1972年由美国的帕克斯先生培育，并以他本人的名字命名的品种，是云南山茶大桃红（*Camellia reticulata* ‘Dataohong’）与华东山茶克瑞墨大牡丹（*Camellia japonica* ‘Kramer’s Supreme’）种间杂交的品种，在国际上屡次获得各种奖，继承了母本大桃红花大艳丽的特点，适应性强、生长快速，在世界各地广泛栽培。

图 2–11　帕克斯先生

12. **情人节（*Camellia* ‘Valentine Day’）**（图2–12）

1967年由美国加州的Howard Asper通过云南山茶大桃红（*C.reticulata* ‘Dataohong’）与红山茶丝纱罗（*C.japonica* ‘Tiffany’）种间杂交培育。堪称现代云南山茶的代表品种，它美丽的倩影散发出无与伦比的魅力，数十年来一直深深受到茶花迷的喜爱与追求，屡获各种大奖。

图 2–12　情人节

图 2-13　国楣

13. 国楣（*Camellia reticulata* 'Guomei'）（图2-13）

1989年选育自云南省楚雄市，为纪念我国著名植物学家冯国楣先生对中国茶花的突出贡献而命名。花色深桃红，花瓣排列整齐，叶片叶脉明显，叶肉微凸。该品种的山茶花多次获得国内各种茶花展的大奖。

图 2-14　雪娇

14. 雪娇（*Camellia reticulata* 'Xuejiao'）（图2-14）

1994年选育自云南省腾冲县红花油茶林中。花乳白色带红晕，松散牡丹型，花瓣边缘带粉红色，是云南山茶花中为数不多的浅色品种之一，易区别于其他品种，深受各族人民的喜爱，现已成为云南茶花苗木中常见的品种。

图 2-15　拉丽皮特

15. 拉丽皮特（*Camellia* 'Larry Piet'）（图2-15）

1988年由美国加利福尼亚州Meyer Piet先生培育。母本为选育自大玛瑙的种子选育的品种法老王（*Camellia reticulata* 'Pharaoh'），父本为华东山茶与云南山茶的杂交品种哈罗德（*Camellia* 'Harold L. Paige'）。花玫瑰形、艳丽红—浓黑红；花大，直径11—15厘米、高5—7厘米；花期长，10月至翌年3月；树干挺立、浓密、长势强。现在已成为全世界知名且运用极广的一个品种，也是多次获奖的品种。在腾冲街头已作为行道树栽培，适应性很好。

图 2-16　圣洁

16. 圣洁（*Camellia* 'Shengjie'）（图2-16）

中国茶花品种登录第17号。首次发表于《中国花卉园艺》2007年第20期，由王大庄培育、张建春命名。花玫瑰型，花径约13厘米。花瓣4—5轮排列，约30片，里面2—3轮花瓣颜色较浅，呈粉白色；外面2轮颜色较深，花瓣边缘稍带淡紫色，瓣大而平展。叶大且厚，长13—14厘米，宽7—8厘米，深绿且有光泽，叶脉及色泽像华东山茶。花期2月中旬至3月下旬。大理现代三姐妹茶花之一，其他两个为'崇洁'和'妙洁'。

17. **哀牢红（*Camellia reticulata* 'Ailaohong'）**（图2-17）

中国茶花品种登录第65号，首次发表于《中国花卉园艺》2010年第16期，由兰成新培育、冯宝钧命名。叶长椭圆形，长13.5—15厘米，宽7—8.1厘米，先端渐尖，基部钝圆至宽楔形，叶片平伸略后弯，中脉突出，网脉明显，其大型叶的特点在山茶各品种中较突出而容易分辨。花大红色，直径9—13厘米，花瓣24—26片、5—6轮排列，外轮花瓣较大、略曲折，内轮较小、曲折。雄蕊多数，不明显地分为数组，生于曲折的内瓣中，雌蕊发育尚可，母树可结实，但很少。花期12月至翌年2月。为云南景东县边远山区农民兰成新选育的系列品种之首个，在2016年大理国际茶花大会上受到广泛关注。

图2-17　哀牢红

18. **云针（*Camellia reticulata* 'Yunzhen'）**（图2-18）

中国茶花品种登录第9号，首次发表于《中国花卉园艺》2007年第8期，由段怀高培育和命名。叶片宽、披针形，叶边缘波状起伏；花瓣端部有显著的针状突起，为其主要特征，容易与其他品种区分。发表后，由于花少且有明显别于其他云南山茶的特征，而成为多年最贵的云南茶花。

图2-18　云针

19. **玉洁（*Camellia* 'Yujie'）**（图2-19）

中国茶花品种登录第25号，首次发表于《中国花卉园艺》2008年第4期，由中国科学院昆明植物研究所培育、夏丽芳命名。为种间杂交种，母本是云南山茶，父本是越南油茶。花单瓣、白色略带红晕，叶形与父本相似，生长健壮，花期早，花量大，属极早花品种，染色体2n=115。

图2-19　玉洁

20. **楚蝶（*Camellia reticulata* 'Chudie'）**（图2-20）

1989年选育自云南省楚雄市东瓜镇庄甸朱洗冲。花色桃红，松散牡丹型，花冠饱满，叶长椭圆状卵圆形，叶脉明显且下凹，叶缘锯齿深，枝条粗壮，适应性好，是楚雄茶花品种的代表之一。

图2-20　楚蝶

（六）云南产其他重要的山茶类园林植物

除了被誉为省花的云南山茶，耐干旱和颇具云南特色的怒江山茶（*C. saluenensis*）和高大的西南山茶（*C. pitardii*）等也是云南产观花植物。只是这些山茶在园林运用中尚少，而在春节期间，是最多被采集成为装点节日气氛的野生切花茶花。

山茶属茶组的大叶茶（*Camellia sinensis* var. *assamica*）、大理茶（*C. taliensis*）、厚轴茶（*C.crassicolumna*）等都是重要的制作茶叶的基源植物，同时也是滇派园林中的特色植物。观花观果均俱佳且有香味的猴子木（*C. yunnanensis*）、花小但花量大的蒙自连蕊茶（*C. forrestii*）、近缘种云南山枇花（*Polysporachrysandra*）、大花红淡比（*Cleyera japonica* var. *wallichiana*）、银木荷（*Schima argentea*）、贡山木荷（*Schimasericans*）等都是近年来运用较广或者开始使用的云南特色的乡土山茶科园林植物。

二、杜鹃花

杜鹃花有很高的观赏价值，被列为 "世界三大园艺植物" 和 "中国三大天然名花" "云南八大名花" 之一。全世界约有包括亚种和变种在内的杜鹃花1140种，中国约有560种，占世界种类的59%。作为全国乃至全世界杜鹃花种类最多的地区，云南约有包括亚种和变种在内的杜鹃花320种，占全国的56%、世界的31%。

从全国野生杜鹃的分布地看，种类最多、生物多样性最丰富的地区是云南、四川和西藏，而杜鹃花属植物在这3地主要分布区为滇西北、川西北和藏东南，即横断山区域。横断山区域是世界公认的杜鹃花王国，多年来一直受到国内外有关专家的关注。地处云南西北地区的德钦、贡山、香格里拉、维西、丽江、剑川、鹤庆，以及宁蒗、漾濞、大理、腾冲和禄劝等地成为云南省的杜鹃花分布中心区。在海拔2500—4200米的崇山峻岭中，集中分布了云南省杜鹃花种类的70%以上。世界闻名的白马雪山、高黎贡山、碧罗雪山、哈巴雪山等不仅以其雄伟的高峰和秀丽的风景吸引世人，而且也是中国杜鹃花分布最丰富的区域。分布在这一区域的高山杜鹃林植株低矮，群丛一望无际，在春夏之交形成一片片的杜鹃花海，吸引了众多植物采集者的关注。当年傅礼士（George Forrest）第一次涉入此地后，就坚定了要成为终身植物采集者的目标。历时28年的植物考察，曾7次来华，足迹几乎遍及中国西南地区，采集了3万多份标本，其中近4000份为杜鹃花标本，包括大约300个杜鹃花新种，奠定了今日爱丁堡皇家植物园世界杜鹃花研究中心的地位。（耿玉英，2010）也正是由于傅礼士在这些地区的采集，一批又一批的后继者前来中国对杜鹃花进行采集。至今，我国西南地区仍然是世界上植物学、生态学、园艺学等学科研究者及爱好者所向往的地方。位于大理市境内的点苍山，是我国杜鹃花分布的重要区域之一，也是西方人最早进行植物采集考察的地区之一。明代李元阳曾有诗："君不见点苍山原好风土，杜鹃踯躅围花坞……如此繁花天下无。"从19世纪末起，法国传教士和西方植物采集者便开始在点苍山进行大规模的植物采集，许多种类在西方园林界至今仍占据重要地位。云南省的丽江市，以丰富、古老的民族文化和玉龙雪山的壮丽风景闻名于世，而丰富的植物区系更为瞩目。西方人在丽江的采集始于20世纪初，在丽江市境内分布的40多种高山杜鹃花在西方园林里都能见到。

尽管杜鹃花具有很高的观赏价值，备受园艺学家的青睐，但云南野生杜鹃花资源的利用并不多，在城市绿化和花卉市场上看到的杜鹃花几乎都是国外培育的品种。除了国内市场上常用的毛鹃（锦绣杜鹃和映山红）、东鹃（来自日本的东洋杜鹃，体型较小，分支较散）、西鹃（来自荷兰和比利时的杂交种）和夏鹃（皋叶杜鹃，重要的盆景植物）外，目前市场上用得最多的云南乡土杜鹃花还是以马缨花、大白花杜鹃和露珠杜鹃等为主，而且与云南多民族的传统文化息息相关。

1. 马缨花（*Rhododendron delavayi*）（图2-21）

马缨花是杜鹃花中的佼佼者，在国际花卉市场上享有盛名。云贵川地区高山峡谷纵横，在交通不发达的年代，马帮是当地人民的主要物流方式。爱美的赶马人常常给驮马头上挂上鲜红的璎珞，名曰马缨。花朵硕大的马缨杜鹃，因其红其艳与马缨相似而得名，俗称马缨花。马缨花隶属杜鹃花科杜鹃花属，原产滇、黔、桂等省区，生长于海拔200—3100米的灌木丛中或松林下。常绿灌木至乔木。树皮粗厚，呈灰棕色，呈不规则片状剥落，因此其老树的沧桑感十足，与绿叶红花形成鲜明对比。叶片革质，长圆状披针形，正面深绿，背面密被灰白色海绵状薄茸毛。花期2—5月，花簇生于枝顶，呈伞形花序式的总状花序，肉质花冠呈钟形，花朵密集，人们也据此称之为密筒花；花大如盘，深玫瑰红色，在阳光照耀下，艳光四溢、红得醉人！而且马缨花的寿命很长，哪怕是百年老树，春日仍能繁花满树、铺锦叠绣。相传，红艳似火的马缨花是彝家姑娘"梅维鲁"为反抗土司暴行，为民除害，最后以身殉难而被她的鲜血染红的。后人为了纪念这位美丽善良的彝家姑娘，每年农历二月初八，也就是马缨花盛开之时，在云南的彝族地区都要过马缨花节。

图 2-21　马缨花（魏薇　摄）

2. 大白花杜鹃（*Rhododendron decorum*）（图2–22）

又名大白花、羊角菜、白花菜、白豆花，种加词decorum是“美丽、壮观”的意思，就此可见，大白花杜鹃比较秀美。常绿灌木或小乔木，高1—3米，小枝粗壮、无毛，幼枝绿色，初被白粉，老枝褐色。分布于贵州、四川、云南、西藏，生长于海拔1000—3300（4000）米的灌丛中或森林下。大多数杜鹃花都有毒，但仍然有少数种类的花朵经过处理之后成为盘中美味，而大白花杜鹃就是大理白族食花文化的代表。大白花杜鹃在高黎贡山、碧罗雪山、哀牢山、点苍山等云岭大山随处可见，璀璨夺目、撼人心魄。大理白族民间有“春吃一顿大白花，一年四季药不抓”的谚语。大理白族人民通过独特的加工程序，与腊肉、火腿、鲜肉炒食，或与青蚕豆米等一起煮汤，或者加上白酒辣椒佐料制成腌菜，味道极为鲜美。大理是云南著名的食花文化发源地。

图 2–22　大白花杜鹃

3. 露珠杜鹃（*Rhododendron irroratum*）（图2–23）

主产于云南的昆明、嵩明、寻甸、富民、禄丰、武定、禄劝、大姚、宾川、大理、漾濞、鹤庆、剑川、丽江、永平、巍山、凤庆、镇康、临沧、景东、元江、易门等地，生长于海拔1800—3000（3600）米的常绿阔叶林、松林或杂木林中，四川西南部、贵州西北部也有分布。常绿灌木或小乔木，叶背无毛，中脉极隆起，侧脉突起；花序总状伞形，有花10—15朵，花冠筒状钟形，长3—5厘米，乳黄色、白色带粉红或淡蔷薇色，筒部上方具绿色至红色点子，外面具多少不等的腺体，裂片5，长1.5—2厘米、宽2.5—3厘米，先端微凹。花期3—5月，果期9—11月。露珠杜鹃在云南自然分布广、适应性强，在云南庭园中运用也比较广泛，花型美丽，花色变化较大，是云南重要的观赏植物。

图 2–23　露珠杜鹃

4. 云南杜鹃（*Rhododendron yunnanense*）（图2–24）

又称基毛杜鹃，主产于云南的德钦、维西、香格里拉、丽江、宁蒗、大理、漾濞、鹤庆、宾川、洱源、巍山、腾冲、大姚、禄劝、马龙、寻甸、昭通、镇雄、巧家等地，生长于海拔2200—3600（4000）米的山坡杂木林内、次生灌丛、松林或松栎混交林以至云杉、冷杉林下；四川西南部、贵州西部也有分布。花期4—6月。该品种也是现在云南庭园栽培较多的种类。

图 2–24 云南杜鹃（魏薇 摄）

（1）爆仗花（*Rhododendron spinuliferum*）

又称密通花，主产于云南的腾冲、大理、景东、双柏、路南、易门、禄丰、富民、通海、昆明、武定、禄劝、寻甸、巧家、盐津、玉溪、建水等地，生长于海拔1900—2500米的山谷灌木林、松林或次生松栎林、油杉林下；四川西南部也有分布。叶坚纸质，散生，叶片倒卵形、椭圆形、椭圆状披针形或披针形，顶端通常渐尖，具短尖头，上面黄绿色，有柔毛，中脉、侧脉及网脉在上面凹陷致呈皱纹，下面色较淡，密被灰白色柔毛和鳞片；花序伞形，有2—4花，花冠筒状，两端略狭缩，朱红色、鲜红色或橙红色，上部5裂，花冠外面洁净；雄蕊10，不等长，略伸出花冠之外，花药紫黑色；子房花柱长，伸出花冠之外；花期2—6月。

（2）碎米花（*Rhododendron spiciferum*）

产于大理、双柏、玉溪、江川、昆明、寻甸、师宗、广南、砚山等地，生于海拔800—2100（2880）米的山坡灌丛中、松林下或杂木林下。花冠粉红色，漏斗状。

（3）粉红爆仗花（*Rhododendron* × *duclouxii*）

原产于昆明，花冠筒状钟形，花冠筒基部近白色，向花冠上部色渐深，呈桃红色、玫瑰红色或粉红色。本种的体态和花形、花色等特征均明显介于碎米花和爆仗花之间，被认为是个自然杂交种。。

5. 大树杜鹃（*Rhododendron protistum* var. *giganteum*）（图2–25）

常绿大乔木，高达25m；叶较大，上面光滑，下面被淡黄色丛卷毛；总状伞形花序有20—25花；花冠钟状，长6—7厘米，蔷薇色或紫红色。蒴圆柱状，长约4厘米，微弯，被锈色柔毛。与原变种翘首杜鹃的区别在于成叶下面毛被疏松，淡棕色，不脱落；花较大，花冠长7—8厘米，深紫红色，无斑点。1919年英国植物猎人傅礼士（George Forrest）在高黎贡山发现3株大树杜鹃，1926年在Notes Roy. Bot. Gard. Edinburgh上正式发表了新种*Rhododendron giganteum*。为证明他确实发现了巨大的杜鹃王，他于1930年进行了第7次考察，并于1931年3月15日锯下了280岁的树干圆盘，

图 2-25　大树杜鹃

运至英国博物馆珍藏。1979年张伯伦（D. F. Chamberlan）在 Notes Roy. Bot. Gard. Edinburg 37（2）：331把大树杜鹃订正为翘首杜鹃的变种。大树杜鹃自1930年后一直藏于深山，直到1981年才被中国科学院昆明植物所冯国楣先生再度发现，且种群数量已经非常稀少。大树杜鹃分布范围极狭小，为狭域分布树种。目前已知仅在高黎贡山有分布，最大的种群在腾冲市的大塘。根据2012年中国科学院昆明植物研究所专家的调查结果，大树杜鹃主要分布于腾冲市大塘，其他分布区包括贡山县独龙江乡、福贡县鹿马蹬乡、泸水市片马镇，是国家二级重点保护野生植物，在中国物种红色名录中被列为极危（CR）；根据IUCN物种红色名录濒危等级和标准3.1版本，结合目前掌握的资料，大树杜鹃的评估为极危（CR）。大树杜鹃是杜鹃花属中最高大的乔木树种，为原始古老类型，有较高的科学研究价值，是著名的观赏植物。

6. **滇南杜鹃（*Rhododendron hancockii*）**（图2-26）

又称玛瑙樱花、蒙自杜鹃，主产于云南的双柏、禄丰、昆明、易门、玉溪、峨山、新平、建水、蒙自、屏边、文山、砚山、丘北、路南等地，生长于海拔1100—2000（2460）米的山坡灌丛、松林或杂木林内。叶背无毛；花梗有毛，每花序有1—2朵花；花梗下部无毛，上部被短茸毛。子房6室，圆柱形，长约7毫米，密被锈色或淡褐色茸毛，花柱长于雄蕊但不长于花冠，洁净。花期4—6月。本种适应性好，开花时满树银花，是很有特色的云南乡土园林植物，栽培已习见。

图 2-26　滇南杜鹃（魏薇　摄）

7. 大喇叭杜鹃（*Rhododendron excellens*）（图2-27）

主产于云南的绿春、元江、蒙自、金平、屏边、文山、西畴、马关、麻栗坡、广南等地，生长于海拔1100—2400米的常绿、落叶混交林地或灌丛中；贵州贞丰也有分布。叶片大，长11—26厘米、宽3.5—12厘米，背面密被大小明显不同的鳞片。花梗和花萼有鳞片但无毛；萼片圆卵形，长0.8—1.2厘米。花期5月。

图 2-27　大喇叭杜鹃（魏薇　摄）

8. 粘毛杜鹃（*Rhododendron* glischrum）

主产于云南的丽江、维西、碧江、贡山海拔2800—3600米的冷杉林下或杜鹃灌丛中，西藏东南部也有分布，亦分布于缅甸东北部。叶面无毛，仅叶背，沿中脉和侧脉上被密而开展的刚毛。花期5—6月，果期10月。

图 2-28　柳条杜娟（魏薇　摄）

9. 柳条杜鹃（*Rhododendron virgatum*）（图2-28）

又称油叶杜鹃。主产于云南的巍山、下关、大理、漾濞、宾川、洱源、鹤庆、碧江、维西、贡山等地，生长于海拔1700—2600（3000）米的山坡湿润草地、山坡林下或灌丛中；西藏东南部也有分布；印度锡金、不丹亦有分布。花期3—5月。

图 2-29　昆明植物园杜鹃园一角

据周伟伟（2020）报道，云南农业大学已建成两个杜鹃花种质资源基地，总面积达400余亩，收集保存云南野生杜鹃花资源40多种，大部分为云南野生杜鹃花，包括马缨杜鹃、露珠杜鹃、迷人杜鹃、大白花杜鹃、蓝果杜鹃等和高山杜鹃新品种‘红晕’‘金踯躅’以及若干尚未命名的新品种材料；大部分杜鹃种类正在进行人工杂交育种研究，已有大量杂交后代小苗；培育马缨杜鹃、露珠杜鹃、大白花杜鹃、‘红晕’‘金踯躅’3年以上成品苗300余万袋，4—5年生苗20余万株，10年以上苗6万株。杜鹃花科研团队在野生杜鹃花种质资源收集的基础上，采用杂交育种及原生种选育的方法，已选育出云南原生杜鹃花新品种13个，其中已认定的新品种7个、国际登录机构登录

图 2-30　昆明黑龙潭公园杜鹃谷

杜鹃花新品种2个，部分品种已应用到云南的园林绿化中。根据观赏性好、适应性强等标准，科研团队目前已筛选出30多个适宜云南省推广的杜鹃花原生种和品种。在云南昆明、大理、宣威等地，通过与企业合作，建立了1000多亩种苗扩繁、生产基地。以园林景观为主的大理苍山植物园就是对野生杜鹃花资源最好的展示，已成为大理州人民休闲娱乐、观花赏景的好去处。

在昆明，重要的观赏杜鹃花的园区有中国科学院昆明植物园中的杜鹃园（以野生种类多、收集的类群丰富为特色，是体验物种多样性的最好去处和黑龙潭公园的杜鹃谷（种类少，但同一种类的杜鹃数量面积大，让人有漫山遍野山花烂漫的感觉。（图2-29、图2-30）

三、木　兰

木兰科（*Magnoliaceae*）植物种类多、分布广，其花、果、皮、干均具有广泛用途，是我国园林绿化、药用和材用的重要植物资源，具有较高的经济价值和生态效益。同时，木兰科植物无论在内部结构还是在外部形态方面都有许多原始特征，被认为是被子植物中的原始类群，同时又处在不断的发展变化之中，在研究被子植物起源和进化方面具有较高学术价值。

关于木兰科植物，《中国植物志》（2004）中记载中国有11属105种，《云南植物志》（2006）中记载中国有12属约120种，其中云南有12属65种。云南省是我国木兰科植物种类最多的省，贵州省第2，有51种；广西第3，有36种；其次是广东、四川和福建，分别有28种、24种和19种。木兰科植物是云南“植物王国”中的一颗璀璨明珠，其中华盖木属（*Manglietiastrum*）、焕镛木属（*Woonyoungia*）、长蕊木兰属（*Alcimandra*）、观光木属（*Tsoongiodendron*）全世界分别仅有1种，但均在云南有分布，且华盖木属为云南特有属，华盖木和合果木均为云南特有种。

木兰科植物产于亚洲和北美的温带至热带，我国木兰科植物主要分布在南部和西南部及其邻近地区，其中云南是木兰科植物的现代分布中心、分化中心和保存中心，并可能是起源中心，云南的木兰科植物常零星生长在海拔1300—1700米的山地常绿阔叶林和山地沟谷雨林中，较集中地分布于滇东南、滇西南和滇西北地区。滇东南分布区包括麻栗坡、马关、西畴、广南、金平、绿春和屏边等县，该分布区是云南省木兰科植物的分布中心；这里的木兰科植物有9属39种，约占全省总数的60%，常见的有香木莲（*Manglietia aromatica*）、桂南木莲（*Manglietia conifera*）、毛果木莲（*Manglietia wentii*）、华盖木（*Manglietiastrum sinicum*）、云南拟单性木兰（*Parakmeria yunnanensis*）、西畴含笑（*Michelia coriacea*）、屏边含笑（*Michelia masticata*）和鹅掌楸（*Liriodendron chinense*），其中华盖木特产于西畴县。滇西南分布区包括临沧、沧源、景洪、勐海和勐腊等县，该分布区有木兰科植物6属22种，常见的有大叶木兰（*Magnolia henryi*）、合果木（*Paramichelia baillonii*）和香子含笑（*Michelia hedyospernia*）。滇西北分布区包括云龙、腾冲、泸水、福贡、贡山等县，该分布区有木兰科植物5属21种，常见的有长喙厚朴（*Magnolia rostrata*）、滇藏木兰（*Magnolia campbellii*）和绒叶含笑（*Michelia velutina*）。此外，滇东北地区分布区有木兰科植物5属12种，常见的有四川木莲（*Manglietiv szechuanica*）、西康木兰（*Magnolia wilsonii*）、凹叶玉兰（*Magnolia sargentiana*）、多花含笑（*Michelia floribunda*）。

木兰科植物是最重要的园林绿化树种，在我国已有2500多年的栽培历史，远在春秋时期就有栽培木兰者。古籍载："唐宋以前，但赏木兰。"自古以来，具亭亭玉立的身姿、晶莹如雪的花朵，既赋性高雅，又落落大方的木兰，深得人们的喜爱和赞赏，是诗人墨客经常描述的花卉。从楚国大诗人屈原《离骚》中的"朝饮木兰之坠露兮，夕餐秋菊之落英"到"玉兰雅洁，芳榭名园，非是不称，正如芝兰玉树，欲生阶前"，直至徐霞客对山玉兰花的众多而翔实的描述，由此木兰花理所当然地成为中国传统名花以及云南八大名花之一。

云南木兰科的古树是现今云南所有古树名木中最多的一类，其数量仅次于云南山茶古树。有些古树在当地还被群众封为"神树"或"龙树"，是当地的图腾崇拜植物，受到较好的保护。如：生长在宣威市东山乡芙蓉村的滇藏木兰（当地人称"芙蓉树"），树高19米、基径185厘米，树龄近千年，传说此树能预测庄稼丰歉，每年春天哪个方向先开花，那个方向的庄稼便能丰收；鲁甸县新街乡的应春花，树高20米、胸径160厘米，树龄400多年，是当地的神树，二月开花时，乡民常将小孩托福于此树，以求长命百岁；龙陵县龙新乡的绒叶含笑古树，当地称"黄心树"，高44米、胸径 261 厘米，树龄 420 年，是全省发现的最粗壮、古老的木兰科植物之一，吸引了相当多的游人前往参观。此外，马关县大栗树乡的云南拟单性木兰、南涧县无量乡保平村的毛果含笑（球花含笑）、嵩明县阿子营的白玉兰、西畴县法斗村的香木莲等，均为名木古树，是当地著名的景点之一。现代名人也钟爱木兰科植物。1956年12月16日，周恩来总理和缅甸总理吴巴瑞在潞西县芒市宾馆内植下2株黄缅桂（*Michelia champaca*），共同祝愿中缅两国人民友谊万古长青，如今这2株黄缅桂花繁叶茂，浓香袭人。

目前，市面上和园林用的木兰科主要观赏种类集中于木兰属（*Magnolia*）、含笑属（*Michelia*）、木莲属（*Manglietia*），有常绿和落叶两大类。落叶种类中又分先花后叶（如白玉兰*Magnolia denudata*、紫玉兰*Magnolia liliflora*）和先叶后花（如天女花*Magnolia sieboldii*、西康木兰*Magnolia wilsonii*）两类；常绿者如山玉兰（*Magnolia delavayi*）、荷花玉兰（*Magnolia grandiflora*）、白缅桂（*Michelia alba*）

等。云南木兰科植物大多为常绿树种，其中有很多为云南主产或特产，不论乔木和灌木，它们的花都和白玉兰一样，通常是白色且有香味。目前著名的云南乡土木兰科植物有以下几个。

1. 山玉兰（***Magnolia delavayi***）（图2–31）

云南特产，全省多数地方都有，为常绿大花乔木，花期4—8月，花直径达20厘米。《植物名实图考》记载："优昙花生云南，大树苍郁，干如木樨，叶似枇杷，光泽无毛，附干四面错生。春开花似莲，有十二瓣，闰月则增一瓣；色白，亦有红者，一开即敛。"因其花"青白无俗艳"被尊为"佛家花"，有"见花如见我佛"之说；又因其昼开夜合的开花习性似昙花，其树大花大叶大耐风霜，优于草本的昙花，故名"优昙花"。昆明昙华寺、筇竹寺、丽江玉峰寺等名寺古刹中多有栽培，至今尚存有数百年之古树。名声最大的当数安宁曹溪寺一株300年的古树，至今仍然郁郁葱葱，亭亭如盖。《徐霞客游记》中记载有此树，清代总督范承勋为此树建过护花山房，并撰《护花山房记碑》，可见对此花木之推崇。此外，在楚雄州牟定县发现了真正的红优昙（红花山玉兰），已经栽培发展，将更多地贡献于我国园林中。山玉兰现广为引种栽培，昆明许多路段已作行道树栽培。

图 2–31　山玉兰

2. 云南含笑（***Michelia yunnanensis***）（图2–32）

又名皮袋香、十里香，产于滇中、滇西、滇南各地。常绿小乔木，在丽江农家常做棚架式栽培，山民曾做切花出售。《滇海虞衡志》载："含笑花土名羊皮袋，花如山栀子，开时满树，香满一院，耐二月之久。"丽江玉峰寺内的2株云南含笑，植于清朝乾隆年间，经人工整修，将其枝条编织成南北长8.5米、高6米的花墙，成了当地著名的景点，现在该种已在云南各地广为栽培，成为颇具云南乡土特色的木兰科植物。

图 2–32　云南含笑

3. **滇藏木兰（*Magnolia campbellii*）**（图2-33）

为落叶大乔木。花大，白色或粉红色，具香味。在大理、永平等地，人们又称“木莲花”，它广泛分布于滇中、滇西和滇西北温凉地带；永平县金光寺木莲花山有高35米的古树，故得此名。360年前，徐霞客曾在洱海边的三家村（今花树村）实地考察过“高临深岸，而南干半空，矗然挺立”“香闻甚远”的“上关花”奇树。后经云南有关专家学者考证、分析，证明著名的“上关花”即为滇西、滇西北广泛分布的滇藏木兰，即当时徐霞客所推测的“木莲花”。

图 2-33　滇藏木兰

4. **龙女花（*Magnolia wilsonii*）**（图2-34）

又名西康木兰，落叶小乔木或灌木，分布于滇西、滇中至滇东北。因其花香色美，古时相传为龙女所变。据载，古时在大理曾同优昙树、皮袋香一同进贡朝中。据《滇海虞衡志》载：“龙女花，天下止一株，在大理之感通寺……昔赵迦罗修道于此，龙女化美人以相试，赵以剑掷之，美人入地，生此花以贡空王。”《徐霞客游记》《植物名实图考》等著作对此花均有翔实的记载。安徽《黄山志》亦载：“龙女花，出大理感通寺，树叶全似山茶，蕊大而香。”根据这些记载，说明龙女花早已美名扬天下。

图 2-34　龙女花

5. **华盖木（*Manglietiastrum sinicum*）**（图2-35）

为我国特有的木兰科单种属植物，受国家Ⅰ级重点保护。华盖木是世界广为关注的极度濒危物种，被列入国家及云南亟待拯救保护的极小种群野生植物名录，系统开展其保护生物学研究对科学拯救该物种极为重要。华盖木原记载有9株，通过对分布在文山、屏边、马关等县的华盖木的原生境群落的多次调查，于2010年发布了“滇东南华盖木野外分布和评估报告”，确定了

图 2-35　华盖木（上官法智　摄）

华盖木大概的居群分布和野生个体的数量。野生华盖木现存个体52株，单株散生，其中有22株不在保护区范围内。在现存的52株个体中，成年植株占82.69%、幼树占17.31%，未见幼苗，其种群结构为衰退型，并已基本丧失自然更新能力。中国科学院昆明植物研究所昆明植物园于1983年从西畴县引进华盖木迁地保护，历经30年的生长发育，2013年3月14日，引种植株首次开花，标志着迁地保护成功。2005年开始，中国科学院昆明植物园较系统地开展了华盖木的人工育苗和迁地保护工作，开展了华盖木种子休眠特性与育苗技术研究，共培育实生苗1500余株，在园区不同区域共定植67株。文山国家级自然保护区管理局小桥沟分局和西畴县种苗站共培育了5000—6000株华盖木种苗，目前市面上的华盖木数量已经突破万株以上，华盖木从极小种群保护植物成为可以运用于园林绿化的植物。

6. 云南拟单性木兰（*Parakmeria yunnanensis*）（图2–36）

为国家二级保护植物。现存的天然生云南拟单性木兰多数呈单株散生或群状生长，偶有小片纯林。主要生长在北纬22°51′—23°39′、东经102°39′—105°38′云南省东南部的西畴、马关、麻栗坡、富宁、金平、屏边等县海拔1300—1950米的低山丘陵、石灰岩山地以及沟谷地带。自1983年起，先后进行了云南拟单性木兰人工迁地栽培以及规模化种植。现已栽培到昆明、玉溪、保山以及江苏、浙江、四川等省，规模化种植扩大了它的生存空间和范围。云南拟单性木兰树形优美、树干高大挺拔，树冠中叶片浓郁光亮、嫩叶紫红，花洁白美丽而芳香，果实、种子红润而鲜艳，无严重病虫害，适应性强，是城乡、工矿、园林、风景名胜区的优良观赏树种，很具云南乡土特色，是高品位的城市庭园绿化树种。

图2–36 云南拟单性木兰

7. 球花含笑（*Michelia sphaerantha*）（图2–37）

又称毛果含笑。云南特有种，产于南涧、景东、楚雄，生长于海拔1800—2000米的山地杂木林中。乔木，高5—16米。嫩枝被褐色短毛，叶柄上面无沟。花梗长3—3.5厘米，具3—4苞片脱落痕；花被片11—12，白色，近相似，外轮3片倒卵形，基部渐狭，长5.5—7.5厘米、

图2–37 球花含笑（李涵润 摄）

宽2.5—3厘米，内两轮8—9片倒卵形至匙形，较狭小。聚合果长19—24厘米，成熟蓇葖卵形，两瓣全裂，裂瓣厚约2毫米，深褐色，被微白色皮孔。花期3月，果期7月。

8. 乐昌含笑（*Michelia chapaensis*）（图2-38）

又称沙巴含笑、小果含笑、麻栗坡含笑、老君山含笑。主产于云南的西畴、广南、麻栗坡，生长于海拔500—1500米的山地林中；江西、湖南、广东、广西、贵州也有分布；越南北部亦分布。乔木，高15—30米。花梗被平伏灰色微柔毛，花被片6，淡黄色，芳香，2轮，外轮倒卵状椭圆形，长约3厘米，宽约1.5厘米，内轮较狭，雌蕊群被毛。花期3—4月，果期8—9月。

图2-38 乐昌含笑（李涵润 摄）

9. 多花含笑（*Michelia* floribunda）（图2-39）

主产于云南的广南、麻栗坡、西畴等地，广西的龙州也有分布。生长于海拔590—1500米的石山林中。小乔木，高可达20米。芽圆柱形或狭卵形，嫩枝被淡黄色茸毛，老枝无毛，叶革质，长圆形或卵状长圆形，先端渐尖或急尖，基部宽楔形或近圆钝，托叶与叶柄离生，无托叶痕。花梗密被淡黄色长茸毛，花黄色，花被片长圆形或倒卵状长圆形。雄蕊长10—14毫米，药隔伸出成长尖头；雌蕊长约4毫米，子房卵圆形，长约2毫米。花柱褐色。聚合果圆柱形，蓇葖长圆体形。3月开花，11月结果。多花含笑为亚热带常绿林中的稀有树种，树冠紧凑，呈塔形，终年常绿且清香。早春开花，该树在园林中种植，具有较高的观赏价值。

图2-39 多花含笑（李涵润 摄）

10. 壮丽含笑（*Michelia lacei*）（图2-40）

产于云南的泸西、马关，生长于海拔1500米的林中，也分布于越南、缅甸。常绿乔木，高可达15米。叶片革质，长圆状椭圆形或椭圆形，长14—17厘米、宽6—8厘米。花被片9，3轮，外轮3片倒卵状匙形，长约6厘米，上部宽约2.5厘米，具爪；最内轮长3—5.5厘米，宽约1厘米。花期2月。

图2-40 壮丽含笑（李涵润 摄）

11. 馨香木兰（*Magnolia odoratissima*）（图2–41）

分布于中国和越南，在中国分布于云南广南、西畴。通常生长于海拔1100—1600米的常绿阔叶林中。与山玉兰相近，但本种的叶卵状椭圆形、椭圆形或长圆形，基部楔形或阔楔形；花较小，外轮被片倒卵形或长圆形。列入《世界自然保护联盟濒危物种红色名录》（IUCN红色名录）2014年ver 3.1——濒危（EN）。2013年9月2日被列入《中国生物多样性红色名录——高等植物卷》——极危。被列为中国国家和云南省II级重点保护野生植物。馨香木兰是中国名贵的观赏花木，也是园林绿化的优良树种。花具特殊芳香，四季开花，果实深绿，假种皮鲜红，具有极高的观赏价值；枝繁叶茂，繁殖容易，适应性强，可作城乡、庭园、风景名胜区绿化树种。

图2–41 馨香木兰（李涵润 摄）

12. 红花木莲（*Manglietia insignis*）（图2–42）

又称巴东木莲、密砸（贡山）、木莲花（腾冲）、土厚朴（临沧）、马关木莲、薄叶木莲。渐危种。主产于云南的贡山、福贡、泸水、腾冲、保山、龙陵、盈江、临沧、凤庆、景东、镇康、沧源、德钦、漾濞、屏边、石屏、金平、文山、麻栗坡、马关、富宁、广南、双柏、新平、元江、红河、临沧、西双版纳、思茅、蒙自，生长于海拔900—2600米的林间；亦分布于湖南、贵州、广西和西藏部分地区。常绿乔木，高达30米、胸径40—60厘米。一般春末换叶，结实有大小年，种子靠鸟类传播。花期5、6月，果熟8、9月。其树叶浓绿、秀气、革质，单叶互生，呈长圆状椭圆形、长圆形或倒披针形，树形繁茂优美，花色艳丽芳香，为名贵稀有观赏树种，被列为国家三级保护植物。

图2–42 红花木莲（李涵润 摄）

13. 中缅木莲（*Manglietia* hookerii）（图2–43）

列入《世界自然保护联盟濒危物种红色名录》（IUCN红色名录）——易危（VU）。主产于云南的景东、瑞丽、镇康、腾冲、勐海等地，生长于海拔1000—3000米的山坡密林中；亦分布于贵州；缅甸也有。大乔木，高可达25米，幼嫩部分被灰白色或淡褐色平伏柔毛。叶披针形、长圆状倒卵形或狭倒卵形，长20—30厘米、宽6—10厘米。花白色，盛开时直径约10厘米，花被片9—12。聚合果卵状长圆形或近圆柱形，平滑，无瘤点凸起；蓇葖露出面菱形，具短喙，背缝开裂，具1—4颗种子。花期4—5月，果期9月。中缅木莲树冠优美，枝叶浓绿，花洁白而芳香，可供园林绿化观赏；木材可供家具、装修、建筑等用材。

图 2-43　中缅木莲（李涵润　摄）

14. **大叶木莲（*Manglietia megphylla*）**（图2-44）

国家二级保护植物。产于云南的西畴和广西的靖西，生长于海拔450—1500米的山地林中、沟谷两旁。乔木，高达30—40米、胸径80—100厘米。叶革质，常5—6片集生于枝端。花梗粗壮，花被片厚肉质，雄蕊群被长柔毛，雄蕊长1.2—1.5厘米，花药长0.8—1厘米，药室分离，雌蕊群卵圆形，长2—2.5厘米，具60—75枚雌蕊，雌蕊长约1.5厘米。聚合果卵球形或长圆状卵圆形，蓇葖顶端尖、稍向外弯，沿背缝及腹缝开裂，果梗粗壮。花期6月，果期9—10月。大叶木莲树干通直，纹理细致，材质轻软，为上等用材树种；花大色白，有香味，宜选作四旁绿化、庭园观赏树。

图 2-44　大叶木莲

15. **木莲（*Manglietia fordiana*）**（图2-45）

较广布的一个种。主产于云南的广南、富宁、西畴、麻栗坡、马关、金平、景东，亦分布于安徽、浙江、福建、海南、广东、广西、贵州，生长于海拔500—1300米的亚热带常绿阔叶林中。乔木，高可达20米，嫩枝及芽有红褐短毛。叶片革质，先端短急尖，通常尖头钝，基部楔形，叶柄基部稍膨大，托叶痕半椭圆形。花被片纯白色，近革质，凹入，长圆状椭圆形，花药隔钝。聚合果褐色，卵球形，蓇葖露出面有粗点状凸起，种子红色。5月开花，10月结果。树干通直高大，其木材纹理美观，是建筑、家具的优良用材；树姿优美，枝叶浓密，

图 2-45　木莲（李涵润　摄）

花大芳香，果实鲜红，是园林观赏的优良树种。

16. 玉兰（***Yulania denudata***）（图2–46）

图 2–46　玉兰

产于云南的景东、丽江、澜沧、大理、思茅、维西，生长于海拔500—1000米的林中，江西、浙江、湖南、贵州也有分布。自唐宋以来，久经栽培，历史悠久，在古典园林建筑中，玉兰常植于庭前院后或楼台周围，全国各大城市广泛栽培。花如“玉雪霓裳”，形有“君子之姿”，香则清新、淡雅、宜人，在园林绿化应用中首选为庭园种植，不仅能给人以“点破银花玉雪香”的美感，还有“堆银积玉”的富贵感，与其他春花植物组景，更是极具群木争艳、百花吐芳的喧闹画面；树姿挺拔不失优雅，叶片浓翠茂盛，自然分枝匀称，生长迅速，适应性强，病虫害少，非常适合种植于道路两侧作行道树。

17. 紫玉兰（***Yulania liliiflora***）（图2–47）

图 2–47　紫玉兰

又称为木笔、大枇杷叶。产于云南的丽江、贡山、怒江，生长于海拔300—1600米的山坡林缘，昆明亦有栽培；福建、湖北、四川也有分布。落叶灌木，高达3米，常丛生。花被片9—12，外轮3片萼片状，紫绿色，披针形，长2—3.5厘米，常早落；内两轮肉质，外面紫红色，内面带白色。花瓣，椭圆状倒卵形，长8—10厘米、宽3—4.5厘米。花期3—4月，果期8—9月。本种花色艳丽，与玉兰同为我国有2000多年历史的传统花卉，我国各大城市及欧美各国都有栽培。树皮、叶、花蕾均可入药，花蕾晒干后称辛夷，为传统中药，气香、味辛辣，主治鼻炎、头疼，可作镇痛消炎剂。

18. 二乔玉兰（***Magnolia* × *soulangeana***）（图2–48）

图 2–48　二乔玉兰（李涵润　摄）

系玉兰和紫玉兰的杂交种。落叶小乔木，高6—10米，小枝无毛。叶片互生，叶纸质，倒卵形，长6—15厘米、宽4—7.5厘米。花蕾卵圆形，花先叶开放，浅红色至深红色。聚合果长约8厘米、直径约3厘米；蓇荚卵圆形或倒卵圆形，具白色皮孔。种子深褐色，宽倒卵形或倒卵圆形，侧扁。花期2—3月，果期9—10月。原产于中国，在中国栽培范围很广，北起北京，南达广东，东起沿海各地，西至甘肃兰州、云南昆明等地。二乔玉兰是早春色、香俱全的观花树种，花大色艳，观赏价值很高，是城市绿化的极好花木。广泛用于公园、绿地和庭园等孤植观赏，也可用于排水良好的沿路及沿江河生态景观建设。

19. **鹅掌楸（*Liriodendron chinense*）**（图2-49）

广布种，在中国分布于陕西、安徽以南，西至四川、云南，南至南岭山地，台湾亦有栽培。生长于海拔900—1000米的山地林中。乔木，高达40米、胸径1米以上，小枝灰色或灰褐色。叶马褂状，长4—12（18）厘米，近基部每边具1侧裂片，先端具2浅裂片，下面苍白色，叶柄长4—8（16）厘米。花杯状，花被片9，外轮3片绿色，萼片状，向外弯垂，内两轮6片、直立；花瓣倒卵形，长3—4厘米，绿色，具黄色纵条纹。聚合果长7—9厘米，具翅的小坚果长约6毫米，顶端钝或钝尖，具种子1—2颗。花期5月，果期9—10月。本种树干挺直，树冠伞形，叶形奇特，为世界珍贵树种。

图2-49　鹅掌楸

20. **野八角（*Illicium simonsii*）**（图2-50）

主产于云南的镇雄、昭通、巧家、会泽、寻甸、马龙、东川、贡山、福贡、碧江、兰坪、泸水、云龙、洱源、永平、漾濞、大理、宾川、禄劝、嵩明、富民、昆明、大姚、武定、楚雄、双柏、新平、玉溪、弥勒、开远、绿春、元阳、金平和腾冲，生长于海拔1300—4000米的山地沟谷、溪边湿润的常绿阔叶林中；也分布于四川和贵州，缅甸北部和印度东北部也有分布。小乔木，高可达15米；幼枝带褐绿色，老枝变灰色。芽卵形或尖卵形，叶近对生或互生。花芳香，有时为奶油色或白色，很少为粉红色，腋生，常密集于枝顶端聚生；花梗极短，花被片薄纸质，椭圆状长圆形，里面的花被片渐狭，最内的几片狭舌形；花丝舌状，花药长圆形，子房扁卵状，花柱钻形。种子灰棕色至稻秆色。花期几乎全

图2-50　野八角

年，6—10月结果，果有毒。

木兰科植物具有常绿、花大、色彩丰富、多芳香、适应性强等优点。因此，云南还需大力开发木兰科园林新树种，既可以扩大木兰科植物的种群数量和分布范围，又能营造云南具有地域特色的城市景观，木兰科植物在云南省城市建设中有着广阔的发展前景和良好的生态效益。在昆明北郊的中国科学院昆明植物研究所昆明植物园和云南省林业和草原科学院昆明树木园中都栽培了几十种木兰科植物，成为木兰科植物的繁育基地、科普教育基地和人们游览休闲的好地方。因此，还可以在昆明地区的园林、庭园、风景名胜区广泛地发展木兰科植物栽培，既有实践经验可取，又有科学理论可依，而且还有不少种类可供选择。

四、报　春

报春（*Primula*）是我国西南地区著名的野生花卉，与龙胆（*Gentiana*）、杜鹃（*Rhododendron*）一起被誉为“世界三大高山花卉”。报春花多为多年生宿根草本，具有较高的观赏价值，其花色丰富绚丽，有白、粉、红、黄、橙、淡紫等色。报春花属（*Primula L.*）是报春花科（*Primulaceae*）植物中最大的属，全世界共有报春花约500余种，主要分布于北半球温带和高山地区，仅有少数种类分布于南半球。我国拥有其中的296种20亚种18变种，主要分布于四川、云南和西藏南部，陕西、湖北和贵州分布次之，其余各省区的分布甚少。云南的报春花属植物共138种，其中有126种8亚种4变种主要分布在滇西北高山地区，仅滇西北即产报春花90种以上；无量山有20种（包括亚种和变种），其中7种2变种为景东无量山特有植物；大理苍山有16种，其中2种为苍山特有植物；丽江玉龙雪山产40种（含变种与亚种）。

云南的报春花属植物资源十分丰富，19世纪末至20世纪初，曾吸引了无数欧美传教士、植物采集家及园艺学家到云南等地采集报春花的标本和种子。据统计，云南2/3的报春花种已被引种到欧洲栽培，并通过杂交培育了不少新品种，观赏价值高的种类有石岩报春（*P. dryadifolia*）、钟花报春（*P. sikkimensis*）、偏花报春（*P. secundiflora*）、海仙花（*P. poissonii*）、穗花报春（*P. deflexa*）、亮叶报春（*P. hylobia*）、橘红灯台报春（*P. bulleyana*）、巴塘报春（*P. bathangensis*）等。

根据云南地方志的记载，云南民间将报春花盆栽供春节观赏的习俗在明清两代已有。清代《植物名实图考》中有“报春花，生云南，铺地生叶如小葵，一茎一叶，立春前抽细葶，清明发叉开小筒子，五瓣粉红花，瓣圆中有小缺，无心。盆盎山石间，簇簇递开，清明小草中颇有绰约之致”。另外，还有一种海仙报春，一般称“海仙花”，“生云南海边，其茎独挺，繁花层缀，五瓣缺唇，娇红夺目”，可见报春花在当地有着悠久的盆栽应用历史，是滇派园林的代表植物类群之一。报春花属植物种类繁多、花色丰富、花期各异，根据不同的园林用途，可用作花坛、花境、盆花、切花及岩石园布置；也可根据不同的花期，应用于各种类型的城市绿地，形成有地方特色的园林景观。

目前，应用于城市园林绿化的种类仅局限于藏报春（*P. sinensis*）、报春花（*P. malacoides*）、四季报春（*P.obconica*）、欧洲报春（*P. vulgaris*）等国外引进的园艺品种，昆明地区仅小报春花逐渐用于城市公园及街头广场，其他有观赏价值的种类应用较少。中国科学院昆明植物研究所经过3年的栽培试验，已使高穗花报春（*P. vialii*）在昆明地区正常生长发育并能保持观赏性，播种到开花结实只需两年时间，并能够完成从种子到种子的生活史。在昆明栽培的灰岩皱叶报春（*P. forrestii*）、海仙花、橘红灯台报春、偏花报春和钟花报春均表现出较高的萌发适应性，花期较野生种提前了2—3个月。小报春（*P. forbesii*）在昆明生长开花情况良好，生态适应性好，观赏性状有很大提高。经过引种驯化、栽培繁殖，这些具有较高观赏价值的报春花种类可作为花卉商品投入市场，或直接应用到城市园林绿化中，能形成富有野趣的植物景观，突出云南地方的园林的地方特色。

1. **海仙花（*Primula poissonii*）**

主产于云南的丽江、香格里拉、德钦、维西、剑川、鹤庆、洱源、漾濞、大理、宾川、永平、双柏、富民、昆明、嵩明，生长于海拔1900—3400米的沼泽草地、溪流边潮湿处，有时也见于林缘湿草地；四川凉山临近云南的地区也有分布。多年生草本，无香气，叶丛冬季不枯萎，叶片倒卵状椭圆形至倒披针形，叶柄极短或与叶片近等长，具阔翅。花葶直立，伞形花序，苞片线状披针形，花梗开花期稍下弯，花萼杯状，花冠深红色或紫红色，冠筒口周围黄色，冠檐平展，裂片倒心形，蒴等长于或稍长于花萼。5—8月开花，9—11月结实。花色丰富，花期长，适应性较强，具有很高的观赏价值。

2. **灰岩皱叶报春（*Primula forrestii*）**（图2-51）

又称松打七、岩笃米花、猪尾七。云南特有种，产于鹤庆、丽江、宁蒗、香格里拉，生长于海拔2600—3200米的石灰岩上或松林、云杉林、冷杉林下。多年生草本，根茎木质粗壮，叶簇生于根茎端。叶片卵状椭圆形至椭圆状矩圆形，边缘具浅圆齿或三角形钝牙齿，两面均被褐色柔毛；叶表面因网脉下陷而使网孔成泡状隆起，叶脉隆起；叶柄被褐色柔毛。花葶直立，高可达25厘米，伞形花序，苞片叶状，阔披针形，花萼近筒状，花冠深金黄色，筒部仅稍长于花萼，裂片阔倒心形至近圆形，蒴果卵球形，短于花萼。花期4—5月。

图 2-51　灰岩皱叶报春

3. **霞红灯台报春**（Primula beesiana）（图2–52）

主产于云南的永胜、丽江、宁蒗、香格里拉、易门、禄劝、文山，生长于海拔2000—3150米的湿草地或空旷草地。四川西南也有，亦分布于缅甸东北。多年生草本，具多数粗长的支根。叶片狭长圆状倒披针形至椭圆状倒披针形，先端圆形，基部渐狭窄，叶柄长。花葶自叶丛中抽出，高可达35厘米，果期可达50厘米，伞形花序有8—16枚花；苞片线形，花萼钟状，裂片披针形，花冠橙黄色，冠檐玫瑰红，稀为白色，冠筒口周围黄色，裂片倒卵形，蒴果稍短于花萼。6—7月开花。

图 2–52　霞红灯台报春

3. **橘红灯台报春**（***Primula bulleyana***）

云南特有种，产于丽江、永胜，生长于海拔2900—3100米的沼泽草甸。以其花冠橘黄色、叶柄及中脉红色、花萼裂片钻状而易于识别，尤其是活植物更显而易见。6—7月开花。

4. **泽地灯台报春**（***Primula*** **helodoxa**）

产于云南腾冲，生长于海拔2000米的沼泽草甸、溪边或牧草地，与腾冲相邻的缅甸境内也有。多年生草本，多数粗长的支根。叶片阔倒披针形至倒卵状长圆形，先端钝或圆形，边缘具三角形小齿，两面秃净或背面被稀薄黄粉；花葶粗壮，开花时高可达90厘米，果期高可达120厘米，具伞形花，节上被黄粉；苞片线形或线状披针形，花萼钟状，裂片三角形，花冠金黄色，芳香，雄蕊着生处距冠筒基部2毫米，蒴果球形，稍短于花萼。3—5月开花。

5. **苣叶报春**（***Primula sonchifolia***）（图2–53）

主产于云南的大理、漾濞、鹤庆、丽江、永胜、维西、香格里拉、德钦，生长于海拔2700—3800米的草地或林下湿处。四川西部、西藏察隅也有，亦分布于缅甸北部。多年生草本植物。根状茎粗短，长根带肉质。叶丛基部有覆瓦状包叠的鳞片，鳞片卵形至卵状矩圆形；叶矩圆形至倒卵状矩圆形；叶柄初期甚短，果期最长可与叶片等长。花葶初期甚短，盛花期通常与叶丛近等长，伞形花序，多花；苞片卵状三角形至卵状披

图 2–53　苣叶报春

针形；花萼钟状，裂片卵形至近四边形；花冠蓝色至红色，稀白色，裂片倒卵形或近圆形，蒴果近球形。3—5月开花，6—7月结实。

6. **钟花报春（*Primula sikkimensis*）**（图2-54）

图 2-54　钟花报春

又称锡金报春。产于云南的鹤庆、永胜至宁蒗、丽江、维西、香格里拉、贡山、德钦，生长于海拔3000—4000米的林下、林边、高山草地、高山灌丛草地。四川西部、西藏自芒康、昌都西至吉隆均有，亦分布于缅甸东北部、尼泊尔、印度锡金、不丹。多年生草本植物。根状茎粗短，多数纤维状须根。叶片椭圆形至矩圆形或倒披针形，先端圆形或有时稍锐尖，上面深绿色、下面淡绿色，中肋宽扁，网脉极纤细；叶柄甚短。花葶稍粗壮，顶端被黄粉；伞形花序，多花，苞片披针形或线状披针形；花萼钟状或狭钟状，裂片披针形或三角状披针形；花冠黄色，蒴果长圆体状。6月开花，9—10月结实。

7. **紫花雪山报春（*Primula sinopurpurea*）**

主产于云南的禄劝、大理、洱源、鹤庆、丽江、香格里拉、维西、德钦，生长于海拔3000—4500米的高山草甸、草地、灌丛草地或冷杉林下，四川西南部、西藏也有分布。植株被粉金黄色，叶片宽1.5—6厘米，花萼裂片先端通常锐尖。花期5—7月。

8. **偏花报春（*Primula secundiflora*）**

主产于云南的丽江、维西、香格里拉、德钦，生长于海拔2800—4100米的草地、高山沼泽草甸或高山针叶林缘。青海东部、四川西部和西南部、西藏东部也有分布。多年生草本植物，根状茎粗短。叶通常多枚丛生，叶片矩圆形、狭椭圆形或倒披针形，先端钝圆，基部渐狭窄，边缘三角形小齿，两面均疏被小腺体；叶柄甚短，有时或与叶片近等长。花葶高可达90厘米，伞形花序，有5—10朵花，苞片披针形；花萼窄钟状，染紫色，花冠红紫色至深玫瑰红色，裂片倒卵状矩圆形；蒴果稍长于宿存花萼。6—7月开花，8—9月结实。

9. **垂花报春（*Primula flaccida*）**

主产于云南的嵩明、大姚、宾川、洱源邓川、鹤庆、大理、镇康，生长于海拔2100—3100米的阔叶林内、林缘、草坡或石隙。四川西南部、贵州（威宁）也有分布。根状茎稍粗壮、短或稍伸长；叶卵圆形至肾圆形，先端钝圆，基部心形；花葶上部被柔毛，下半部无毛，苞片披针形或线状披针形；花冠漏斗状，蓝紫色、蓝色或紫色。花期6—8月。

10. 高穗花报春（*Primula vialii*）

主产于云南的宾川、洱源、鹤庆、丽江、宁蒗永宁、香格里拉，生长于海拔2800—3200米的灌丛草地、落叶松林下的灌丛、栎林下、湿草地或水沟边。四川西南部也有分布。多年生草本植物，根状茎短，侧根粗长。叶狭椭圆形至矩圆形或倒披针形，先端圆钝，边缘小齿状，两面均被柔毛；叶柄通常短于叶片。花葶高可达60厘米，无毛，穗状花序多花，花未开时呈尖塔状，花全部开放后呈筒状；苞片线状披针形，花蕾期外面深红色，后渐变为淡红色；花冠蓝紫色，裂片卵形至椭圆形，雄蕊近冠筒口着生，蒴果球形，稍短于宿存花萼。7月开花。

11. 车前叶报春（*Primula sinoplantaginea*）

产于云南西北部（永宁、香格里拉、德钦、贡山）和四川西部（木里、康定、泸定、道孚），生长于海拔3600—4500米的高山草地和草甸。植珠被粉淡黄色，长花柱或短柱花的雄蕊低于或稍高出花萼，达冠筒中上部，花萼裂片披针形，先端多少锐尖，花冠裂片矩圆状椭圆形。花期5—7月，果期8—9月。

12. 紫晶报春（*Primula amethystina*）

云南大理苍山特有种。根茎粗短，基部楔形。叶上面绿色，背面淡绿色，两面均有紫色小斑点；叶柄极短。花葶单生，花下垂，有香气；苞片卵状披针形；花梗长5—15毫米，果时近直立；花萼钟状，裂片卵形；花冠紫水晶色或深紫蓝色，筒状的基部约与花萼等长，上部骤然扩展成钟状；长花柱花的花柱长约4.5毫米，短花柱花的花柱长约1.2毫米；蒴果约与花萼等长。花期6—7月。

13. 美花报春（*Primula calliantha*）

云南特有种，分布于大理、巍山、泸水等地，生长于海拔4000米的山顶草地。根状茎短，具多数长根。叶丛基部有多数覆瓦状排列的鳞片，呈鳞茎状，叶片狭卵形或倒卵状矩圆形至倒披针形，上面深绿色，背面密被黄绿色粉，中脉稍宽，鲜时带红色。花葶上部被淡黄色粉，苞片狭披针形或先端渐尖成钻形，花冠淡紫红色至深蓝色，喉部被黄粉，环状附属物不明显，冠筒稍宽，自基部向上渐扩大，花柱长达冠筒口。蒴果仅略长于花萼。花期4—6月，果期7—8月。

14. 山丽报春（*Primula bella*）

产于云南西北部、西藏东南部、四川西南部，生长于海拔3700—4800米的山坡乱石堆间。植株被黄粉或无粉，匍匐枝极短或无，花冠筒口毛丛白色。花期7—8月。

15. 丽花报春（*Primula pulchella*）

产于云南西北部、四川西南部和西藏东部（左贡）。生长于海拔2000—4500米的高山草地和林缘。叶下面密被鲜黄色粉，花冠蓝色至深紫蓝色。花期6—7月。

16. 穗花报春（*Primula deflexa*）

产于云南西北部（贡山、德钦、香格里拉）、西藏东部（察瓦龙）和四川西部（分布区的北缘达马尔康、炉霍），生长于海拔3300—4800米的山坡草地和水沟边。花序通常多花，呈穗状，冠檐直径明显小于冠筒长度。花期6—7月，果期7—8月。

17. 硬枝点地梅（*Androsace rigida*）

产于云南西北部和四川西南部，生长于海拔2900—3800米的山坡草地、林缘和石缝中。植株被稀疏硬毛。外层叶下半部膜质，多少增宽成鞘状。根出条被刚毛状硬毛；外层叶卵状披针形，鞘状的膜质基部比叶片宽2—3倍。花期5—7月。

18. 滇西北点地梅（*Androsace delavayi*）

产于云南西北部、四川西南部和西藏东南部。生长于海拔3000—4500米的多石砾的山坡和岩石缝中。分布于印度锡金、不丹、尼泊尔。外层叶褐色，草质；内层叶先端圆形，密生流苏状睫毛，腹面或背面多少被毛，先端和边缘多少内弯；苞片1—2枚，比花梗长1倍以上。花期6—7月。

19.刺叶点地梅（*Androsace spinulifera*）

产于四川西部、云南西北部。生长于海拔2900—4450米的山坡草地、林缘、砾石缓坡和湿润处。植株高15—25厘米，叶明显分化成2型，外层叶软骨质，蜡黄色，具刺状尖头；内层叶草质，无软骨质边缘，被糙伏毛。花期5—6月，果期7月。

五、龙　胆

龙胆（*Gentiana*）是龙胆科龙胆属植物的统称。龙胆植物全球约500种，我国约产200种，云南有130种，占全国的一半以上，仅滇西北横断山区就产50种以上，英国引种中国龙胆14种。在云南以滇西北、高山和亚山地带最集中，多数种类生长在海拔2000—4800米的高山温带、寒带地区的亚高山草甸、沼泽草甸、山坡及疏林下。龙胆花是高山地段草木花卉重要的类群之一，其中花大和中等大的种类以其花型别致和色彩艳丽而颇具观赏价值。龙胆的性味在李时珍的《本草纲目》中就有记载，是重要的民族药物。

观赏价值较高的种类有七叶龙胆（*Gentiana arethusae* var. *delicatula*）、大花龙胆（*G. szechenyi*）、蓝玉簪龙胆（*G. veitchiorum*）、华丽龙胆（*G. sino-ornata*）、天蓝龙胆（*G. caelestis*）、阿墩子龙胆（*G. atuntsiensis*）、高山龙胆（*G. ampla*）等。

龙胆植物花色艳丽、色彩丰富，有紫、白、蓝、黄白等多种颜色，适宜作为花坛、花镜或盆花。龙胆花最高不过四五十厘米，大部分是矮小贴地丛生。一株上有许多分枝，花生于枝上顶端，呈古钟形或漏斗形，有4—5个裂瓣，全缘，也有细裂成流海似的须；花冠有多种形状（筒状、钟状、高脚杯状、漏斗状或倒锥状），色彩十分丰富、多样（深蓝、蓝至淡蓝、蓝紫、紫红至玫瑰色、黄绿、淡黄、白色或浅灰等）。龙胆花在秋冬季一片枯黄的草丛中一片片一簇簇，临风摇曳，显出一种淡雅、素净的美，因而成为著名的花卉。

1. **滇龙胆（*Gentiana rigescens*）**（图2–55）

又名坚龙胆、小秦艽、蓝花根、炮仗花、苦草，为龙胆科龙胆属植物，是中国的特有物种，常生长于向阳荒地、疏林和草坡，云南是其道地产区。滇龙胆主要以根部入药，在云南民间有悠久的药用历史，文字记载最早始见于明代兰茂编的《滇南本草》，称其味苦、性寒，归肝胆经，具清热燥湿、泻肝定惊之功效，目前滇龙胆已被《中国药典》收录作为传统中药材龙胆的重要基源植物。现代研究表明，滇龙胆具保肝、健胃、消炎等多种药理作用，龙胆苦苷（gentiopicroside）则是其主要的有效成分。临床上，滇龙胆常被用于治疗肝胆疾病、皮肤病、急性咽炎、慢性支气管炎、呼吸道感染等疾病，是龙胆泻肝颗粒、十味龙胆花颗粒等众多中成药的主要原料。随着滇龙胆的深入研究与开发，资源需求量不断增加。滇龙胆在云南虽已有人工栽培，但野生资源在市场中仍占较大份额，利益驱使及无序采挖使得野生滇龙胆资源量锐减，许多原有产区已经难觅其踪。

图 2–55　滇龙胆

2. **昆明龙胆（*Gentiana duclouxii*）**（图2–56）

云南特有种，产于云南中部，生长于海拔1800—1900米的山坡。多年生草本，高3—5厘米。须根肉质。主茎直立或平卧呈匍匐状，淡黄褐色，长可达8厘米，有分枝。枝多数，丛生，低矮，黄绿色，光滑。叶大部分基生，呈莲座状，叶片匙形或矩圆状倒披针形，基部长渐狭；花5数，花冠蔷薇色，漏斗形。花果期4—9月。

图 2–56　昆明龙胆（牛洋　摄）

3. 蓝玉簪龙胆（*Gentiana veitchiorum*）

产于云南的贡山、丽江，生长于海拔2000—3000米的高山草甸；亦分布于西藏、四川、甘肃；尼泊尔也有分布。茎多数丛生，铺散，黄绿色，具乳突。基生叶莲座状，线状披针形；花冠漏斗形，上部深蓝色，下部黄绿色，具深蓝色条纹和斑点，稀淡黄色。花期7—9月，果期9—11月。

4. 中甸龙胆（*Gentiana chungtienensis*）

产于云南香格里拉（模式产地），生长于海拔3000—3700米的山坡草地、林缘。一年生草本，高3—5厘米。基生叶大，在花期不枯萎，卵形或卵状椭圆形；茎生叶贴生茎上，长圆状披针形；花冠淡蓝色，背面具黄绿色宽条纹，筒形。花期5—6月，果期7—9月。

5. 钟花龙胆（*Gentiana nannobella*）

产于云南贡山等地，生长于海拔2700—4000米的山坡沟谷林下。模式标本采自澜沧江—怒江分水岭。一年生矮小草本，高4—8厘米。具基生叶，少，在花期枯萎；茎生叶，叶卵形至倒卵状匙形，长5—8毫米、宽3—4毫米，叶愈向茎上部愈大，先端急尖，具短尖头，基部截形，两面光滑；花冠宽筒形，蓝色或蓝紫色，喉部具深蓝色斑点，长2—2.5厘米。花期8—9月，果期10月以后。

6. 中甸匙萼龙胆（*Gentiana spathulisepala*）

2010年发表的新种，特产于云南的香格里拉，海拔3200米的高原草甸。二年生草本，叶片匙形到倒卵形；萼裂片等长，圆形匙状或近圆形，先端圆形，基部收缩；花冠长20—30毫米、蓝紫色，具有宽的深紫色条纹，通常为漏斗状，喉部宽（9）10—12 毫米；雄蕊等长，着生于花冠筒的基部，花丝长13—15毫米。

六、兰　花

兰花（*Orchidaceae*）又名兰草，是兰科植物的统称。兰科是有花植物中最大的科之一，是植物世界中种类数量仅次于菊科植物的第二大家族。据统计，全世界兰科植物约有700属20000种，分布于全世界热带、亚热带与温带地区。我国有兰科植物171属1247种及许多亚种、变种和变型，其中云南有135属764种及16个变种。云南是我国乃至世界的兰花资源宝库，全省各州市均有兰花分布，其中滇东南、滇南至滇西地区是兰花种类最丰富的地区。云南兰科植物属和种的数量分别占全国的78.9%和61.3%，其中仅西双版纳就有96属341种之多，占全国兰科植物的1/5以上。我国有兰科植物特有属11个，其中云南就有4个，占全国兰科特有属的36%；云南兰科的特有种数约占全省种数的15%—20%，有115—153种。兰花以其奇异的形态、诱人的芳香或美丽的花朵而成为备受人们喜爱的观赏植物，是我国乃至世界的著名花卉。兰科植物不仅具有观赏价值，而且许多种类的药用价值极高，如兰属（*Cymbidium*）、石斛属（*Dendrobium*）、独蒜兰属（*Pleione*）、天麻属（*Gastrodia*）等。目前，常见栽培的观赏兰花主要是指兰科中以兰属（*Cymbidium*）、石斛属、兜兰属（*Paphiopedilum*）、杓兰属（*Cypripedium*）、虾脊兰属（*Calanthe*）为主的具有较高观赏价值的一些种类。

云南是名副其实的兰花资源大省，为云南的八大名花之一。《徐霞客游记》载，云南鸡足山“兰品最多，有所谓雪兰、花白玉兰花绿最上，虎头兰最大，红舌、白舌以心中一点，如舌外吐也。最易开，其叶皆阔寸五分，长二尺而柔，花一穗有二十余朵，长二尺五者，花朵大二三寸，瓣阔共五六分，此家兰也。其野生者，一穗一花，与吾地无异，而叶更细，香亦清远”。《云南通志》载：“兰有七十余种，雪兰为胜。”《植物名实图考》中载有兰花约30种，绝大部分为云南产，其中兰属兰花共18种，所附图多取自大理，其他属（6个属）兰花10余种。

（一）石斛属

兰科最大的属之一，也是被子植物最大的属之一，全世界约1500种，主要分布于东南亚的热带、亚热带地区及大洋洲。石斛属植物属于附生兰类，学名由希腊文字dendro（树）和bios（生活）组合而成，有“附生于树”之意。石斛大多具有重要的药用、观赏价值，花色多样、色彩艳丽，多数种类具有香气，与卡特兰（*Cattleya*）、蝴蝶兰（*Phalaenopsis*）、文心兰（*Oncidium*）并称为“世界四大观赏兰花”。中国是石斛属植物分布的北部边界地区，石斛属资源非常丰富。根据*Flora of China*记载，中国石斛属植物种类约78种，主要分布于广西、广东、贵州、云南、福建、浙江、江西、湖南、安徽等地，其中约14种为中国特有。云南省石斛属植物约60种，是中国石斛属种类最多的地区。长期以来，作为传统名贵的中药材和观赏植物，石斛拥有着巨大的市场需求，而人工栽培的产量无法满足市场需求，由此引起了对野生石斛的大量采挖。苛刻的生长条件加上过度的开发利用，导致石斛资源遭到严重破坏，大部分种类已近枯竭。据统计，共有68种石斛属植物被列入《中国高等植物红色名录》，其中10种极危（CR）、31种濒危（EN）、27种易危（VU）。资源的匮乏不仅严重制约了相关药品的研制和供应，也为国家生态安全带来威胁。

1. 球花石斛（***Dendrobium thyrsiflorum***）（图2–57）

生长于海拔1100—1800米的山地林中树干上，分布于中国、印度东北部、缅甸、泰国、老挝、越南。茎直立或斜立，圆柱形，粗壮，不分枝，具数节，黄褐色并且具光泽，有数条纵棱。叶3—4枚互生于茎的上端，革质，长圆形或长圆状披针形。总状花序侧生于带有叶的老茎上端，下垂，长10—16厘米，密生许多花；花开展，质地薄，萼片和花瓣白色；花瓣近圆形，长14毫米、宽12毫米，先端圆钝，基部具长约2毫米的爪，具7条脉和许多支脉，基部以上边缘具不整齐的细齿；唇瓣金黄色，半圆状三角形，长15毫米、宽19毫米，先端圆钝，基部具长约3毫米的爪。花期4—5月。此花具有较高的园艺价值。

图 2–57　球花石斛

2. 王氏石斛（***Dendrobium wangliangii***）（图2–58）

又称禄劝石斛、金沙江石斛、王亮石斛。这是胡光万、龙春林和金效华于2008年发表的石斛属新种（Hu G. W. et al. 2008），中文版《中国植物志》和《云南植物志》都未收录，英文版*Flora of China*有记载。植株2—3厘米高，花径约3厘米，粉红色，无香味，在冬季落叶，喜冷凉气候。因其珍贵而且种植难度较大，所以被称为是“亚洲的雪山石斛”。该种于2006年5月由王亮采集，是分布于中国云南省禄劝县金沙江干热河谷的附生兰花。大多数石斛属植物通常坐果率较低，但王氏石斛在缺乏有效的传粉媒介这种自然条件下仍能表现出较高的坐果率，有较大的采集果实的可能，有必要进一步开展种子萌发和移栽等关键的引种驯化工作。

图 2–58　王氏石斛（韩周东　摄）

（二）兜兰属

隶属于兰科，为地生、半附生或附生草本。兜兰属植物的唇瓣呈兜状，酷似旧时欧洲淑女的拖鞋，因此被称为“拖鞋兰”。其学名 *Paphiopedilum* 来自希腊文，传说兜兰是女神维纳斯初始降临人类世界之时不小心遗落在森林中的仙鞋，因而又称“仙履兰”。兜兰花型俊美，颜色艳丽，花期长，四季可有不同种类开花；叶型端庄，斑叶种类的叶片上具有精美的网格斑纹，可观叶观花，是兰科植物中最具特色的一个类群，也是最奇特的观赏兰花之一。全球兜兰属植物有79个种，广布于亚洲热带地区至太平洋岛屿。中国是兜兰属植物的主要产地之一，资源丰富，原产中国的兜兰属植物有27种，近年来还有一些新种或天然杂交种陆续被发现。云南、贵州和广西是中国兜兰属植物的集中分布区，国产兜兰的95%以上都分布在上述3个省区。

1. 杏黄兜兰（***Paphiopedilum armeniacum***）（图2–59）

云南高黎贡山特有植物，产于福贡（模式标本产地）、泸水，生长于海拔

1400—2100米的山坡石灰岩壁上或草坡，是云南产最著名的兰花之一，有“金童”之称。植株在地下有细长而横走的根状茎。叶基生，二列，5—7枚；叶片长圆形，坚革质，长6—12厘米、宽1.8—2.3厘米；叶片边缘略有细齿。花葶明显长于叶，花黄色，特点突出，极易区分。兜兰属植物是兰科植物最具欣赏价值的物种之一，而杏黄兜兰因其非常罕见的杏黄花色，填补了兜兰中黄色花系的空白。杏黄兜兰花大色雅，花期长达40—50天，具有极高的观赏价值。更加令人称奇的是其花含苞时呈青绿色，初开为绿黄色，全开时为杏黄色，后期金黄色，在阳光下闪耀出一片金辉，显得富丽而华贵，堪称兜兰中的上品。1979年一经中国科学家发现，便在国际园艺界引起轰动，在香港被誉为“金童”“金兜”，曾在世界兰花展中屡次获得金奖。国际上每株卖价曾达8000美元，以致滥挖滥采和走私出境特别猖獗，加上生态环境破坏、产地范围小、原生种群小等原因，野生的杏黄兜兰已到了灭绝的边缘，被国家列为一级保护物种，具有“兰花大熊猫”之称。现在，该种的栽培繁殖技术已经完全成熟，市面上已可见较多的苗木，是颇具云南特色的兰花。

图 2-59　杏黄兜兰

2. 硬叶兜兰（***Paphiopedilum micranthum***）（图2-60）

有“玉女”之称，与杏黄兜兰以前并称为“金童玉女”。产于云南的麻栗坡（模式标本产地）、西畴、文山，生长于海拔1000—1700米的石灰岩山草丛或石缝中。分布于广西西南部、贵州南部和西南部，越南也有分布。杏黄兜兰与硬叶兜兰均为兰科兜兰属多年生草本植物，二者株形相似，具极短的茎；叶片革质，近基生，长条形，表面墨绿至灰绿色，背面淡紫色，两面都有淡绿色斑点。前者的花朵稍大些，而后者的叶片较为坚硬。杏黄兜兰的花茎稍长一些，花朵杏黄色，直径6—10厘米，唇瓣为椭圆形

图 2-60　硬叶兜兰

的兜，兜的先端边缘内卷部分很窄；而硬叶兜兰花单生于花茎顶端，花茎长24—30厘米，直立或稍有弯曲，老茎稍短并具有茸毛，花朵直径7—8厘米或更大，粉红色或近白色，唇瓣亦为椭圆状卵形的兜，花期春季，单朵花可开放20—30天。杏黄兜兰与硬叶兜兰均原产于我国的云南，习性相近，喜温暖、湿润的半阴环境，花期也相近，因此常被栽在一起作为“金童玉女”出售或园林展示。

3. 麻栗坡兜兰（***Paphiopedilum malipoense***）

主产于云南的麻栗坡（模式标本产地）、文山、马关，生长于海拔1100—1600米的石灰岩山林下多石处或岩壁上。亦分布于广西那坡、贵州兴义，越南也有分布。麻栗坡兜兰早在1947年就被冯国楣在云南麻栗坡县采集到标本，但直至1984年经陈心启鉴定为新种发表后才为人们熟知。此种为地生或半附生植物，具短的根状茎，茎粗2—3毫米，有少数被毛的肉质纤维根。叶基生，二列，7—8枚；叶片长圆形或狭椭圆形，革质，长10—23厘米、宽2.5—4厘米。花葶通常长达30厘米以上，花黄绿色或淡绿色，略有紫栗色斑。花期12月至次年3月。麻栗坡兜兰有“玉拖”的雅称，在兰展中屡次获奖。在学术上，其椭圆状披针形、有尾尖的萼片、较狭的花瓣和水平伸展的唇瓣等特征在杓兰属中很常见，但在兜兰属中则很罕见。陈心启在发表新种时曾指出，麻栗坡兜兰是最接近杓兰属的一个种，是兜兰属现存种类中最为原始的类群，一个从杓兰属向兜兰属演化的中间类型或过渡类型，在研究兰科植物系统发育和演化方面具有重要的科学价值。

4. 紫纹兜兰（***Paphiopedilum purpuratum***）

主产于云南文山，生于海拔1000米以下的林下多石处、溪旁苔藓丛中。亦分布于广西南部（上思十万大山）、广东南部（阳春、惠东莲花山）、香港，越南也有分布。叶片的上表面具深浅绿色（有时带灰色）相间、肉眼可以分辨出的网格斑，叶片背面全部淡绿色，无紫色斑点；花瓣紫红色或浅栗色而有深色纵条纹、绿白色晕和黑色疣点，唇瓣紫褐色或淡栗色。花期10月至次年1月。

5. 亨利兜兰（***Paphiopedilum henryanum***）

主要分布在我国的云南东南部（麻栗坡、马关），生长于海拔900—1300米的石灰岩地区荫蔽岩壁缝隙中或常绿阔叶林和灌木林中多石或排水良好之地，另外越南也有分布。美国纽约作家苏珊（Susan Orlean）在其畅销书《兰花贼》（*The Orchid Thief*）中介绍了一位赫赫有名的兰花盗贼——亨利·阿扎德德尔（Henry Azadehdel），20世纪80年代这位具有多重身份的兰花大盗频繁通过黑市从中国大量走私兰花，他自己曾讲一年大赚40万美元！而我国当时缺乏保护意识，法律滞后，反而捧之为座上宾。最后在1989年，亨利因为一次非法夹带兰花在英国希思罗机场被捕，最后因4项走私、藏匿、售卖濒危兰花罪名被判刑。（Susan Orlean，2000）就是这位盗贼将这种兜兰首次盗运到欧洲，因此以其名字命名为亨利兜兰。亨利兜兰是兜兰中花色最为斑斓的物种之一，和其他兜兰区别明显。其花朵硕大、花色艳丽，色彩斑斓耀眼，花期长；玫瑰色的兜瓣、浅黄绿色的中萼片、波浪形的花瓣、萼片和花瓣上的紫褐色斑点，如此多样明亮的色彩组合，在原生种兜兰中确实不多，简直像是多代杂交精选的园艺品种。因而一经发现并被亨利盗采到欧洲，立刻引起轰动，成为众多园艺爱好者热捧的兜兰品种。

6. 长瓣兜兰（***Paphiopedilum dianthum***）

主产于云南的麻栗坡（模式标本产地），生长于海拔1000—2250米的常绿阔叶林林缘树干上或岩石上，亦分布于贵州西南部（兴义）、广西西南部（靖西）。叶基生，数枚至多枚，叶片带形、革质。花葶从叶丛中长出，花苞片非叶状；子房顶端常收狭成喙状；花大而艳丽，有种种色泽；中萼直立，花粉粉质或带黏性，退化雄蕊扁平；柱头肥厚，下弯，柱头面有乳突，果实为蒴果。花期7—9月，果期11月。长瓣兜兰姿态美观、花形优雅，为观赏花卉之上品，是中国仅有的几种多花性兜兰之一，属国家一级保护植物，也是育种专家作为杂交育种的优秀亲本之一。

7. 巨瓣兜兰（***Paphiopedilum bellatulum***）

主产于云南的西南部至东南部，生于海拔1000—1800米的石灰岩山草丛中或石缝中，亦分布于广西西部，缅甸和泰国也有分布。植株在地下没有细长而横走的根状茎，叶片宽5—6厘米，花葶短于叶。花通常白色，具紫红色或紫褐色粗斑点，斑点直径2—5毫米；花瓣宽椭圆形，宽3—4.5厘米，宽度为唇瓣宽度的1倍或过之。花期4—6月。

（三）杓兰属

隶属于兰科杓兰亚科，地生，因其花唇瓣特化成兜状、杓状或拖鞋状而得名。其拉丁文词头Cypri-，是古代神话中维纳斯女神的别名，词尾-pedium则是足、拖鞋的意思，合起来指女神的拖鞋，意指其兜状唇瓣貌似维纳斯女神的拖鞋。杓兰属植物自然分布广，全世界有50余种，主要分布于东亚、北美、欧洲等温带地区和亚热带山地。根据*Flora of China*的记载，中国杓兰属植物有36种，是杓兰属植物的世界分布中心，其中以西南、西北、东北地区资源最为集中。中国特有的杓兰属植物有25种，约占世界杓兰属植物种类的一半。杓兰属植物喜欢冷凉湿润的高山、亚高山环境，多生长在针阔混交林和阔叶林下，土壤发育的母岩、石灰岩发育的喀斯特地貌地区是杓兰属植物的主要分布区域。杓兰花朵外形奇特、色彩丰富而艳丽，叶片形状高雅，是高山兰科植物中观赏价值最高的类群，云南香格里拉高山植物园有专门的杓兰收集区，是收集杓兰属植物最多、也是杓兰属植物长得最好的植物园。

1. 黄花杓兰（***Cypripedium flavum***）（图2-61）

主产于云南的贡山、维西、德钦、香格里拉、丽江、洱源，生长于海拔2600—3700米的山坡高山松林下、灌丛中、草地上或流石滩石缝中，亦分布于西藏（察隅）、四川、湖北（房县）和甘肃南部。地下具较短的、粗壮的根状茎。叶2至数枚，明显互生，具平行脉。花瓣近长圆形，短于中萼片，先端钝；花黄色，有时有黄色斑点。花果期6—9月。

图 2-61　黄花杓兰

2. 大花杓兰（***Cypripedium tibeticum***）（图2-62）

又称西藏杓兰。主产于云南的贡山、维西、德钦、香格里拉、丽江、漾濞、镇康，生长于海拔2500—4200米的林下、灌丛草地或乱石滩上。亦分布于西藏东部和南部、四川西部、贵州西部、甘肃南部，不丹和印度锡金也有分布。叶无毛或疏被微柔毛。花大，俯垂，紫色、紫红色或暗栗色，有淡绿黄色的斑纹；合萼片长3—6厘米。花期5—8月。

图 2-62　大花杓兰

3. 斑叶杓兰（***Cypripedium margritaceum***）

主产于云南的香格里拉、丽江、大理，生长于海拔2800—3400米的林下、灌丛草地或石缝中；也分布于四川西南部。茎很短；叶2枚，铺地；中萼片和花瓣黄色，有明显的栗色纵条纹；花瓣背面脉上具短柔毛或近无毛。花期5—7月。

4. 紫点杓兰（***Cypripedium guttatum***）

是较为广布的一种杓兰，产于云南的贡山、香格里拉、德钦、丽江、宁蒗，生长于海拔3000—4000米的山坡草地和云杉林下、灌丛中。亦分布于西藏、四川、甘肃、陕西、河北、山西、山东、宁夏、内蒙古、辽宁、吉林，朝鲜半岛、日本、蒙古、俄罗斯西伯利亚、欧洲和北美西北部也有分布。植株高15—25厘米，根茎细长。叶2片，基生，椭圆形或卵状披针形，叶脉平行，稍突起或凹。花1朵顶生，苞片叶状。花较大，直径约2厘米。花白色，具紫红色斑点，唇瓣深囊状。蒴果，种子极其微小。花期6—7月，果期8—9月。

5. 长瓣杓兰（*Cypripedium lentiginosum*）

1999年发表的新种，中文版的《中国植物志》和《云南植物志》都未收录，但在英文版的*Flora of China*上有记载。云南特有种，滇东南（麻栗坡）唯一产的杓兰属植物。植株高7—11厘米，具粗壮的匍匐根状茎。茎直立，3—7厘米，被2管状鞘覆盖，先端具近对生叶和苞片匍匐在基质上。叶片深绿色，有黑色斑点，有时具紫色边缘，卵形、倒卵形或近圆形，约16 × 14厘米。花顶生，单花，无苞片；花梗3—4厘米，无毛；子房约1.6厘米，无毛；花瓣和唇部灰白色、乳白色或淡黄色，带有栗色斑点。花期5月。此种是目前市面上极为罕见的一种杓兰。

（四）虾脊兰属

据《云南植物志》载，虾脊兰属约150种，分布于亚洲热带和亚热带地区、新几内亚岛、澳大利亚、热带非洲和中美洲，我国有49种5变种，其中云南有27种。虾脊兰属为地生草本植物，茎通常较短且多少变为假鳞茎状，全部为叶鞘所包；叶数枚，通常较大，干后变黑色；花葶从叶腋或茎基部侧面抽出；花中等大，排成总状花序；唇瓣下部与蕊柱全部或一部分合生成管状，基部有距；蕊柱多半较粗短，直立，柱头有时分为2个，位于距口两侧；花粉块8，成2群，蜡质，多数具明显的粘盘。虾脊兰属为较易栽培的种类，可分为落叶类及常绿类。落叶类在假鳞茎成熟后，叶子变黄、脱落并休眠，常绿类则没有明显的休眠期。虾脊兰属的常绿类型的花较小，多黄绿色，少栽培；落叶种类的花较大，冬季开放，曾普遍栽培作圣诞节用花。性喜温暖，不耐强光。世界上栽培最普遍的虾脊兰属植物为原产东南亚的美衣虾脊兰（*Calanthe vestita*），有许多不同色彩的品种及一些杂交种。

图 2-63　三棱虾脊兰

1. 三棱虾脊兰（*Calanthe tricarinata*）（图2-63）

分布较广的一种虾脊兰，也是目前栽培较多的虾脊兰，具有较高的园艺价值。野生种主产于云南的德钦、香格里拉、维西、丽江、剑川、宁蒗、临沧、景东、彝良、蒙自，生长于海拔1700—3500米的山坡草地或混交林下，亦分布于西藏、贵州、四川、湖北、陕西、甘肃、台湾，克什米尔地区、尼泊尔、不丹、印度东北部和日本也有分布。叶柄与叶鞘相连接处无关节，花苞片宿存，蕊喙2—3裂，唇瓣无距，3裂。萼片和花瓣浅黄色，唇瓣红褐色；唇瓣侧裂片很小，耳状或半圆形；中裂片近肾形，具3—5条鸡冠状褶片，边缘皱波状。花期4—6月，果期8—11月。

2. 三褶虾脊兰（*Calanthe triplicata*）（图2-64）

分布特别广的一种虾脊兰，野生种产于云南的贡山、香格里拉、景东、勐腊、景洪、绿劝、金平、屏边、西畴、麻栗坡、马关、富宁，生长于海拔680—2400米的常绿阔叶林下；分布于广西、广东、海南、香港、台湾、福建；也分布于日本、菲律宾、越南、马来西亚、印度尼西亚、印度、马达加斯加、太平洋岛屿、澳大利亚等地。叶面无银灰色条带。花除唇瓣基部的金黄色瘤状物外，其余为白色或罕为淡紫红色；花瓣匙形或倒卵状披针形，中部宽3—4.5毫米，基部具爪。花期4—6月，果期10—12月。

图 2-64　三褶虾脊兰

3. 泽泻虾脊兰（*Calanthe alismaefolia*）

主产于云南的贡山、福贡、泸水、沧源、景东、思茅、西双版纳（勐腊）、屏边、河口、西畴，生长于海拔700—2100米的山坡常绿阔叶林下；亦分布于西藏（墨脱）、四川、湖北、台湾；印度锡金、印度东北部、越南、日本也有分布。植株粗壮、高大，花葶从当年生完全展开的叶丛中抽出。唇瓣侧裂片线形或狭长圆形，比中裂片的小裂片狭得多；中裂片深2裂。花期6—7月，果期9月至次年3月。

（五）独蒜兰属

据《云南植物志》的统计，独蒜兰属（*Pleione*）约有20种，中国有17种，云南有15种，是独蒜兰属植物的分布中心。独蒜兰属植株小巧可爱，多数种类先花后叶、硕大的花朵配以仅有的1或2片叶片、气质清新的特征为它赢得了许多赞赏。其属名源自希腊神话中的同名美丽女神，意指该属植物美丽的花朵，在国际上享有盛名，是独具特色的观赏植物。

独蒜兰属植物为典型的东亚区系植物，分布范围从西部的尼泊尔中部东至我国台湾岛，北至我国秦岭，西南至喜马拉雅山脉，南至泰国北部、老挝和越南等亚洲亚热带地区，海拔分布范围极大，从海拔600—4200米，尤其常见于低纬度中高海拔云雾带区域，是亚热带与温带的分界指示植物之一。独蒜兰属植物为高山落叶性花卉，性喜冷凉，假鳞茎每年出新，秋冬季节落叶后进入休眠期，带有花芽的假鳞茎便于贮藏和运输，具有像郁金香（*Tulipa*）、水仙（*Narcissus*）、风信子（*Hyacinthus*）等球根花卉一样的可远距离运输的商品特性。

据吴莎莎（2020）的最新综述，英国皇家园艺学会是负责兰科植物的国际栽培品种登录权威，独蒜兰属植物自20世纪初被引种到欧洲，截至2019年9月英国皇家园艺学会共有431个品种登录，其中绝大多数由英国、德国、荷兰的育种家登录，中国人登录的品种仅有6个。独蒜兰属植物美丽的花朵极受园艺爱好者的欢迎，欧洲育种家及爱好者对野生资源的需求逐年增加，因此每年有大量野生资源被采挖私销国外；同时由于独蒜兰和云南独蒜兰可入药为山慈姑，每年有大量的独蒜兰属植物种球被采挖入药，致使野外资源逐年减少，其可持续生存状况令人担忧。《中国高等植物受威胁物种名录》中收录了独蒜兰属16种植物，其中极危3种（白花独蒜兰、大花独蒜兰和矮小独蒜兰），濒危5种（长颈独蒜兰、陈氏独蒜兰、黄花独蒜兰等），易危8种（台湾独蒜兰、毛唇独蒜兰、四川独蒜兰等）。

这里列举其中2种云南原产的独蒜兰。

1. 白花独蒜兰（*Pleione albiflora*）（图2-65）

极度濒危物种，主产于云南西部、大理（模式标本产地），附生于海拔2400—3250米的阔叶林或针叶林中的树上或岩壁上。萼片与花瓣白色；唇瓣基部囊状并有长1—2毫米的短距，唇瓣边缘明显流苏状；唇瓣上有5条褶片，褶片分裂成流苏状毛；花白色且芳香，是培育有香味的独蒜兰品种的重要杂交育种资源，花期无叶。花期4—5月。

图2-65　白花独蒜兰（韩周东　摄）

图2-66　黄花独蒜兰

2. 黄花独蒜兰（*Pleione forrestii*）（图2-66）

濒危物种，云南特有种，产于漾濞、大理（模式标本产地）、大姚，生长于海拔2200—3200米的疏林下或林缘岩石上，也长在岩壁和树干上。花黄色，唇瓣上有各种色泽的斑，唇瓣上有3—7条褶片，褶片啮蚀状、具乳突状齿或多少撕裂。花期4—5月。

（六）兰　属

据《云南植物志》记载，全属约有48种，分布于亚洲热带及亚热带地区，南达新几内亚岛、澳大利亚。我国有30种，广布于秦岭以南地区，其中云南有28种。本属的地生种类，如春兰（*Cymbidium goeringii*）、蕙兰（*Cymbidium faberi*）、寒兰（*Cymbidium kanran*）、建兰（*Cymbidium ensifolium*）、墨兰（*Cymbidium sinense*）等，在我国有千余年的栽培历史。世界上最早的两部兰花专著——1233年的《金漳兰谱》和1247年的《兰谱》，就是专门论述兰属地生种类及其栽培经验等的。近年来，大花附生种类如虎头兰（*Cymbidium hookerianum*）、黄蝉兰（*Cymbidium iridioides*）、独占春（*Cymbidium eburneum*）等也受到很大的重视；主要以大花种类为亲本，杂交培育出来的大花蕙兰品种系列，有很高的观赏价值，是当今花卉市场上最受欢迎的品种之一。

1. 春兰（***Cymbidium goeringii***）（图2–67）

图 2–67　春兰（火山魂）

较为广布的一种，野生种产于云南的腾冲、保山、维西、丽江、昆明、武定、广南等地，生长于海拔800—2550米的草坡、林缘或疏林中，亦分布于贵州、四川、广西、广东、湖南、湖北、河南南部、台湾、福建、江西、浙江、安徽、江苏、甘肃南部、陕西南部，日本、朝鲜也有分布。花葶挺直，花序中部的花苞片明显长于花梗和子房；叶脉不透明；假鳞茎小，但明显存在。花期1—3月。春兰栽培历史悠久，品种众多，其中在昆明常见的几个春兰品种有：包公魂（*Cymbidium goeringii* 'Baogong Hun'）、大黄素（*C. goeringii* 'Dahuangsu'）、红宝石（*C. goeringii* 'Hongbaoshi'）、火山魂（*C. goeringii* 'huoshan Hun'）、金童（*C. goeringii* 'Jintong'）、金樽虹荷（*C. goeringii* 'Jinzun Honghe'）。

2. 虎头兰（***Cymbidium hookerianum***）（图2–68）

主产于云南的贡山、福贡、腾冲、保山、龙陵、丽江、沧源、双江、景东、勐海、昆明、蒙自、河口、金平、屏边等地，附生于海拔1040—3000米的常绿阔叶林中的树上、石上；亦分布于西藏东南部（察隅）、贵州西南部、四川西南部、广西

图 2-68　虎头兰

西南部；尼泊尔、印度锡金、不丹、印度东北部也有分布。萼片与花瓣绿色，不具红褐色纵条纹；唇瓣侧裂片脉上有暗红褐色斑点。花期长，10月至次年4月，果期6—9月。虎头兰栽培历史悠久，曾载于《植物名实图考》“虎头兰硕大，多红丝，心尤斑烂，有色无香，能耐霜雪”，并附图。虎头兰的杂交育种始于100多年前，英国园艺学家约翰·西丹采用原产于我国及亚热带地区的‘象牙白’与‘碧玉兰’杂交育成了‘象牙碧玉兰’，开创了虎头兰杂交育种的先河，目前栽培的虎头兰品种已超过200个。

3. 莲瓣兰（*Cymbidium tortisepalum*）

产于云南西部，生长于海拔800—2000米的草坡或透光的林中或林缘。叶长30—65厘米、宽4—12毫米，质地柔软，弯曲。花2—4（5）朵，有香味，颜色多变化，苞片长于或等长于花梗和子房，披针形；萼片与花瓣扭曲或不扭曲，通常淡黄绿色或带白色，有时带有紫红色斑纹。花期12月至次年3月。在云南，莲瓣兰的栽培品种很多，如甸阳金荷（*C. tortisepalum* ‘DianyangJinhe’）、粉荷（*C. tortisepalum* ‘Fenhe’）、如意素荷（*C. tortisepalum* ‘RuyiSuhe’）、秀荷（*C. tortisepalum* ‘Xiuhe’）、知青粉荷（*C. tortisepalum* ‘ZhiqingDenhe’）。

4. 春剑（*Cymbidium tortisepalum* var. *longibracteatum*）

分布于中国四川、贵州和云南，生长于海拔1000—2500米的山坡上杂木丛生多石之地。原来认为春剑的形态与蕙兰比较接近，后来兰花专家根据它的叶形和花形，将它从蕙兰中分离出来，成为一个独立种，2003年，又作为莲瓣兰的变种处理。春剑有许多栽培品种，尤以浅色系的‘素心’为上品，有较高的观赏价值。

（七）铠兰属

铠兰属植物为地生草本，极其罕见，仅有1枚叶、单朵花，整个植株只有数厘米高。该属约有150种，主要分布于新几内亚、澳大利亚、太平洋各岛，向上经东南亚延伸至喜马拉雅山脉，中国分布有6个种。2018年高黎贡山保护区腾冲分局就曾在保护区发现了迄今为止最大的大理铠兰（*Corybas taliensis*）居群，2020年中国科学院昆明植物研究所考察团队在腾冲发现了喜马拉雅铠兰（*Corybashimalaicus*）和铠兰（*Corybassinii*）的新分布，至此高黎贡山南段已有3种铠兰属植物分布，具有极高的科研价值。

大理铠兰（*Corybas taliensis*）

云南特有种，产于龙陵、腾冲、福贡、大理（模式标本产地），生长于海拔2150—2500米的杜鹃树林下、苔藓丛中。地生小草本，植株高2.5—7.5厘米。这是一种较为娇小的植物，其茎部纤细，长2.5—7.5厘米，最明显的识别特征便是一叶一花，即叶子只有1枚，形状为心形或宽卵形，生于茎部上端；每年9月开花，单生的紫色小花一般开在茎部末端，唇瓣近倒卵圆形。

（八）槽舌兰属

槽舌兰属有9种，分布于中国（西南部、南部和东部）、越南、老挝、泰国、缅甸、印度（东北部），我国有9种，其中云南产8种，是该属植物的分布中心。（金效华，2003）叶圆柱形或半圆柱形，近轴面常具狭的纵沟，唇瓣中裂片舌状，唇瓣基部的距圆筒形或角状、距口上缘两侧向上延伸为高出唇瓣片的侧裂片，花粉团的黏盘前端不裂。

短距槽舌兰（*Holcoglossum flavescens*）

主产于云南的宾川、永胜（模式标本产地），附生于海拔1200—2000米的常绿阔叶林中的树干上，亦分布于四川、湖北、福建。叶半圆柱形或有时多少V字形对折，近轴面具宽的凹槽，通常长4—6厘米；唇瓣侧裂片上缘不凹缺，中裂片基部具1枚大的、强烈增厚的胼胝体，胼胝体中央凹槽状而两侧隆起呈脊突，距长不及1厘米。花期5—6月，果期8—9月。

（九）竹叶兰属

寡种属，全属仅2种。分布于喜马拉雅地区、亚洲热带地区，自东南亚至南亚和喜马拉雅地区向北到达中国南部和华南地区至日本琉球群岛，向东南到达塔希提岛。我国有1种，主产于云南。叶2裂，禾叶状，基部具关节和抱茎的鞘。

竹叶兰属植物多为地生兰，植株很大，有的株高可达1米。其叶片长12—30厘米、宽1.6—2.5厘米。花序一般有15—30厘米长，花也很大，有时直径可达10厘米，花型很像卡特兰，颜色鲜艳，且有香味。花期不长，一般3—5天左右。

竹叶兰（*Arundina graminifolia*）

主产于云南贡山、福贡、腾冲、梁河、洱源、凤庆、镇康、临沧、双江、澜沧、景东、孟连、景洪、勐腊、禄劝、玉溪、绿春、屏边、河口、蒙自、文山、西畴、麻栗坡、马关、富宁，生长于海拔500—2400米的林下灌丛中及草坡，属广布种。花果期主要为7—11月，但1—4月也有。竹叶兰的名称很多，因其体形大，似芦苇，在台湾被称为“苇草兰”；因其花形多少有些像小鸟，尤其是远远看去很像一只只在原野中嬉戏的鸟儿，又被称作“鸟仔兰”。其属名则取了苇草兰的意思，是从希腊语arundo（芦苇）变化而来的。竹叶兰是一种十分容易生长的兰花，管理可粗放。

七、百　合

百合科（*Liliaceae*）是一个范围十分庞大的科，《云南植物志》根据哈钦逊系统记载，该科共148属约3700种，广布于全世界，主产温带和亚热带地区，我国有47属370种，其中云南有36属180种14变种。百合科具有许多有重要经济价值的植物，如黄精、玉竹、知母、芦荟、麦冬、藜芦、贝母等都是著名的中药材，黄花菜、百合等是良好的蔬菜，百合、豹子花、假百合、玉簪、吊兰等是园艺上比较著名的观赏植物。说起云南八大名花之一的百合，通常认为包括百合属（*Lillium*）、豹子花属（*Nomocharis*）、大百合属（*Cardiocrinum*）、假百合属（*Noyholirion*）、贝母属（*Fritillaria*）等具有较高观赏价值的类群。

（一）百合属

百合属全球共80多种，以我国为多，共46种。云南约有20个种和变种。百合花之所以在云南八大名花之中占一席之地，是因为百合花的花期长、花色多，有的还具有香味，既可盆栽观赏，又可植于庭园、花坛，还可做鲜切花出售，是一种受人喜爱的花卉。

紫花百合（*Lilium souliei*）

主产于云南的贡山、碧江、福贡、德钦、香格里拉、丽江、维西、洱源，生长于海拔2800—4000米的高山草甸、杜鹃灌丛中；分布于西藏察隅。花单朵，暗紫色、紫黑色，无斑点，长2.3—4厘米；叶5—17枚，椭圆形至倒披针形，长2.5—7厘米、宽3—25毫米。花期4—8月，果期8—11月。本种花极香，在贡山、德钦草甸上分布较多，可作香料资源开发；花型独特，也可作为园林花卉开发。

（二）豹子花属

云南省的多种百合中，通常把豹子花之类的也列入八大名花系列，豹子花属植物最美丽，种类也为各省之冠。全属8个种，云南分布有7个种1变种。豹子花属是百合属从喜马拉雅造山运动中新分化出的1个新家族，云南的横断山脉地区是豹子花属的起源和遗传多样性中心，有极高的园艺观赏价值，可用做切花或盆花。

滇蜀豹子花（Nomocharis forrestii）（图2-69）

典型的高山植物，主产于云南的香格里拉、丽江、维西、洱源，生长于海拔3000—3850米的云南松林、高山松林、针阔叶混交林下，也见于采伐迹地、杜鹃栎林、高山草地；四川西南部也有分布。花通常1朵，也有2朵或4—6朵的，单生于茎上部叶腋；花梗淡绿色染紫色斑点，无毛，长2—2.5厘米；花被片粉红色至红色，展开为碟状，内轮花被片内面常散布或密布深紫色小斑点；外轮的花被片椭圆形，长约3.5厘米、宽约1.5厘米，先端急尖，全缘；内轮的宽椭圆形，长2.8厘米、宽2厘米，内面基部有两枚暗紫色的丘状隆起；花丝紫色；子房明显短于花柱，长7毫米，花柱长10毫米。花期6—7月，果期9—10月，可种子或鳞茎繁殖，是目前在云南庭园已可栽培的苗木。

图 2-69　滇蜀豹子花

（三）大百合属

该属植物因其植株的巨大性而显著区别于百合属植物而得此名。大百合属植物全球有3种，均为多年生草本植物，我国产2种，它们是荞麦叶大百合（*C.cathayanum*）及云南大百合（*C.giganteum*）。大百合大而洁白、艳而不俗，十分高雅，配以秀丽嫩绿的大叶，是庭园中十分珍贵的观赏植物。其果实椭圆状球形，似一颗颗绿宝石嵌于花茎顶端，具有良好的观赏价值。在园林中，大百合可布置于林下、溪旁阴湿处，也可盆栽摆设于较大的厅堂。由于其花茎粗壮、硬直，也可作为一种大型切花材料。大百合不仅是极好的观赏植物，而且具有很高的经济价值。

云南大百合（*Cardiocrinum giganteum*）（图2-70）

主产于云南的贡山、德钦、碧江、丽江、维西、大理、腾冲、镇康、临沧、镇雄、彝良、文山、广南，生长于海拔1900—3700米的沟谷阔叶林、灌丛、山坡林缘、草坡、箐沟中，或长于潮湿的石上。大百合植株健壮，7—8月抽花茎开花，花大洁白，十分雅致。其果实椭圆状球形，似一颗颗绿宝石嵌于花茎顶端。宜栽植于大庭院或稀疏林下半阴处，也可盆栽观赏，点缀居室和阳台。

图 2-70　云南大百合

（四）鹭鸶兰属

该属仅1种，特产我国西南部（四川、云南、贵州）。多年生草本，根茎短，圆柱形。根多数，常肥大呈纺锤形。叶基生，多数为线形或狭舌形，边缘有绉波，叶脉每侧6—8条。花葶直立，通常长于叶，顶生1至少数总状花序；苞片短于花，狭窄，极尖；花白色，2—3朵聚生，逐一开放，具梗，花梗中部有节；花被片6，近相等，内轮较狭，线形，极尖，外弯，枯存；雄蕊6，短于花被，花药长形，弯曲，基着，基部有尾2条；子房无柄，上位，具3棱、3室，花柱线形，先端下弯，柱头小，每室胚珠2，着生于中轴胎座上；蒴果短，具3翅，室背开裂。种子每室2，圆形，基部有2耳，种皮黑色，有斑点。

鹭鸶兰（*Diuranthera major*）（图2-71）

百合科多年生草本，具肉质根，在《滇南本草》中有记载，作菜食，能养血健脾、强筋骨、增气力，是重要的云南乡土地被植物，适应性好。李恒（1995）根据鹭鸶兰的现代分布，认为鹭鸶兰属是一个起源于云南高原的属，现有的居群限制在海拔1200—2400米的梯度范围内，1200米以下的温暖河谷和2500米以上的亚高山地带都不见生长，足见它的起源环境与现代栖居环境相当一致，即鹭鸶兰自发生以来的水平迁移梯度和扩散的幅度都不大，整个迁移进程也为时不长，向东仅达四川南川和贵州贵定，向西尚未进入到横断山区腹地。鹭鸶兰是云南庭园中常见的园林植物，适应性强，是良好的地被植物。

图 2-71　鹭鸶兰

（五）蜘蛛抱蛋属

该属有11—12种，分布于亚洲热带和亚热带地区，我国有8种，产于西南至东南各省，其中云南有4种。花单朵，坛状，直接从根状茎抽出，花梗或总花梗很短，花在地面或地下开放。云南普遍用本属植物叶片包粽子，因而常见园林中有栽培，是颇具特色的云南乡土植物。

图 2-72　蜘蛛抱蛋

蜘蛛抱蛋（*Aspidistra elatior*）（图2-72）

又名一叶兰，根状茎圆柱形，横走；每相

距约1—3厘米生一叶，叶通常矩圆状披针形，直立，有长柄；花序从根状茎上发出，很短，顶端生一花；花钟状，紫色。以其叶常青，有时有黄白色斑纹而被广泛栽培供观赏。

（六）贝母属

本属约有85种，分布于北温带，我国有16种，各省区均产。云南有野生3种，此外有栽培1种。本属花被片基部蜜腺穴大，花蕾直立，蒴果也直立，但盛花下垂。

川贝母（***Fritillaria cirrhosa***）（图2–73）

又称灯笼花（香格里拉）、小贝（禄劝）、鸡心贝、尖贝。主产于云南的德钦、香格里拉、丽江、维西、贡山、洱源、宁蒗、保山、景东、腾冲、漾濞、大理、禄劝、东川、巧家，生长于海拔3000—4400米的林下、灌丛或草甸中；分布于四川西部、西藏东南部和南部、青海、宁夏、陕西、山西；尼泊尔也有分布。单花顶生，花梗长1—3厘米，果期明显伸长。叶状苞片3枚，也有1枚的；花于花期下垂，花被片长圆形，色泽多变，黄色、黄绿色、绿色、淡黄色以至暗紫色，具紫色斑点，鳞茎入药。此品种栽培历史悠久，是川贝的主要来源。花期5—7月，果期8—10月。

图2–73　川贝母

（七）黄精属

全属有40余种，广布于北温带。我国有31种，南北各省都有分布，其中云南产10种，分布于全省各地。某些种类的根状茎可入药或腌制供食用，如‘玉竹’‘黄精’，前者的功用为养阴润燥、生津止渴，后者的功用为滋润心肺、生津养胃、补精髓。不少种类已作为药用植物广泛栽培。

滇黄精（Polygonatum kingianum）（图2–74）

主产于云南的勐腊、景洪、思茅、绿春、金平、麻栗坡、蒙自、文山、西畴、双江、临沧、凤庆、景东、双柏、楚雄、师宗、昆明、

图2–74　滇黄精

嵩明、大理、漾濞、云龙、福贡、香格里拉、盐津等地，生长于海拔620—3650米的常绿阔叶林下、竹林下、林缘、山坡阴湿处、水沟边或岩石上；亦分布于四川、贵州；缅甸、越南也有分布。植株高大，通常高1米以上，叶先端拳卷。花期5—7月，果期8—10月。根茎可入药，作黄精用，因此栽培甚广，其花型独特、花期长，也可作为有云南乡土特色的园林观赏植物栽培。

八、绿绒蒿

毛茛科绿绒蒿（*Meconopsis*）全世界共有49种，我国有38种，其中云南产种类达20种（含2个变种），资源十分丰富，多集中分布于滇西北海拔3000—5000米的雪山草甸、高山灌丛、流石滩，少数种类在滇中、滇东北的亚高山地带。绿绒蒿为一年生或多年生草本，株高、花型各异，色彩多为蓝色和紫色，仅滇西北产14种以上。绿绒蒿是著名的观赏植物，欧洲人称之为“喜马拉雅蓝罂粟”，并将其广泛应用于园林园艺。绿绒蒿属植物的花朵色彩丰富且艳丽，植株形态婀娜多样，是育种和开发高山花卉品种的重要种质资源。绿绒蒿不仅是云南八大名花之一，还是云南和西藏地区的标志性植物，在山区经济发展中扮演着重要的角色，具有巨大的利用价值。绿绒蒿不仅具有很高的观赏价值，有些种类还可入药治病，如金缘绿绒蒿、尼泊尔绿绒蒿全草均可入药，具有清热解毒的功效，其他如被称为“红毛洋参”“雪参”的绿绒蒿根也可入药，可治疗气虚、浮肿、哮喘等症。

图 2–75 总状绿绒蒿

1. 总状绿绒蒿（*Meconopsis horridula* var. *racemosa*）（图2–75）

主要分布于云南西北部（鹤庆、洱源以北），生长于海拔3000—4600（4900）米的草坡、石坡，有时生于林下。我国四川西部及北部、甘肃东南部、青海、西藏也有分布。西藏等地用其全草消炎、止骨痛、治头伤、治骨折；丽江等地用其根入药，治气虚下陷、浮肿、脱肛、久痢、哮喘。叶片被刺毛，叶片全缘或波状；蒴果卵形，极易分辨。花期5—8月，果期7—11月。

2. 全缘叶绿绒蒿（*Meconopsis integrifolia*）（图2–76）

分布于云南西北部（碧江、丽江以北）及东北部（巧家），生长于海拔2700—5100米的草坡或林下；我国四川西部、西北部，西藏东南部，甘肃西南部及青海东南部也有分布；缅甸东北部亦有分布。茎基部具密集成丛，通常具多短分枝的长柔毛；叶全缘。花期5—8月，果期7—11月。该品种全草可清热止咳，花前采叶入药可治胃中反酸，花可退热催吐、消炎、治跌打骨折。

3. 丽江绿绒蒿（*Meconopsis forrestii*）

分布于云南西北部（丽江、香格里拉），生长于海拔（3100）3400—4300米的草坡，我国四川西南部也有分布。花生于无苞片的花序上，蒴果近狭圆柱形，花生于茎的上部，花柱消失或近消失。花期5—8月，果期7—10月。

4. 拟秀丽绿绒蒿（*Meconopsis pseudovenusta*）

分布于云南西北部（香格里拉），生长于海拔3400—4100米的岩坡、流石滩中，我国四川西南部及西藏东南部也有分布。叶无毛，通常羽状或二回羽状深裂；蒴果狭倒卵形至狭椭圆形，长稀为宽的4倍；花瓣通常超过4。花期7月，果期8—10月。

图 2-76　全缘叶绿绒蒿

九、其他云南产重要的乡土植物

（一）秋海棠

秋海棠属（*Begonia*）植物全球有1900余种，主要分布于亚洲、非洲和美洲的热带和亚热带地区，温带仅少量分布。南美洲是全球秋海棠属植物的集中分布地，仅巴西一个国家的自然分布种类就达332种。中国是秋海棠属植物种类自然分布较为丰富的国家之一，除少数球状茎种类分布于华中和中南地区外，绝大多数种类分布于我国的西南地区，即云南、广西、贵州、四川、海南、西藏等省区，并以云南的东南部为自然分布集中区。目前，我国已知并发表的种类有224种，其中204种为中国特有的分布种类，约占中国分布种类的91.1%。其中，云南地处中国的西南边陲，植物种类极为丰富，秋海棠属植物尤其突出，已知并发表的种类有110种，约占中国自然分布种类的50%，其中74种为云南特有的分布种类。（李爱荣等，2020）

秋海棠属植物花朵艳丽，叶形千差万别，几乎包含了植物界所有的叶形，叶片斑纹丰富多样、色彩华丽，具有很高的观赏价值，是一种极为优良的草本观赏花卉。根据其观赏性状，秋海棠属植物可大致分为观花和观叶两大类型。作为室内观赏植物，秋海棠属植物盆花近年备受青睐，而且评价越来越高，在日本被称为“盆花之王”。以日本花鸟园集团的秋海棠观赏园为核心，在观光园艺领域全方位多角度展示秋海棠属植物色彩华丽、奇特多样、五彩斑斓的叶片和花朵形态，以及世界一流的园艺栽培技术水平。英国、荷兰、美国和澳大利亚等也收集保育了较多的秋海棠属植物野生种，并做了相应的栽培育种应用。

中国的秋海棠文化历史悠久，但专类保育研究及规模化应用相对起步较晚。中国科学院昆明植物研究所于20世纪70年代初引种秋海棠，90年代初进行秋海棠属植物种质资源的专类收集和保育，目前已成功栽培保育秋海棠属植物420余种（或品种），其中以云南野生种为主的国内原种180种、国外原种或园艺品种240个，是目前国内最大的集基础理论和应用研究为一体的秋海棠属植物种质资源收集保育基地。经20余年的有性杂交、航天育种等新品种培育，已注册登记新品种31个，在全球秋海棠属植物的育种历程中已记入了我国具有自主知识产权的秋海棠新品种，授权国家知识产权发明技术专利12项。在成功引种驯化，解决栽培繁殖关键技术，自主知识产权新品种培育、注册及专利授权一体化的基础上，进一步开展育成品种的规模化扦插繁殖和标准盆花的集约化栽培技术研究，并和花卉生产实体企业积极合作，进行秋海棠属植物盆花的规模化生产试验示范，为推进秋海棠属植物及其新品种产业化和资源的持续合理利用奠定了良好的基础。（管开云，李景秀，2020）

秋海棠属植物大多分布在热带、亚热带地区，生长在温暖、湿润的常绿阔叶林下，略有森林郁闭，有机质丰富、土壤肥沃、阴湿的环境。除自然分布区的原生地外，需要一定条件的温室设施进行室内栽培，并适当配备遮光、温度调节控制、高压喷雾加湿等的设备，栽培基质要求富含有机质、疏松、排水透气性好，pH值6—6.5。秋海棠属植物生长适宜的温度是15—25℃，相对空气湿度65%—85%，光照强度10000—20000Lx。

下面列举10个云南具有代表性的乡土秋海棠属植物。

1. 歪叶秋海棠（*Begonia augustinei*）（图2–77）

分布于云南澜沧惠民、勐海、景洪等地，生长于海拔960—1500米的密林下阴湿的山谷或路边土坎、斜坡。根状茎类型，株高25—30厘米。叶片宽卵形，长12—20厘米、宽10—15厘米；叶面褐绿色，镶嵌紫褐色斑纹，沿中肋具银绿色斑纹，整体密被柔毛。花被片粉红色至桃红色，二岐聚伞花序，着花数3—6朵。雄花直径4.5—5厘米，外轮2被片椭圆形，内轮2被片长圆形；雌花直径3.8—4.2厘米，外轮2被片倒卵形，内轮被片2，有时3，倒卵

图 2–77　歪叶秋海棠

状长圆形。花期7—8月，果期10—11月。

2. **古林箐秋海棠（*Begonia gulinqingensis*）**（图2-78）

分布于云南马关古林箐，生长于海拔约1730米的常绿阔叶林下阴湿草丛中。根状茎类型，株高15—25厘米。叶片近圆形或团扇形，长、宽6—12厘米；叶面褐绿色，镶嵌近圆形银绿色斑点。花被片玫红色，二岐聚伞花序，着花数3—6朵，株开花数极多。雄花直径1.8—2.5厘米，外轮2被片卵圆形，内轮2被片椭圆形；雌花直径1.5—2厘米，外轮2被椭圆形，内轮被片3，长卵圆形。花期12月至翌年1月。果期3—4月。

图 2-78　古林箐秋海棠

3. **红毛香花秋海棠（*Begonia handelii* var. *rubropilosa*）**（图2-79）

分布于云南屏边大围山、河口南溪，生长于海拔300—1400米的阔叶林下阴湿的沟谷或路边斜坡。根状茎类型，株高25—50厘米，雌雄异株。叶片卵形或卵状长圆形，长10—15厘米、宽6—11厘米；叶面浓绿色，疏被红色长柔毛。花被片白色或浅粉红色，二岐聚伞花序，着花数8—12朵，株开花数极多，数十至上百朵。雄花直径6—8厘米，外轮2被片宽卵形，内轮2被片卵状长圆形；雌花直径6—10厘米，外轮2被片宽卵形，内轮2被片卵状长圆形。花期2—3月，果期5—6月。

图 2-79　红毛香花秋海棠

4. **长柱秋海棠（*Begonia longistyla*）**（图2-80）

分布于云南的个旧蔓耗坡头落水洞、河口，生长于海拔250—500米的季雨林下阴湿的沟谷石灰岩间或石壁。根状茎类型，株高10—15厘米。叶片卵圆形，长6—10厘米、宽4—6厘米；叶面褐绿色至褐紫色，密被瘤，基刚毛，幼时刚毛紫红色，具银绿色斑点。花被片绿色至黄绿色，外轮被片略带紫红色，二岐聚伞花序，着花数6—10朵，单株开花数极多。雄花直径0.6—1.0厘米，外轮2被片近圆形，内轮2被片倒卵形；雌花直径0.5—1.0厘米，外轮2被片圆形，内轮被片1，倒卵形。花期4—5月，果期6—7月。

图 2-80　长柱秋海棠

5. 孟连秋海棠（***Begonia menglianensis***）（图2-81）

分布于云南孟连、西盟，生长于海拔900—1000米的林下阴湿山坡或石灰岩间。根状茎类型，株高15—25厘米。叶片轮廓卵圆形或近圆形，长8—12厘米、宽6—10厘米；叶面褐绿色近无毛，叶背面浅绿色，叶脉及叶柄紫褐色密被紫红色长柔毛。花被片浅桃红色，二歧聚伞花序，着花数6—8朵，株开花数极多。雄花直径3.0—3.8厘米，外轮2被片外侧被紫红色刚毛，阔卵形，内轮2被片倒圆形；雌花直径3.0—3.5厘米，花被片5，倒卵形各异，外轮被片外侧被紫红色刚毛。花期11—12月，果期翌年2—3月。

图 2-81　孟连秋海棠

6. 多毛秋海棠（***Begonia polytricha***）（图2-82）

分布于云南马关、绿春、元阳、屏边等地，生长于海拔1800—2200米的常绿阔叶林下阴湿的沟谷。根状茎类型，株高20—30厘米。叶片卵形，长6—7厘米、宽4—5厘米；叶面褐绿色，密被紫红色长柔毛，具紫褐色斑纹。花被片粉红色至桃红色，花药和柱头朱红色，二歧聚伞花序，着花数3—6朵。雄花直径4.0—4.5厘米，外轮2被片宽卵形，内轮2被片长圆形；雌花直径4.0—4.2厘米，外轮2被片长圆形，内轮被片3，狭或宽长圆形。花期7—8月，果期10—11月。

图 2-82　多毛秋海棠

7. 假厚叶秋海棠（***Begonia pseudodryadis***）（图2-83）

分布于云南河口瑶山、南溪芹菜塘、新街约马儿，生长于海拔1200—1320米的林下阴湿石灰岩石壁。根状茎类型，株高16—18厘米。叶片斜卵形，长4—8厘米、宽3.5—5.6厘米；叶面褐绿色，近厚草质，沿中肋具银绿色宽带状斑纹，其余嵌不规则银绿色斑点。花被片粉红色，二歧聚伞花序，着花数6—10朵。雄花直径2—2.5厘米，外轮2被片宽卵形，先端急尖，内轮2被片披针形；雌花直径1.2—1.5厘米，外轮2被片菱形至卵状三角形，内轮被片3，披针形，先端急

图 2-83　假厚叶秋海棠

尖。花期8—9月，果期11—12月。

8. **大王秋海棠（*Begonia rex*）**（图2-84）

分布于云南江城嘉禾、勐腊、金平、绿春，生长于海拔400—1000米的密林下阴湿的沟谷或路边岩石壁上。根状茎类型，株高20—35厘米。叶片大型，宽卵形至近圆形，长20—25厘米、宽13—20厘米；叶面暗绿色或褐绿色，疏生长硬毛，具银绿色环状斑纹。花被片浅粉红色至粉红色，二岐聚伞花序，着花数4—6朵。雄花直径4.2—5.6厘米，外轮2被片广椭圆形，内轮2被片狭长圆形；雌花直径2.2—3.5厘米，外轮2被片倒卵状长圆形，内轮3被片狭长圆形。花期9—10月，果期12月至翌年1月。

图 2-84　大王秋海棠

9. **变色秋海棠（*Begonia versicolor*）**（图2-85）

分布于云南的屏边大围山、麻栗坡，生长于海拔1280—1320米的密林下阴湿的山谷、路边草丛或溪沟边。根状茎类型，株高15—30厘米。叶片宽卵形或近圆形，长8—12厘米、宽6—10厘米；叶面绿色，褐绿色至紫褐色，密被基部锥状凸起的糙毛，有时具银白色斑纹。花被片粉红色，二岐聚伞花序，着花数2—4朵。雄花直径3.2—4.2厘米，外轮2被片宽卵形，内轮2被片倒卵形；雌花直径1.6—2.2厘米，外轮2被片近圆形，内轮3被片倒卵形。花期6—8月，果期9—10月。

图 2-85　变色秋海棠

10. **黄瓣秋海棠（*Begonia xanthina*）**（图2-86）

分布于云南盈江猛来河，生长于海拔1500米的密林下阴湿的沟谷、路边斜坡或石壁上。根状茎类型，株高20—40厘米。叶片长卵圆形，长12—18厘米，宽8—13厘米；叶面褐绿色至褐紫色，有时具银白色斑点。花被片黄色，二岐聚伞花序，着花数4—10朵。雄花直径4.0—4.2厘米，外轮2被片卵圆形，内轮2被片长卵圆形；雌花直径2.0—2.5厘米，外轮2被片卵圆形，内轮3被片倒卵形。花期10—11月，果期翌年1—2月。

图 2-86　黄瓣秋海棠

（二）姜　花

说到姜科植物，首先能想到的就是各种调料，从最家常用的生姜（*Zingiber officinale*），到最容易让人误认为是罂粟的草果（*Amomum tsaoko*），以及经常作为炖肉料出现的白豆蔻（*Amomum kravanh*）和咖喱中的姜黄（*Curcuma aromatica*），这些都是姜科植物家族的成员。毫不夸张地说，姜科植物的存在让我们的餐桌有了多变而丰富的滋味。姜科植物除了可提供香气扑鼻的调料外，不少种类也能够提供美丽花朵，在园林中增光添彩。

姜科植物（*Zingiberaceae*）有50余属，约1600种，分布于全世界热带、亚热带地区，主产于亚洲热带地区；我国有21属200余种5变种，产东南部至西南部各省区，云南有18属139种，其中有13个栽培种11变种，全省各地均有分布。本科植物包括较多的重要中药材，如砂仁、益智、草果、姜、草豆蔻、高良姜、郁金、莪术、姜黄、闭鞘姜等等，具有健胃、止痛、破瘀、活血等作用。近年来利用姜科植物抗癌、预防放射性皮肤烧伤、抗生育活性等方面的试验与临床试用国内外均有报道，另外还可作香料、色素、淀粉、蔬菜以及美丽的观赏植物。

关于云南有代表性的观赏植物，这里重点介绍以下几大类。

姜花属（*Hedychium*）　全世界约有60种，分布于亚洲热带地区；中国共有32个分类群，云南分布有27种1变种、广西有6种1变种2变型、西藏有9种、四川有6种、贵州有2种、海南有1种。这些种类主要分布在我国西南部，其中云南的种类最多，占了80%以上。（胡秀，刘念，2009）姜花属植物的花美丽且带宜人香气，这个属的花朵在姜科家族中显得特立独行，就算是放在庭院中也不输于那些美丽的月季和郁金香。姜花属植物不仅在吸引动物上有特点，在搞定动物传播花粉这件事儿上也有绝招。姜花属植物都有长长的存蜜的距，可以引诱蝴蝶和蛾子这样的长嘴昆虫把嘴巴插进去，在这时把花粉抹在蛾子或者蝴蝶的身上。当这些昆虫飞到下一朵姜花属植物上进餐的时候，花粉就完成了传递。（史军，子鷓坊，2018）

象牙参属（*Roscoea*）　全世界17—20种，分布于喜马拉雅地区，我国有13种3变种，全产于西南部；其中云南有10种3变种，产于滇东南、滇中和滇西北地区。象牙参花美丽，因这些种类都有数个纺锤形状的根而得名，目前园林运用尚少，是颇具开发前景的花卉资源。

姜黄属（*Curcuma*）　全属约60种，主产于东南亚，澳大利亚也有分布。我国有15种，产于东南部至西南部，其中云南有11种，产于滇东南至滇西地区。叶鞘非封闭管状，花序呈球果状，苞片边缘彼此与花序轴不同程度的合生成密集的囊状，每苞片内具数朵花，具小苞片。

闭鞘姜属（*Costus*）　全属约150种，分布于热带美洲、非洲、亚洲至大洋洲。我国有5种，产于西南部至东南部，其中云南均有，产于滇西南至滇东南地区。叶鞘管状，闭合；唇瓣基部与花丝连合成短管；不具上位腺体。

舞花姜属（*Globba*）　全属有70—100种，分布于热带东南亚（达巴布亚新几内亚）至东亚。我国有3种1变种，产于西南部至南部，其中云南均有，产于滇西南至滇东南地区。子房1室，侧膜胎座；唇瓣位于花冠裂片与侧生退化雄蕊之上一段距离。

综合胡振阳等（2018）、路国辉与王英强（2011）、胡秀等（2010）、胡秀与刘念（2009）等的调查结果，目前在云南园林上运用较广的姜科植物有如下几个种类。

1. **滇姜花（*Hedychium yunnanense*）**（图2-87）

产于云南昆明、禄春、孟连，生长于海拔1700—2200米的山坡林下，已在云南园林中广泛栽培，适应性好。植株高1—1.2米，花密集，花萼长达4厘米，花丝明显长于唇瓣，唇瓣较短，3—3.5厘米，苞片较狭，达5毫米。花期8—9月，果期10—11月。

图 2-87　滇姜花

图 2-88　草果药

2. **草果药（*Hedychium spicatum*）**（图2-88）

又称疏穗姜花，较为广布的一个种，生长于海拔1900—2800米的山坡林下。花稀疏，花丝明显短于唇瓣；唇瓣较长，约5厘米；苞片较宽，达1.2厘米。根茎入药，辛苦，有温散寒、理气止痛的功效；果实及种子（草果药）具宽中理气、开胃消食的功能；根茎舂碎与马铃薯混合煮熟可食。花期7—8月，果期10—11月。

3. **红姜花（*Hedychium coccineum*）**

产于云南东南部至西南部，生长于海拔700—2900米的杂木或针阔混交林下。花红色，极美丽，在云南园林中已广泛栽培；唇瓣圆形，先端深2裂；叶片线形，先端尾尖。花期6—8月，果期10月。

4. **黄姜花（*Hedychium flavum*）**

佛教的“五树六花”之一。云南西双版纳的傣族朋友们爱花，特别是女孩子，都要在头上戴几朵淡黄色、如孔雀展翅般美丽的馨香花朵——黄姜花。产于云南贡山、洱源，生长于海拔1000—1500米的山坡林下或山谷潮湿密林中。花萼顶端具3齿，侧生退化雄蕊非卵形，花黄色。花的挥发油可作香料，并具芳香健胃的功能。花期8—9月。

5. 圆瓣姜花（*Hedychium forrestii*）

产于云南腾冲、大理、楚雄至广通、蒙自、西双版纳、西畴、马关、文山、富宁等地，生长于海拔600—2100米的山谷密林、疏林或灌丛中。四川、广西、贵州和西藏也有分布。苞片较长，4.5—6厘米；花白色；花丝较短，3.5—4厘米。花期8—10月，果期10—12月。

6. 普洱姜花（*Hedychium puerense*）

产于云南南部，生长于海拔1300—1600米的森林中。小苞片1.5—3.5厘米，花萼4.4—4.8厘米，花冠筒白色，5.2—6厘米；绿色的裂片，线形，3.5—4.2厘米。侧生退化雄蕊白色，2.5—3 厘米。唇瓣白色，基部和中心淡黄，圆形，2—2.2 × 1.8—2厘米，先端2裂。花丝白色，5.8—6.8厘米；花药白色，1—1.5厘米；子房4—5厘米，密被长柔毛。蒴果长卵球形，2.5—4厘米，钝具3角，具长柔毛；种子红色。花期9月。

7. 早花象牙参（*Roscoea cautleyoides*）

产于香格里拉、丽江、剑川、洱源、鹤庆、大理，生长于海拔2100—3200米的松林、针阔混交林、杜鹃花林中以及林缘、荒坡草地上。四川（盐源、盐边）也有分布。叶舌明显三角形。苞片管状，较短于花萼。花冠管超过花萼达1.5厘米，花冠背裂片倒卵状楔形。花期6—8月。花美丽，常作庭园观赏植物。

8. 无柄象牙参（*Roscoea schneideriana*）

产于德钦、香格里拉、丽江、洱源，生长于海拔2000—3300米的针阔混交林下或松林、杜鹃花林下，稀山坡林缘草地上。四川（木里、盐源、攀枝花）、西藏（错那，据原记载）也有分布。叶在茎的顶部呈明显的莲座状。苞片较长，1—7厘米，非白色而透明；唇瓣无柄，药隔附属体末端膨大成球状；柱头突曲成钩状。花期6—7月，果期8—9月。

9. 姜黄（*Curcuma longa*）

产于云南东南部、南部至西部，生长于海拔200—900米的林下、草地与路旁，尤喜向阳处。直立草本，根茎粗壮，多分枝，椭圆状或圆柱状，内面深黄色，极香；根末端膨大成块根。穗状花序从叶鞘内抽出，近圆柱状，长12—18厘米、宽4—9厘米；花序梗长12—20厘米；苞片卵形或长圆形，长3—5厘米，先端钝，淡绿色，不育苞片较狭，先端尖，开展，白色，边缘呈不规则的淡红色；花萼管状，长8—12毫米，先端具不规则的钝齿3，微被柔毛；花冠管漏斗状，长约3厘米，淡黄色；裂片三角形，长1—1.5厘米，背裂片稍大，具小尖头；侧生退化雄蕊较短于唇瓣，与花丝、唇瓣基部合生成漏斗状；唇瓣倒卵形，长1.2—2厘米，淡黄色，中央深黄色；花药无毛，药室基部具2枚角状距；子房微被柔毛。花期7—8月。

10. **闭鞘姜**（***Costuss peciosus***）

产于云南东南部至西南部，生长于海拔300—1400米的山坡林下、沟边与荒坡等地。广东、广西、江西与湖南等省区也有分布，热带亚洲广布。花白色，苞片红色；雄蕊花瓶状；花萼红色，齿顶具红黑色的锐利短尖头，密被绢毛。花期7—9月，果期9—11月。本种为著名观赏姜科植物，在云南南部的庭园中常见。

11. **双翅舞花姜**（***Globbas chomburgkii***）

产于云南南部，生长于海拔550—1400米的林下阴湿处或荒坡。叶两面无毛，花序上部有分枝，具2朵以上发育的正常花；珠芽卵形。花期8—9月，果期9—11月。本种已引为观赏花卉栽培，常见于云南园林中。

（三）地涌金莲（图2-89）

在云南中部至西部地区广大农村的山间坡地及房前屋后，生长着一种极美丽的芭蕉科特有观赏植物——地涌金莲（*Musella lasiocarpa*），当地人又称之为“地芭蕉”，彝语称“阿德”“嘎蕉”，为芭蕉科地涌金莲属多年生草本植物，原产于我国云南省，四川省也有分布，系我国特产花卉。实际上我们看到的金色花瓣是地涌金莲的苞片，叶腋处才可见真正的小花。1978年我国著名植物学家吴征镒院士把地涌金莲从芭蕉属中分离出来，单独列为地涌金莲属，地涌金莲属还有一种红苞地涌金莲，是近些年才发现的地涌金莲的一个变种。本种花期较长，可达250天左右；6枚苞片为一轮，顶生或腋生，金光闪闪、形如花瓣，由下而上逐渐层层展开，能保持较长时间不枯萎，且鲜艳美丽而有光泽，恰如一朵盛开的莲花；而真正的花清香、柔嫩、娇小，黄绿相间，包藏在苞片里面，苞片展开时才展现出来；又因其假茎低矮而粗壮，先花后叶，于早春开花时忽从地下涌冒而出，悄然绽放，使人惊奇，故有“地涌金莲”之称谓。花卉多以美、香、色取胜，而地涌金莲又以奇压倒群芳，它不仅花冠硕大、奇美，还有更令人拍案叫绝之处：当它生长旺盛时，在假茎的

图 2-89　地涌金莲

叶腋中也能开出众多的小花朵，形成“众星捧月”的奇观。

地涌金莲在云南西双版纳常见栽培于佛寺园林中，因为该地区的傣族全民信仰南传上座部佛教，几乎每个村寨里都有佛教寺院，地涌金莲被佛教寺院定为“五树六花”之一，所以广泛种植。在丰富灿烂的傣族文学作品中，地涌金莲作为善良的化身和惩恶的象征，多有出现。在地涌金莲产地，民间利用其茎汁解酒醉及草乌中毒，且假茎中的幼嫩部分可做蔬菜，当地民众常将其放入菜肴中。花入药，有收敛止血之效，可治白带、红崩、大肠下血等症。地涌金莲常用分株法繁殖，于春末将根部滋生出的分蘖苗连根挖起，另行栽植；也可用于播种繁殖，种子不易久藏，宜随采收随播种。

（四）云南山梅花

蔷薇科山梅花属（*Philadelphus*）有70多种，产于北温带，尤以东亚较多，欧洲仅有1种。我国有22种，分布在全国各地，其中云南有10种。落叶直立灌木，稀攀缘，少具刺；枝条具白色髓心，树皮常脱落。叶对生，全缘或具齿，离基3—5脉，无托叶。花白色，单生或为聚伞花序、总状花序，稀为圆锥花序；花萼裂片4—5；花瓣与花萼裂片同数，旋转覆瓦状排列；雄蕊13—90枚，花丝扁平，分离，稀基部连合；花药卵形或长圆形，稀球形；子房下位或半下位，4—5室，胚珠多数，悬垂，中轴胎座；花柱3—5，合生，稀部分或全部离生。蒴果4—5裂，外果皮纸质，内果皮木栓质；种子极多数，种皮先端具白色流苏，末端延伸或成尾状渐尖。本属植物花白色，花序显著，观赏价值高。云南最具代表性的是云南山梅花，在云南庭园中广泛栽培。

图 2–90　云南山梅花

云南山梅花（Philadelphus delavayi）（图2–90）

产于镇雄、巧家、贡山、福贡、兰坪、维西、香格里拉、丽江、大理、永平，生长于海拔2000—3200米的山地林内或林缘，也分布于四川、西藏。落叶灌木，高2—4米。小枝紫色，近无毛；树皮褐色，脱落。叶先端渐尖。花萼外面无毛，常被白粉。花期5—7月，果期—10月。云南山梅花芳香而美丽，多朵聚集，花期较长，是优良的观赏花木，常见于云南的庭园和风景区，是颇具云南特色的园林植物。

（五）角　蒿

角蒿属（*Incarvillea*）约有15种，分布于中亚经印度至亚洲东部。我国有11种3变种，产于西南部、西北部及北部；其云南有8种1变种1变型。该属植物均为一年生或多年生草本，多数种类花大而颜色鲜艳，可供观赏，少数种类根或全草可作药用。

1. 两头毛（***Incarvillea arguta***）（图2–91）

又称毛子草，产于云南东北部、东部、中部至西部、西北部，西北，生长于海拔1400—2700（3400）米的地区，澜沧江、金沙江流域的干热河谷地带或路边、灌丛中，也分布于四川东南部、贵州西部及西北部、甘肃、西藏。叶一回羽状分裂。萼齿钻状。蒴果革质，圆柱形，呈开裂蓇葖；多年生草本，茎分枝，高达1.5米。花期3—7月，果期9—12月。两头毛适应性强、抗性好，花色鲜艳美丽，花序显著，果荚长而下垂，花期长，具有较高的观赏性，是云南重要的园林植物。

图 2–91　两头毛

图 2–92　中甸角蒿

2. 中甸角蒿（***Incarvillea zhongdianensis***）（图2–92）

产自香格里拉（旧名中甸），是中国特有植物，也是香格里拉高原脆弱生态的风向标。红色的花朵呈漏斗状，造型别致，大而艳丽，花期较长，观赏价值非常高，是著名的高山花卉。又因其叶片碎密、根似人参而得别名——多小叶鸡肉参，这名字也意味着其有着较高的药用价值，为民间常用药物之一，以根入药，具有补血、调经、健胃的功效。

3. 黄花角蒿（***Incarvillea lutea***）

又名黄波罗花、圆麻参（丽江）。中国特有种，主产于云南西北部（洱源、丽江、鹤庆），四川西南部（木里）亦有分布。生长于海拔2000—3350米的高山草坡或杂木林下。全植株被淡褐色极细茸毛，侧生小叶6—9对，下面的几对较长、较大；萼齿披针状三角形，顶端尖；花淡黄色。根可入药。花期5—8月，果期9—11月。

（六）紫牡丹与黄牡丹

为芍药属（*Paeonia*），是芍药科仅有的1个属，全球约35种，分布于欧亚大陆的温带地区和北美洲西部。我国有11种，主要分布于西南、西北地区，少数种类在东北、华北地区，以及长江中下游各省区也有分布，其中云南有5种2变种。牡丹（*Paeonia suffruticosa*）和芍药（*Paeonia suffruticosa*）是我国的著名花卉和药用植物，有极其悠久的栽培和利用历史，牡丹色、姿、香、韵俱佳，花大色艳、花姿绰约，韵压群芳。栽培牡丹有牡丹系、紫斑牡丹系、黄牡丹系等品系，通常可分为墨紫色、白色、黄色、粉色、红色、紫色、雪青色、绿色等八大色系，按照花期又可分为早花、中花、晚花类，依花的结构可分为单花、台阁两类，又有单瓣、重瓣、千叶之异，文人墨客歌咏的诗篇也不胜枚举，是一类极具中国特色的花卉植物类群。云南是中国野生芍药属植物最多的省份，是极其重要的遗传育种资源，这里列举其中2个云南产野生芍药属植物。

1. 紫牡丹（***Paeonia delavayi*** var. ***delavayi***）（图2–93）

产于云南西部至西北部（大理、鹤庆、剑川、丽江、宁蒗、香格里拉、德钦、贡山），生长于海拔2700—3500米的山坡、草丛及杂木林中。也分布于四川西南部、西藏东南部。灌木或亚灌木，花数朵生于当年枝上，紫色、红色，花盘肉质。根可供药用，含芍药甙、丹皮酚和丹皮酚甙；根皮（赤丹皮）可治吐血、尿血、血痢、痛经等症；去掉根皮的部分（云白芍）可治胸腹胁肋疼痛、泻痢腹痛、自汗盗汗等症。花可供观赏。花期4—6月，果期6—9月。

2. 黄牡丹（***Paeonia delavayi*** var. ***lutea***）（图2–94）

产于云南中部、西部和西北部（曲靖、昆明、禄劝、宾川、洱源、丽江、永胜、维西、香格里拉、德钦），生长于海拔1900—3500米的石山、草坡和林下。也分布于四川

图 2–93　紫牡丹

图 2–94　黄牡丹

西南部和西藏东南部。与紫牡丹的主要区别是，花黄色，有时基部或边缘紫红色。其花的黄色基因是培育牡丹、芍药等新品种的种质基因，在园艺育种上有科学价值。黄牡丹适应性好，是有云南特色的重要乡土植物。

（七）栒子属

栒子属（*Cotoneaster*）全属有90—300种，分布在亚洲、欧洲和北非的温带地区。主产于我国西部和西南部，60多种，其中云南有40种。本属植物具有很高的观赏价值，在西方国家的园林中广为栽培，是著名的观赏植物类群。大多数为丛生灌木，夏季开放密集的小型花朵，秋季有累累成束红色或黑色的果实，在庭园中可作为观赏灌木或剪成绿篱和各种植物造型，有些匍匐散生的种类是点缀岩石园和保护堤岸的良好植物材料。园艺上已培育出若干杂种，繁殖用播种、扦插或嫁接。种子在播种后一年、二年或三年发芽。木材坚韧，可作手杖及器物柄。

1. 柳叶栒子（*Cotoneaster salicifolius*）（图2–95）

主产于云南东北部和贡山，生长于海拔1800—3000米的山地或沟边杂木林中。也分布于湖北、湖南、四川、贵州。叶片上面具浅皱纹，下面有茸毛及白霜。花序长2.5—5厘米，花序及萼筒密被茸毛；花瓣平展，卵形或近圆形，直径约3—4毫米，先端钝圆，基部具短爪，白色；雄蕊20，稍长于花瓣或与花瓣近等长，花药紫色；花柱2—3厘米，离生，比雄蕊稍短；子房顶端具柔毛。果实近球形，直径5—7毫米，深红色，小核2—3毫米。花期6月，果期9—10月。

2. 匍匐栒子（*Cotoneaster adpressus*）（图2–96）

主产于云南德钦、香格里拉、丽江，生长于海拔2000—4000米的山坡杂木林边及岩石山坡。也分布于陕西、甘肃、青海、湖北、四川、贵州、西藏等省区。平铺

图 2–95　柳叶栒子

图 2–96　匍匐栒子

矮生灌木，茎丛生地上，不规则分枝。叶片宽卵形至椭圆形、薄纸质、叶片边缘呈波状起伏；花1—2朵。果实近球形，直径6—7毫米，小核2—3。

（八）滇丁香（图2–97）

茜草科滇丁香属（*Luculia*）约5种，分布于亚洲南部至东南部。我国有3种1变种，产于云南、西藏、贵州、广西，其中云南有全部国产种类。本属植物的花大而美丽，是重要的观赏植物，也是颇具云南乡土特色的园林植物。主产于云南高黎贡山的鸡冠滇丁香（*Luculia yunnanensi*）和主产于滇西北的馥郁滇丁香（*Luculia gratissima*）在云南园林中尚少见，目前主要栽培的种类是滇丁香（*Luculia pinciana*），是颇具云南特色的乡土灌木。滇丁香性虽喜光，但也较耐阴，在树荫下生长良好；喜温暖湿润的气候，分布区空气湿度在80%以上，最适生长温度为18—20℃，成年植株可耐–5℃的短期低温。滇丁香对土壤要求不严，无论在酸性土还是碱性土上均能正常生长，但以排水良好的疏松沙质土为好，不耐积水。本种花序硕大，花色典雅，盛开时满树浮香，是优秀的观赏树种，现在昆明的园林中被广泛栽培。

图2–97　滇丁香

（九）鸢　尾

鸢尾属（*Iris*）全世界约300种，分布于北温带。我国约60种13变种及4变型，主要分布于西南、西北及东北，其中云南有24种3变种及1变型。该属植物叶片碧绿青翠，花形大而奇，宛若翩翩彩蝶，是庭园中的重要花卉之一，也是优美的盆花、切花和花坛用花。其花色丰富、花型奇特，是花坛及庭园绿化的良好材料，也可用作地被植物，有些种类可作为优良的鲜切花材料。鸢尾是一类世界著名的庭园花卉，被视为法国等许多国家的国花。在法国，鸢尾是光明和自由的象征；在古埃及，鸢尾代表了力量与雄辩。而以色列人则普遍认为黄色鸢尾是黄金的象征，故有种植鸢尾的风俗，即盼望能为来世带来财富。莫奈在吉维尼的花园中也植有鸢尾，并以它为主题，在画布上留下了充满自然生机的鸢尾花律动景象。鸢尾属作为观赏地被植物，成片种植时在提高城市生物群落的层次感上也能获得显著效果。城市生态园林的重要作用就是要具有良好的生态功能，作为生态园林中观赏地被植物的鸢尾属植物不仅具有良好的景观性价值，同时在调节小气候、水土保持、防风降尘、维护生态平衡、改善城市生态环境和增强群落稳定性等方面也具有明显的作用。

云南目前庭园中种植的不少鸢尾科植物，但绝大部分都是国外品种或中国其他省区栽培的种类，比如鸢尾（*I. tectorum*）、扇形鸢尾（*I. watii*）、扁竹兰（*I. confuse*）、溪荪（*I. sanuinea*）、黄菖蒲（*I. pseudodacorus*）、蝴蝶花（*I. japonica*）、德国鸢尾（*I. germanica*）、花菖蒲（*I. ensata* var. *hortensis*）等以及大量的栽培品种如路易斯安娜鸢尾（*I.* 'Louisiana'）。然而云南有丰富的鸢尾属野生资源，应加强育种工作，提高这些野生种类的适应性，培育出有云南特色的观赏鸢尾品种，这是突出云南园林特色的重要类群。这里介绍云南产野生鸢尾属植物的其中4种。

1. 高原鸢尾（*Iris collettii*）

主产于云南的香格里拉、维西、丽江、洱源、漾濞、大理、昆明及蒙自，生长于海拔1650—3500米的高山草地及向阳山坡的干燥草地，四川、西藏也有分布。根肉质，纺锤形；根状茎短，花茎很短，不伸出地面；花被管长5—7厘米。花期5—6月，果期7—8月。植株特别矮小，贴地开花，是不可多得的地被花卉植物材料，但适应性稍差，应加强育种和引种驯化工作，是很有前景且有云南乡土特色的鸢尾属植物。

2. 长葶鸢尾（*Iris delavayi*）（图2-98）

主产于云南的维西、丽江、石鼓、巨甸、大理，生长于海拔2700—3100米的水沟旁湿地或林缘草地，四川、西藏也有分布。花茎高60—120厘米，直径5—7毫米；花深紫色或蓝紫色，外花被裂片上有白色及深紫色斑纹。花期5—7月，果期8—10月。

图 2-98　长葶鸢尾

图 2-99　西南鸢尾

3. **西南鸢尾（*Iris bulleyana*）**（图2-99）

主产于云南的香格里拉、维西、丽江、鹤庆、兰坪、贡山、德钦、大理、昆明及会泽，生长于海拔2300—3500米的山坡草地或溪流旁的湿草地上，四川、西藏也有分布。花天蓝色，直径6.5—7.5厘米；花梗长2—6厘米；花柱分枝，先端的裂片长1.5厘米以下。花期6—7月，果期8—10月。西南鸢尾亭亭玉立、美丽大方，在云南大理和丽江的部分庭园有人工栽培。

4. **小髯鸢尾（*Iris barbatula*）**

产于云南香格里拉海拔2400—3600米的高原草甸上，是云南特有种。在中文版《中国植物志》和《云南植物志》中都没有收录，是Noltie和管开云于1995年发表在The New Plantsman 2：137的新种，*Flora of China*有收录本种（Zhao Y.T. et al. 2000）。植株丛生，密集，纺锤状肉质根。花期5—7月，果期9月。花美丽，但驯化较难，属“尚在高山人未识”的优秀观赏花卉资源。

（十）海菜花

水鳖科（Hydrocharitaceae）海菜花属（*Ottelia*）全球约22种，其中1种广布于非洲、亚洲以及大洋洲的热带和亚热带地区，一部分局限在非洲热带地区（包括马达加斯加），一部分局限在亚洲；澳大利亚特有2种，南美巴西特有1种。整个属的分布范围在南半球30°以北和北半球40°以南，绝大多数的种散布在南北回归线之间，海拔2700米是本属分布的上限。我国有3种，其中云南有2种和4个变种。本属植物大都是湖泊水面观赏植物，花葶和花序可供蔬食或作咸菜，在云南珍为海味；全草为鱼饵和饲料。同时，海菜花是水体污染物质的敏感植物，湖水一旦污染较重，则易衰败灭绝。

图 2-100　海菜花

海菜花（*Ottelia acuminata*）（图2-100）

隶属于水鳖科海菜花属，是中国特有的沉水植物，主要分布于我国西南地区的淡水湖泊与河流。每年5—10月，盛开于泸沽湖等洁净的高原湖泊中的海菜花都吸引着大批游客纷至沓来，成为“网红”的海菜花也使泸沽湖晋升为众多观光游客和摄影发烧友趋之若鹜的打卡胜地。然而过去几十年中，由于食草鱼类的引入、水体污染等原因，海菜花在滇池、阳宗海、星云湖等高原湖泊中逐步衰退乃至消亡，该植物也因此被《中国高等植物受威胁物种名录》（2017年）列为易危（VU）物种。

（十一）云南樱花

云南樱花（***Cerasus cerasoides***）

蔷薇科樱属，为云南特有种，省内大部分地区庭园均有栽培，喜光，喜深厚肥沃而排水良好的土壤。落叶乔木，高达10米；小枝灰褐色，无毛。叶卵圆形至长卵圆形，先端渐尖，基部宽楔形或近圆形；边缘有细锯齿。花形大，单瓣或重瓣，2—6朵排成伞房总状花序；花粉红色至淡红色，芳香。先花后叶，花期3月。云南樱花是著名的观花树种，可孤植、群植作行道树、庭园树及景观树。在每年的樱花观赏季，昆明圆通山动物园都是重要的观赏景点。

（十二）滇　朴

滇朴（*Celtis tetrandra*）

别名四蕊朴，榆科朴属，产于云南昆明、大理、丽江等地。落叶乔木，高达25米。叶厚纸质或近革质，卵状椭圆形，先端渐尖或尾状渐尖，基部楔形，偏斜；边缘具钝齿或全缘。果常单生叶腋，近球形，成熟时橙黄色。性喜光，喜温暖、湿润的气候和深厚、肥沃的土壤；适应性强，寿命长；抗烟尘及有毒气体。树冠宽广，树形美观，入秋叶色金黄，颇壮观；宜孤植、丛植作庭阴树、行道树。

（十三）滇润楠

滇润楠（*Machilus yunnanensis Lec*）

别名滇桢楠、滇楠、云南楠，樟科润楠属，原产于云南富宁等地海拔1000米—1500米的林中。常绿乔木，高可达20米。树冠广圆形，叶厚革质，互生，叶表深绿色，光亮；叶背粉绿色。圆锥花序腋生，花绿白色，花瓣卵圆形。果球形，黑色，果托狭长倒锥形。性喜光，喜湿，喜温暖湿润气候、疏松肥沃的酸性土壤。树体高大，树形美观，适宜作庭荫树或行道树。

（十四）云南杨梅

云南杨梅（*Myrica nana*）（图2-101）

又称矮杨梅，主产于滇中、滇西及滇东北，生长于海拔1500—3500米的山坡林缘或灌丛中，也分布于贵州西部。灌木，高0.5—2米；小枝及叶柄无毛或仅被稀疏柔毛，叶较小，长2.5—8厘米；花序为单一穗状花序或仅基部具不明显的分枝，雄花无小苞片，雌花具2枚小苞片。花期2—3月，果期6—7月。果实味酸，可生食或经盐渍贮存，或糖渍成蜜饯供食用。云南杨梅的叶常绿，株型较矮、圆润，初夏时红果累累，适应性强，是重要的云南特色乡土植物，在许多庭园都有栽培，可作观赏及特色果树栽培。

图2-101　云南杨梅

（十五）滇桐

滇桐（*Craigia yunnanensis*）（图2-102）

主产于云南东南部（麻栗坡、西畴、墨江等地）和西南部（高黎贡山），生长于海拔1400—1700米的森林中。滇桐为极具云南特色的观赏乔木，分布区域狭窄，居群稀少，由于植被不断受到破坏，生存受到威胁，已被《中国物种红色名录（第一卷）》和《世界自然保护联盟濒危物种红色名录》（IUCN红色名录）列为濒危植物，同时也被纳入全国重点保护的120种和云南省重点保护的62种极小种群植物中。落叶乔木，高可达30米。花期7月，果期9—10月。为解开滇桐属的生存危机之谜，中国科学院昆明植物研究所自2005年起对滇桐野外资源现状进行了3年的资源调查，仅在云南省的东南部文山州和西南部德宏州找到6个野生滇桐居群。2014—2015年，中国科学院昆明植物研究所杨静博士于滇桐的两个主要分布区文山州与德宏州采集了滇桐不同居群的种子进行繁育试验，目前已获滇桐幼苗数百株。在中国科学院昆明植物园建立了滇桐的迁地保护试验示范基地。同时与古林箐省级自然保护区管理局合作，选址建立滇桐近地保护点，在该点近地保护来源于文山州的滇桐幼苗200株。滇桐目前在极小种群保育区已栽培了6年，植株适应性好、生长较快、花型独特，是值得大力推广的云南特色乡土植物。

图 2-102 滇桐

（十六）漾濞槭

漾濞槭（*Acer yangbiense*）（图2-103）

中国科学院植物研究所国家植物标本馆陈又生博士于2002年发现生长于大理境内马鹿塘一带，后经他用3—4年的时间进行全世界大范围的考察论证，发现这种植物树种只有大理苍山西坡马鹿塘一带有，因而被命名为漾濞槭。2007年陈又生再次深入大理境内考察，确认漾濞槭在大理境内也只有4株，后又发现1株，共计5株，其受威胁等级被《世界自然保护联盟濒危物种红色名录》（IUCN红色名录）评价为极危（CR）。《云南省极小种群物种拯救保护紧急行动计划（2010—2015）》将漾濞槭列入了20种优先保护的极小种群野生植物物种。

中国科学院昆明植物研究所极小种群野生植物综合保护团队从2007年开始对漾

图 2-103　漾濞槭

濞槭进行就地保护、迁地保护、育苗并回归等工作。2009年中国科学院昆明植物园培育出漾濞槭实生苗1606株并发表漾濞槭种子萌发专利，2009年、2012年、2014年同漾濞县苍山管理局合作，分批在漾濞县城、各机关单位、漾濞槭原生境马鹿塘以及各邻近乡镇对共300株实生苗进行回归引种；2014年，在志本山进行了迁地保护；2015年中国科学院昆明植物园栽种的漾濞槭首次开花；2016年，在漾濞县马鹿塘紫阳河水电站安置小型气象站1座，用以观察漾濞槭典型分布点和漾濞槭回归点的气候信息；2014—2016年，对野外和植物园中的漾濞槭进行了花期观察和传粉观察，发现漾濞槭花期为2—3月，花性别复杂，有雄花、雌花和两性花，有些个体仅开雄花，有些个体开各性别花。观察发现，漾濞槭是虫媒花，繁育系统类型为异交，其主要传粉者为蜜蜂。2016年4—6月，研究员对漾濞县周边乡镇进行详细调查，发现了572株新个体，分布在11个新地点。目前漾濞槭已知个体为577株。漾濞槭分布狭窄，生境要求较高，大部分生长在沟边阴坡上，野生居群小苗存活率低，受人为干扰大，野外更新困难，急需保护。2016年11月，在新发现的分布点采集种子数万粒并由中国科学院昆明植物园育成实生苗20000余株。2019年，中国科学院昆明植物研究所极小种群野生植物综合保护团队完成了漾濞槭全基因组测序、组装，获得了近于染色体水平的高质量全基因组，也是目前首例槭树科植物的全基因组报道。中国科学院昆明植物园现有漾濞槭50多株，适应性强，果形独特，可作为有云南特色的重要绿化树种和园林植物。

（十七）云南金钱槭

云南金钱槭（*Dipteronia dyerana*）（图2-104）

产于文山、蒙自，生长于海拔1800—2500米的沟边杂木林中或林缘，贵州西南部亦有分布。列入中国《国家二级保护植物名录》，列入《世界自然保护联盟濒危物种红色名录》（IUCN红色名录）——濒危（EN），列入《全国极小种群野生植物拯救保护工程规划》（2011—2015年），列入《中国生物多样性红色名录——高等植物卷》2013年9月2日——濒危。列入《中国物种红色名录》（植物部分）2004年——濒危，列入《中国国家重点保护野生植物》（第一批）1999年8月4日——Ⅱ级，列入《中国植物红皮书》（第一册）1991年9月——濒危。

图 2–104　云南金钱槭

小乔木，高可达13米。树皮灰色平滑，小枝圆柱形；叶为奇数羽状复叶，小叶纸质，小叶片披针形或长圆披针形，先上面深绿色，下面淡绿色，被短柔毛，侧脉在下面显著；花顶生或侧生的圆锥花序，雄花与两性花同株，萼片卵形或椭圆形；花白色，阔卵形，与萼片互生，花瓣肾形；花盘盘状，花丝细长；果序圆锥状，顶生，密被黄绿色的短柔毛；果实扁形，成熟时黄褐色；9月结果；种子富含脂肪，可榨油作食用或工业用。该种除有特殊的观赏价值外，又可作绿化树种。

（十八）蒜头果

蒜头果（***Malania oleifera***）

主产于云南的广南、富宁，生长于海拔500—1640米的湿润肥沃的石灰岩山地混交林内或稀树灌丛中，广西也有分布。蒜头果是壮族人民喜爱的一种树木，有多种用途。乔木，叶互生，薄革质，羽状脉。伞形花序状或排成复伞形状的短总状花序式，腋生；花萼筒小，杯状，先端4或5裂；花瓣4或5，先端内曲，镊合状排列；雄蕊为花瓣的2倍，花丝丝状；花药线形，直立，纵裂；子房上位，下部2室，顶端1室，中轴胎座，每室具1胚珠，悬垂于胎座顶端；柱头粗短，头状，微2裂。核果扁球形或近球形，中果皮肉质，内果皮木质，坚硬；成熟种子1，胚乳丰富。种子富含油脂，为优良的木本油料植物，可作润滑和制皂的原料，亦可食用。木材为半环孔材，纹理直，结构细，材质中等，易加工，可供家具、建筑、雕刻、船舶等用。本种生长迅速，宜作石灰山地区绿化树种。

（十九）苦苣苔

苦苣苔科（Gesneriaceae），全球约120属2000种，是较大的一个科，主要分布于热带和亚热带地区。我国约有40属200余种，分布于秦岭、山西、河北及山东以南各省区，其中云南产33属189种8变种2变型。不少种类可供观赏，其中在园艺上广泛栽培的有大岩桐（*Sinningia speciosa*）、香堇大岩桐（*Saintpauliopsis aionantha*）和杂交种海角樱草（*Streptocarpus kewensis*）等。云南是苦苣苔科植物较丰富的省份，许多野生种都观赏价值很高，但尚在深闺人未识。这里列举其中几种。

1. 吊石苣苔（***Lysionotus pauciflorus***）

产于云南的永善、彝良、屏边、砚山，生长于海拔300—2000米的丘陵或山地沟谷林中树上或阴处石崖上，是分布较广的一个种，在云南庭园中可见栽培。全草还可供药用，治跌打损伤、吐血、小儿疳积等症。

2. 黄杨叶芒毛苣苔（***Aeschynanthus buxifolius***）

又称上树蜈蚣，主产于云南的河口、金平、屏边、蒙自、文山、马关、麻栗坡、景东等地，生长于海拔1380—2900米的密林中树干上或岩石上，在广西、贵州（兴仁）也有分布。模式标本采自云南蒙自。附生小灌木，匍地或上升，高约0.5米；花冠红色，长3—3.5厘米，外面无毛，具细的乳突；冠筒筒状，弯曲，向口部渐增大，至口部宽达8毫米，檐部斜，不明显二唇形，裂片内面被短柔毛。花期8—9月，果期10—12月。全草可入药，治蛇虫伤。

3. 圆叶唇柱苣苔

主产于云南的禄丰广通、楚雄、永北、丽江、景东、凤庆、龙陵等地，生长于海拔1450—2500米的山地林下岩石上，也分布于四川西南部。多年生无茎草本，根茎横走，粗达7毫米，密生纤维状须根。叶全部基生成簇状，叶片薄纸质，侧脉4—5对。花期6—9月，果期9—10月。花美丽，在云南庭园中可见栽培。

（二十）云南鼠尾

云南鼠尾（***Salvia yunnanensis***）

在《滇南本草》中记为丹参（富民），在《植物名实图考》中称为小丹参。主产于云南的丽江、永胜、鹤庆、洱源、大理、云龙、弥渡、临沧、禄劝、昆明、嵩明、澄江、蒙自、罗平、马龙、昭通等地，生长于海拔1800—2900米的山坡杂木林、山坡草地、路边灌丛中，通常见于比较干燥的地方。我国四川西南的会东、盐源及贵州西部也有分布。模式标本采自云南的蒙自。可用根作药，有活血调经、祛瘀生新、镇静止痛、除烦安神的功效。

（二十一）旱地木槿

旱地木槿（*Hibiscus aridicola*）

隶属锦葵科（Malvaceae）木槿属，木槿属的许多植物如扶桑（*Hibiscus rosa-sinensis*）、木芙蓉（*Hibiscus mutabilis*）、木槿（*Hibiscus syriacus*）等都是大家所熟知和喜爱的观赏植物，而旱地木槿作为这个大家族中的一员却鲜为人知。

旱地木槿是金沙江干热河谷特有种，仅分布于云南丽江和四川盐边县海拔700—2100米的干热河谷丛中。由于分布点少于5个、种群持续衰退，2004年被列入《中国物种红色名录》濒危种类[EN B2ab（ii）]。近年来，由于兴建水库大坝，生境逐步丧失，加上受人类活动频繁影响，旱地木槿的生存环境受到更加严重的威胁。

旱地木槿为落叶灌木，嫩枝具棱，小枝圆柱形，密被黄色星状茸毛；叶厚革质，卵形或圆心形，先端圆或钝，基部截形或心形，边缘具粗齿状，两面均密被黄色星状茸毛；种子肾形。旱地木槿的花为纯白色或浅粉色，中间的雌雄蕊柱突出，为鲜艳的红色，花型和色彩都靓丽鲜艳，具有较高的观赏价值。经过在中国科学院昆明植物园10多年的驯化，适应性好，是颇具潜力的云南乡土园林植物。

（二十二）灯笼花

灯笼花（*Agapetes lacei*）（图2-105）

又称深红树萝卜，产于云南西部（高黎贡山）、西藏东南部，附生于海拔1500—1650米的常绿林的树上，缅甸（东北部）也有分布。附生灌木，枝条具平展刚毛。叶片革质，椭圆形，长0.7—1.5厘米、宽6—8毫米，先端锐尖或钝，基部楔形或圆形，上半部边缘有细锯齿、无毛，表面脉不显，背面脉大多明显；叶柄长约1毫米，被微柔毛。花

图 2-105　灯笼花

单生叶腋，花梗长1.5—1.8厘米，被灰色短柔毛，散生白色腺柔毛；花萼筒长约4毫米，直径约3.5毫米，被柔毛及少数腺头刚毛，花萼檐部长约4毫米，深裂，裂片三角形，长约2.8毫米，锐尖，基宽约2.5毫米，具明显的脉；花冠圆筒状，长2—2.7厘米，檐部稍扩大，直径约12毫米，深红色，裂片三角形，长6—8毫米，基宽约5.5毫米，先端暗绿色；花丝长约1.5毫米，药室长约6.5毫米，茎部具小尖头，喙长约8毫米，背面无距；花柱细长，无毛，长2—2.7厘米，柱头截形。果小，直径约4毫米。花期1—6月，果期7月。灯笼花叶小，质地较硬，容易造型，是滇派园林植物中具有代表性的盆景植物，在滇中和滇西的庭园中常见栽培和展示。

（二十三）皮哨子

皮哨子（*Sapindus delavayi*）（图2–106）

又称胰哨子果、皮皂子、打冷冷、油患子、菩提子等。产于云南河口、蒙自、新平、澄江、昆明、禄丰、禄劝、大姚、宾川、大理、永胜、鹤庆、丽江、香格里拉，生长于海拔（200）1200—2600（3100）米的山坡密林或沟谷疏林中，是有云南特色的树种，在寺庙和公园、街道等为常见树种。果皮含无患子皂素，可代肥皂用；种核油供制皂及润滑油用。木材可制器具、玩具、箱板，尤宜制梳。根、果可入药，有微毒，但能清热解毒、化痰止咳。在市场上其种子常作为旅游小商品和佛教寺院的纪念品销售。

落叶乔木，高10米以上。树皮黑褐色，小枝被短柔毛。偶数羽状复叶，互生；叶连柄长25—35厘米或更长，叶轴有疏柔毛；小叶4—6对，偶有7对，对生或有时近

图 2–106　皮哨子

互生；小叶柄通常短于1厘米；小叶片纸质，卵形或卵状长圆形，两侧常不对称，长6—14厘米、宽2.5—5厘米，先端短尖，基部钝，上面仅中脉和侧脉上有柔毛，下面被疏柔毛或近无毛。聚伞圆锥花序顶生，常3回分枝，被柔毛；花两侧对称，花蕾球形，花梗长约2毫米；萼片5，小的阔卵形，长2—2.5毫米，大的长圆形，长约3.5毫米，外面基部和边缘被柔毛；花瓣4（极少5或6），狭披针形，长约5.5毫米，鳞片大型，边缘密被长柔毛；花盘半月状，肥厚；雄蕊8，稍伸出。果的发育果爿近球形，直径约2.2厘米，黄色。花期夏初，果期秋末。

（二十四）董　棕

董棕（*Caryota obtuga*）

主产于东南亚热带地区，我国云南南部有少量分布，是热带北缘代表树种之一。董棕树体高大、干型笔直、木质坚硬，茎干内含大量淀粉，又俗称为“粮食树”“西米树”。其树枝、叶型优美，是一种有名的观赏树种。它集多种用途于一身，在科研、经济上有极高的价值，被列为国家二级保护植物。

董棕是植物界种子植物门单子叶植物纲中“体格最强壮”者，伟岸挺拔。木质坚硬，可作水槽与水车；髓心含优质淀粉，可代西谷米；叶鞘纤维坚韧，可制棕绳；幼树茎尖可作蔬菜；树形美丽，可作绿化观赏树种。在云南的庭园和街道常见，在最冷的季节昆明的董棕会受冻，但不会冻死。在昆明金殿风景区有几株特别大的董棕，成为园中的网红打卡点。

（二十五）云南松

云南松（*Pinus yunnanensis*）

在云南分布甚广，东至富宁、南至蒙自及普洱、西至腾冲、北至中甸以北。乔木，针叶3针一束，针叶较柔软，长可达30厘米，径约1.2毫米，稍下垂球果圆锥状卵圆形。花期4—5月，果期翌年10—11月。本种种子与地盘松（变种）种子极难区别，在造林上曾误用了较多的地盘松种子，使林木难以成材。因此用种子造林时应注意选择母树。云南松系中国西南地区的特有乡土树种，以云南为自然分布中心，是该地区的荒山绿化造林先锋树种。云南松是云南省最具代表性的用材树种，也是滇派园林中常见的园林树种。

（二十六）滇　楸

滇楸（*Catalpa fargesii* Bur.f. duclouxii）（图2–107）

为灰楸的变型，与原变型的区别为叶片、花序均无毛。主产于滇中、滇西北（腾冲、丽江、邓川、剑川、鹤庆、维西、德钦、龙陵、武定），生长于海拔

图 2-107　滇楸

1700—2800米的村庄附近，四川、贵州、湖北亦有分布。落叶乔木，树高可达20米，主干端直，树皮有纵裂，枝杈少分歧，主要生长在黄河流域。滇楸是喜光树种，喜温暖湿润的气候，适生于年平均气温10—15℃、年降水量700—1200毫米的气候；对土、肥、水条件的要求较严格，适宜在土层深厚肥沃、疏松湿润而又排水良好的中性土、微酸性土和钙质土壤上生长。该种木材可防虫蚁，在云南为珍贵的商用硬材，是高级家具及装饰用材；根、叶、花均可入药，可治耳底痛、胃痛、咳嗽、风湿痛。滇楸的花量较大，盛开时颇为壮观，是云南重要的观赏乔木树种。

（二十七）云南红豆杉

云南红豆杉（Taxus yunnanensis）（图2-108）

主产于云南的德钦、贡山、香格里拉、维西、宁蒗、丽江、鹤庆、云龙、景东、镇康等地，生长于海拔2000—3500米的地带，普遍在沟边杂木林中生长，亦分布于四川西南部与西藏东部。叶质地较薄，边缘向下反曲或微反曲，叶上部渐窄，基部偏斜成弯镰状，披针状条形至条状披针形，干后通常色泽变深。花期3—4月，果期翌年8—10月。云南红豆杉对环境适应性强，是改善生态环境的优良经济树种，同时在园林绿化、室内盆景方面也具有十分广阔的发展前景。云南红

图 2–108　云南红豆杉

豆杉是我国生产紫杉醇药物的主要树种。树皮含紫杉醇、三尖杉酯碱等成分。紫杉醇具有独特的抗癌机制和较高的抗癌活性，能阻止癌细胞的繁殖、抑制肿瘤细胞的迁移，被公认是当今天然药物领域中最重要的抗癌活性物质。由于紫杉醇的需要推动，云南红豆杉经过大量人工繁殖，现已成为云南园林中常见的园林树种。

参考文献

[1]Cheng Du, Shuai Liao, David E.Boufford, Jinshuang Ma. 2020.Twenty years of Chinese vascular plant novelties, 2000 through 2019[J].Plant Diversity, 42（05）：393–398.

[2]He Shan–an and Xing Fu–wu, 2015. Ornamental plants. In De–yuan, Hong, Peter Raven. Eds. Plants of China : A companion to the Flora of China. 342–356.

[3]Hu G.W., C.L.Long& X.H.Jin.2008. Dendrobium wangliangii (Orchidaceae), a new species belonging to section Dendrobium from Yunnan, China (PDF). Botanical Journal of the Linnean Society. 157: 217–221.https: //doi.org/10.1111/j.1095–8339.2008.00800.x.

[4]Kai–yun, Guan. 2020. Global significance of conservation on ancient and historic camellias. International Camellia Journal [J]. 16–25.

[5]Li–Shen Qian, Jia–Hui Chen, TaoDeng, HangSun.Plant diversity in Yunnan: Current status and future directions[J].Plant Diversity, 2020, (04): 281–291.

[6]Susan Orlean, 2000. The Orchid Thief – A True Story of Beauty and Obsession. Ballantine Books; English Language edition (January 4 , 2000).

[7]Tong Xin, WeijuanHuang, Jan De Riek, ShuangZhang, SelenaAhmed, Johan Van Huylenbroeck, Chunlin Long. Genetic diversity, population structure, and traditional culture of Camellia reticulata[J]. Ecology and Evolution, 2017, 7 (21).

[8]Zhao.Y.T., Noltie, H.J. & Mathew, B. 2000. Flora of China 24：297–313. Missouri Botanical Garden Press, St. Louis.

[9]曹受金，刘辉华. 木兰科观赏树种在园林绿化中的应用[J]. 安徽农业科学，2006（23）：6183–6184.

[10]曾艳. 麻栗坡野生木兰科植物资源及其保护[J]. 北京农业，2011（09）：184–185.

[11]寸明辉，谢胤，徐志映，辛成莲，吴兴波，杨忠品. 腾冲红花油茶重瓣、半重瓣类型资源调查及保护利用分析[J]. 林业调查规划，2016, 41(01): 41–43.

[12]刀志灵，郭辉军. 高黎贡山地区杜鹃花科特有植物[J].云南植物研究，1999（S1）：16–23.

[13]段晓梅，刘伟. 西双版纳景洪市城市植物多样性保护规划研究[J]. 安徽农业科学，2010（17）：9333–9335.

[14]冯国楣，夏丽芳，朱象鸿. 云南山茶花[M]. 昆明：云南人民出版社，1981.

[15]冯国楣. 丰富多采的云南花卉资源[J]. 园艺学报，1981（01）：59–64.

[16]冯国楣. 大树杜鹃采集记[J]. 植物杂志，1981（05）：31.

[17]冯国楣. 访英归来话杜鹃[J]. 园林，1995（05）：30–31.

[18]冯志舟. 杜鹃花王：大树杜鹃[J]. 百科知识，2009（02）：49.

[19]耿玉英. 乔治·福雷斯特在中国采集的杜鹃花属植物[J]. 广西植物， 2010（01）：13-25+32.

[20]龚强帮. 百合科大小依赖性表达的时空格局及其适应意义[D]. 云南师范大学，2014.

[21]关文灵.山藏野花：云南大百合[J]. 园林，2002（02）：37+76.

[22]管开云，李景秀. 秋海棠属植物纵览[M]. 北京：北京出版社，2020.

[23]洪献梅.丽江城市园林绿化植物选择[J]. 林业调查规划，2011（05）：127-130.

[24]胡秀，高丽霞，刘念. 几种兰香类姜花属植物的鉴定、繁殖及园林应用[J]. 广东园林，2011，33（06）：56-58.

[25]胡秀，刘念. 中国姜花属Hedychium野生花卉资源特点[J]. 广东园林，2009，31（04）：7-11.

[26]胡秀，闫建勋，刘念，吴志. 中国姜花属野生花卉资源的调查与引种研究[J]. 园艺学报，2010，37（04）：643-648.

[27]胡振阳，章登春，王永淇. 姜科植物资源观赏评价及园林应用[J]. 广东园林，2018，40（01）：69-73.

[28]贾虎，吴瑾，张亚利. 唐宋诗画中的茶花及其园林应用初探[J]. 园林，2021，38（04）：8-13.

[29]贾志芳. 腾冲红花油茶在园林绿化中的应用：以腾冲市来凤山国家级森林公园为例[J]. 吉林农业，2017（07）：87-88.

[30]解玮佳，李世峰. 云南高山杜鹃花种质资源与开发利用[J]. 园林，201（04）：20-25.

[31]金钱荣，龚彩艳，金鸿龚.云南山茶的园林美学价值研究[J]. 内蒙古林业调查设计，2010，33（02）：3-4+7.

[32]金效华. 兰科槽舌兰属的系统学研究[D]. 北京：中国科学院研究生院（植物研究所），2003.

[33]金志辉，段晓梅，樊国盛.普洱市城市绿地植物景观风貌分析及植物规划[J]. 安徽农业科学，2010（07）：3804-3806.

[34]李爱荣，李景秀，崔卫华. 中国迁地栽培植物志·秋海棠科[M]. 北京：中国林业出版社，2020.

[35]李达孝，杨绍诚，税希特. 云南木兰科植物物种资源及其种质库的研究[J]. 生物多样性，1995（04）：195-200.

[36]李恒. 鹭鸶兰属的系统位置和起源[J].云南植物研究，1995（03）：268-276.

[37]李介文，杜运鹏，贾桂霞，张冬梅. 我国部分百合野生资源的亲缘关系及其分布特点[J]. 北京林业大学学报，2019，41（10）：74-82.

[38]李伟. 昆明主城区花卉植物的观赏性及适应性研究[D]. 云南大学，2017.

[39]李伟. 昆明主城区花卉植物的观赏性及适应性研究[D]. 昆明：云南大学，2017.

[40]李艳琳. 乡土树种在昆明城市园林绿化中的应用[J]. 中国园艺文摘，2016（02）：115-116.

[41]李玉媛，李达孝. 云南木兰科植物的保护价值与开发前景[J]. 北京：北京林业大学学报，1999

（03）：32–38.

[42]梁大伟. 红花玉兰优树选择与类型划分[D]. 北京林业大学，2010.

[43]梁松筠. 豹子花属的研究[J]. 植物研究，1984（03）：163–178.

[44]林萍，汪元超，汪喜. 云南乡土树种在昆明城市绿化中的应用[J]. 西南林学院学报，2003（01）：38–42.

[45]刘刚. 云南大百合引种栽培技术[J]. 特种经济动植物，2005（01）：33.

[46]刘亚朝. 《徐霞客游记·滇游日记》有关云南名特物产记载笺证[J]. 西南古籍研究，2006（00）：362–395.

[47]刘志勇. 昆明市园林绿化乡土植物选择初探[J]. 现代园艺，2016（02）：168–169.

[48]刘忠荣，代勋，田虹，刘磊，吴银梅. 开发昭通野生花卉打造独特城市景观[J]. 昭通师范高等专科学校学报，2009（05）：42–45.

[49]卢玉环. 普洱市城市绿地现状调查研究[D]. 昆明：西南林业大学2013.

[50]路国辉，王英强. 姜科植物花卉应用现状及开发前景[J]. 北方园艺，2011（10）：82–86.

[51]马宏，李太强，刘雄芳，万友名，李钰莹，刘秀贤，李正红.杜鹃属植物保护生物学研究进展[J].世界林业研究，2017（04）：13–17.

[52]闵天禄，方瑞征. 杜鹃属（Rhododendron L.）的地理分布及其起源问题的探讨[J]. 云南植物研究，1979（02）：17–28.

[53]彭绿春，李树发，宋杰，解玮佳，蔡艳飞，张露，李世峰，张颢. 云南迪庆州黄杯杜鹃资源现状调查和分析[J]. 中国野生植物资源，2019（04）：96–99.

[54]申仕康，张新军，吴富勤，杨冠松，王跃华，孙卫邦，蔺汝涛.极小种群野生植物大树杜鹃的解剖结构研究[J]. 植物科学学报，2016（01）：1–8.

[55]沈微. 鹭鸶草属及吊兰属中国产种类的系统分类研究[D]. 昆明：云南大学，2020.

[56]沈荫椿. 山茶花[D]. 北京：中国林业出版社，2009.

[57]沈荫椿. 杜鹃花[M]. 北京：中国林业出版社，2016：5.

[58]石凝，王金牛，宋怡珂，何家莉，魏彦强，NiyatiNaudiya，吴彦. 全球绿绒蒿属植物研究势态文献计量学综述[J]. 草业科学，2020，37（12）：2520–2530.

[59]史军，子鹓坊. 黄姜花：佛花传来的馨香[J]. 知识就是力量，2018（08）：61–63+60.

[60]谭秀梅，刘敏，万珠珠，董草. 云南木兰科（Magnoliaceae）乡土植物资源及其园林应用现状[J]. 现代园艺，2018（14）：119–120.

[61]唐浩君. 中国木莲属植物的观赏性状研究和观赏价值评价[D]. 昆明：云南农业大学，2012.

[62]田宇. 木兰科植物资源及其利用[J]. 花卉，2019（20）：217.

[63]王猛，彭继庆，曹基武，曹福祥，李娇婕，薛超，吴毅. 云南木兰科48种野生植物资源的遗传

多样性研究[J].热带亚热带植物学报，2020，28（03）：277-284.
[64]王亚玲，崔铁成，张寿洲. 木兰科植物系统学研究进展[J]. 西北林学院学报，2003（02）：22-28.
[65]王彦予. 昆明市园林植物配置与造景特色研究[D]. 福州：福建农林大学，2013.
[66]王莺璇. 7种百合科园林地被植物的抗旱性研究[D]. 昆明：云南农业大学，2012.
[67]王准. 论博物学之新旧转型:以《滇南茶花小志》为例[J]. 云南民族大学学报（哲学社会科学版），2020, 37（05）：154-160.
[68]魏凡翠，普惠娟，蒋快乐. 云南普洱市文化中心公园植物造景分析[J]. 中国园艺文摘，2017（01）：132-134.
[69]吴翠芬，杨建荣. 漕涧林场野生杜鹃花属植物资源调查与保护对策[J]. 林业调查规划，2019（05）：146-150.
[70]吴沙沙，陈蕾，赵亚梅等. 独蒜兰属种质资源及杂交育种研究进展[J]. 植物遗传资源学报，2020，21（04）：785-793.
[71]吴兴. 国产报春花属（报春花科）种质资源及细胞学研究[D]. 广州：华南农业大学，2017 .
[72]吴毅，刘文耀，沈有信，李玉辉，刘伦辉. 云南石林景区主要乡土植物物候特征的初步研究[J]. 山地学报，2006（06）：647-653.
[73]夏俊华，杨力颖. 木兰科植物在城市园林中的应用[J]. 北京农业，2013（15）：68.
[74]夏丽芳，冯宝钧. 云南山茶天下奇[J]. 花木盆景（花卉园艺），2003（02）：8-10.
[75]夏丽芳，顾志建，王仲朗，肖调江，王丽，近藤胜彦. 探讨云南山茶起源的一线曙光——野生二倍体类型在金沙江流域的发现[J]. 云南植物研究，1994（03）：255-262.
[76]夏泉生. 中英联合考察队对大理苍山植物科学考察概况[J]. 下关师专学报（自然科学版），1982.（02）：74-83.
[77]杨帆. 乡土植物与现代城市园林景观建设[J]. 现代园艺，2017（24）：130.
[78]杨桂芳. 丽江古城园林植物应用现状及问题分析[J]. 中国园林，2012（09）：121-124.
[79]杨慧琴，刘圆缓，刘芳黎，胡春相，赵昌佑，龙波，申仕康. 西南特有濒危植物大王杜鹃种群结构及动态特征[J]. 西北植物学报，2020（12）：2148-2156.
[80]杨明艳，普惠娟，张宝琼，吴春燕. 云南山茶花文化挖掘与发展研究[J]. 热带农业科学，2020，40（09）：110-115.
[81]杨怡秋. 盘龙区公园绿地乡土植物应用调查[J]. 低碳世界，2021（02）：241-242.
[82]叶媛，项希希，吴良早，雷苑，张亚男，吴兆录. 云南高原湖泊湿地湖滨区木本植物的多样性[J]. 云南农业大学学报（自然科学版），2018（06）：975-983.
[83]叶媛. 云南高原湖泊湿地湖滨区植物多样性及其时空变化[D]. 昆明：云南大学，2019.

[84]尹擎，但国丽，吕元林，寸长福，董国平. 昆明市园林绿化乡土植物选择初探[J]. 云南大学学报（自然科学版），2001（S1）：52-56+70.
[85]游慕贤. 中国茶花古树觅踪十年[M]. 杭州：浙江科技出版，2010：9.
[86]俞德浚. 云南山茶花栽培历史和今后发展方向[J]. 园艺学报，1985（02）：131-136.
[87]喻丁香，杨锦超，赵宣武，杜凡. 2015年冬季低温对昆明园林植物的危害研究[J]. 林业调查规划，2016（04）：21-25+31.
[88]张翠芝，潘曲波. 昆明市呈贡区居住小区乡土植物园林景观应用调查研究[J]. 绿色科技，2016（17）：44-46.
[89]张红丽. 云南省高等级公路植被护坡技术研究[D]. 北京：北京林业大学，2008.
[90]张慧芳，关文灵，任健，张青华. 云南昆明四所高校校园绿地植物组成及特征分析[J]. 亚热带植物科学，2014（01）：63-68.
[91]张睿鹂. 滇西北报春资源及滇北球花报春核心种质的研究[D]. 北京：北京林业大学，2008.
[92]张新军，董磊，曾昭朝，刘瑶，吴富勤. 2020. 云南省观赏湿地植物资源现状与多样性研究[J]. 林业调查规划，2020（05）：45-50.
[93]张长芹. 杜鹃怒放的高原——在云南寻访野生杜鹃[J]. 森林与人类，2009（08）：38-45.
[94]张正菊，刘昕岑. 易门县城建成区公园绿地乡土植物应用情况研究[J]. 林业调查规划，2016（04）：140-144.
[95]周丽，董丽. 昆明西华园植物景观特色调查研究[J]. 贵州农业科学，2011（02）：188-191.
[96]周丽. 昆明地区地域性植物景观特色研究[D]. 北京：北京林业大学，2011.
[97]周伟伟. 云南农业大学国家杜鹃花种质资源库：让云南杜鹃花资源真正走出大山[J]. 中国花卉园艺，2020（23）：36-37.
[98]朱象鸿. 神奇绮丽土地上的名贵植物：云南山茶花[J]. 园林，2010（01）：11-13.

第三章

滇派园林文化的多样性

引　言

裴盛基[1]

云南园林景观多样性的形成与云南独特的自然地理环境和民族文化密切相关。云南位于青藏高原、云贵高原和东南亚大陆的过渡地带，拥有寒带、温带、热带三带气候类型，境内山峦起伏、河流纵横，自然地貌发育丰富多样，从东部喀斯特地貌到西部横断山区，从北部红土高原到南部热带河谷，拥有亚洲大陆除沙漠和海洋以外所有的地形地貌。在如此复杂的气候山川地形之中，孕育着举世无双的动植物资源，构成复杂多样、从热带雨林到亚高山针叶林的各种植被类型和自然景观，本身就是一座奇大无比的天然公园、一座世界级景区。云南有26个世居民族，以“元谋人”为代表的先民群体已经在这片红土地上生存繁衍了数百万年，建立和发展了辉煌的历史文明。在进入新石器时代以后的两万多年的历史进程中，从狩猎、游耕到定居开垦农田、筑路建房，在山间河谷中形成了无数以聚落状分布的人类永久居住地——各式各样农牧业村寨和商贸集镇乃至工矿城市等，经历了上万年发展历史，出现过著名的南诏国、古滇王国、茶马古镇和“锡都”“铜都”“盐城”。在文明发展的进程中，古滇民族生性追求自然美、野趣美的豪放民族品格在这片高原大地上塑造出了四季山花烂漫、百里绿景成荫的景观多样性。美丽的云南乡村园林景观和城镇名山庄园山水园林，17世纪被一批又一批的西方植物学家发现之后，个个惊叹不已，流连忘返，把这片深藏在亚洲腹地西南部山岳之中彩云之南的地方，称为“世界的花园”。滇派园林就这样成为生根于壮丽山川、发育于多元民族基础上的文化景观。本章由以下内容组成：第一节　具有多民族特色的植物文化与园林景观，包括具有代表性的两篇案例研究型文章，即西双版纳傣族村寨园林景观与植物配置和云南壮族聚居区自然与文化景观概览；第二节　具有信仰文化特征的宗教植物与文化景观，包括两篇代表性调查研究型文章，即西双版纳佛寺园林植物的多

① 单位：中国科学院昆明植物研究所。

样性及其文化意义和滇中佛教名山鸡足山的佛寺园林。这4篇文章均为长期扎根云南和云南本土的学者采用民族植物学跨学科方法、集多年实地调查所收集的信息数据和当代生物文化研究的新方法所完成的研究性文章，为滇派园林的研究拓展了思路，进一步丰富了内容。

第一节 具有多民族特色的植物文化与园林景观

西双版纳傣族村寨园林景观与植物配置

许又凯[①] 裴盛基[②]

一、概 述

西双版纳傣族自治州位于云南省南部，其东部和南部与老挝接壤，西部同缅甸相连，与越南、泰国毗邻，澜沧江-湄公河将西双版纳（中）、老、缅、泰、柬、越紧紧联系在一起。中南半岛山水相连、民族同源、文化相近，东南亚文化和中国文化在这里相互交融，形成了具有显著地域、民族特色的傣泐文化（贝叶文化）。西双版纳面积19125平方千米，境内生活着以傣族为主的13个世居民族，2020年全州人口130万（第七次人口普查数据），2010—2020年人口增长率为14.8%，远高于全国（5.3%）、全省（2.7%）的人口增长率，显示出西双版纳发展的勃勃生机。境内分布着中国最大面积的热带雨林，独特的民族文化、优越的气候环境和联通周边国家的突出区位优势令世人瞩目。2021年在西双版纳召开的省长办公会议上确定将西双版纳建设成“世界旅游名城”。

二、西双版纳傣族村寨园林的景观结构

西双版纳傣族村寨园林是傣族千百年来在生活实践中为人宜居而渐渐形成的，是傣族人民长期生活在西双版纳热带河谷地区与自然和谐相处、吸收各民族文化精华而形成的具有显著西双版纳傣族特色的村寨园林。西双版纳傣族村寨园林是云南

① 单位：中国科学院西双版纳热带植物园。
② 单位：中国科学院昆明植物研究所。

图 3-1　景洪市勐罕镇傣族村寨景观（李植森　摄）

图 3-2　风景防护林环绕的景洪市勐罕镇曼远村景观

图 3-3　勐海县勐混镇依山傍水的傣族村寨景观

图 3-4　勐腊县依山傍水的傣族村寨曼丹村景观

图 3-5　勐仑镇曼打鸠村景观（李植森　摄）

图 3-6　勐罕镇曼远村景观（李植森　摄）

各民族园林中最具有代表性的传统作品，处处展现出以人为本、人与自然和谐的中国传统文化精髓。为西双版纳热带植物园设计科研大楼和3H生活区的法国著名建筑设计师Alain Hays对西双版纳傣族村寨园林有很高的评价，曾建议申报世界文化遗产。

西双版纳傣族村寨是由热带森林（雨林、风景林、竹林、竜林）、水系（河流、溪流、水井）、农田、虚拟境界、民居与庭院组成的美丽村寨生态（景观）系统。

西双版纳部分傣族村寨景观见图3-1、图3-2、图3-3、图3-4、图3-5、图3-6。

（一）热带森林植被

西双版纳的热带森林植被包括热带雨林、风景林、竹林、竜林。

1. 热带雨林

西双版纳是典型的农耕社会，其生产生活依赖于当地的自然环境。傣族村寨通常选择在依山傍水的河谷冲积盆地和平坝边缘，村前有宽阔的平地，为耕地，常种植水稻等农作物，村后有茂密的热带山地森林或热带雨林，景色十分自然优美。

2. 风景林

环绕在傣族村寨周边及村内的高大榕树等组成风景防护林，防护林常由气生根发达的大青树（*Ficus altissima*）、箭毒木（*Antiaris toxicaria*）及高大的杧果（*Mangifera indica*）树林、柚木（*Tectona grandis*）和铁刀木（*Senna siamea*）林组成，主要功能是抗风、抗洪、调节气候。

3. 竹　林

以龙竹（*Dendrocalamus giganteus*）、香糯竹（*Cephalostachyum pergracile*）、小叶龙竹（*Dendrocalamus barbatus*）、黄竹（*Dendrocalamus membranaceus*）等为主的各种丛生型热带竹，由人工种植或野生竹共同组成的竹林是傣族村寨植被组成的重要成分。

4. 竜　林

竜林是神住的森林，竜林有多种，依次有勐神林——“竜勐”、寨神林——“竜曼”和村寨公墓林“罢蒿”或“罢黑沃”。“竜勐”和“竜曼”面积较大，有时和村后森林连为一体。村寨公墓林多数位于村寨西边，面积从一亩到数十亩不等。傣族每个村寨即为一个共同体，村民没有姓氏、没有家族观念，人逝世后火化安葬于村寨的公墓林内，坟场面积不大，一般面积小于一亩。以“神择”方式在坟场内选择安葬处，由逝者的后人背对坟场丢鸡蛋，鸡蛋破碎处即是安葬地。火化后不留坟堆，不立墓碑，没有清明祭扫祖坟习俗。竜山是村寨的组成部分，严禁砍伐竜林，严禁耕种等一切活动，竜林是村寨风景林的重要部分。

（二）水　系

西双版纳傣族村寨的水系由村边的大河、流经村寨的小溪和村口水井组成。

1. 河　流

大河旁分布着众多的傣族古村，如澜沧江边的景洪、橄榄坝（勐罕），南腊河边的勐腊、勐捧，流沙河边的勐海、勐遮及小黑江（罗索江）边的普文、勐旺和勐仑等，这些大河流经的平坝聚居着大量傣族村寨，是傣族历史最为悠久、文化最为发达的地区。

2. 溪　流

傣族村寨多有一条小溪，特别是住在平坝边缘山脚下的村寨。小溪是村寨的灌溉水源，村民在小溪里沐浴，小溪吸纳家庭生活污水等。

3. 水　井

傣语称水井为“喃喔”，是村寨不可或缺的重要组成部分。虽然傣族村寨位于河边（或小溪边），但西双版纳半年雨季、半年旱季，而且雨季溪水混浊，不堪饮用。傣族是一个十分注重清洁卫生和饮水安全的民族，为防止水井被外来物污染，如树枝凋落物、昆虫、灰尘、鸟类排泄物等，水井上常修建有傣族特色建筑井塔，傣语称为“塔喃喔”。（图3-7）井边有1—2个长柄的竹筒，供村民打水，方便村民及过路者取水饮用。

图 3-7　傣族村寨特色建筑井塔

图 3-8　景洪市嘎洒镇曼湾寨景观（李植森　摄）

（三）农　田

傣族的田地分为固定的水田、旱作轮歇地（传统的刀耕火种）和河边/溪边冲积地。水田，分布于平坝和小溪边，是村民的主要耕种地，常种植水稻（传统上以糯稻为主），依靠雨季的自然降水和小溪水灌溉。傣族传统上也进行刀耕火种，以补充水田种植。河边冲积地多为旱季种植蔬菜用，主要由老年妇女耕种。（图3-8）

（四）虚拟境界

1. 虚拟境界中的勐神、寨神

傣族传统中“勐有勐神、寨有寨神、家有家神”，神无处不在。勐神是居住在同一个勐的村民共同的神灵。勐神所在地往往有大片森林。傣族常有关于勐神的传说故事，每年村民们都会举行祭勐神活动。有些勐有多个勐神，在该勐最早建寨的村寨建有勐神庙及祭坛，如勐仑的勐神庙和祭坛在曼炸村。傣族村寨“寨有寨神”是古老的传统信仰。每个村寨都有各自的寨神，寨神为保护本村的英雄，或为本村已逝去的最有名望的长老，或为传说中的神灵。小村寨不一定有佛寺，但必定有寨神。傣语有谚语道：“佛祖是大家的，寨神是自己的。”寨神庙或神龛，常立于村寨的寨心“宰曼”（村寨广场）。“宰曼”意为寨子的心脏，傣族建立村寨时，在新址先安放寨神“宰曼”，然后围着“宰曼”向四周建房。寨神庙/神龛建筑灵活多样，有些仅为一块石头，边上插一小根木桩，木桩上有竹编的神龛，有些神龛为木柱上的空中小屋，大小不等。神龛内摆放祭品，边缘有挂钩，外出村民归来时献贡品于其上，以感谢寨神的保佑。现在的“宰曼”多为多边形傣族塔式建筑，塔座1—3米不等，高3—5米，塔内神龛供奉祭品。村民每年都要举办各种祭寨神活动，祭寨神时，外村人员严禁进入。

图 3-9　勐仑镇曼仑村寨神及伴生林

图 3-10　大勐龙曼坎湾村佛寺庭院景观

2. 佛和佛寺庭院

傣族是全民信奉佛教的民族，大的傣族村寨均有佛寺，小的村寨常与大村寨共建或共同供奉一个佛寺。佛寺一般位于村寨东边最高处，鸟瞰全村。佛寺是傣族修行、参佛，学习、传承傣族文化和供奉祖先亡灵的神圣场所。佛寺庭院占有较大面积，主要种植与佛教相关的各种植物，如“五树六花”“二十八代佛祖成佛圣树”等。菩提树（*Ficus religiosa*）、贝叶棕（*Corypha umbraculifera*）、大青树、槟榔（*Areca catechu*）、无忧花（*Saraca dives*）、鸡蛋花（*Plumeria rubra*）等为最主要的佛寺庭院植物。

（五）民居与庭院

民居和庭院是西双版纳傣族村寨居家的核心。傣族民居为典型的干栏式建筑。

传统上（现多数为砖混或钢构）以竹木为建筑材料，一层镂空，一般2米以下，由数十根木柱承重，过去常用于堆放杂物、农具、薪柴以及养殖等，现为车库，停放摩托、汽车、拖拉机等交通工具和农用器具等。

两层民居干栏式竹木楼房的楼上层与厨房和起居室相连的开放阳台，傣语称为“站”。阳台上搭建空中菜园（药园），栽种有各种芳香佐料如刺芫荽（*Eryngium foetidum*）、薄荷（*Mentha canadensis*）、荆芥（*Nepeta cataria*）和常用于预防/治疗消化系统疾病的药材如鱼腥草（*Houttuynia cordata*）、穿心莲（*Andrographispaniculata*）等。阳台也是洗漱、沐浴的场所和日常家庭洗晒（晾）食品、衣物的晒台。

民居面积一般100—300平方米不等，约占庭院面积的五分之一，庭院面积较大，常有上千平方米或更大。传统上村寨内各户以绿篱，如金刚纂（*Euphorbia neriifolia*）、小桐子（*Jatropha curcas*）、黄葛榕（*Ficus virens*）等，或竹编，或以堆放砍伐后的铁刀木薪材为界，近来部分以砖砌墙。绿篱上爬满常年可采集嫩叶的多年生藤本类蔬菜，如葫芦科红瓜（*Coccinia grandis*）、木鳖子（*Momordica cochinchinensis*）等。庭院植物种类丰富，传统庭院植物种类几百种，按用途可分为水果、蔬菜、药用植物和观赏家居环境的美化植物。

三、西双版纳傣族村寨园林的特点

（一）西双版纳傣族村寨传统园林是自给自足农耕社会的典型代表，是一个完整的人居聚落村寨生态系统

傣族选择在茂密森林边缘、依山傍水处建立村寨。村后茂密的热带雨林/森林为村民提供各种食品（山茅野菜、食用菌、动物蛋白质）、药品（药材）、建筑用材和生产生活用水。这种自然环境孕育出傣族朴实而真切的人居环境生态观：“有林才有水，有水才有田，有田才有粮，有粮才有人。”这是“绿水青山就是金山银山”较早的全民族实践者。

（二）西双版纳傣族村寨园林景观是人与自然和谐相处的典范

傣族村寨四周和村内大树构成了村寨的风景防护林，村寨以寨心为中心，以网格状道路贯通每家每户，村内人、神（寨神）、鬼（公共墓地）、佛（佛寺）和动植物和谐相处。高大茂密的风景林生态防护林，旱季为村民带来阴凉，保护村寨房屋免遭雨季前后巨大的阵风的破坏，同时森林为各种动物营造良好的栖息地，树上栖息有多种鸟和昆虫等动物，鸟（鸡）声伴着蝉鸣，是傣族村寨热烈而亲切的乡声。

图 3-11　傣寨民间庭院之一角——庭院小菜台

图 3-12　打洛镇曼帕村寨中保存的最大酸角树

寨心（寨神）广场是祭祀寨神的场所，是村民外出经商、求学、打猎等各种活动许愿的地方，是维系村民同心的纽带，是晒场，是儿童们嬉闹的乐园。每个村寨的路口或小溪口均建有一座风雨桥/休息亭，傣名“沙拉”或“贺沐沙拉”，是村民休息、交流和迎来送往的场所，是村民外出时的第一道门，提醒村民外出要注意安全，有家人和全村人的牵挂。

（三）西双版纳傣族村寨庭院植物配置具有热带特色，景观层次分明

傣族村寨园林植物层次分明，是热带雨林的缩影。佛寺庭院中的菩提树，村寨中的大青树、蒲葵、椰子、多年生高大杧果树等组成村寨森林的乔木层；多年生水果波罗蜜（*Artocarpus macrocarpon*）、酸角（*Tamarindus indica*）、阳桃（*Averrhoa carambola*）、木奶果（*Baccaurea ramiflora*）和木瓜榕（*Ficus auriculata*）等组成中层植物；多年生木本蔬菜白簕（*Eleutherococcus trifoliatus*）、芭蕉（*Musa basjoo*）、香蕉（*Musa nana*）、包装用材料柊叶（*Phrynium rheedei*）和多种观赏植物如各种紫薇（*Lagerstroemia spp*）、月季（*Rosa chinensis*）等组成乔灌木层；草本类主要有蔬菜如芋头（*Colocasia esculenta*）、海芋（*Alocasia odora*）、假蒟（*Piper sarmentosum*）、刺芫荽（*Eryngium foetidum*）、蓝靛（*Strobilanthes cusia*）等；藤本类如山药（*Dioscorea polystachya*）、丝瓜、大叶木鳖子（*Momordica macrophylla*）和多种

图 3-13　层次丰富的庭院植物景观（李植森　摄）

附生植物如各种兰花、天南星科、蕨类攀爬在各层间，形成了层次丰富的热带雨林景观。

图 3–14　层次丰富的庭院植物景观　（李植森　摄）

（四）西双版纳傣族村寨是实践植物引种驯化的基地

傣族庭院是传统的植物引种驯化基地，从这些植物种类可追溯我国热带植物的引种和驯化的历史。村寨内有10多人才能合抱的酸角树（*Tamarindus indica*）、波罗蜜树（*Artocarpus macrocarpon*）和直径2米的杧果树，保存有不同时期从南美和东南亚引种的多种多样的番石榴（*Psidium guajava*）、番木瓜（*Carica papaya*）和多种柚子、柠檬（*Citrus* × *limon*）、阳桃（*Averrhoa carambola*），庭院内还保存有多种大小、形态、颜色、味道各异的茄子、辣椒、番茄等不同时期引种的品种。从庭院植物可以清楚地看到植物驯化的历史脉络，如木奶果自然分布于西双版纳的热带雨林，但味道、颜色、成熟期有很大差异，傣族村民野外发现好吃的品种就将其引种到自家庭院，这样，傣族庭院内就会引种许多自然变异的品种，经过村民长期选育，庭院内就保存了许多优良木奶果品种。同样，五桠果（*Dilleniaindica*）、槟榔青（*Spondias pinnata*）、余甘子（*Phyllanthus emblica*）、臭菜（*Acacia pennata*）等野生植物也是经过长期选育驯化出来的适宜栽培的优良种类。

（五）西双版纳傣族村寨园林具有显著的傣族传统文化特色

西双版纳傣族全民信奉南传上座部佛教，其佛寺庭院植物主要以佛教及相关植物为主，同时又融入了西双版纳本土文化，如佛教的菩提树，不仅是佛家信仰，同样也用于傣族多神信仰。傣族除在佛寺庭院内种植菩提树外，在村寨路口、河边等也常种植菩提树。

傣族住房造型具有典型的西双版纳特色，与泰国素可泰的吴哥建筑风格不同，与缅甸的蒲甘建筑也不一样。虽然干栏式建筑在东南亚普遍，以近乎黄金律的傣式民居，特别是傣式三角形多屋顶的造型更具特色，体现了人与自然极为和谐的审美意境。

参考文献

[1]肖云学，李春艳，许又凯. 西双版纳傣族庭院植物的民族植物学研究[J]. 植物资源与环境学报，2021，30（2）：59-67.

[2]裴盛基，许又凯. 西双版纳的植物与民族文化[M]. 上海：上海科学技术出版 2020.

[3]程必强，许又凯，马信祥. 热带植物引种驯化实践[M]. 武汉：湖北科技出版社，2018.

[4]许再富，段其武，杨云. 西双版纳傣族热带雨林生态文化及成因探讨[J]. 广西植物，2010，30（2）：185-195.

[5]许再富，许又凯，刘宏茂. 热带雨林漫游与民族森林文化趣谈[M]. 昆明：云南科技出版社，1998.

[6]中国科学院西双版纳热带植物园. 热带植物研究论文报告集[C]. 昆明：云南大学出版社，1993：66-67.

云南壮族聚居区自然与文化景观概览

陆树刚 [①]

图 3-15　云南壮族聚居区的喀斯特山水

一、云南壮族概况

壮族是中国人口数量最多的少数民族，总人口近1700万人，主要分布于西南至华南各省区。云南省是壮族的主要分布区之一，壮族总人口达120余万人，主要分布于滇东南及其周边地区。云南壮族聚居区的地理环境多属于喀斯特地貌（图3-15），也有中山丘陵地貌相间分布，形成了云南壮族聚居区的生态环境多样和丰富多彩的生物多样。在此自然环境条件下生活的云南壮族同胞，尊重自然、敬畏自然、道法自然，形成了天人合一的自然与文化景观。云南壮族聚居区的自然与文化景观表现在村落文化景观、“那”文化景观、“竜”文化景观、“者”文化景观、风水树景观以及山水林田一体化文化景观等方方面面。

图 3-16　云南壮族的依山傍水村落、生态景观

二、云南壮族聚居区自然圣境与文化景观要素概述

云南壮族聚居区的村落文化极其讲究依山傍水。（图3-16）在壮族同胞的人居环境中，水是不可或缺的要素，有“壮族占水头”之说。壮族同胞主要分布于西南至南方各省区，南方多雨，且水热同期，适宜种植水稻。种植水稻的田，壮族称为“那”。（图3-17）壮族

① 单位：云南大学生态与环境学院。

图 3-17　云南壮族“那”文化的园林景观

图 3-18　云南壮族“竜”文化的园林景观

图 3-19　云南壮族“者”文化的园林景观

图 3-20　云南壮族常见植物园林风水树景观

的许多地名，多以“那”命名，如那伦、那朵、那们、那孟、那洞、那耐、那达、那柳、那翁、那良、那洒、那劳等等。“那”文化的程序烦琐、仪式庄严，在此不做赘述。但众所周知，“那”文化必须依赖于水源。在南方，虽然雨量充沛，但仍有季节性。要想保持水源长流，就得保护好原始森林以涵养水源。壮族称原始森林为“竜”。（图3-18）如，马关老君山山脚下有一个地名称为都竜，即位于原始森林旁边之义。凡是与原始森林相关的地名，多带“竜”字，如竜龙、竜宝、竜所等等。要使原始森林得到永久保护，仅有法律法规不够，或仅有村规民约也不行，还得有宗教信仰方面的约束。因此，壮族具有“者”文化。（图3-19）壮族称具有自然崇拜宗教信仰作用的原始森林为“者”，如者兔、者太、者妈、者莫、者卡、者茂、果者等等。“者”文化是壮族同胞的一种自然圣境文化。

云南壮族聚居区因生态环境多样，生物多样性丰富多彩，区域的特有物种与壮族文化融为一体，形成具有壮族园林特色的风水树景观。（图3-20）典型代表的风水树有蒜头果（*Malania oleifera*）、滇桐（*Craigia yunnanensis*）、榉木（*Zelkova schneideriana*）、蚬木（*Burretiodendron hsienmu*）、任豆（任木）（*Zenia insignis*）、云南七叶树（*Aesculus wangii*）、黄葛树（*Ficus lacor*）、东京枫杨（*Pterocarya tonkinensis*）、复羽叶栾树（*Koelreuteria bipinnata*）、黄连木（*Pistacia chinensis*）、清香木（*Pistacia weinmannifolia*）、重阳木（*Bischoffia javanica*）、滇油杉（*Keteleeria eve*）、滇大叶柳（*Salix cavaleriei*）、枫香树（*Liquidambar formosana*）、攀枝花（*Bombax ceiba*）和粽叶（*Phrynium capitatum*）等，这些风水树多位于村头寨尾或田边地角，承载着壮族聚居区的民族文化，维护着壮族聚居区的生物多样性。

三、广南县九龙山（博吉金）国家森林公园

云南壮族聚居区自然与文化景观在山水林田一体化方面具有众多良好的案例，现以广南县九龙山（博吉金）国家森林公园为例。九龙山位于广南县境内，是西洋江、驮娘江和清水江等九条江河的源头，故名九龙山。九龙山总面积8平方千米，位于东经104°31′—105°58′，北纬24º00′—24°24′，主峰海拔高度1933.7米，属亚热带季风气候，拥有亚热带常绿阔叶林约2万亩。九龙山系长30多千米，是周边居住的9个自然村11个壮族寨子共有的“神山”。清道光四年（1824年），寨老们专门制定乡规民约刻在石碑上禁止砍伐山林，保护“神山”，每年农历三月村民共同拜祭“神山”。在九龙山周边分布着众多的壮族古寨，如马碧古寨、板江古寨、里夺古寨等。在壮族“那”文化、“竜”文化、“者”文化等的影响下以及护林队等多方的管护下，九龙山形成了自然与文化的独特景观。2015年7月27日，九龙山被列为云南省自然圣境保护示范点正式授牌；2017年7月21日，国家林业局作出行政许可决定，准予设立云南广南博吉金国家森林公园。“博吉金”是九龙山的壮语叫法。博吉金国家森林公园的设立，对于保护自然生物多样性，推动生态环境建设，改善滇东南石漠化地区生态环境具有极大的促进作用。森林公园植被类型丰富、物种繁多，是珠江水系水源源头保护区，是一个自然资源极为丰富的天然宝库。博吉金国家森林公园是“世界物种基因库”，是观察我国生物多样性保护的一个窗口。在各方携手守护下，博吉金国家森林公园覆盖率稳步提升，各类濒危物种种群数量增长。

壮族是具有悠久历史的民族，与其他兄弟民族一道，共同创造了丰富的人类知识体系。目前，亟须弘扬优秀的壮族传统文化，赋予其时代特色，融入时代主流，服务国家大局，为壮族聚居区的乡村振兴做出新的贡献。

参考文献

[1]裴盛基. 云南民族文化多样性与自然保护[J]. 云南植物研究（增刊），2004（15）：1-11.

[2]裴盛基. 自然圣境与生物多样性保护[J]. 中央民族大学学报，2015，24（4）：7-10.

[3]陆树刚. 植物分类学（第二版）[M]. 北京：科学出版社，2019.

[4]云南省广南县地方志编纂委员会编. 广南县志[M]. 北京：中华书局，2001.

第二节　具有信仰文化特征的宗教植物与文化景观

西双版纳佛寺园林植物的多样性及其文化意义

裴盛基[1]　许又凯[2]　杨植惟[3]

一、前　言

传统信仰文化在人类生活中发挥着十分重要的作用。“中国文化的根本精神是以人为本”，“传统是中国的原创”。（楼宇烈，2018）儒释道传统文化信仰承载着中国文化的根本精神，佛寺园林是传统的一个组成部分，是给人以宜居的创造性思维铸成的文化景观。佛教自汉代传入我国已有2000多年的历史，在云南西双版纳、德宏、临沧、普洱、保山、玉溪等地居住的傣族、布朗族和佤族中的黄佤分支普遍信奉南传上座部佛教，几乎每一个村寨都在最显著的位置上建有一座引人瞩目的佛寺，由于西双版纳佛教最早由缅甸传入，故民间又称之为“缅寺”。

按照佛教的教规，建立一座佛教寺庙必备设施之一即是在寺院内种植若干指定的佛教植物，包括“五树六花”、28代佛化身所认定的植物等。（裴盛基，1985）这些富有特定文化含义植物的种植构成了佛寺园林的独特景观，同时也表达出了景观文化的深层含义。在佛教寺院园林中，自然界的植物在寺庙组成的景观格局中占有十分重要的地位，如“竹林精舍”就是汉地佛教“五精舍”之一（据说释迦牟尼曾在竹林中设“精舍”，广收门徒谈道渡民，称为“竹林精舍”。）、我国四大佛教名山之一的普陀山，山上有紫竹林。在竹林中谈佛法、做道场，将竹子作为“法身”，早已融入中国佛教文化之中。许多竹类植物的命名也呈现出佛教色彩，如观

① 单位：中国科学院昆明植物研究所。
② 单位：中国科学院西双版纳热带植物园。
③ 单位：中国科学院昆明植物研究所。

音竹、佛肚竹、罗汉竹、玉山竹、方竹等。由于教派的不同和佛寺所处地理位置、气候、环境的差异，汉地佛教寺院植物和南传佛教寺院所定义和种植的植物有明显差别。（杨宇明，2010）

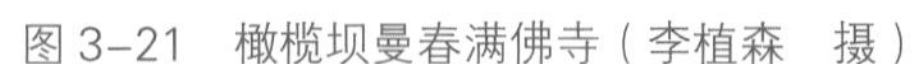

图 3-21 橄榄坝曼春满佛寺（李植森 摄）

图 3-22 曼远村落及佛寺鸟瞰图

在佛教文化中，有关佛祖出生、成佛、涅槃等经历均与植物相关。相传佛祖释迦牟尼降生于无忧树（*Saraca asoca*）下，成道于菩提树（*Ficus religiosa*）下，涅槃于婆罗双树（*Shorea assamica*）下，因此，无忧树、菩提树、婆罗双树便成为南传佛教中最受崇拜的、佛寺园林中必不可少的植物。根据西双版纳傣泐文经书《二十八代佛出世记》记载，佛教共有28代佛祖，每代佛祖均有其“成佛”之树，这些佛树被称为“成佛树”或“成道树”，最后一代佛祖释迦牟尼因在菩提树下成佛，所以他的“成道树”就是菩提树，其他佛的成道树还有铁力木、柚木、鸭脚木、毗梨勒（毛诃子）、猫尾木、高榕、聚果榕、尾叶漆、千张纸、银桦、菲律宾合欢、弯钩刺（簕）竹、黄缅桂、云南石梓、车里朴、独籽酸角、白杧果、中平树、滑皮聚果榕、雅榕等共计21种，其中有些“成道树”为数代佛祖所共有。（裴盛基、许又凯，2020）这些植物在汉地佛教寺院内却没有发现，在地处热带气候区的越南佛寺园林中也未发现。有关28代佛的“成道树”编目详见表3-1。

表 3-1 西双版纳佛寺园林 28 代佛“成道佛树”的民族植物学编目

代	佛祖名字	别名	中文名	拉丁学名
第 1 代	登康加裸	鸭脚木	糖胶树	*Alstonia scholaris*（L.）R. Br.
第 2 代	米汤加裸	毗梨勒	毗梨勒	*Terminalia bellirica*（Gaertn.）Roxb.
第 3 代	萨拉朗加裸	猫尾木	猫尾木	*Dolichandrone cauda-felina*（Hance）Benth. et Hook. f.
第 4 代	底拉加裸	小叶榕	雅榕	*Ficus concinna*（Miq.）Miq.
第 5 代	戈铃雅	聚果榕	聚果榕	*Ficus racemosa* L.
第 6 代	莽嘎裸	铁力木	铁力木	*Mesua ferrea* L.

续表

代	佛祖名字	别名	中文名	拉丁学名
第 7 代	苏麻暖	铁力木	铁力木	*Mesua ferrea* L.
第 8 代	烈袜多	铁力木	铁力木	*Mesua ferrea* L.
第 9 代	嗦皮多	铁力木	铁力木	*Mesua ferrea* L.
第 10 代	阿囡麻塔西安	尾叶漆	尖叶漆	*Toxicodendron acuminatum*（DC.）C. Y. Wu et T. L. Ming
第 11 代	巴独玛	千张纸	木蝴蝶	*Oroxylum indicum*（L.）Kurz
第 12 代	拉塔打	千张纸	木蝴蝶	*Oroxylum indicum*（L.）Kurz
	备注：壁画标记为红色千张纸			
第 13 代	巴读木塔那	银桦	银桦	*Grevillea robusta*A. Cunn. ex R. Br.
第 14 代	苏来塔	菲律宾合欢	黄豆树	*Albizia procera*（Roxb.）Benth.
第 15 代	苏假打	弯钩刺（箣）竹	车筒竹	*Bambusa sinospinosa* McClure
第 16 代	比牙塔西	柚木	柚木	*Tectona grandis*L.f.
第 17 代	安塔西方	黄缅桂	黄兰	*Michelia champaca* L.
第 18 代	坦麻塔西	云南石梓	云南石梓	*Gmelina arborea*Roxb. ex Sm.
第 19 代	西提芭	车里朴	假玉桂	*Celtis timorensis* Span.
第 20 代	低萨	高榕	高山榕	*Ficus altissima*Blume
第 21 代	布嗦贯	独籽酸角	亮叶蚊母树	*Distylium myricoides*Hemsl. var. nitidum H. T. Chang
	备注：杨梅叶蚊母树 *Distylium myricoides* Hemsl.			
第 22 代	维巴洗	猫尾木	猫尾木	*Dolichandrone cauda-felina*（Hance）Benth. et Hook. f.
第 23 代	洗哈	白杧果		*Mangifera* sp.
	备注：多种杧果			
第 24 代	喂沙普	聚果榕	聚果榕	*Ficus racemosa* L.
第 25 代	加古先塔	中平树	中平树	*Macaranga denticulata*（Bl.）Muell. Arg.
第 26 代	哥纳嘎麻纳	滑皮聚果榕	聚果榕	*Ficus racemosa* L.
第 27 代	加沙巴	小叶榕	雅榕	*Ficus concinna*（Miq.）Miq.
第 28 代	哥打麻	菩提树	菩提树	*Ficus religiosa* L.

备注：以上信息根据勐海景真佛寺内壁画整理

二、佛寺园林植物的多样性及其保护意义

佛寺园林景观是信教群众共同享有的精神生活空间格局的一种安排。其特点是围绕佛教信仰的精神空间对佛教院落内的建筑、植物、道路、水体、艺术、装饰等进行特定的安排，体现出庄严、神圣、人与自然和谐共处的一种生存空间状态。佛教植物指与佛教有密切关系的植物，包括与佛教先辈有联系的“圣树”，常用于佛教仪式、供奉、书写经文的礼仪植物，以及用于装饰寺院的植

物。（许玲，2020）佛教故事中有许多具有象征意义的植物存在。根据笔者多年来在西双版纳从事民族植物学调查所记录的资料整理，从园林景观的角度来看，西双版纳佛教寺院是一个区域文化特色十分显著、对信教群众开放的重要景观文化和教育场所，其主要景观结构由以下三大部分组成。

（一）佛教建筑

佛教建筑包括大殿，殿内供奉佛像，其屋檐建筑分三、五、七格各种形式，殿内顶部装饰成虚拟的空间结构，殿内建筑还包括藏经阁，用于存放佛经贝叶经；中心佛堂（戒堂）、壁画、金粉、金水图案等，绘制佛陀生平故事，投胎为太子出家成佛等艺术绘画。大殿外建筑有僧寮，供僧侣住宿生活等日常使用。

（二）佛寺园林设施

寺前有白色佛塔，建凉亭供行人乘凉休息；修建有水井或水罐，供行人饮水；有些寺院后院安放舍利塔；寺正中建筑供信徒拜佛（赕佛），左侧设施是讲佛法、僧侣学习场所；殿前修建水池种植荷花、莲花等水生植物；寺庙后院种植菩提树等佛树。

（三）寺院内建筑物以外的园林种植区

一般都有上千平方米面积土地，按佛教教规种植数十乃至上百种寺院植物，具有极高的植物多样性和佛教文化特征。

本文笔者曾于1985—1986年间分别用中英文发表过论文《西双版纳傣族的传统文化信仰对植物环境的某些影响》（Pei Shengji，1985；裴盛基，1986），文中专门讨论了南传上座部佛教信仰对栽培植物传播的意义，根据对20余座佛寺园林植物的调查，共记载有寺院栽培植物58种，按佛寺栽培植物的意义，归类为佛教礼仪植物21种、果树17种、环境绿化植物20种；并按其栽培起源分析，29种为印度、东南亚原产；19种为中国原产或与东南亚共有，10种为热带美洲非洲原产，其中外来植物占39种，这些外来植物除果树部分和观赏花卉外，大多仅见于佛教寺院内栽培。有些佛树如贝叶棕、菩提树、无忧花等仅限于寺庙内及邻近地段内种植，佛寺外其他地方例如农家庭院一般不种植。这些外来佛教园林植物传入年代十分古老，大约自7—14世纪就已从陆路由泰国、缅甸、老挝、印度传入；一些起源于当地的植物如大叶茶、龙眼、荔枝、芭蕉、杏、梅、李及睡莲、十字花科蔬菜等则是原产于中国的植物，通过西双版纳传入东南亚及毗邻地区，表明西双版纳的佛教寺院在历史上曾经是这一地区重要的中外植物交流与传播中心和桥梁。

图 3-23　景洪总佛寺建筑景观之一

图 3-24　西双版纳佛寺建筑与糖棕

图 3-25　大勐龙曼费佛寺庭院与糯布罗香林

图 3-26　佛寺莲花壁画

图 3-27　佛寺内的莲花供品

图 3-28　僧侣在刻写贝叶经

图 3-29　珍藏的贝叶经

表 3-2　西双版纳佛教寺院传统栽培园林植物的民族植物学调查编目表 *

序号	中文名	植物学名	傣名（汉语拼音）	栽培意义	起源
1	儿茶	*Acacia catechu*	Songbai	染料、药用	东南亚
2	木苹果	*Aegle marmelos*	Mabinghan	佛教供奉、药用	印度、孟加拉国
3	石栗	*Aleurites moluccana*	Maiyao	种子榨油点灯，涂料	东南亚
4	槟榔	*Areca catechu*	Gema	供佛、药用、咀嚼用	印度、东南亚
5	红木	*Bixao relana*	Gemaxie	假种皮作染料，供奉	南美洲
6	糖棕	*Borassus flabellifer*	Gedan	佛寺标记，花序汁制糖	缅甸、泰国
7	苏木	*Caesalpinia sappan*	Gefan	药用、染料、佛教用品	印度、东南亚
8	贝叶棕	*Corypha umbraculifera*	Gelan	叶片作贝叶经记事，文化标记	印度、东南亚
9	文殊兰	*Crinum asiaticum*	Linuolong	花供佛，叶药用	中国、东南亚
10	羯布罗香	*Dipterocarpus turbinatus*	Mainamanyan	树干出油脂点灯	东南亚
11	高榕	*Ficus altissima*	Maihongnong	佛树	中国、东南亚
12	聚果榕	*F. glomerata*	Gelei	树皮造纸，佛树	中国、东南亚
13	菩提树	*F. religiosa*	Gexili	佛树，药用	印度
14	云南石梓	*Gmelina arborea*	Maisuo	佛树，花供佛、食用	中国、东南亚
15	凤仙花	*Impatiens balsamina*	Loulei	花供佛，观赏	印度
16	小桐子	*Jatropha curcas*	Maihongham	种子油点佛灯	南美（巴西）
17	大蒲葵	*Livistona saribus*	Geguo	叶供赕佛，种子药用	中国、东南亚
18	铁力木	*Mesua ferrea*	Maibola	佛树，种子油点佛灯，药用	印度
19	睡莲	*Nymphaea spp.*	Nuozhangwan	莲花献佛，水生观赏	中国
20	鹊肾树	*Streblus asper*	Gehui	树皮造纸做经书，药用	中国、东南亚
21	柚木	*Tectona grandis*	Maisa	佛寺建筑、雕刻、艺术品	东南亚
22	菠萝	*Ananas comosus*	Makelian	供果、水果	南美洲
23	释迦果	*Annona reticulata*	Magan	果供佛、水果、药用	南美洲

续表

序号	中文名	植物学名	傣名（汉语拼音）	栽培意义	起源
24	牛心果	*A. squamosa*	Magantulu	果供佛、水果、药用	南美洲
25	树菠萝	*Artocarpus heterophyllus*	Gemaleng	果供佛、水果	中国、东南亚
26	番木瓜	*Carica papaya*	Guishebao	果供佛、水果、药用	南美洲
27	柚子	*Citrus grandis*	Mabu	果供佛、水果	中国、东南亚
28	椰子	*Cocos nucifera*	Gebao	供佛、水果	东南亚
29	山李子	*Flacourtia ramontchi*	Majing	供果、水果	印度
30	荔枝	*Litchi chinensis*	Magai	供果、水果	中国
31	香蕉	*Musa spp.*	Gui	供果、水果	中国、印度
32	杧果	*Mangifera indica*	Mamou	供果、水果	中国、东南亚
33	千张纸	*Oroxylum indicum*	Geliega	佛树、食用	印度
34	余甘子	*Phyllanthus emblica*	Mahangbang	供果、食用	中国、印度
35	番石榴	*Psidium guajava*	Maguixiongla	供果、食用	南美洲
36	槟榔青	*Spondias pinnata*	Gemaigegu	果食用、药用	中国、东南亚
37	蒲桃	*Syzygium jambos*	Gezhongbu	供佛、果食用	中国、东南亚
38	酸角	*Tamarindus indica*	Mahang	供佛、果食用	印度
39	紫铆	*Butea monosperma*	Gexiham	药用、观赏	东南亚、印度
40	金凤花	*Caesalpinia pulcherrima*	Nuohaosang	供佛、观赏	印度
41	神黄豆	*Cassia agnes*	Maiblongliang	药用、观赏	东南亚
42	腊肠树	*C. fistula*	Maiblonglan	药用、观赏	东南亚
43	云南樟	*Cinnamomum porrectum*	Maizhong	观赏、药用	中国
44	凤凰木	*Delonix regia*	Genoumailiang	花供花、观赏	非洲
45	巨龙竹	*Dendrocalamus giganteus*	Maibo	观赏	中国、东南亚
46	栀子	*Gardenia jasminoides*	Nuoshuilong	观赏、染料	中国
47	黄栀子	*D. sootepense*	Gemo	观赏、染料	中国
48	黑叶驳骨	*Gendarussa venticosa*	Maihahao	观赏、药用	印度、东南亚
49	火烧花	*Mayodendronigneum*	Nuobilong	供佛、花食用、观赏	中国、东南亚
50	白缅桂	*Michelia alba*	Zhanghao	供佛、观赏	中国、东南亚
51	老鸦烟筒花	*Millington iahortensis*	Maigasoloung	供佛、观赏	中国
52	夜花	*Nyctanthus arbortristis*	Gemahong	观赏	印度
53	露兜树	*Pandanus tectorius*	Nougen	观赏、制雨具	中国、东南亚
54	派克木	*Parkia leiophylla*	Maihuanguang	观赏、种子可食	东南亚
55	鸡蛋花	*Plumeria acutifolia*	Zhangbadian	供花、药用	南美
56	雨树	*Samanea saman*	Maisongsa	观赏、阴凉	南美
57	大花田菁	*Sesbania grandiflora*	Geluogai	花可食、观赏	印度
58	泰竹	*Thyrsostachys siamensis*	Maihe	观赏、竹具	中国、东南亚

* 引自裴盛基：《西双版纳傣族的传统文化信仰对植物环境的某些影响》（英文版）in *'Cultural Value and Human Ecology in Southeast Asia'*, Michigan Paper No. 27, University of Michigan, AnnArbor, USA, 1985.

图 3-30　大勐龙曼费佛寺园林中的腊肠树

图 3-31　勐海打洛的独树成林

西双版纳佛寺园林景观植物一般在寺庙建成后开始种植。由于寺庙院落均选址在村寨中显著位置上建设，因而构成傣族村寨中独特的寺庙园林景观。佛寺院内景观植物的多样性包括乡土植物和特定外来引种植物，因此寺院具有植物迁地保护的功能，同时为栽培植物的传播提供了重要的历史通道和途径。佛寺园林景观植物有特定的佛教文化内涵，体现出传播人与自然和谐、相互依存的佛教哲学思想，对于当代生物多样性保护有重要的借鉴作用。佛教寺院中常用的园林景观植物还有许多未知的科学奥秘，有待人类进一步去探索，例如关于“成道（佛）树”的生物学以及与人类共生于同一环境中，隐喻着与人类有什么生态依存关系，尚待人类深入了解。研究发现，佛教植物具有地方性、譬喻性、佛化和虚拟的特点（许玲，2020），佛教寺院在挑选植物时，一般会选择树形高大、根系发达、给人以敬畏之心和可依靠之感觉的植物，佛教对植物的认知超越科学对植物的认知，植物形态越奇特、越夸张，越美妙。佛教生态观对环境问题有现实意义，认为环境是人类的“共业”，类似于“生命共同体”的概念。在西双版纳傣族村寨佛寺及周边常见一株巨大的菩提树和高榕树拥有许多气根林立而独树成林，独木成景（图3-31），覆盖着数十甚至上百平方米的土地空间，与上百种附生和寄生植物共生组合成热带特有“空中花园”景观，还为数不清的昆虫、鸟类等动物提供栖息场所等，蕴藏着许多生物学和生态学知识，有待人类进一步认识。佛寺种植的药用植物在佛教医学中同样值得深入进行科学探索和医理揭示，如缅甸佛教徒相信缅甸波巴山上佛寺内的药用植物更有药效，香客带药拜佛后药草的有效作用更能显现等；佛寺植物中的贝叶棕是一次性开花，大约生长40年，树高20—30米，但在不同地方种植的贝叶棕有时并非同龄植株，却都在2020年春天不约而同地开花结果，果实成熟后即死亡，形成西双版纳一道独特的自然奇观，如此等等均值得深入研究。

三、佛寺园林药用植物的多样性及其保护价值

佛教与药用植物关系的研究一直受到中外学者的关注，许多学者（昆明植物研究所，1991；陈明，2002；裴盛基，张宇，2020；Majupurla& Joshi，1989；等）均论及亚洲传统医药中的许多重要药用植物仅见栽培于佛教寺庙院中。西双版纳傣医药文化典故中有一个流传至今的关于药草起源的有趣故事：傣医药的始祖龚麻腊别的门徒中有一只名叫阿于的猴子，有一次听说佛祖生病危重，龚麻腊别药祖就派阿于送一包草药给病中的佛祖治病，但阿于在送药途中贪玩，耽误了佛祖治病的时机，药未送到佛祖就病故了，龚麻腊别得知此不幸消息后十分气愤，便将这袋草药撒在了一座山上，于是这座山上便长出了满山的药草，成为著名药山。佛教寺院引种传

图 3-32　高僧在菩提树下诵经（李植森　摄）

图 3-33　鸡蛋花

图 3-34　曼远佛寺中开花的贝叶棕

图 3-35　无忧花

图 3-36　第 20 代佛的成道树高榕

播药物的历史事实表明，佛寺在人类医药文化交流中发挥着十分重要的作用，在藏医药中有著名的“藏药三宝”：诃子（*Terminalia chebula*）、毛诃子（毗梨勒）（*Terminalia bellirica*）和余甘子（庵摩勒）（*Phyllanthus emblica*）等及后来中药的“三勒浆”都源于此药方。毛诃子产于印度等南亚国家，早在1750年前印度高僧就将毛诃子种子由印度带到我国广州著名佛寺光孝寺院内种植，至今仍保留其后代毛诃子多株树木于寺院园林中，受到严格保护。在西双版纳南传佛教寺院园林中，由于佛教信仰文化的力量，传播交流了一大批不为我国原产但在中药中应用很广的南药品种，仅西双版纳佛教寺院内发现种植的此类南药品种就多达40余个，如槟榔、铁力木、糖棕、儿茶、缅茄、紫柳、苏木、雄黄豆、腊肠树、印度大枫子、贝叶棕、对叶豆（*Cassia alata*）、黑种草（*Nigella damascena*）、木豆（*Cajanus cajan*）等等。

傣医药是我国四大民族医药之一，植物在仪式和康复中发挥重要作用（Brandon，1991），佛教的传入推动了我国傣医药的发展（裴盛基、张宇，2019）。佛寺僧侣们用贝叶经书写文字记载了傣医药的理论、药物和治疗方法等，世代流传，同时又在佛寺院落中引种栽培许多外来的药用植物，创造了傣医药的历史辉煌，沿用至今，为傣族人民的世代健康提供了重要保障。佛教寺院园林中种植的许多药用植物体现出的不仅仅是传统智慧，发挥着重要的医疗保健价值，造福于人民群众，还与佛教哲学思想救助病弱、普度众生的医理一致，从宗教信仰文化的角度展现了“天人合一”“源于自然”“基于自然”的生活方式，符合生态文明哲学思想，而且在经久历史考验的过程中发展起来、扩展开来、保留至今，应用于西双版纳这片热带宝地上傣族人民的现实

图 3-37　文殊兰

图 3-38　对叶豆

图 3-39　美登木

图 3-40　开花的铁力木

图 3-41　曼远佛寺及药园

图 3-42　民族植物学团队 2018 年 7 月在曼远佛寺药园种药后留念

生活之中，因此应当倍加珍惜，传承应用到当代生态文明建设的伟大事业中来。无论从历史还是现代的景观园林角度看，西双版纳佛寺园林中的药用植物都具有极高的生物多样性和传统文化保护价值。

2018年，在“传承必守正，创新谋发展”的方针引领下，中国科学院昆明植物研究所民族植物学科研团队在研究佛寺园林结构与功能的基础上，在西双版纳州傣医医院的支持下，与西双版纳州景洪市勐罕镇曼远村的村民合作，按照傣医药传统，模拟热带雨林的生态结构，共同建立起一座全新的面积为2000平方米的佛寺园林景观药园，已引种栽培128种共计5000余株药用木本、草本和藤本植物，为该地区探索园林景观实用化、乡村发展生态化、传统文化现代化，进行了一次有益的探索。

喜马拉雅山中段南麓的国家尼泊尔，其境内的蓝毗尼（Lumbini）是释迦牟尼佛的诞生地，是佛教的主要圣地之一。这里西邻印度洋孟加拉湾，东靠喜马拉雅山最高山峰下，是茂密的热带森林地区，其自然环境对佛教的起源有极大的影响，特别是森林植物与佛教的产生发展和传播有密切的关系。（裴盛基，龙春林，2008）本文第一作者十分有幸，曾单位：联合国教科文组织设立在尼泊尔首都加德满都的国际山地综合发展研究中心（ICIMOD），从事山地综合研究发展工作长达8年多（1990—1998年），其间曾经应尼泊尔国立特里布万（Tribhuvan）大学博物馆馆长Dr. Keshab Shrestha教授邀请，共同在加德满都近郊藏传佛教名寺斯旺雅布（Swayambhu）寺庙丘陵地带建立一座佛寺药园，并在2003年再次访问尼泊尔时参加过开园活动，亲手种植了一株著名佛教药物树——马府油树（*Madhuca butteracea*），此树在佛教中为著名的“长生树”；2018年，作者又亲自带领国内科研团队在西双版纳曼远村中的佛寺建立起了一处佛寺药园，目前这座小小的佛寺药园已经成为佛寺园林新景观，实现了作者将科学应用于实践、服务于当代生态文明建设的小小愿望。

参考文献

[1]楼宇烈. 中国文化的根本精神[M]. 北京：中华书局，2018.

[2]陈明. 印度梵文医典《医理精华研究》[M]. 北京：中华书局，2002.

[3]中国科学院昆明植物研究所. 南方草木状考补[M]. 昆明：云南民族出版社，1991.

[4]裴盛基，淮虎. 民族植物学[M]. 上海：上海科学技术出版社，2007.

[5]裴盛基，许又凯. 西双版纳的植物与民族文化[M]. 上海：上海科学技术出版社，2020.

[6]裴盛基，张宇. 南药文化[M]. 上海：上海科学技术出版社，2020.

[7]裴盛基，龙春林. 民族文化与生物多样性保护[M]. 北京：中国林业出版社，2008.

[8]Majupuria& Joshi: Religious & Useful Plants at Nepal & India, Published by M. Gupta LalitpurColongy, Lashkar (Gualior), India, 1989.

[9]蒋维乔. 中国佛教史（插图袖珍本）[M]. 北京：团结出版社，2005.

[10]裴盛基.《西双版纳傣族的传统文化信仰对植物环境的某些影响》英文发表于*'Cultural Value and Human Ecology in Southeast Asia'*, Michigan Paper No. 27, 97−115; University of Michigan, AnnArbor, USA, 1985. 中文刊印于《西双版纳民族植物学研究论文集》，中国科学院昆明植物研究所，1986.

[11]许再富，岩罕单，段其武. 植物傣名及其释义[M]. 北京：科学出版社，2015.

[12]杨宇明，辉朝茂. 中国竹类：文化、资源、培养、利用[M]. 国际竹藤组织出版，2010.

[13]许玲. 无忧与菩提：博物学视角下佛教植物的初步研究[D]. 北京大学哲学系"博物学文化"博士论文，2020.

[14]崔明昆. 象征与思维：新平傣族的植物世界[M]. 昆明：云南人民出版社，2011.

[15]Brandon G, The Uses of Plants in Healing in an Afro-Cuban Religion, Santeria, Journal of Black Studies, 22（1）: 55−56.

滇中佛教名山鸡足山的佛寺园林

裴盛基[①]　刘本玺　杨植惟[②]　张宇[③]

佛寺园林是重要的文化景观（cultural landscape），是由自然植被、人工植被和宗教建筑共同组成的一类特殊景观系统。在祖国的西南边陲，在茫茫云岭高原之巅，矗立着一座巍峨青峰，享誉南亚、东南亚，与山西五台山、四川峨眉山、浙江普陀山、安徽九华山齐名的佛教圣地、中国五大佛教名山之一的云南鸡足山即位于青峰之上。鸡足山素以雄、险、奇、秀、幽著称，以“天开佛国”“灵山佛都”闻名。

一、鸡足山概貌简述

鸡足山，古名青巅山、九曲山、九重崖，明代佛教兴盛后改名鸡足山。位于云贵高原云南省大理白族自治州宾川县境内，地处金沙江干热河谷流域，气候炎热干燥，少雨干旱，具有典型的亚热带风光。总面积2822公顷，最高峰天柱峰3248米，因山势前列三峰，后拖一岭，俨然鸡足而得名。全山有奇山40、险峰13、岩壁34、幽洞45、溪泉100余；有高等植物80多科500余种；有莽莽原始森林、名木古树、奇花异草；有珍禽异兽数十种。古人用一鸟、二茶、三龙、四观、五杉、六珍、七兽、八景来概括鸡足山的自然美景。

图 3-43　鸡足山植被与佛寺

① 单位：中国科学院昆明植物研究所。
② 单位：中国科学院昆明植物研究所。
③ 单位：中国科学院昆明植物研究所。

鸡足山苍崖万仞，猿踞猱攀，翠微千里，高峻险拔，广阔无际。如前人所绘“山势壮高，高插云汉；古木参天，绿荫生寒；幽谷阴沉，深不见底；壁峭悬崖，望之股栗；瀑布飞溅，白联悬空；万壑松涛，狂风突起。登天柱峰睹佛光，使人入虹云仙境；站华首门听晴雷，震声只隔半溪云”。明代地理学家、旅行家、文学家徐霞客曾两上鸡足山，并编撰第一部《鸡足山志》，他登临天柱峰绝顶，东观日出、西望苍洱、南睹祥云、北眺玉龙，不禁惊呼：“东日、西海、南云、北雪，四之中，海内得其一，已为奇绝，而天柱峰一顶一萃天下之四观，此不特首鸡山，实首海内矣！”徐霞客600多年前对鸡足山山势的这一描述令后人十分敬仰。

二、鸡足山佛寺园林植物调查编目

随着社会与经济的发展，鸡足山这座历史文化名山已成为全国闻名的风景名胜旅游胜地，山上众多植物得到了很好的保护。现有鸡足山有以“鸡足山”命名的特有植物物种（模式种）5种，分别是鸡山椴（*Tilia chenmoui* Cheng）、鸡足山堇菜（*Viola jizushanensis* S. H. Huang）、鸡足山耳蕨（*Polystichum jizhushanense* Ching）、鸡山小芹（*Sinocarum vaginatum* Wolff）、鸡足山刺根（*Cirsium chlorolepis* Petrak）；鸡足山保存有国家级保护物种5种，分别是须弥红豆杉（*Taxus wallichiana*）（Ⅰ级）、香樟树［*Cinnamomum camphora*（Linn.）Presl］（Ⅱ级）、西康玉兰Magnolia wilsonii（Finet et Gagnep.Rehd.）（Ⅱ级）、龙棕（*Trachycarpus nana* Becc.）（Ⅱ级）（图3-44）、金荞麦［*Fagopyrum dibotrys*（D. Don） Hara］（Ⅱ级）（图3-45）。

图3-44　龙棕

图3-45　金荞麦

鸡足山有众多的古树名木，是国内罕见的古树名木集中地之一。根据2012年宾川县地方志办公室新编的《鸡足山志》统计，共有迦叶殿百年香樟，华严寺古茶，寂光寺玉兰、珙桐，虚云寺银杏、古梅、苍松、翠柏，传衣寺古茶，九莲寺子午莲、柏树、菩提树，惠灯庵古茶，法云院古茶，万寿庵玉兰，大智寺常青树，牟尼庵柏树，毒龙潭高山栲（空心树），花子街元江栲，石钟寺冲天柏和短叶罗汉松，传衣寺大理罗汉松，华严寺银杏、五裂槭，大士阁滇合欢，万寿庵云南梧桐，万寿庵白玉兰，祝圣寺紫玉兰等古树名木。

2014年1月，中国科学院昆明植物研究所裴盛基研究员带领项目组考察鸡足山佛寺园林，对寺院庙宇里的植物进行调查鉴定和编目，从祝圣寺到金顶寺沿途共有寺院植物101种，第一次系统地对鸡足山寺院植物进行植物学鉴定统计和寺观园林植物编目，详见表3–3。

表 3–3　大理宾川鸡足山寺院植物编目表

序号	中文名	学名	地点
1	木本曼陀罗	*Datura arborea*	山门、祝圣寺
2	树番茄	*Cyphomandra betacea*	祝圣寺
3	枇杷	*Eriobotrya japonica*	祝圣寺
4	女贞	*Ligustrum lucidum*	祝圣寺
5	偃柏	*Juniperus chinensis* var. *sargentii*	祝圣寺、金顶寺
6	高山柏	*Sabina squamata*	祝圣寺、慧灯庵、迦叶殿、金顶寺
7	干香柏	*Cupressus duclouxiana*	祝圣寺、慧灯庵、迦叶殿、金顶寺
8	滇藏木兰	*Yulania campbellii*	祝圣寺
9	柳杉	*Cryptomeria japonica* var. *sinensis*	祝圣寺、慧灯庵、迦叶殿
10	圆柏	*Juniperus chinensis*	山门、祝圣寺、虚云寺、慧灯庵、迦叶殿、金顶寺
11	桂花	*Osmanthus fragrans*	祝圣寺、慧灯庵、虚云寺、迦叶殿
12	核桃	*Juglans sigillata*	祝圣寺
13	滇润楠	*Machilus yunnanensis*	祝圣寺、虚云寺、迦叶殿
14	梅花	*Armeniaca mume*	祝圣寺、虚云寺、迦叶殿、慧灯庵
15	小叶女贞	*Ligustrum quihoui*	祝圣寺、虚云寺、迦叶殿、慧灯庵
16	幌伞枫	*Heteropanax fragrans*	祝圣寺
17	旱冬瓜	*Alnus nepalensis*	祝圣寺、虚云寺
18	江边刺葵	*Phoenix roebelenii*	祝圣寺
19	棕榈	*Trachycarpus fortunei*	祝圣寺、虚云寺、慧灯庵
20	苏铁	*Cycas revoluta*	祝圣寺
21	华盛顿葵	*Washingtonia filifera*	祝圣寺
22	侧柏	*Platycladus orientalis*	山门、祝圣寺、慧灯庵、虚云寺、迦叶殿、金顶寺
23	白柯	*Lithocarpus dealbatus*	常绿阔叶林
24	香樟	*Cinnamomum camphora*	祝圣寺、迦叶殿
25	须弥红豆杉	*Taxus wallichiana*	祝圣寺
26	小叶黄杨	*Buxus sinica* var. *parvifolia*	祝圣寺、迦叶殿、虚云寺、慧灯庵
27	金柑	*Citrus japonica*	祝圣寺

续表

序号	中文名	学名	地点
28	碧玉兰	*Cymbidium lowianum*	祝圣寺、迦叶殿、慧灯庵
29	罗汉松	*Podocarpus macrophyllus*	祝圣寺、慧灯庵
30	岩白菜	*Bergenia purpurascens*	祝圣寺
31	春兰	*Cymbidium goeringii*	祝圣寺
32	牡丹	*Paeonia suffruticosa*	祝圣寺
33	观音莲花	*Sempervivum tectorum*	祝圣寺
34	芦荟	*Aloe vera*	祝圣寺
35	袖珍椰子	*chamaedorea elegans*	祝圣寺
36	滇丁香	*Luculia pinciana*	祝圣寺
37	白玉兰	*Yulania denudata*	祝圣寺、慧灯庵、虚云寺
38	紫薇	*Lagerstroemia indica*	祝圣寺
39	香橼	*Citrus medica*	祝圣寺
40	昙花	*Epiphyllum oxypetalum*	祝圣寺
41	素馨花	*Jasminum grandiflorum*	祝圣寺
42	月季花	*Rosa chinensis*	祝圣寺
43	报春花	*Primula malacoides*	祝圣寺
44	令箭荷花	*Nopalxochia ackermannii*	祝圣寺
45	麦冬	*Ophiopogon japonicus*	祝圣寺
46	蝴蝶花	*Iris japonica*	祝圣寺
47	云南山茶	*Camellia reticulata*	祝圣寺、虚云寺、慧灯庵
48	黄缅桂花	*Michelia champaca*	祝圣寺
49	叶子花	*Bougainvillea spectabilis*	祝圣寺
50	菊花	*Dendranthema morifolium*	祝圣寺、虚云寺、慧灯庵
51	地涌金莲	*Musella lasiocarpa*	祝圣寺
52	梨	*Pyrus* sp.	祝圣寺
53	南洋杉	*Araucaria cunninghamii*	祝圣寺
54	龙爪柳	*Salix matsudana* form. *tortusoa*	祝圣寺
55	云南油杉	*Keteleeria evelyniana*	自然植被
56	紫竹	*Phyllostachys nigra*	祝圣寺
57	常春藤	*Hedera nepalensis* var. *sinensis*	祝圣寺
58	毛果栲	*Castanopsis orthacantha*	自然植被
59	华山松	*Pinus armandii*	自然植被
60	龙柏	*Sabina chinensis* cv. Kaizuca	祝圣寺、虚云寺、慧灯庵、迦叶殿
61	雪松	*Cedrus deodara*	祝圣寺
62	垂柳	*Salix babylonica*	祝圣寺
63	紫叶小檗	*Berberis thunbergii* cv. Atropurpurea	祝圣寺
64	云南樱花	*Cerasus serrula*	祝圣寺
65	蓝花楹	*Jacaranda mimosifolia*	祝圣寺
66	蔓长春花	*Vinca major*	祝圣寺

续表

序号	中文名	学名	地点
67	蓝桉	*Eucalyptus globulus*	祝圣寺
68	夹竹桃	*Nerium indicum*	祝圣寺
69	黄槐	*Senna surattensis*	祝圣寺
70	洒金珊瑚	*Ancuba japonica* var. *variegata*	祝圣寺
71	山玉兰	*Lirianthe delavayi*	祝圣寺
72	冬青卫矛	*Euonymus japonicus*	祝圣寺、慧灯庵、虚云寺、迦叶殿
73	清香木	*Pistacia weinmanniifolia*	祝圣寺
74	马缨花	*Rhododendron delavayi*	祝圣寺
75	比利时杜鹃	*Rhododendron hybrida*	香会街
76	华东山茶	*Camellia japonica*	祝圣寺
77	大白杜鹃	*Rhododendron decorum*	祝圣寺
78	蜘蛛抱蛋	*Aspidistra elatior*	祝圣寺
79	胡椒木	*Zanthoxylum beecheyanum* cv. Odorum	祝圣寺
80	栀子	*Gardenia jasminoides*	祝圣寺
81	锦绣杜鹃	*Rhododendron pulchrum*	祝圣寺
82	南天竹	*Nandina domestica*	祝圣寺
83	水红木	*Viburnum cylindricum*	自然植被
84	黄背栎	*Quercus pannosa*	自然植被
85	帽斗栎	*Quercus guyavifolia*	自然植被
86	刺叶高山栎	*Quercus spinosa*	自然植被
87	丽江云杉	*Picea likiangensis*	自然植被
88	川滇冷杉	*Abies forrestii*	自然植被、金顶寺
89	箭竹	*Fargesia* spp.	自然植被
90	西南红山茶	*Camellia pitardii*	自然植被、迦叶殿
91	云片柏	*Chamaecyparis obtusa* cv. Breviramea	金顶寺
92	醉鱼草	*Buddleja* spp.	金顶寺
93	栒子	*Cotoneaster* spp.	自然植被
94	六月雪	*Serissa japonica*	迦叶殿
95	石楠	*Photinia serratifolia*	迦叶殿
96	马蹄莲	*Zantedeschia aethiopica*	慧灯庵
97	倒挂金钟	*Fuchsia hybrida*	慧灯庵
98	云南野扇花	*Sarcococca wallichii*	自然植被
99	杉木	*Cunninghamia lanceolata*	祝圣寺
100	头状四照花	*Dendrobenthamia capitata*	自然植被
101	灰莉	*Fagraea ceilanica*	山门

图 3-46　鸡足山华山松

图 3-47　高山栲

图 3-48　鸡足山植被

图 3-49　香水月季

图 3-50　小叶榕

图 3-51　红椿

图 3-52　柳杉

图 3-53　板栗

三、佛寺园林景观特征

根据2008年统计，鸡足山现有寺院共计26座，即金顶寺、大悲阁、华首门、铜瓦殿、迦叶殿、惠灯庵、放光寺、恒阳庵、寂光寺、虚云寺、万寿庵、牟尼庵、兴云寺、碧云寺、华严寺、石钟寺、祝圣寺、五华庵、佛塔寺、静闻精舍、九莲寺、饮光堂、圆觉寺、观音阁、瑞泉寺、大庙等寺庙建筑，其中祝圣寺、金顶寺、虚云寺和碧云寺规模宏大。

鸡足山体被3条较大的地质断裂所切割，中部地区属断裂形成的山间凹陷地带，悉檀河纵贯其中，沿河两岸的尊胜塔院、悉檀寺、祝圣寺、寂光寺、石钟寺、大觉寺等大型寺院建筑群以及众多的庵、阁、亭、楼、堂自下而上，像佛线穿珠，一直延伸到天柱峰脚的慧灯庵，为游览鸡足山的主道。山中寺庙多依山临岩而筑，高下布置，错落有致，隐映在苍松翠柏之中，有涵有露的建筑布局手法，形成了独特的自然地理景观。

鸡足山佛寺园林景观具有4个主要特征。

（一）佛寺因山就势而建，顺应自然景观的特征而成

鸡足山寺院布局遵行佛教哲学顺应自然的构思，在全山大小各类建筑依山势的高低、坡度陡缓、地址的大小而建造。建筑总体布局疏密有致、大小相宜，将自然风景与寺院建筑联系在一起。同时由于受当地白族民居文化的影响，鸡足山寺院大

图 3-54　鸡足山全景图 引自《鸡足山志》（云南人民出版社 2003 年版）

部分为东西轴布置，形成背山面水的格局。其中，大部分寺院建于交通方便且地势较为平缓的山腰位置，以祝圣寺、石钟寺等寺院为核心。这些位置地势较为平坦开阔，适合规模建设佛寺，方便众多香客信徒朝山拜佛。还有部分寺院受到了迦叶尊者实修苦行风范的影响，选择地势险要的危崖山冈峡谷或山顶位置，例如迦叶殿、金顶寺等，显得十分巍峨险峻，远离红尘；另外还有少量佛寺建在山脚位置，例如九莲寺，方便信众朝拜，普及佛教道法。

（二）寺院格局设计强调地轴线对称布局

鸡足山寺院继承了汉地寺院的典型空间布局，多以中轴线排列、左右对称的布局形式为主。主体佛殿都布置在中轴线上，其余配殿对称布置在主殿两侧，主次分明，突出典雅庄重的佛教中天地人方位规制思想，强调地轴线。金顶寺坐西朝东，建筑依据山势纵向排列，弥勒殿、金殿、楞严塔、饮光殿、大雄宝殿等主体建筑坐落在中轴上。以楞严塔为中心，周围厢房环绕佛塔，形成“寺包塔”的布局。万寿庵寺院建筑为典型的汉传寺院建筑格局，寺院依山势呈东西纵向排列，主轴线上依次排列的是山门殿、弥勒殿、大雄宝殿和三圣殿。两侧的南北厢房和善财童子五十三参殿对称布置。

（三）寺院建筑的特征融入白族民居建筑特色

鸡足山的寺院建筑融入了地方民族的建筑风格，显露出了当地白族民居的建筑特征。照壁、起翘、飞檐，多为当地习见的柔和的弧形，采用瓦屋面等民居形式，与周围环境融为一体。山中祝圣寺、万寿庵等寺院中采用大理民居常用的照壁。剑川白族艺人雕刻制作而成的斗拱、门窗、户壁充满着民族气息，有花鸟、树木、动物及象征吉祥福寿的图案，雕琢精致，造型生动、惟妙惟肖，呈现出显著的区域民族建筑文化特征。

（四）园林植物具有显著汉地佛教特征和古树名木具有乡土文化特征

佛寺园林寓宗教与游乐于一身的特点，决定了其在园林植物的选择上，除了遵循一般园林植物配置手法外，还要具有宗教植物文化内涵。鸡足山佛寺园林植物，具有明显的汉地佛教特征，佛寺园林植物多择当地长寿树种来营造宗教气氛的特色树种，如松柏、银杏、香樟、槐、柳杉等长寿植物，以示佛教香火不断、源远流长，还有荷花、睡莲等表达佛国净土的植物。松柏类植物既渲染了佛寺庄严肃穆的气氛，又因其傲然的节操、岁月的年轮成为佛寺园林代表树种，或于山林成海涛之势或于山门宅旁作迎客之姿；银杏被称为活化石，其树姿雄伟、树龄长，尤其是金秋黄叶给寺庙增添了强烈的宗教气氛，历来为佛教界所珍重；菩提树是佛教中的圣树，相传佛祖释迦牟尼在菩提树下大彻大悟终成佛陀，是觉悟和智慧的象征；山玉兰圆柱状的聚合果，恰似释迦牟尼佛端坐在莲座上，从而山玉兰成为佛门圣洁之树。佛寺园林植物，既是为了体现一种宗教精神及其生命力量的存在，也是为了给寺庙营造一种庄严肃穆的宗教氛围，以便更好地发挥感化人的心灵。

在鸡足山寺庙群众多的名木古树中，红椿是宾川县本地的乡土树种，几乎遍布宾川城乡，代表着本地的乡土文化。乡土文化是中华民族得以繁衍发展的精神寄托和智慧结晶，是区别于任何其他文明的唯一特征，是民族凝聚力和进取心的真正动因！乡土文化无论是物质的、非物质的都是不可替代的无价之宝，其中包含民俗风情、传说故事、古建遗存、名人传记、村规民约、家族族谱、传统技艺、古树名木等诸多方面。红椿木是一种极其珍稀、不可再生的珍贵木材，因其不褪色、不腐朽、不生虫，是制作艺术品、仿古家具的理想之材。红椿木在当地被视为一种灵木，传说该木材能吸收和聚集天地灵气，得一置放家中能兴家旺业，其中红椿加工的椅凳深受当地群众的喜爱。

四、讨论和展望

鸡足山历经千年发展形成了现在的寺院园林格局，历史底蕴悠久佛教文化内涵丰厚，山上丰富的原生植物种类、众多的古树名木，还种植有与佛教文化相关的各种植物等，不但在中国植物学史上占有一席之地，是世界瞩目的东喜马拉雅植物区系研究和保护的热点地区之一，而且为当代生物多样性保护工作提供了传统文化力量促保护的实证。

鸡足山佛寺园林是滇派园林中之寺观园林，它具有汉地佛寺园林景观的一般特征，更具有滇派园林植物多样性和文化多样性融合等特征。是景观选址因山就势顺应自然的代表。鸡足山寺院星罗棋布、错落有致，充分利用地形地势等自然条件，使佛寺与山水交融，相得益彰；该寺园林继承汉地寺院风格，强调轴线布局对称——以大雄宝殿或佛塔为中心，主体佛殿布置在中轴线上，配殿对称布置在两侧，主体突出；同时佛寺建筑融入白族居民建筑特色，外观柔美，雕刻精细；园林植物区域文化特征显著等。

对鸡足山佛寺园林的保护，应保持寺院园林清净的传统，保障清修和苦修僧侣的佛教文化地域环境特点，对鸡足山旅游及商业开发加强规范和管理，确保旅游和商业开发的正确方向。在鸡足山的旅游开发过程中，应侧重对历史文化的挖掘，重视对山地植被自然景观与佛寺园林人文景观的保护和传承，同时划定保护范围，着力保护有历史文化价值的寺院景点，进一步发挥其保护生物多样性和文化多样性的功能，为当代生态文明建设服务。

参考文献

[1]高奝映. 鸡足山志[M]. 昆明：云南人民出版社，2003.

[2]钱德仁. 徐霞客游记及鸡足山志植物学名考[J]. 云南林业调查规划，1982，8（1）：17-20.

[3]傅云仙. 兴起于明代的云南佛教圣地鸡足山：兼论“鸡足山”名称之由来[J]. 昆明学院学报，2007，29（3）：102-105.

[4]张学玲，赵鸣.中国名山寺庵园林景观特征保护及可持续发展研究：以云南鸡足山为例[J]. 建筑与文化，2018，173（8）：124-125.

[51]刘娟，许耘红. 大理鸡足山寺院园林的发展历史及景观特征探析[J]. 西南林业大学学报：社会科学，2020，4（5）：26-31.

[6]闫红霞. 汉地佛寺园林的环境与保护[J]. 生态经济（中文版），2013，29（7）：189-192.

第四章

滇派园林功能的多样性

引 言

罗康敏[①]

中国园林历史悠久，在不同时期受历史文化、自然条件、信仰习俗的影响，呈现出不同的景观特色。丰富的园林植物在城市、乡村等不同的区域发挥着极其重要的作用。本章简述了我国园林景观功能的发展历史和滇派园林功能的多样性特点，总结了我国城市园林植物和乡村园林植物的应用范围、造景要求及其功能多样性。其中，第一节 园林景观的功能概述，论述了园林在古代、近现代及当代各个时期的历程和特点；第二节 城市园林植物的功能，论述了园林植物在构建生态园林、绿化城市环境中体现出的美化环境、提升空气质量、防灾避险功能；第三节 乡村园林植物的功能，论述了乡村园林植物在乡村景观构建中体现出的生命力、生产性、生态效益方面的功能。

① 单位：昆明市金殿名胜区。

第一节 园林景观的功能概述

朱勇[①] 叶惠珠[②] 罗康敏[③]

一、园林的发展历程及特点

园林，是指在一定的地段范围内，运用工程技术和艺术手段，利用并改造天然山水地貌或人为堆山理水，通过种植植物、营造建筑、小品和布置园路等构成一个美的、具有观赏、游憩等功能的空间。我国园林的起源和发展受社会体制、思想意识、经济水平、环境变化等因素的影响，并由此诞生出适应不同时代背景的类型及功能内涵；在发展历程中有造园、园林、风景园林、园林绿化、观赏园艺、景园学、景观建筑（学）、景观设计学等不同称谓。我国园林的发展根据时代特点、功能内容、形式风格等大体分为古代古典园林、近现代城市公园和城市绿地、当代风景园林学科建设发展几个时期。这几个时期园林在功能、类型、建造特点及内涵上具有各自鲜明的特点，表现出一定的差异性和独特性。

（一）古代：古典园林时期

中国古典园林时期主要指的是1840年鸦片战争之前奴隶社会、封建社会时期的园林。中国历史悠久，“上下五千年、纵横一万里”铸就了古典造园的辉煌。古典园林最早的起源形式为“囿”。夏商周时期一般选择在有自然的山、林、沼、河等水系、动植物丰盛、范围广阔的地方，用篱笆或围墙围合专供帝王或诸侯们游猎、骑射、游乐所用的场所，为满足观看，其内配以少量的房屋和台。之后，逐渐出现人工开凿建设的囿空间，并在里面栽植植物、圈养动物、布置台建筑，如周代周灵王灵囿，因其为人工开凿修建而成，标志着我国古典园林的真正开始。随后，囿又

① 单位：云南省林业和草原科学院。
② 单位：昆明文理学院。
③ 单位：昆明市金殿名胜区。

经进一步发展，有苑囿、宫苑等形式，其特征是除基本游猎功能外，具有大量宫殿式建筑群及植物景观，如汉武帝上林苑、秦代阿房宫。殷、周、秦、汉时期为古典园林的生成期。

此后，朝代更替，社会环境及思想文化意识催生了利用自然山水条件或人为建造具有大量山水景观的园林空间，游猎功能弱化，观赏、游憩功能凸显，类型有自然山水园、写意山水园等，并受文人、画家造园及佛教等宗教影响，形成出现了文人园林、寺庙园林等类型。

古典园林从占有者身份进行划分，分为皇家园林（主要位于北方一带，如颐和园）、私家园林（以江南一带居多，如苏州拙政园）和寺观园林；按建造形成的特点分，分为自然山水园（皇家园林居多）、人工山水园（江南私家园林居多）。在古典园林时期诞生了众多精品园林并对当今风景园林的发展产生深远影响，如中国四大名园——拙政园、颐和园、承德避暑山庄、留园。

古典园林的总体特征表现为以下几点。

1. 游憩功能突出，寄情于景为特色

古典园林的功能由早期的狩猎需求发展为观赏、游览、度假休闲等功能。皇家园林颐和园内宫殿区分布有密集的宫殿建筑群，为皇帝休闲度假、居住办公所用。江南一带的私家园林，主要是园主生活休闲、寄景抒情的空间，也是待客会友、游览的场所。

2. 建造思想鲜明，山水布局

古典园林造园思想主要有两个方面：皇家园林方面，自秦汉时期受方士道术影响，园林建造与仙境紧密关联，园内挖池代表太液池，堆山筑岛代表蓬莱、方丈、瀛洲仙岛，此为中国古典园林“一池三山”模式，汉武帝的上林苑开创了此造园模式，并影响历代造园，形成中国古典园林典型的山水景观格局。私家园林方面，受魏晋南北朝战乱影响，社会动荡带来世人厌恶社会、愤世嫉俗，寄情山水、崇尚自然、游山玩水社会风气盛行，因此建立了人与自然山水风景的联系，更加深了人对自然美的认识，由此感知自然及自然风景的规律；并把此用于造园行动中，私家园林逐渐兴盛，而崇尚自然、模拟自然并高于自然的山水园林也因此成为造园的主要思想及风格。

3. 追求立意，造景含蓄，景、情、境相融

中国古典园林取材自然，但经过取舍、高度概括和提炼，创造出了“一峰则太华千寻，一勺则江湖万里”的境界，并通过艺术加工以及山、石、水、植物、建筑的巧妙结合，营造出景、情、境相融的绝妙景观，故有拙政园“与谁同坐？明月清风我”的佳景“与谁同坐轩”，有源自庄子、惠子濠梁之辩的颐和园谐趣园内知鱼桥之景。景有意境，情景交融，有感而发，此是古典园林造景绝佳之处。

4. 花木繁盛，人文、文化相融

古典园林常见的观赏花木有梅、兰、竹、松、樟、菊、柳、荷、海棠、茶花、迎春、牡丹、玉兰等，植物种类的选用、栽植与理水、建筑、山石等造景与造园意趣、人文情怀表达有关。因古典园林建造的时代背景，园林主要是由花草树木、假山水榭、亭台楼阁组成，是一个可供人游憩和观赏的地方。因此，园林建造的重点主要是堆山理水、栽植花木、布置建筑等，更多地从观赏角度进行考虑，生态和经济效益薄弱。园林属性以私有化为主，这在一定程度上局限了园林的尺度、功能及用途。

（二）近现代：城市公园和城市绿地时期

1840年鸦片战争后，中国园林的发展进入新阶段，传统封闭的古典园林向开放的非古典园林转变，由传统的私有化园林向开放化和公共园林转变，为公众服务的思想使园林作为一门科学得到发展。该时期园林发展的主要标志为公共园林成为主流，出现了城市公园如上海外滩公园、虹口公园，建设城市绿地、开发风景名胜区和居住区绿化。自20世纪50年代后，国家陆续提出“普遍绿化、重点美化”的方针和“园林大地化”的口号，并先后提出园林绿化的指标及创建全国园林城市的口号，推动了园林事业的快速发展；出现了城市绿地并逐步发展建设城市绿地系统，园林的外延功能进一步扩展，由休息、观赏扩展到休闲游憩，城市绿化、美化等。

（三）当代：风景园林学科建设发展时期

现今随着对自然、环境科学和城市生态问题的研究和再认识，人们逐渐认识到人类的生产建设活动不仅需要创建良好的居住环境、城市景观，更需要以宏观、全局的眼光去审视人与自然的关系以及人居环境与自然环境生态平衡的问题。因此，园林的研究范围和尺度扩大到了区域乃至国土的生态和景观规划问题，园林也由此发展成为风景园林学科。从传统的古典园林到城市绿地，再到如今开展大规模的生态环境建设、景观规划，园林由造园发展到了风景园林一级学科。2011年，经国务院、教育部批准，风景园林正式成为一级学科，与建筑学、城乡规划并列为人居环境科学三大学科；其内涵是综合运用科学、技术和艺术手段，保护和营造良好的人居环境空间，协调人与自然的关系。它通过对有关土地、环境、生态、景观的一切活动进行研究，发掘问题的存在，找到合理的规划设计对策，以对人居环境进行生态、功能和景观的统一规划，营造功能合理的、环境宜居的、生态健康的人居环境空间，同时建立人与自然的和谐关系。根据王菊渊先生的划分，风景园林学科目前包括传统园林学、城市绿化和大地景观规划3个层次；传统园林学主要研究古典园林和近现代园林；城市绿化侧重研究绿化在城市中的作用，设计城市绿地指标的确定

并依次进行城市绿地系统的构建；大地景观规划为应对全球性环境景观问题提出，其任务是把大地的自然景观和人文景观当作资源来看待，从生态价值、社会经济价值和审美价值3个方面来进行评价和环境敏感性分析；最大限度地保存典型的生态系统和珍贵濒危生物种的繁衍栖息地，保护生物多样性，保存自然景观和珍贵的自然、文化遗产，最合理地使用土地，规划范围包括风景名胜区、国家公园、休养度假胜地、自然保护区及其他迹地的景观恢复等。①

风景园林的研究范畴包括小庭院、公园、城市绿地及宏观的土地利用、资源保护利用问题，涉及城市园林绿地建设、风景名胜区、自然保护区、城乡绿地系统规划建设设计等问题。从类型上看，有游憩、观赏功能突出的城市公园和城市绿地类型，有以生态和资源保护为主的区域绿地如风景名胜区、森林公园、湿地公园、郊野公园等类型，有生态培育为主的绿地，如自然保护区、湿地保护区、水体防护林等。

从传统造园到现代风景园林，其发展变化主要体现在3个方面：一是服务对象方面，从为少数人服务发展到为这个人类及生态系统服务；二是功能和价值观方面，由单一的游憩审美转向以游憩、生态、文化三者相结合的综合价值取向；三是尺度方面，由中微观尺度扩展至大到大地景观规划、小到庭院设计的全尺度。风景园林学科的发展从私有享用，从传统单一的游憩审美转向面向公众服务，以游憩、生态、文化综合价值取向为主。游憩是风景园林的基本功能，生态是风景园林的高级目标，文化既是风景园林的属性，也是风景园林规划设计的深层次要求。同时，风景园林具有空间、时间双重维度。空间维度主要涉及风景园林规划设计场地的空间尺度大小、空间类型、用途以及空间现状物质及非物质要素。其中，空间尺度分为绝对空间尺寸和相对空间尺度。绝对空间尺度为场地长宽构成的边界及面积，相对空间尺度包含远近大小、高低关系以及场地内部不同空间大小对比等。时间维度涉及场地历史、项目建设时间、工程寿命、植物生长周期、人的行为活动时间等问题。总的来说，风景园林是在一定的空间范围内通过对各要素进行合理组织与设计，在时间维度上做到横向和纵向相结合，综合协调解决人居环境问题，其核心是保护和营造优质的户外空间环境，根本使命是协调人与自然的关系。

二、滇派园林的形成及特点

云南位于我国西南边陲，独特的区位地理、自然条件（地形地貌、气候、水文）以及多元化的民族文化资源，使得云南滇派园林除了继承和发扬中国古典园林

① 引自《风景园林基本术语标准》（CJJ/T91-2017）。

的一般规律和特点外，还有着自身独特的地方特色和鲜明的民族风格。

（一）自然天成，“大山大水”即是景

云南独特的山、水、气候、资源条件孕育了丰富的山、林、湖、水、石、温泉、溶洞、瀑布等自然景观，使得“真山真水真自然”成为滇派园林最典型的资源环境特色，省内各地有类型丰富、景观多样的自然盛景，如香格里拉高山草甸风光，石林、九乡喀斯特地貌奇景，西双版纳热带雨林景观以及文山州丘北普者黑景区峰、林、水、田、花、鸟胜景。

地势复杂带来气候的多样性，以至云南植物群落在层次、结构、功能方面具有多样的特征，加之云南作为动植物王国，资源丰富，铸就了自然、朴实等的生态美景，如热带雨林的独树成林景观。

（二）依托自然山水、人、文共同作用，谱写大地生产性景观

云南境内除汉族外有25个世居少数民族，各民族深谙自然规律，在尊重自然的基础上，合理利用和开发山水林田进行生产生活活动，形成“山林-田-村落-人”的景观格局并形成众多生产性奇观，如元阳哈尼族梯田景观、罗平油菜花景观、西双版纳橡胶林景观、云南六大茶山景观、弥勒的葡萄种植基地景观。

（三）园林景观自然质朴与人工秀丽并存

云南境内各地因自然山水格局的差异，按地形地貌、分布区位及形成特点分为山地园林（以滇中、滇西山地园林为主）、水景园林（以滇中、滇南、滇西为主）、城市园林等。

按服务对象划分，云南滇派园林可分为寺观园林、公共园林和私家园林。以自然山水态势为主的园林景观以真山真水为主，自然、生态、质朴、多元；人工创建的城市园林景观，含城市公园、街道绿化、住区及庭园景观、宗教寺庙、佛寺景观等，通过园林植物、建筑、水体、山石、道路的布置，创建宜人舒适的游憩空间，以游憩、生态、文化等为价值取向。受区域自然条件、文化、宗教信仰影响，人工修建的园林景观具有鲜明的、浓郁的地方特色，如大理白族在“三坊一照壁、四合五天井”等的传统宅院建筑布局基础上，受崇拜圣树、神木及信仰习俗的影响，爱护花草，家家养花、户户种兰，大理山茶、兰花等成为当地养花的主流。同时，建筑装饰及景观在融入民族歌舞、神话故事、民族崇拜、花卉、山水等题材的基础上，在自然山水之美的熏陶下，形成了鲜明特色的宅院园林之景，如杨士云七尺书楼、赵廷俊大院、严子珍大院、杜文秀帅府以及近代的张家花园，再如，西双版纳傣族地区天气炎热、雨水充沛，民居宅院在干栏式建筑的基础上，在竹楼的后面或

侧面常伴有面积大小各异的庭院，围以竹栅栏或绿篱，其内种植热带果树、木本蔬菜、一些药用或观赏植物，棕榈、柠檬、番木瓜等为常见植物，而庭院外、道路旁栽植菩提树、椰子树、铁刀木、竹子等，在蓝天白云的映衬下，构成一幅自然、祥和之景。

受自然、文化、信仰习俗等多元影响，云南园林景观特色鲜明。首先，立足动植物王国的资源背景及自然立地条件多样变化的特点，滇派园林植物呈现群落结构多样、观赏植物种类丰富、植物生长习态变幻等多方面特征，为滇派园林营造植物景观的丰富性和多样性创造了无限可能；丰富的观赏植物资源、花卉资源、古树名木、奇花异果、专类园让云南城乡区域在自然、绿色、生态大背景下呈现“四时无处不飞花”的奇景。其次，多元的民族文化促成了特色鲜明的各民族宅院园林，如大理的白族民居园林、西双版纳的傣族民居园林等；同时，由于各民族宗教信仰的差异，也诞生了众多知名的寺观园林，此类园林大多选择在风景奇丽的名山峻岭之中，如大理宾川鸡足山为佛教禅宗的发源地，整体布局依托自然环境、结合宗教特点进行组织，建筑与自然融为一体，其为大理地区具有代表性的寺观园林。西双版纳地区的南传上座部佛教寺院，一般选址在傣寨主要出入口或是整个傣寨周边地理位置较为突出、自然风光秀丽的地方，总体布局较少严整对称，平面构图灵活自由，变化丰富，寺内常见种植菩提树、贝叶棕、文殊兰、地涌金莲等宗教植物，与佛教建筑有机融合，构成特色鲜明的佛寺园林景观。

此外，在多元文化等因素的影响下，滇派园林的文化属性鲜明且因各民族文化的差异性，园林中的文化性景观呈现出景观元素在形式、材质、质地等的多样与变化，尤其是人工修建的城市园林景观因此具有多样性和丰富性。同时，诞生了一些文化性突出的特色景观，如滇派园林中除各地景观建筑具有民族文化特色外，植物也因各民族文化的差异，形成了著名的文化性植物景观，如傣族的“五树六花”，为傣族佛教文化的象征，在村寨和寺庙旁大量种植。

三、滇派园林的景观功能

滇派园林顺应时代的发展需求，以游憩、生态、文化为综合价值取向，具有观赏游憩、城乡绿化美化、改善生态、推动城乡生产发展等功能。作为城乡建设的重要组成部分，滇派园林通过对各层级不同尺度、不同类型户外空间环境的营造，构建城乡完善良好的景观、游憩系统；同时，通过对自然山水、河湖林的保护及适度开发利用，在满足生产生活的基础上，构建区域绿色生态屏障。滇派园林的景观功能主要有以下几个方面。

（一）服务游客的景观观赏、游憩需求

休闲游憩、景观游览是滇派园林绿地的基本功能，从以自然形态为主要存在形式的风景游览胜地到以人工修建为主的城市园林绿地，滇派园林为来自国内外、省内外的游客和居民构建了一个尺度、形式、景观内容丰富多样的自然、绿色游憩空间系统。省内除具有众多知名的风景游览胜地如大理苍山洱海、丘北普者黑风景区、滇池风景名胜区、西山森林公园等外，各地城市通过各类型公园、各层级绿色开放空间的营造，也为市民、游客构建了良好的游憩系统和视觉感观效果，如昆明城市四季中，春可到圆通山公园赏樱花，春夏间可游览城市街巷感受蓝花楹之盛景，夏可到翠湖、大观公园赏荷，秋可到植物园感受“霜叶红于二月花”的美境，冬至黑龙潭公园感受梅花“凌寒独自开”的傲骨。

图 4–1　昆明蓝花楹之景

图 4–2　昆明植物园秋景

（二）生态文明建设，美化人居环境，构建城乡绿色景观风貌

滇派园林景观的意义可从宏观层面和中微观层面进行剖析。宏观层面主要体现在对城乡景观风貌塑造的意义上，滇派园林发展至今从以自然形态为主的山水林湖绿色空间到人工创建的各类型城市园林绿地，在城乡景观风貌塑造上都扮演着重要角色。从国土空间层面上，一个城市的山水格局奠定着城市风貌特色的基调，如重庆的山城印象、江南的水乡格局、兰州的带状城市骨架等。在现今城市发展以现代几何式高楼大厦为主的共性特征愈发明显的情况下，如何有效地进行个性的塑造成为当今城市规划、城市设计重点关注的课题。无疑，滇派园林中众多以“大山大水、真山真水”形态留存的风景名胜区、游览胜地，保护和塑造了云南本土各地自然山水景观格局的特色。同时各地城市在绿地系统规划中，结合当地的自然条件、现状以及发展需求，对各类型绿地做到统筹部署、点线面结合，为城市构建了一个形态丰富、类型多样、功能齐全的绿色景观网络。中微观层面主要体现在滇派园林作为集生态、文化、经济等功能为一体的绿色游憩空间，各类型园林因区位、类型、功能等的差异，在城市园林修建时通过对各构成要素进行形式、材质、尺度、肌理等的变化，创造了丰富多元的景观，美化和优化了各城市环境。同时，善于利用园林植物造景，通过合理的树种搭配、良好的种植形式的选择、植物色彩季相的考虑，不仅可以创造出城市优美的景观，甚至可以成为城市的景观标签。如昆明圆通山动物园的春季樱花景观、四五月份的昆明蓝花楹盛景以及秋季云南大学本部校园的银杏飘金——银杏大道、昆明植物园浪漫秋景——枫香大道等为省内外游客熟知的网红景观。

（三）改善区域生态环境，构建西南边陲的生态屏障

云南工业化和城市化带来各地城市发展的同时，也在一定程度上改变了原有的自然景观格局、打破了原有的生态平衡，给人居环境带来了一些冲击和负面影响，甚至引起巨大的危害，如境内河湖水污染、城市内涝等，无一不警醒着大家关注环境的变化、保护与污染治理。经过长期的研究以及实践检验，园林绿地对城市生态的调节与修复功能被逐渐认识与广泛应用。大量研究表明，园林中的植物、水体、湿地等对缓解城市环境压力、修复环境具有明显的作用，是修复和促进城市生态系统良性循环的重要组成部分。

（四）保护和延续地域文化，塑造特色文化景观

园林是人类文明的重要载体，它反映了一定时期、一定领域范围内人类社会的文化，其内容和形式在一定程度上反映了该时期该地域或国度的文化思想特点，

图 4–3　昆明城市公园绿地与地方文化的融合

如中国古典园林时期的“一池三山”的自然造园格局是中国自然景观的物质形态表现，而西方图案式的规则园林则反映了人对自然的主宰和至高无上的意识。作为地方经济和文化发展的产物，滇派园林的文化属性有鲜明的地域性特点，其文化性景观既是文化展示的载体，也是文化传续的媒介之一。同时在城市园林修建时，各地融合地方、地域、场地文化进行园林景观设计，不仅可呈现宜人、特色的游憩空间，增加景观游憩的文化性，更重要的是通过游憩感知与领悟，可以更好地彰显文明、传承与保护地方文化。（图4–3）

参考文献

[1]唐学山. 园林设计[M]. 北京：中国林业出版社，1997.

[2]刘晓明，薛晓飞等. 中国古代园林史[M]. 北京：中国林业出版社，2017.

[3]王蔚，外国古代园林史[M].北京：中国建筑工业出版社，2011.

[4]毛志睿，杨大禹. 云南园林・筑苑[M]. 北京：中国建材工业出版社，2019.

[5]杨大禹. 云南古建筑（下册）[M]. 北京：中国建筑工业出版社，2015.

[6]李皙. 云南傣族园林环境特色研究[D]. 内蒙古农业大学硕士学位论文，2017.

[7]马建武. 园林绿地规划[M]. 北京：中国建筑工业出版社，2007.

[8]刘敏. 观赏植物学[M]. 北京：中国农业出版社，2016.

[9]赵松婷，李新宇，李延明.北京市常用园林植物滞留PM2.5能力的研究[J]. 西北林学院学报，2016，31（2）：280-287.

[10]叶惠珠. 风景园林文化属性及介入对策探讨[J]. 中国园艺文摘，2018.

[11]何瑞华. 论傣族园林植物文化[J]. 中国园林，2003.

[12]赵燕等. 云南园林的形成及特点[J]. 云南农业大学学报，2001.

[13]张云，马建武等. 白族园林风格探析[J]. 西南林学院学报，2002，22（2）.

[14]杨荣彬，杨大禹. 大理地区园林风格探析[J]. 中国名城，2018.

[15]马建武，林萍. 云南西双版纳傣族佛寺园林特色[J]. 浙江林学院学报，2006，23（6）.

第二节　城市园林植物的功能

朱勇[①]　叶惠珠[②]　罗康敏[③]

园林植物是指适用于园林绿化的植物材料，包括木本和草本的观花、观叶或观果植物，以及适用于园林、绿地和风景名胜区的防护植物与经济植物。另外，室内花卉装饰用的植物也属于园林植物。按照园林植物的属性可以将其划分为木本植物和草本植物。应用于城市范围的园林植物，统称城市园林植物，其功能具有多样性，主要概括如下。

一、构建生态园林、绿化城市环境

园林植物的种植，不是简单无序的栽植了之。园林植物配置的优劣程度直接决定了园林工程的质量以及园林功能的发挥，科学、合理且美观的园林植物配置能够创造出优美的景观效果，从而使得生态、经济以及社会效益并举。

（一）构建复层植物群落

各式各样的绿色植物在城市绿化建设中是必不可少的，各种植物材料的种植，客观上形成各种植物群落组合。植物功能的发挥，受制于其所在群落。所以，在城市生态建设过程中应重视根据本地生态环境建立植物群落结构。研究发现，在云南大部分地域，这种结构应该是多层次化的，通过处于不同生态位的植物相互组合，从而形成完整的群落。在具体操作中，可以按照植物群落结构大致划分为3种层次：上层为大乔木，中层为乔灌木，下层为较低矮的花灌木以及地被植物。通过合理的层次划分，不仅在景观视觉方面能够有所改善，而且还能够极大地丰富生态环境中

① 单位：云南省林业和草原科学院。
② 单位：昆明文理学院。
③ 单位：昆明市金殿名胜区。

的物种多样性，体现和发挥出园林植物的多样功能。

园林植物群落基于生态学原理进行植物配置，植物的种类越丰富，生态系统就越稳定，园林景观的稳定性就越强。园林植物配置构建植物群落的原则，应包括物种多样性原则、地带性原则、群落的季相变化以及垂直结构。因此，在园林植物配置时，尽可能配置多种植物群落类型，增加植物种类的丰富度和物种的异质性，并按照群落稳定性的原则合理进行群落要素的组合，以期获得较为稳定的群落和园林景观。可选用寿命长、生长速度中等、耐粗放管理的植物，合理搭配常绿树与落叶树，根据不同植物的生长速度以及成年后植株的大小，合理控制苗木栽植间距，注意群落的立体结构（乔、灌、草、和地被植物），进行多种方式的植物组合，以形成稳定的复层结构。

（二）园林植物配置原则

1. 互补共生原则

维持园林植物间的协调性是为了实现植物群落内的有效共生，降低不同植物之间的不利影响，充分发挥出园林植物的经济效益和生态效益，是生态学原理应用的重要方向。目前，园林群落中大多数的木本植物会对部分植物的生长起到抑制作用，如刺柏（*Juniperus formosana*）、桉树（*Eucalyptus robusta*）、松树（*Pinus* spp.）中的某些种类，其生长过程中会产生抑制部分其他植物生长的物质，在搭配其他植物种植时，其他植株将无法正常生长发育。因此，在进行园林植物配置时，要充分考虑植物的种类及其生态习性的特征，根据互补共生的原则对园林植物进行合理的搭配种植，使植物在园林中能更好地生长，如玫瑰（*Rosa rugosa*）和百合（*Lilium* spp.）、松树和赤杨（*Alnus japonica*）等。

2. 适地适树原则

园林植物配置要与所在区域的自然环境之间有较强的适应性，适应性强的植物才能健康生长并呈现出良好的景观效果。因此，植物配置时要充分考虑自然因子给植物带来的影响，光照、土壤、水分、温度等自然环境因素都对园林植物的生长具有一定的影响，共同决定着植物的生长发育过程。根据植物对光照的要求，可分为阳性植物、阴性植物和半阴性植物；根据植物对水分的需求程度，可分为旱生植物、水生植物和中生植物；根据植物对土壤酸度的适应性，可分为酸性植物、中性植物和碱性植物。在栽植植物时要综合考虑土壤酸碱度、光照强度、水分含量、气候温度以及养分状况等，选择适合的植物进行种植，以免因自然条件的不适而导致植物无法正常生长，甚至死亡。

3. 美学原则

园林植物种类繁多、千姿百态，不同园林植物有着各自不同的观赏特性，其根、茎、叶、花、果实等皆有多种不同的观赏效果，既可单独观赏其形状、色泽，又可观赏其整体的群落美。同时，园林植物的色彩也存在明显的季相变化，能够给人一种美的享受。园林植物配置既要有动态的美，又要有静态的美；既要和谐统一，又要有个性化，能够让人在美丽的园林景观中情不自禁地陶醉其中。

（三）园林植物配置模式综合效益指标体系

在实际情况中，需根据生态景观园林的发展目标选择合适的林木及植物配置模式，不断调整、完善和丰富模式结构，争取林木和林下植物的效益最大化，以达到充分利用资源科学合理的目的。（图4-4）

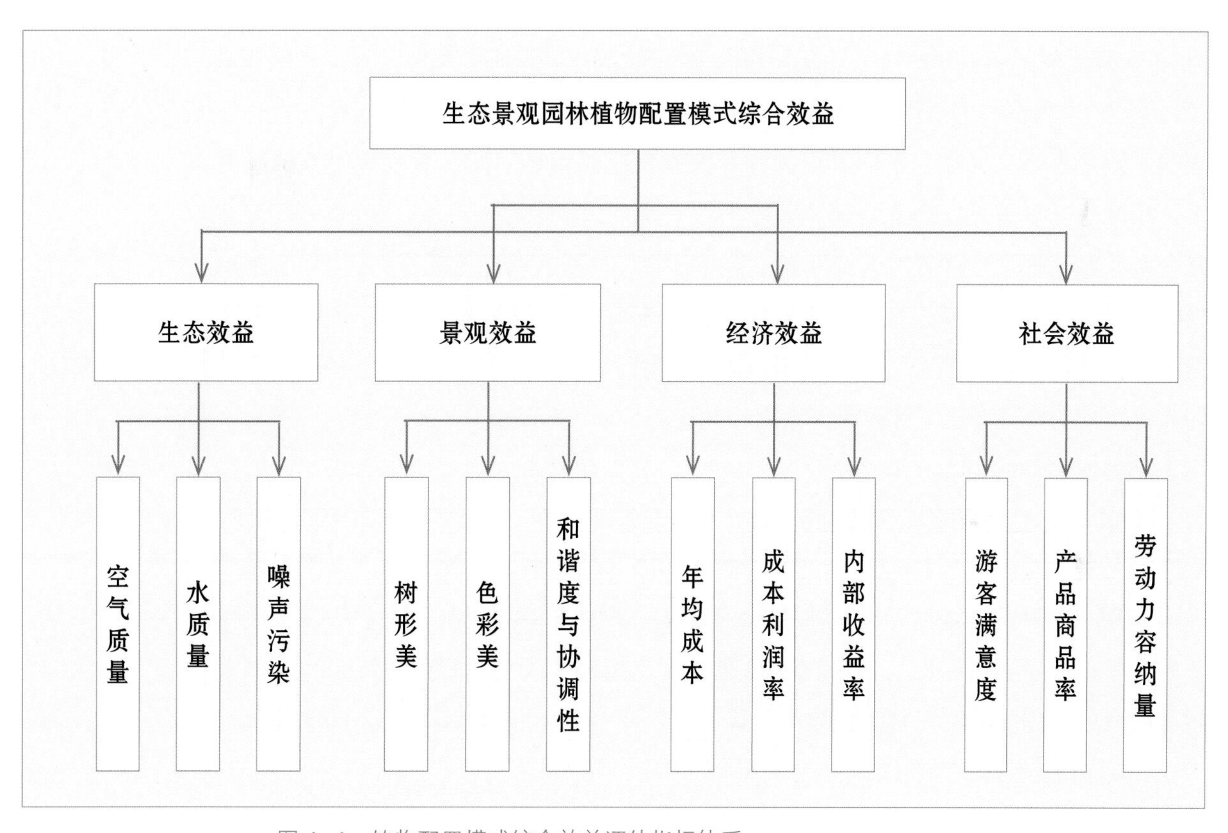

图 4-4　植物配置模式综合效益评估指标体系

二、光合作用与城市低碳

光合作用是绿色植物特有的生理功能，其特征是吸收空气中的二氧化碳，释放出氧气，合成碳水化合物。离开光合作用，就不会有地球生物圈，也不可能有人类社会的生存和发展。城市园林植物也是城市存在和繁荣的必要条件。

（一）光合作用的光合特性

园林植物具有各自不同的光合特性。

1. 园林植物光合作用的日变化

研究表明，园林植物的光合作用具有日变化特性。如树种净光合速率的日变化曲线，其中有的植物净光合速率的日变化为单峰曲线，有的植物净光合速率日变化为双峰曲线，还出现了光合午休现象。另外，温度等生态因子和生物因子也对植物光合作用的日变化特性有着多重影响和作用。

2. 园林植物光合作用的季节变化

光合作用随季节的变化也是植物对环境因子的一种反应。不同的月份之间，树种自身的光合速率日平均值也存在差异。如，牡丹叶片光合速率的季节变化总共分为3个阶段，第1阶段为4—5月，光合速率提高迅速，一年中最大的峰值在此期间形成；第2阶段为6—7月，光合速率保持比较稳定的高水平；第3阶段为8月，光合速率明显快速下降。又如，不同月份的叶片净光合速率明显不同，其变化呈双峰型曲线。从叶片初展开始，净光合速率不断升高；随着太阳辐射的加强，过高的气温和光合有效辐射反而使净光合速率下降，一个低谷在7月出现；但随着9月太阳辐射削弱，净光合速率又升高；10月太阳辐射下降，光合有效辐射迅速下降，大气温度迅速降低又导致净光合速率下降。结果表明，光照、温度等生态因子和生物因子对植物光合作用的季节变化特性有着多重影响和作用。

（二）光合作用的低碳效应

园林植物可产生直接或间接的低碳效应。园林植物的固碳释氧能力是通过植物光合作用来体现的，能有效地调节和改善城区的碳氧平衡，在园林工程中发挥着重要的直接低碳效益。同时，园林植物可通过覆盖地表，改变热辐射的反射率，调节城市的温度和湿度来发挥其间接的低碳效益。

1. 不同生活型植物的固碳能力

表 4-1 不同生活型植物单位叶面积日固碳量

g/（m^2·d）

生活型	种数	平均值	最高值	最低值
常绿乔木	77	7.81	20.09（云杉）	1.03（富贵竹）
落叶乔木	118	9.75	34.10（新疆杨）	0.68（美丽异木棉）
常绿灌木	80	7.99	21.72（大花水桠木）	0.90（花叶蔓长春）
落叶灌木	56	10.05	36.21（大叶铁线莲）	1.50（多花蔷薇）
藤本植物	33	3.70	11.90（小叶扶芳藤）	0.02（何首乌）
草本花卉	81	12.16	88.64（鹅绒委陵菜）	0.41（田旋花）

由表4–1可知，草本花卉的单位叶面积日固碳量平均值最高，藤本植物的单位叶面积日固碳量平均值最低，前者是后者的3.29倍。草本花卉之所以固碳能力最强，这可能与草本花卉生长期短、生长迅速、光合速率值高有关。按平均值高低，6类生活型植物的固碳能力排序为草本花卉＞落叶灌木＞落叶乔木＞常绿灌木＞常绿乔木＞藤本植物。从表4–1可知，不同生活型植物的单位叶面积日固碳量差异较大。其中，最高的为草本花卉，最低的为藤本植物，这与单位叶面积日固碳量平均值比较结果相同。这是因为草本花卉的叶面积指数比藤本植物高，前者是后者的4.27倍，这说明叶面积指数的差异更大。植物单位叶面积日固碳量是影响植物单位覆盖面积日固碳量的重要因素。

2. 提升园林植物固碳途径方法

（1）增加高固碳效应植物种群个体数量

园林绿地中具有高固碳能力的植物数量越多，绿地固碳效益就越高。所以，可通过增加高固碳能力的园林植物种群个体数量，直接扩大高固碳能力植物的覆盖面积，来提升园林绿地的固碳能力。如，城市绿地系统树种规划中的基调树种，是城市园林绿地系统中种群个体数量最大的树种，分布面广、覆盖面积大，如果采用适宜的高固碳能力树种，就能提高城市园林绿地的固碳效应，并有效应对气候变暖问题。乔木、灌木植物种类单位叶面积日固碳量较高，各地可以根据当地的气候特点、植物的生态习性、植物观赏特点等，选择其中适宜的树木种类作为园林绿地植物规划设计应用的基调树种，如榆叶梅、红花碧桃、蚊母树、夹竹桃、紫荆、卫矛、木芙蓉等可作为不同地区园林绿地的高固碳基调树种。

（2）增加固碳能力相对较强的园林植物种类

园林植物景观强调多样性和丰富性，城市绿地系统植物规划除基调树种外，还包括骨干树种、一般树种和大量草本植物。除基调树种应选择高固碳能力树种外，其他植物也可以在满足有关功能要求的基础上，选择应用固碳能力相对较高的植物种类。例如骨干树种，在城市绿地分布范围广，且分布量和覆盖面积都很大，其种数也比基调树种多。选择高固碳效应树种作为骨干树种，也能显著提高城市园林绿地的整体固碳效应。如大叶白蜡、侧柏、云杉、加拿利海枣、糖槭、冬青、女贞、黄护等植物种，既有较好的观赏效果，又具有相对较高的固碳能力，因此可在城市骨干树种的选择中优先考虑此类树种。另外，草本植物在城市绿地中的应用也十分广泛，并具有较大的覆盖面积，而草本花卉又是各类生活型植物中单位叶面积日固碳量最高的，若能选择其中固碳能力相对更高的加以应用，无疑将会使园林绿地的整体固碳效应得到进一步提升。

（3）增加园林植物群落结构层次

提高园林绿地固碳效应的另一个途径，则是增加植物群落的结构层次，以增加植物复合固碳效应的方式提升园林绿地固碳能力。绿地植物群落应尽量避免单层设计，多采用乔、灌、草相结合的复层结构，增加单位面积植物群落叶面积复合指数，使得单位面积土地上有更多植物进行光合作用，从而增加绿地固碳效益。各地根据气候特点、植物生长习性以及绿地特定功能要求，将植物种类进行合理搭配，设计多层次结构的植物景观群落，并将固碳能力较强的乔、灌、草植物进行组合，形成多种可供参考的高固碳植物配合模式，不仅使得单位绿地面积固碳能力较强的植物种数增多，同时也加大了园林绿地综合叶面积指数，从而更进一步提升了园林绿地单位面积的固碳效应和综合固碳能力。

三、改善气候，提高空气质量

（一）提高空气湿度

植物叶片的主要作用是吸收并反射太阳辐射，降低温度，其蒸腾作用还能够吸收热量，减少热岛效应，提高空气湿度，对改善城市气候具有重要意义。

研究表明，降温增湿最强的是常绿阔叶林，其次是落叶阔叶林、混交林、针叶林、纯林，再次是疏林和灌木，最后是草丛或者草坪。绿地面积大小与绿地降温增湿效益成正比例关系，绿地的降温增湿效果随着绿地面积的增加而增加。与绿地面积相比，绿地垂直结构对绿地边界温度湿度效应的影响非常显著。

（二）提高空气中的负离子含量

城市中的绿地可以有效提高空气负离子的含量，乔木对提高空气负离子浓度和改善空气质量的作用最为显著。晴天空气负离子浓度较高，阴天次之，但差异小。水体对植物配置的影响较大，有水体的区域空气负离子含量较高。

（三）吸收空气中的有害物质

以雾霾为首的恶劣气候现象的发生频率，成为衡量城市工业发展与自身环境承载是否协调发展的重要指标，而城市园林中的植物景观设计，除具备一定的观赏性外，还可充分发挥植物对空气质量的改善作用，优化局部空气质量，改善空气循环结构。景观设计中大量占比的植物造景能够降低空气中的污染物含量，缓解城市中因工业生产形成的温室效应。

城市园林中的植物景观设计对城市内部空气流动同样有一定的积极影响，并且在低碳理念影响下，合理的设计方案可使植物景观有效缓解热岛效应，令城市内部的空气环流形式有利于城市生活。

闹市区空气中的细菌含量较大，部分植物能分泌具有一定杀菌作用的杀菌素。

四、调节城市水生态环境

通过城市园林植物景观的营造，可以实现分散储水、有效排水、合理调节雨水流向等功能，充分发挥园林植物在海绵城市建设中的作用，既能美化城市，使城市独具特色，又能改善城市生态环境。

（一）控制地表径流，减少水土流失

园林植物的树冠、枝叶、根茎可以缓解降雨对地面的冲击力，有效减慢雨水的流动速度，降低雨水对地表的冲刷，从而减少水土流失现象的发生。特别是在城市遭遇强降雨天气时，雨水无法得到及时疏排，会导致在地面形成大量积水，这些积水在流动过程中会形成径流，而园林植物对雨水有一定的阻挡，可以减少径流对土壤结构的破坏，保持水土的稳定。

（二）蓄积雨水

园林植物的根、茎、叶、树干都可以储存水分。在城市降雨时，园林植物的枝叶吸收水分，同时减缓雨水下降的速度，使雨水可以平缓地渗入土壤中，通过植物强大的根系持续吸收雨水，有效缓解地面雨水的积留。

（三）净化空气、雨水

园林植物也可以吸收空气、雨水中的污染物质。这些污染物质对人体有害，但对植物来说，可能是重要的养分。水生植物还能促进生物的发展，生物在健康的环境中可以有效地调节和改善水质。

（四）完善城市水循环

植物景观在完善城市水循环系统方面同样存在一定作用，其对城市内部湿气有积极影响。

五、康复疗养功能

世界卫生组织（WHO）医疗康复专家委员会1981年对康复的定义——“康复是指应用各种有用的措施以减轻残疾的影响和使残疾人重返社会”，由此可见，康复花园或康复景观非同一般景观。从狭义上看，这类景观针对的是特殊人群或者处于特殊时期的普通人，这种特殊性主要是体现在身体与心理两方面。

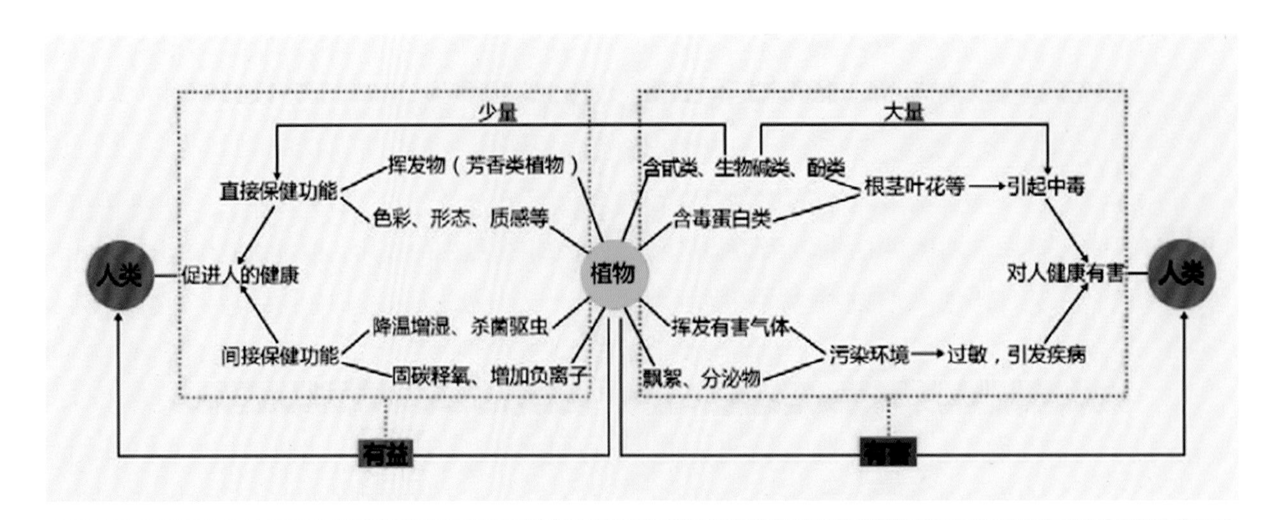

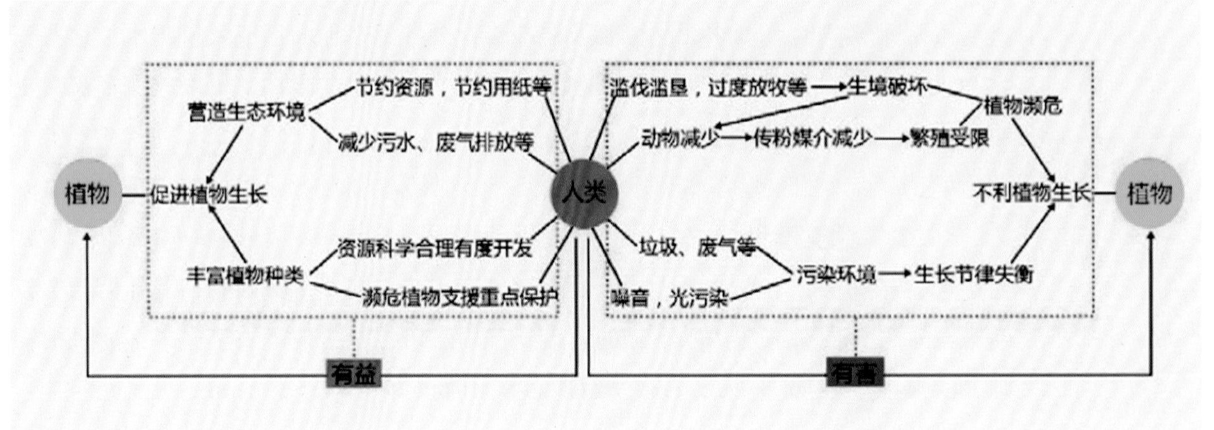

图 4-5　植物与人类的关系

研究表明，自然环境通常比建筑环境更具恢复性。自然景观可以使血压和心率降低、压力减轻、情绪改善。在城市环境中，树木的存在可以改善人们的情绪，自然形态的植物比修剪后的植物在降低血压、改善情绪方面效果更好。主要由园林植物构成的康复花园能从生理、心理和精神3个方面为病人提供积极的效益，促进人的整体健康。

（一）作为园林康养植物景观的要求

1. 释放负氧离子浓度的能力

空气负离子被誉为城市中的空气维生素和生长素，具有清洁空气、杀菌和调节机能平衡的作用，有极佳的净化降尘功能，能优化人的外部生存环境，是一种客观存在的生态环境资源。植物的光电效应和尖端放电时可增加空气负离子浓度。研究表明，高浓度的空气负氧离子具有多种有益人体健康的功效。在园林康养景观的设计中考虑负离子浓度时首先要考虑园林康养景观设计中所针对的人群，若为疾病人群，则负离子浓度标准需大于10000个/cm^3，人们才会感到心情舒适、身体放松，可有效增强人体抵抗力；若为普通大众人群，则空气负离子浓度标准大于1000—1500个/cm^3，即在配置植物时可选择一些负离子浓度高的树种，如樱花、雪松、云杉、樟子松等。

2. 固碳释氧量能力

通过植物光合作用固碳释氧的功能，就地缓解或消除局部缺氧、改善局部地区空气质量，从而间接保护人的身心健康就显得尤为重要。由于不同城市地区光照条件、水分条件、空气污染、人口条件等的不同，树种的固碳释氧量就会有所不同。在城市中心的密集人口区，应选择固碳释氧量高的树种种植，如龙柏、法桐、大叶女贞等。

3. 减少空气微颗粒物的能力

近年来随着雾霭天气的大量增加，颗粒物污染早已超越城市尺度，人们的生态保健意识开始增强，对如何消减可吸入颗粒物的想法越来越重视。颗粒物主要来自化石燃料的燃烧，如机动车尾气燃煤、挥发性有机物等，含有大量的有毒有害物质，对人体健康、环境质量影响极大。因此在园林康养景观设计中，首先应分析周边现状环境，然后再适当选择树种。消减PM2.5作用显著的树种可选择针叶树，如油松、雪松等；叶片表面粗糙的阔叶树，如元宝枫等；叶片多叶面积指数高的植物，如刺槐等。

4. 降噪能力

研究表明，在震动和噪声环境中工作，会使人感到烦躁、恶心、头痛，长期在噪声环境中生活，甚至会产生焦虑、心慌和失眠等亚健康症状。在一些特殊环境，人们难免会遇到各种各样的噪声污染，而绿地中的植物可以对噪声污染形成一层绿色屏障以阻断污染的传播。同样的，由于所处环境的周边现状不同，我们需要分析周边噪声污染来源以及程度，在此前提下选择降噪能力强的树种，如刺柏、小蜡、毛梾三角枫等。

5. 杀菌能力

在人口大量集中、活动频繁的城市中通常有近百种细菌。人们在日常生活中会不知不觉吸入各种细菌，从而对人体产生一定危害。植物具有抑制、杀死散播在空气中多种细菌的功能。人口密集区域或医院等地会产生大量细菌，其含菌量是绿化区的8倍以上。杀菌能力强的树种有油松、马尾松、侧柏、桂花等。

（二）根据疗养目的选择园林植物

针对患者特殊性，应选用不同花色、不同形状、不同大小、特殊质感及具有特殊药用疗效的植物。首先，避免使用有毒及致敏性植物；其次，应选择气味温和的植物或具有药用价值的植物；还应避免使用带絮植物，以防造成部分敏感癌症患者呼吸道感染；最后，应考虑结果植物是否会吸引鸟兽，增加病毒感染的风险等因素。

（三）根据疗养目的进行植物配置

植物配置为不同人群的需求营造私密或开敞空间。患者在得知病情、治疗以及疗养过程中都承受着巨大的压力，并伴随着强烈的无助感。此时，他们需要一个私密且隐私的场所可以冥想、祷告、独自哭泣或和家人朋友交流倾诉。一组灌木形成的私密空间、一面绿植墙的背景等，可以为他们提供充分的安全感。疗养花园通常建设在疗养中心旁或内部。绿植充分发挥屏障作用，同时也为室内患者提供自然之景，缓解疗养压力。许多癌症患者在使用化疗药物后被要求避免阳光直射，因此植物形成的阴影空间就显得尤为重要。

（四）根据疗养目的营建植物环境氛围

充分利用植物营造空间氛围，给患者以心灵慰藉。在整体氛围上，植物能软化空间，统一协调背景，使空间环境更加具有包容性。同时，植物在五感及心理上给患者以疗愈，从实际的触觉、味觉、嗅觉等方面营造更为形象的氛围空间。对于患者而言，应多利用不同色彩的植物、不同季节色彩的变化等，营造出绿意盎然、生机勃勃的景观氛围。

（五）使用植物与患者交互体验

吸引患者参与植物相关活动，营造互动景观，促进人与自然接触。随着风景园林学科的发展，景观也不再是静态。除了景观时间动态上的可持续发展之外，人与景观的互动也越来越受到重视。研究发现，简单和重复的园林植物养护工作使患者感到被需要，植物护理有助于患者自尊的维护。丰富多彩的自然花园环境可以使患者产生进入花园的行为构想，参与植物的培育养护，对花园进行简单的清洁与维护以及简易的手工制作都能使其沉浸其中，暂时忘却疾病与疼痛的烦恼。

六、园林植物的隐喻功能

植物是有生命的景观材料，它既是风景园林的构成要素之一，也是传承物质文化与非物质文化的载体之一，可以反映出传统的价值观念、文化底蕴、宗教思想等。

园林植物隐喻即基于不同场地有其独特的场地精神，利用被人们寄托了情感的植物元素，形成“因象成景，借景抒情”的文化特征，再现的意境营造过程。

一是突出地域的文化底蕴，二是营造不同意境的整体景观，三是传承传统园林植物景观。

常见植物的文化含义

柳树：象征生机勃勃以及人们惜春的美好心愿。

朴树：寓意家族兴旺。

松："岁寒，然后知松柏之后凋也"，寓意孤植顽强，不畏艰难。

梧桐："凤凰鸣矣，于彼高岗。梧桐生矣，于彼朝阳"，象征品格的高洁美好。

紫薇："独占芳菲当夏景，不将颜色托春风"，象征生命的活力与蓬勃的气势。

榆树：象征富裕幸福。

枫香："独叹枫香林，春时好颜色"，象征朝气蓬勃。

桑树："桑树生叶青复青，知君颜色还如故"，象征岁月的永恒。

玉兰：象征高洁品质和真挚友谊。

香樟：古时被称为"幸福树""和谐树"，象征吉祥如意。

合欢：象征吉祥和睦。

荷花："出淤泥而不染，濯清涟而不妖"，象征坚贞、纯洁、清正。

吉祥草："诸天导引菩萨起行，离树三十步，天授吉祥草，菩萨受之"，象征吉祥、神圣。

竹子："高节人相重，虚心世所知"，象征淡泊、清高、正直。

梅："梅以韵胜，以格高，故以横斜疏瘦与老枝怪石者为贵"，象征高洁、孤傲。

碧桃："闻道碧桃花绽，一枝枝祝千春"，象征美好生活。

迎春：象征坚强、希望以及对美好事物的追求。

七、修复功能

从《中国土壤污染状况调查公报》的内容来看，全国土壤总的点位超标率为16.10%。工矿企业废弃地问题突出，污染类型以无机型为主，这些无机污染物的超标点位数在全部土壤的超标点位中占82.80%，主要污染物为Cd、Hg、As、Cu、Pb、Cr、Zn、Ni等。土壤是重金属的储存库和最后的归宿，亟待开展修复治理。

植物修复技术以其原位修复、费用低廉、不破坏环境结构以及大规模治污被视为有应用前途的土壤污染修复技术。木本园林植物又以其发达的根干、较大的生物量、强大的抗逆性、大面积的修复区域、更长的生长周期将重金属长时间稳定在植物体内，而不会沿食物链传递。利用木本园林植物对重金属污染的城市土壤进行修复，可以模拟自然群落，修复被污染的土壤和环境，营造良好的景观效果，满足城市园林绿化的需求，发挥显著的生态效益，达到在修复中利用、在利用中修复的双重效果，充分体现木本园林植物在生态环境修复与重建中的重要作用，满足我国环境友好型社会构建的要求。

木本园林植物修复法具有绿色、廉价、美观等传统方法难以比拟的优势，是一项极有应用潜力的技术。

（一）木本园林植物对Cd的积累

在所有的重金属污染中，Cd以移动性大、毒性强成为最受关注的元素，大量研究表明，木本植物对Cd具有较强的耐性，表现出较高的吸收积累效率。

研究发现，法国冬青叶片及刺槐根对Cd有非常强的富集能力，最适于作为重金属污染厂区的生态防护绿化的主要树种。曾鹏等发现夹竹桃、圆柏以及珊瑚树等能更好地修复Cd污染之后的土壤，同时美化自然景观，而金边黄杨、四季桂、金叶女贞、红花檵木、侧柏以及樟树能够用于稳定重金属污染土壤中的Cd。解检清等通过水培试验也证明了红花檵木对Cd的耐性较强，同样还有冬青卫矛和栀子对Cd也具有较强的耐性，3种植物Cd的积累均是根部大于地上部。唐敏等研究后认为对Cd富集力强的植物为金叶女贞。王广林等得出雪松、南天竹、杜鹃、黑松、国槐、十字架树和十大功劳等绿色园林植物能够很好地富集土壤中的Cd，可修复被Cd污染之后的土壤。海桐对Cd的吸收量与土壤中Cd的含量呈正相关，因此认为，在修复受Cd污染的土壤时，海桐可作为一种备选植物。刘周莉等在试验过程中使用土培与水培相结合的方法，探究了木本植物忍冬对Cd的积累特性以及生长响应特性，发现其BF远超过1（水培BF>19，土培BF 8左右），认为忍冬具备了Cd超富集植物的特征，是一种新发现的Cd超富集植物。地中海荚树及珊瑚树在一定程度上能够富集土壤中的Cd，两种植物地下部分的富集能力均高于地上部分，但两种植物的响应机制表现出差异。前者是通过茎部以及叶部具备较强的耐受性，而后者则是通过拒吸表现出很强的适应能力。周杰良等在湖南省的试验中发现蔓长春花不仅具备较强的Cd污染耐性，同时其BF以及转运系数（TF）均大于1，因此认为是一种新的超富集型植物；蛇葡萄被认为具备较强的修复潜力；而风龙和茅毒是Cd污染耐性较强的植物。在滇中地区对Cd富集能力最好的树种是百南金叶子和茶条木，飞蛾树对Cd也表现出一定的富集特性。康薇等对湖北省铜绿山古铜矿遗址区木本植物的重金属富集能力进行研究，认为法国冬青、梧桐、刺槐和苦楝等木本植物可栽植在Cd污染区域。到目前为止，发现了高耐Cd型植物马缨丹；Cd超富集型植物忍冬、蔓长春花和海滨木槿3种木本植物；其余均为富集型植物。

（二）木本园林植物对Pb的积累

在生物界当中，因为铅的负电性较高，容易同铝的氧化物、铁的氧化物、碳酸以及有机质等发生反应生成共价化合物，因此其很难被绿色植物所吸收。但是，研究过程中发现有一些绿化植物具有较强的Pb富集能力。研究认为，夹竹桃与大青相比，夹竹桃因其特殊的无节乳汁管等解剖构造而表现为更强的抗Pb性。此外，红叶树、苦槠也具有较强的耐Pb性。杨梅是一种Pb超积累植物，研究证实Pb在杨梅体内分布的规律是：根＞茎＞叶，杨梅可用于铅污染土壤的修复。对于侧柏和油松，重金属Pb的含量和BF大小在根和叶均以侧柏最高，在茎则以油松最高。研究显示，南天竹、桂花、红花檵木、侧柏、法国冬青和杜鹃对Pb污染土壤有较强的修复能力。拐枣和樟树以其更强的重金属吸收能力可以作为广西矿区Pb污染土壤修复的优选树种。对Pb富集能力较好的树种是茶条木和百南卫矛。

近年来的研究表明，许多具有较强观赏性的木本园林植物表现出较好的抗性及能够很好地净化环境的能力，同时在修复被污染之后的土壤中也具备较强的积极作用，因此发现具备更大生物量、同时具有独特地域特点的耐Pb植物有助于丰富Pb污染治理的园林植物种类。

（三）木本园林植物对Hg的积累

研究表明，红果树、百南泡花树和百南木挥榄等植物对Hg有较好的富集能力。对Hg吸收能力最强的植物依次是无瓣海桑、木榄、白骨壤、桐花树、海漆、红海榄、秋茄、老鼠簕。研究发现，Hg在矮杨梅体内的分布、积累规律为叶＞茎＞果＞根，主要积累在叶。木本植物对Hg的耐受性表现为加拿大杨＞晚花杨＞旱柳＞辽杨，其中加拿大杨、晚花杨、旱柳对Hg的耐性基本处于同一水平并明显高于辽杨。冬青和黄杨对Hg的累积能力较强，其分布为树叶＞树茎。榆树吸收Hg的能力最强，毛白杨、垂柳和油松对Hg的吸收能力较弱。

目前，关于木本园林植物的Hg污染研究相对较少。研究园林植物Hg的污染特征，找寻城市中Hg的污染来源，筛选富集型高耐Hg型木本园林植物将有助于提高和强化治理城市土壤Hg污染的功能。

（四）木本园林植物对As的积累

目前在国内已发现的As富集木本园林植物基本集中于杨柳科的杨属和柳属。杨树中的“中林2025杨”能有效吸收富集As，并对As表现出一定的耐性，最适合用于As污染土壤的修复。此外，丹红杨、常绿杨较适合用于修复As污染土壤。

木本园林植物生长迅速、生物量大，积累重金属的能力远大于草本植物。而不同植物对As的富集能力差异显著，目前发现的As超富集植物仍以草本植物为主。

（五）木本园林植物对其他重金属的积累

山茶科植物木荷对Mn的BF达到2.3，是一种用于治理Mn污染土壤和恢复锰矿区废弃地生态的优良材料。杜鹃花、桂花、栀子花均对Mn的富集能力强，而且杜鹃花对Mn元素显示出超富集植物的特征。美洲黑杨可以提取重金属污染土壤中的Zn。紫丁香及法国冬青对Zn富集力强，杨树、榆树、桑树、英桐、珍珠梅等植物对Cu富集力强。香樟、桂花、女贞、黄杨均对Ca和Ni的富集能力强。百南泡花树对Cr的富集能力较好。

（六）木本园林植物对复合重金属的积累

城市土壤重金属污染通常以多种金属元素共存的复合污染为主。盐柳根部、拐枣和樟树叶部对重金属均有强富集能力，适合栽植在Cd–Zn–Pb–As复合污染的区域。黄华柳能积累大量的重金属Cd和Zn，桦木（*Betula celtiberica*）、十大功劳、杜英、大叶桉也能富集重金属Cd和Zn。Mn–Cu–Pb–Ni复合污染区的先锋植物是油松、百杉、珍珠梅和玫瑰。而法国冬青、苦楝、女贞、梧桐、桂花和刺槐等树种可以栽植在Cu–Cd–Pb复合污染区域。光皮树、黛葫拷、楠木、杜鹃可作为修复Pb–Zn污染土壤的潜力树种。臭椿、榆树、构树、垂柳可以作为Cu–Zn–Cr单污染或复合污染的优选木本植物；花椒、杠柳可修复Cr污染土壤。白花泡桐叶中Cu、Zn含量分别超过35160mg/ kg^{-1}，适宜Cu–Zn污染土壤的治理。

八、防灾避险功能

在城市灾害危机管理中，居住区处于基础性的关键地位，而居住区绿地作为城市绿地系统中的重要组成部分，是城市绿地中分布最广、最贴近市民、最为居民使用的外部环境空间，也是城市风险治理的重要单元。而独特的植物群落作为唯一具有生命力的绿色基础设施，在应对灾难中起到主体作用。因此，合理、科学的植物选择与配置能在一定程度上减少灾害给人们带来的消极影响，同时对精神卫生有一定的积极作用，营造出一种安全、优美、舒适的环境氛围。

（一）减轻和延缓灾害

树木可以遮挡热辐射，当发生火灾时可通过水分作用抑制火势蔓延，同时减少次生灾害的发生。在发生较弱的地质灾害时，爬山虎、紫藤等垂直绿化植物具有较强的吸附、固定功能，能够有效地防止建筑物墙面水泥层大面积剥落。

（二）补助资源供给

灾难发生后，能源的供给会受到限制，此时居住区内落叶乔木的枯枝落叶能够作临时燃料使用，具有食用性的果树也能作为短期食用资源。在受伤较轻不能及时就医的情况下，一些具有药用价值的植物能够缓解伤口疼痛。

（三）保证救援通道的畅通

植物可以有效地缓解逃难人员的拥挤情况，进行人群分流，同时高大显眼的树种可以作为集中避险地的标志，引导居民组织营救活动。深根性的高大树种作为行道树能够支撑住倒塌的房屋，保证疏散救援通道的顺畅。

（四）缓解生理和心理状态

人类是一种重感官的生物，在灾难发生后，暖色调植物往往能够有效缓解居民的情绪，帮助人们平复心情。同时，高大的乔木能给避难居民带来安全感。

参考文献

[1]贾宇智，王良桂. 植物的隐喻功能研究[J]. 现代园艺，2020，11：139−184.

[2]陶建娥. 园林植物在海绵城市建设中的运用[J]. 住宅与房地产，2019，12：51.

[3]李艾芬，李薇，宋潇玉，王博. 园林植物在癌症疗养景观中的应用与营建[J]. 现代园艺，2021，5：159−164.

[4]徐倩，赵燕，冀芦沙.园林植物的光合作用研究进展[J]. 黑龙江农业科学2020（2）：142−145.

[5]夏磊. 重庆市常见园林植物光合生理生态特性与生态效应研究[D]. 重庆：西南大学，2011.

[6]赵薇. 园林植物、生态园林与低碳城市探究[J]. 现代园艺，2021，10：142−143.

[7]侯金潮，张岩，张菲.园林建设中的生态学原理应用理念[J]. 安徽农学通报，2020，26（5）：78−80.

[8]周子游. 探索在园林植物配置中的植物生态学应用[J]. 现代园艺，2017（8）：147−148.

[9]郑忠标，周艳.生态景观园林植物配置模式综合效益评估[J].辽东学院学报（自然科学版），2020（3）：171-177.

[10]刘睿，聂庆娟，王晗. 木本园林植物对土壤重金属的富集及修复效应研究进展[J].北方园艺，2021（08）：117-124.

[11]张延龙，牛立新，张博通. 康养景观与园林植物[J]. 园林，2019（2）：2-7.

[12]雷艳华，金荷汕，王剑艳. 康复花园研究现状及展望[J]. 中国园林，2011，27（04）：31-36.

[13]柏彩云，黄淑，尤海梅. 居住区绿地防灾避险功能中园林植物的应用探讨[J]. 现代园艺，2020（23）：147-149.

[14]沈鑫，柳新红，蒋冬月. 枫香等22种常见园林植物滞尘与抑菌能力评价[J]. 东北林业大学学报，2019（1）：65-70.

[15]郜晴，马锦义，邵海燕. 不同生活型园林植物固碳能力统计分析[J]. 江苏林业科技，2020，47（2）：44-47.

[16]李娟霞，何靖，孙一梅. 10种园林植物功能性状对大气污染的生理生态响应[J]. 生态环境学报，2020，29（6）：1205-1214.

第三节　乡村园林植物的功能

朱勇[1]　叶惠珠[2]　罗康敏[3]

乡村是相对于城市化地区而言的，指非城市化地区，严格地讲是指城镇（包括直辖市、建制市和建制镇）规划区以外的地区，是一个空间地域和社会的综合体。乡村有广义和狭义之分，广义的乡村是指除城镇规划区以外的一切地域；狭义的乡村是指城镇规划区以外的人类聚居的地区，不包括没有人类活动或人类活动较少的荒野和无人区。乡村景观规划中的乡村就是指狭义的乡村概念，这与乡村居民的生产环境、生活环境以及生态环境密切相关，包括自然村落（自然村）、村庄区域。规模较大、居住密度高、人口众多的聚落形成村镇集镇。

乡村景观是以农业生产为主的生产景观，其田园文化和生产生活方式是农村景观的最显著特征。首先，农村与农业是分不开的，所以农村的第一个特点应该是以从事农业生产为主。其次，农村是由农村居民组成的，在农村形成了与特定的劳动方式相适应、不同于城镇的居住形式、生活方式和乡村文化，这是农村的第二个特点。农村的第三个特点在于它对自然生态环境的依存性，土地、河流、阳光、森林等不仅是农业生产的基础，也构成了农村优越的生态环境。然后，乡村景观是介于自然景观和城市景观之间的一种类型，与自然景观的区别主要在于乡村景观具有以农业为主的生产景观以及乡村特有的田园文化和田园生活。最后，乡村景观与城市景观从景观表征来看，乡村农业的景观自然、宽广、悠然和传统，城市则是现代、文化、娱乐和多元化的。

植物作为唯一有生命的景观要素，是乡村景观中占主导地位的景观元素。因此，充分发挥植物的经济、生态、美学效益，为营造自然生态、优美宜居的乡村人居环境有重要意义，可以更好地为乡村居民的生产生活服务。可以说，植物是地

① 单位：云南省林业和草原科学院。
② 单位：昆明文理学院。
③ 单位：昆明市金殿名胜区。

域、乡土和场所的标志，在乡村环境的季相更替、柔化硬质景观、创造氛围、丰富空间层次、协调景观等方面起着重要作用。乡村景观中的植物种植展现出一种朴素的、富有浓郁生活气息的景象，是融入自然的景观。如，村落背后的风水林，村前的水塘、梯田和梯田上的树丛，甚至是院内种植的蔬菜瓜果，都是人们对大自然丰饶的选择和利用。

乡村植物功能区别于其他植物功能，主要可体现在生命力、季相变化、生产性、生态效益、美化人居环境等几个方面。

一、生命力

乡村景观是浓缩的自然，农作物的播种、生长与收割体现了季节的变化、时间的轮回，具有春夏秋冬循环往复、新陈代谢的规律。借助植物营造四季多变的景观研究乡土色彩的运用，还要关注乡土植物色彩的搭配和植物随季节变化所呈现的四季不同的景观效果。如，春季里大片金黄色油菜花随风摇曳，甚是壮观；秋季成熟的大片飘香的水稻也很吸引人的眼球。

（一）不同地貌乡村植物景观

1. 山地、丘陵地区

山地、丘陵地区山高谷深，群山环绕，地势复杂，气候多变，具有垂直高差大的特点；山体滑坡、泥石流、森林火灾、风灾、地震都易发生，通过植物群落营造可以对山体起加固作用。与其他类型乡村相比具有良好的自然资源基础，周围山地具有植被资源丰富、生物多样性、垂直景观类型丰富等特点。因此，要突出体现丘岗山地特色，营造高低起伏的植物群落效果。宜结合田园林地，建立以林为主，发展果树、茶树、竹林等特色经济林，提高山区经济林的效益。并充分利用山体竖向各层地形及土壤条件，营造多层次景观，如：山坡可种果树，建立山地生态果园；在山脚地势低平处可种植水稻；地势较高的缓坡可发展旱地种植、水果苗圃、蔬菜等；在底部沟谷，可利用塘坝水面养鱼、养家畜以发展养殖业，兼顾生产与旅游发展，增加经济收入。村庄应充分结合外部环境特征，大面积山林是村庄的绿色背景，使村庄与自然环境有机相融，即村在山中、屋在林中，处理虚实结合的空间体系，丰富远近层次，并通过村庄建筑和周边树林、水系等自然色彩对比协调，主色调统一。

2. 平缓开阔地区（坝子）

平缓开阔地区地势较平坦，面积广大，土地肥沃，交通发达。有大面积农田分布，适宜发展重要农耕区，发展苗木、果业种植为经济产业，大面积农田种植经济林形成乡村特色风貌，改善生态环境。平缓开阔地区大部分村庄布局易紧凑整齐，同时艺术布局也容易显得呆板、单调，应注重利用植物层次丰富的景观立面轮廓效果，打破建筑棋盘式布局的单调排列和活跃村庄环境，应特别注意利用植物提升视觉效果，创造多样化的农村居住空间形态。因此，乡村应重点做好农田林网、“四旁”植树及道路绿化。

3. 水网区

云南缺乏典型的水网区，但还是有一定的水网分布。水网区的水网肌理可以决定整个村庄的形态特征，因此重点营造好滨水植物景观能体现村庄特色。河流的交叉口、弯曲河堤、凹凸岸坡构成了村民多样化的生活空间，河岸两侧的植物景观体现了水乡风貌的原生态景观，组成了“水—绿—房”的格局。

河流的走向、宽窄的自由多变形成了丰富多变的空间形态，同时结合水边交通码头、小桥、河埠等多种空间要素，形成开合有致、层次丰富的滨水空间，使得村民的生活与水空间紧密结合起来。利用水体的多种形状，形成网、带、片、点相结合的多功能、多层次、多效益的水系景观，并配置水乡特色植物，创造出池、潭、径、湾、汇、渠等星罗棋布的水景，力求河道、农田、村落间相互交织与渗透，更好地体现地域文化，凸现自然生态的高原水乡风貌。在水系与建筑连接处，可用于软化建筑与水面生硬的交接关系，丰富水系的倒影，增添空间的层次，使村庄的空间环境更加富有情趣。

二、季相变化

乡村植物景观随四季而展现变化的形态、色彩效果，改变园林空间意境，从而影响人的感受。因此，乡村植物配置特别重视季相景观变化，讲究“春花、夏荫、秋果、冬绿”，即营造缤纷的春、绿荫的夏、金黄的秋、美感的冬。乡土植物姿态万千，不同的植物具有不同的观赏特点，乡土植物的季相特征也是乡村景观的亮点，植物随着季节更替生长变化，结合风霜雨雪等不同的气候条件展现别致的风姿、形成动态的景观，乡村景观因而更加生动，更有活力。如元阳梯田、罗平油菜花等。

三、生产性

理想的乡村整体景观意象应体现出乡村景观资源提高农产品的第一性生产、营造良好的乡村人居环境、保护及维持乡村生态环境的3个层次的基本功能。

早期，乡村植物主要是为了食用和增加经济收入而种植；如今，乡村植物特别是果树已具有了新的功能，可以依托其开展采摘活动，发展乡村旅游业，激发乡村活力，为村民开拓一条致富路。

农业生产景观作为乡村的重要资源，应注重长期的生产性，同时兼顾生态效益和美学效益。农业景观应以农业生产为主，环境保护为辅。

农业生产景观主要包括农田景观、林果园景观、苗圃地景观等。

依托于现代农业资源与自然环境的乡村生产性景观，要实现可持续发展，就必须重视生态循环农业的绿色开发思路。从规划设计角度，必须以环境保护为优先，立足整体规划布局，重视结构调整，以景观生态学理论、生态产业链理论和可持续发展理论为基础，建设乡村生产性景观；从生态维护和资源利用角度，维持生态景观格局健康有序发展，实现资源能源清洁利用、循环使用和废弃物回收利用，在保证产业高质量发展的前提下，提高美学价值，满足人的审美需求，营造生态循环发展的高品质生产性景观。

（一）农田景观

从传统审美角度看，农田是乡村的象征，农田景观是乡村地区最基本的景观。根据土地适宜性，对其要素的时空组织和安排，建立良好的农田生态系统，提升农田景观的审美质量，创造自然和谐的乡村生产环境。农田景观规划设计要遵循整体、保护、生态、地域、美学原则，提高农业生产的经济效益和美学价值。农作物间套作形态与季节性轮作形成了独特的乡村田园风光。应根据不同地域的自然地理条件，合理确定农田景观格局，突出地域特色。如，罗盘的油菜花田、东川的红土地、元阳的水稻梯田等。针对农田的斑块状、廊道状的不同形态类型，在景观设计时应区分对待。斑块状农田一般根据村民自身的生产需求进行作物轮作和间作，由人为主观喜好决定种植形态。廊道状主要是指河流、防护林、树篱、乡村道路、机耕路和沟渠等构成的线型农田林网，树种选择应根据设计要求和农田作物的生态要求、树种本身对自然条件的要求考虑，可选择材质好、树冠小、树型美和侧根不发达的树种，适宜乔、灌、针和阔混交林的树种。树种的搭配应按乔灌结合、错落有致的原则，路渠配以防护性速生乔木、田埂配以经济高效的小乔木灌木，既突出生态效益，又兼顾经济效能。同时，注重在生物学特性上的共生互补，注意避免可能对农作物生产带来危害的树种。农田林网景观防护林建设，应以发挥生态防护效益为主，兼顾经济、景观效益。林网建设可利用自然道路、沟、渠、堤坝、村落等营造防护林，构成不规则林带，形成景观防护林网络体系，改善农区环境。树种选择要充分发挥乔木的生态作用，注重乡土阔叶耐湿景观树种和经济树种的选用与生态防护树种的合理配置。

（二）林果园景观

现代林果园地是农业景观的重要组成部分，已超出传统生产意义上的果园，是集生产、观光和生态于一体的现代林果园。各类果树是果园的主要植物。充分提高用地率，可以在果树行间间种矮秆作物，不仅丰富景观层次和视觉效果，而且能提高果树的产量，增加果园的经济效益；下层可间作如豆科作物、瓜菜、牧草等；此外，还可以采用立体复合栽培，进一步提高土地利用和经济效益，如果树树冠和葡萄架下栽培食用菌、种植草莓或人参等药材。浙江省乡村果林园资源丰富，加之便捷的交通，逐步发展形成了生态休闲旅游，成为乡村旅游的一种形式。林果园已向乡村经营型游憩绿地转化，除种植成片果林外，也注重全园景观的规划设计，设置接待服务区、专类水果采摘区、观赏游憩区等。

果园景观有蒙自的石榴园、洱源的梨园村、弥勒的葡萄基地等。

（三）苗圃地景观

苗圃地是种植生产苗木花卉的基地，应根据苗木生产要求和各类苗木的育苗特点及苗圃地的自然条件，进行生产区域划分，如分为大苗区、小苗区、引种驯化区、观光温室等，有利于苗木生产。同时，苗圃内的季节性变化的植物景观兼顾了生产与景观观赏。由此还可以发挥科普教育的作用，供外界人学习交流植物知识。在苗圃休闲观光功能开发的过程中要对其种植方式、道路系统、服务设施和功能分区等进行改造，以更好地满足游客休闲观光和游憩活动的需要。

四、生态效益

植物具有放出氧气、净化大气、树叶吸收有害气体、调节空气温度和湿度、隔声减噪、隔热保温与防风、防火避灾等作用。植物通过对风、光照、湿度的影响从而达到调节气候的效果，各种高度、宽度、品种的植物材料以及孤植树或多株成排的植物能影响风的方向，如种植垂枝且常绿的松树类植物则全年能对风的控制起到非常好的作用。植物可以吸收热量，提供阴凉的空间，创造与高温炎热相隔离的区域。植物在白天吸收太阳的热量，夜晚释放热量，这样能够减小昼夜温差。又由于植物的阻挡到达地面的湿气被吸收的程度要好于直接到达裸地面的湿气被吸收的程度。植物减缓了降雨的速度，也就减轻了地表水土的流失。

生态性是乡村环境的主要特征，植物作为唯一有生命的景观要素，其形体、色彩在不断变化，对乡村良好生态环境起着重要作用。因此，营造良好的植物环境对现代乡村环境建设意义重大。

我国目前许多地方提出了乡村景观的建设目标，如“村在林中、路在绿中、房在园中、人在景中”，通过全面的乡村住区规划，从协调农村居民点布局入手，对区域内各乡镇、村庄进行了系统和综合的布局与规划协调，统筹安排各类基础设施与社会服务设施建设，为农民提供了优美的乡村聚落景观和居住生活环境。同时制定村庄绿化规划的指导思想，即运用生态学、林学、美学原理和可持续发展理论，坚持人与自然和谐、生态优先、反映特色的规划理念和保护与建设并举的绿化方针，大力开展村庄道路、河道、庭院、宅旁绿化和公共绿地的建设，完善村庄绿地系统，推进村庄绿化美化，改善农村居民的生产生活环境，为全面建成小康社会、加快实现农业和农村现代化提供生态保障。

植物在乡村中发挥着经济、生态、美学、社会效益，在这些效益中，具有生态、经济功能的乡村植物尤为重要，遵循现代乡村生产第一性、生态第二性、兼顾美学效果的原则。

五、美化人居环境

植物材料作为乡村景观应用最为广泛的要素，可与地形、建筑、石材、流水等搭配组合，起到美化环境的作用。

村庄功能用地一般可归类为村旁绿地、村口绿地、道路绿地、公共活动场地、宅前屋后绿地、庭院用地、滨水绿地等。应根据不同用地的功能特点和空间需求来营造不同的植物景观效果。

（一）村　口

村口，作为对外联系的交通节点，起着门户作用，同时也是外人识别村落的一个空间标志。构成村口的景物往往是村庄发展的历史见证，也是村庄最具代表性的节点空间，体现了村庄的历史与文化。

植物在村口景观营造中起着重要作用，植物种类与种植方式可以反映一个村庄的特点。一些传统古村落村口通常种有一棵古樟树或一片风水林，通过植物孤植或片植形式营造不同开合空间，将植物景观与建筑、周围环境和谐统一，高大的古树可以反映一个村庄的悠久历史和文化内涵。如，热带的椰子树、浙江的香樟树、大理的大青树等地方特色树种正是文化地域性的体现。

孤植大树作主景，可以提示入口或空间的转折，种植色彩明快的高大乔木如银杏、枫树等可以起到识别道路及标志的作用。一般用低矮的灌木、地被植物、草本花卉、草地等的不同植物营造开敞式植物空间，如在较大面积的开阔草坪上几丛低矮灌木和几株乔木点植其中，高度上不阻碍人们的视线；同时结合地形、水系、道路、景石、牌楼等要素联合造景，突出村庄特色，如历史文化型乡村，入口一般具有一定的私密性，入口空间相对狭小，路口两侧片植竹林、水杉林或孤植高大乔木，即以一定高度的植物来分隔内外空间，可以遮蔽入口，达到安全、防御的作用，同时有利于保护乡村原始风貌。外围以水系为村口屏障的乡村，入口通常以桥作为主要通道，桥的绿化景观的重要性自然也不言而喻。植物可以结合桥、码头、道路等突出滨水空间的丰富多样，岸边种植一定数量的水生湿生植物种类，通过乔灌草组合与水体形态相映成趣，如在村口设桥的两边密密地种植两排水杉，构成狭长的透景线，形成较封闭的景观效果，很有意境。还有一些旅游型乡村入口，植物选择应具有一定的观赏效果，色彩和形态上考虑满足自然、亲切、休闲的特点。

（二）公共活动空间

一般根据不同活动特点，公共活动空间主要可以分为健身、游憩、娱乐活动、休息等空间类型，通过植物的配合可以优化场地功能和强化空间感。

1. 健身空间

健身场地主要满足人们体育锻炼需要，便于人流交通，一般设球场、健身设施等内容。适宜种植高大落叶乔木，下层不宜大片种植低矮灌草，既保证林下空间的通透，又满足人夏天遮阴、冬天晒太阳的心理需求，但可以在场地边缘点缀少量观赏性灌木或地被起柔化道路边界作用。

2. 游憩空间

以游憩功能为主的空间形式为公园绿地，重在发挥其绿化观赏和游憩中心的功能，组织特色花木植物，兼顾四季景色变化，结合自然山水景色，布置亭、廊、花架等园林建筑，同时结合游憩功能，设置座椅、健身设施等，可适当布置乡土小品进行点缀。能满足游憩活动功能的植物景观类型，如少量乔木与草坪组合形成疏林草地，可以满足人们对绿色的亲近，或营造临边水生植物群落，可以为人们开辟亲水空间。

3. 娱乐活动空间

村内活动广场用于满足村民娱乐活动，一般设置在村中心处。其空间以广场为中心形成反射型，并具有一定的内向性，是人们聚集和活动的场所，与周边的建筑物结合构成了典型的开敞空间。利用植物景观可以强调场所感，同时考虑不同年龄段的人的活动特点因地制宜，如儿童活动区周边植物应选择无刺无毒、色彩鲜艳的植物，可以种植一些修剪整形灌木球，增加趣味性，不宜种植遮挡视线的树木，以满足成人对儿童的目光监护需求。成人休息区宜种植遮阳乔木，并设置适量的座椅，供林下喝茶、聊天、下棋等；运动场四周可砌筑花池，种植一些低矮的花灌木，较大场地的外缘可种植树冠较大的落叶乔木，便于年轻人运动后休息，边缘地带选择如冬青、女贞、珊瑚树等枝叶茂密的树种进行隔离。

4. 休息空间

主要特点是安静，空间围合性，满足少数人休憩、思考的需要。在垂直面上利用以乔木树冠形成的覆盖面，限制向上的视线，并且林下灌木对视线产生阻挡，形成视线封闭的空间。如，片植枝叶茂密、形态优美、能遮挡人视线高度的小乔木或高大灌木丛进行围合，上层还可配置观赏性强的高大乔木，以不同组合形态丰富景观效果。

（三）道　路

乡村道路可分为村外过境公路、村内交通主路、宅间道路、村外游步道等多种形式。过境公路是乡村对外交通的纽带，道路红线宽度遵从总体规划，视实际情况而异。村内交通道路多采用一块板的道路断面形式，也可辟有人行道。宅间道路是进入住宅或院落各住户的道路，以人行为主，考虑少量住户的私人机动车辆进入，路面宽度一般为2—4米。不同等级道路植物景观营造时要考虑道路的主要功能要求，并尊重植物的生态习性，根据立地条件适地适树，保证树木健康生长。

（四）宅　旁

宅旁绿地与村民的室内外生活关系密切，主要功能是美化生活环境，阻挡外界视线、噪声和灰尘，创造一个安静、舒适、卫生的环境，满足就近休息赏景。

宅旁绿地可视为住宅内部空间的延续和补充，一方面满足了宅基绿化的基础要求，另一方面也兼顾了邻里交往、儿童活动及各种家务活动等功能的需要，其绿化质量与居民日常生活息息相关。宅旁绿地通常为带状狭长形绿地，往往给人以空间单调感。在宅旁绿地景观的营建中应充分利用植物不同组合，变化植物栽植形式，打破原有建筑僵化布局。

应充分利用宅前屋后空间，以小尺度绿化景观为主，见缝插绿，不留裸土，改善居民生活环境品质。植物种植既要考虑住户室内的安宁、卫生、通风、采光等要求，又要考虑居民的视觉美和嗅觉美，其中花木的布置可在有一定基调树种的前提下栽种一些品种。近房基处可种植低矮的花灌木，以花境形式与建筑相结合，能使建筑的每一角落都营造出小花园的感觉，并且能软化建筑从立面到地面的硬朗线条，使建筑在立面景观上更加丰富，庭院景观更加错落别致。

随着当今住宅建设的多层化向空中发展，绿化向立体、空中发展，如台阶式、平台式和连廊式住宅建筑的绿化形式越来越丰富多彩，大大增强了宅间绿地的时空性。宅旁绿化应依据住宅布置形式而变化。对于行列式住宅，有的楼体间距较小，利用点状植物所具有的张力作用，在居住建筑前后的绿地中丛植或散点式种植球形、半球形植物，可以在人们心理上产生一种扩张感，从而给人以扩大视觉的观感，达到扩展宅旁绿地空间感的目的。对于点式布置住宅，因四旁绿地较宽阔，可成片种植地被与乔灌木形成大片绿色空间。如，宅旁保留原有菜畦，采用密林形式种植，并围以竹篱，在建筑外围连成环状，并种植经济果树和乡土植物，营造出返璞归真的自然景象和“农家”氛围。

在植物选择和配植上尊重植物生长习性，一般在住宅南侧向阳面可选择较多喜阳植物种类，种植一些观赏价值高的树木，丰富视觉观赏效果；北侧宜选择耐阴性花灌木及草坪。东西两侧可种高大落叶乔木或种植攀缘植物垂直绿化墙面，借以减少夏季日晒，宅旁植物绿化形式应丰富多彩、各具特色，应以人为本，满足舒适、亲切、卫生等心理感受。

（五）庭　院

庭院是日常生产生活中活动最频繁的地方，也是农民劳动之余休闲娱乐的重要场所。庭院绿化要注意采光、通风，特别是种乔木类树种的庭院，庭院绿化在朝向上应有讲究，东南面应种小乔木或生长不高的果树，冬天不遮阳，夏日可庇荫。西南面宜种植耐寒花木及常绿树木，夏季可乘凉。传统民居家家养花种草，植物繁茂，小盆景、小天井成为庭院园艺的特色。园林中乡土植物运用较多，并且喜欢在房前屋后种竹，植物使得整体生态环境良好。

住宅庭院内的植物绿化要求既生态，又有经济、美化效果，使观赏结合生产，空间较大的庭院应适量种植庭荫树或果树，空间较小的则可见缝插绿或种植攀缘类植物。在院内可种植果树（最好在前院种植），利于观赏，但注意不能遮挡住房的阳光；也可以种植花木或观赏性好的树种，还可以种植蔬菜、瓜果等。庭院绿化果树品种多样，如适宜浙江省种植的果树有桃、李、梨、杏、柚子、枣树、柿树、石榴、樱桃、枇杷等，花卉主要品种有茶花、含笑、海棠、牡丹、月季、菊花、兰花等。

庭院中靠围墙侧或墙角的地方可以种攀缘藤本植物或蔬菜，使绿色延伸至院外，是融合室内外环境的一种景致。藤蔓类可选用蔷薇、凌霄、紫藤、牵牛、葡萄、猕猴桃等进行垂直绿化，也可选择一些常见普通中药种植于农家庭院之中。

（六）村　旁

村旁用地是对村庄边缘的界定，表现要素包括河流、道路、山体、耕地、林地等多种类型，由于这些要素自身的几何特点，形成的边缘也呈现不同的几何形态。由河流、山体界定的村庄边缘形态自由、层次丰富，特别是依山而建的村庄，其边缘随山体高差变化而形态丰富；由道路、耕地界定的村庄边缘由于受使用功能限制，一般较为规则，为衔接村庄的一部分；由林地界定的村庄边缘呈现的是一种与自然有机融合、较为自由的形态，在高度上有所变化，平面形态上较为自由。村旁绿化主要为满足防风、隔离噪声的功能需求，应考虑村庄四季盛行风向，在冬季入风口可密植常绿阔叶林以降低风速，减少寒风袭击。村庄周围适宜形成环村林带，可以高大乔木为主，适宜配植中高乔木和灌木，形成村庄的自然边界，既可有效遏制村庄的无序扩张，也可对村庄外的噪声、沙尘、废气等起到隔离作用，还可作为村庄与周边自然环境的生态过渡带。可选择种植速生林带，如枫树列植，林带中间留一定宽度的人行休闲散步小道；也可培育城市绿化大苗，如悬铃木、银杏、栗树等；还可选择栽植果树林带；并可利用村庄周边小块坡地或者零星地块，栽植各种经济林。

（七）滨　水

当今的乡村地区，出于实用性和安全性的考虑，大部分河流都被改造，很少保留着自然原貌，严重破坏了河流生态系统和生物生境。因此，应尽量保留现有河道水系，并进行必要的整治和沟通，改善水质环境。有防洪要求的河道应以硬质驳岸形式为主，河道随岸线自然走向，保护河道的自然线性；无防洪要求的河道，可采用植物栽植进行生态护岸。在满足防洪要求下，保留水系弯曲灵动的自然形态更有利于生物多样性的保护、消减洪水的灾害性和突发性，为各种生物创造适宜的生境，尽显自然形态之美。

一般来说，乡村水系包括湖泊、江河、溪流、水库、池塘和沟渠等形式，其中，河（溪）流、池塘和沟渠等形式在乡村中较为普遍，也是乡村水空间景观营造的重点。

乡村水系景观既要满足使用功能，也要尽量恢复其自然生态特征，增加景观异质性，构建生态廊道。滨水植物应具有多种功能，能够净化水质、巩固和改良土壤、防止流水对河道岸坡冲刷、保持河道岸坡的水土、水分涵养、改善局部的生态环境等，通过水生植物对水体的点缀而使人产生回归自然的感觉，并注意发挥水生植物的生态功能。

滨水绿化必须根据生态理论把乔木、灌木、藤蔓、草本、水生植物合理配置在一个群落中，做到有层次、有厚度、有色彩，使喜阳、耐阴、喜湿、耐旱等各类植物各得其所，构成一个长期共存的复杂混交的立体植物群落。选择地方耐水性植物或水生植物为主，同时高度重视滨水的规划植被群落，它们对河岸水际带和堤内地带这样的生态交错带尤其重要。不同功能的滨水空间在植物选择上应区分对待。例如：生态经济型滨水驳岸应选耐水湿的经济类果木、用材树种，如湿地松、香樟、无患子、桃等；休闲观赏型滨水宜选树枝柔软、姿态优美、季相色彩丰富的观赏型植物，如柳树、云南黄馨、朴树、榆树、紫薇等；桥头绿化宜选亲水型植物，岸边可种植枫杨、香樟、水杉、垂柳等乔木，体现江南水乡风貌；多植有季相变化的树；尽量配植与景观有特殊联系的、易产生联想的花灌木树丛，且不影响游人观景的视线，使其高低错落形成优美、舒适、整洁的环境。

另外，水边植物配置应注意植物林冠线、透景线、季相色彩的艺术构图效果，营造开敞植被带、稀疏型林地、郁闭型密林地、湿地植被带等植物景观类型；驳岸植物配置应结合地形、道路、岸线种植，疏密有致、高低错落，体现野趣；水面植物配置应注重观赏、经济和净化水质功能，充分考虑水面的景观效果和水体周围的环境状况。不同的水域条件，适合不同的水生植物生长，在岸边可选择大花萱草、千屈菜，浅水中可选择鸢尾；沉水植物选用金鱼藻、亚洲苦草、菹草；挺水植物则选用莲、水芹、慈姑、菖蒲等。

现代乡村滨水的绿化应尽量采用自然化设计。不同于传统的造园，自然化的植被设计有以下要求。1）植物的搭配：地被、花草、低矮灌丛与高大树木的层次和组合，应尽量符合水滨自然植被群落的结构，多采用自然式的绿化方式。2）在滨水生态敏感区引入天然植被要素，比如在合适地区植树造林恢复自然林地，在河口和河流分合处创建湿地，转变养护方式培育自然草地，以及建立多种野生生物栖息地。

河道溪流边利用种植结构调整，与农田景观连接、呼应。重点强调边缘植物和水生植物的应用，溪中漂浮的各类水生植物结合溪边草地与混合树丛，保留溪流河道的自然驳岸和湿地，加强植物种植，既满足防洪需要又能美化景观，但要注意防止水体污染和生态保护。

对于自然的河道，位于高低水位之间的河床区随季节水位高低变化而使河岸与水有了弹性的接触空间，成为一些动植物特别的栖息区，是水生植物、湿地、野草及树木的生长区域。还可根据需要设置不同深浅的水域，营造多样化植物景观。对于人工河道，则可以根据不同水位滞留时间的长短，种植不同的湿生植物，如芦苇、菱草、水寥、莎草、柳树等，还可种植喜湿耐水的植物，如水杉、曲柳、杨树、胡杨等。农田沟渠边宜增加水生植物和多样性的溪边草地植物，对沟渠边缘进行改造和步行廊道的设计，提高景观美学质量及生态多样性。

在湖岸边将芦苇、芦竹、小垂柳、香蒲等高秆挺水植物混栽，使水面与湖岸完美过渡，选择淡紫色花絮的再力花、蓝色花絮的海寿花、白色花絮的小鬼蕉、粉色花絮的红蓼以及多花色的花菖蒲等，以及营造黄菖蒲群落、千屈菜群落和萍蓬草群落，突出群体的花色效果。

总之，滨水植物造景在兼顾形式美的同时，更注重生态要求，遵循自然水岸植被群落的组成和结构等规律，以期达到较高的生态效益，并更能适宜鸟类、鱼类等动物的生存，达到改善河流生态栖息地的目的。

六、治愈作用

乡村景观休闲自然的环境对压力的舒缓和身心健康的修复具有积极促进作用，特别是植物景观，乡野的视觉及嗅觉感受，能使人安定、消除疲劳、缓解压力。

七、乡村景观植物的选择

乡村景观需要一种质朴实用与亲切之美，重在为农民、农村、农业服务，满足农业的现代化生产需要。相比于城市，乡村是人与自然交互作用最为紧密的地区，乡村景观也是整个区域生态环境健康发展的基础，是人与自然和谐共生的生命景观。

植物种类选择上在考虑生产要求的同时也应该为人的身体健康和心理需求考虑，现代乡村景观营造应充分考虑其经济性、景观性、生态性、乡土性、景观多样性。如：随着人们生活水平的不断提高，现代乡村居民的审美意识也不断增强，对植物的观赏功能要求不断增加；对生态意识的加强和对健康的重视，在居住区内应选择一些对人体有保健功能的植物种类。

（一）适应性强

乡村植物具有很强的适应性，能够适应本地区的地理气候并健壮生长，具有优良的抗逆性，如抗干旱、抗水涝、抗病虫害等特点，遇到极端气候仍然能够生长繁殖。乡村植物一般是经过多年自然选择而保存下来的植物种类。

（二）经济实用性

乡村植物应具有突出的经济性、实用性，尽量选择经济价值较高的植物，不但能起到绿化、美化的效果，而且能够带来经济效益。例如，柿树、枇杷、橘树、杨梅、石榴、海棠等。

（三）文化性

乡村绿化植物与传统文化密切相关，乡村植物影响着传统文化。我国地域辽阔，不同地域的乡村生长着不同类型的植物，在一定程度上乡村植物是文化传统的承载者。不同类型的乡村植物长期与人类共存，孕育着不同的乡村文化，在饮食文化、中医药文化、民俗文化、信仰文化等传统文化领域中起到十分重要的作用。不同地域性植物景观类型也是植物文化性的体现，应充分尊重地域特征和自然环境发挥地方优势，使村庄与环境和谐相融。

植物景观能体现村庄特色，对村庄不同用地类型应充分考虑其功能和空间特点，因地制宜，通过植物栽植更好地满足人们生产生活的需要，美化村庄环境并提升其环境质量。

全省各地很多古村落都有风水林、风水树，如树龄较大的香樟、榕树等，这些保留下来的风水林、风水树现在成了古树名木，是当地村民的精神寄托，也是村落历史的见证，是乡愁的载体。

参考文献

[1]李星宁. 贵州美丽乡村植物景观营造研究[J]. 2019，47（15）：29-33.

[2]王泽锴. 湖南乡村农作物景观设计研究[D]. 湖南农业大学，2014.

[3]卢周奇，邱冰. 基于Cite Space的国内乡村植物景观研究[J]. 园林. 2021，38（02）：80-87.

[4]欧雪婷. 生态文明理念下乡村生态植物景观研究[J]. 福建广播电视大学学报，2020，142（4）：92-96.

[5]袁婷. 乡村绿化中植物的选择配置探析[J]. 现代农业科技，2021（7）：147-148.

[6]石玲玲. 浙江省现代乡村植物景观营造研究[D]. 浙江农林大学，2010.

第五章

滇派园林艺术的多样性

引　言

毛志睿[①] 唐文[②]

一、滇派园林艺术源流

（一）中国古典园林起源

从殷周之“囿”、秦汉“宫苑”到西晋张翰“暮春和气应，白日照园林”，“园林”一词开始出现，并特指供人使用的游憩环境；其后经过千年推演，至1631年明计成《园冶》一书形成了中国古典园林艺术理论之大成，“造园”亦于此诞生。

中国的文化土壤孕育了中国的园林艺术，包括由绘画、书法、文学作品衍生出来的山水画、山水诗作、山水游记等等。中国古典园林的营造从以建筑为主体逐步转变成以模拟自然山水为主体，宣示了古人由富足炫耀向注重文化修养的意趣与思想的转变。各时代园林主人的代表人物有东晋陶渊明、王羲之、谢灵运到唐王维、白居易、柳宗元至宋欧阳修等，既是文学家、艺术家，也是古典园林的创作者和使用者；既有东晋陶渊明“采菊东篱下，悠然见南山”之恬淡意趣，也有唐王维营造的古典园林“辋川别业”中“诗中有画，画中有诗”的审美情趣。

（二）云南传统园林特质

按区位来说，中国古典园林存在三大流派——北方皇家园林、江南私家园林、岭南园林。然而地处西南边陲的云南，依托得天独厚的自然山水、异彩纷呈的民族文化、珍稀多样的“植物王国”等资源优势，逐渐发展形成了既受三

① 单位：昆明理工大学建筑与城市规划学院。
② 单位：昆明理工大学建筑与城市规划学院。

大主流园林的风格影响，又独具特殊禀赋的云南传统园林。云南的传统园林多与寺观、庙宇建筑群体紧密结合，因山借势、因水而名，如昆明西山、宾川鸡足山、巍山巍宝山、通海秀山、昆明大观楼、丽江黑龙潭、蒙自南湖等，“真山真水真自然”，少了“文人雕琢气”，多了“自然天成意”，独具另一番有别于中原文化的园林气派。

（三）滇派园林之大观

1. 植物园林

云南省一直被誉为中国的“动植物王国”和“鲜花基地”，有着丰富的自然资源和得天独厚的地理环境，创造优美舒适的人居环境、建设绿色家园是人民群众的期盼。1999年，世界园艺博览会在昆明举办，汇集了世界各国园林园艺，融奇花异草精品于一园，使得当时原本城市园林绿化在全国还处于相对滞后的云南昆明取得了突飞猛进的发展。昆明创建国家园林城市行动的开展，更是充分展现了云南园林园艺独具魅力的特色和风格，虽然世博会已经过去20余年，但昆明世博园已然成为云南园林绿化的一面旗帜和丰碑，一直被精心养护着。中国面积最大、收集物种最丰富、植物专类园区最多的中国科学院西双版纳热带植物园也是集科学研究、物种保存和科普教育为一体的综合性研究机构和风景名胜区。发展滇派植物园林就是基于云南高原、低纬度、亚热带、亚温带兼具的特殊地域植物物种资源所提出的。

2. 山水园林

云南的山多是连体的、扁平的，叠山叠水、气势恢宏。从山水上来看，云南园林是追求富有特色的自然山水景观的典型表现，寄情于山水的精神溢于言表，形态种类也随季节气候变化而比较丰富。大观楼面临滇池、远望西山，尽览湖光山色，其造园手法紧紧围绕孙髯翁长联意境布局，上联描写自然山水格局，大气天成；下联历数云南人文典故，精妙绝伦。苍山洱海风景区的第一站洱海公园也是滇派山水园林的代表，山上山下林木繁茂，亭、台、楼、榭相互呼应，望海楼南边的百花园里姹紫嫣红、应时斗媚，除此之外，还有“海山一览堂”“襟山带海楼”“山腰云带”等，这些赏景建筑与周围山水花木组成了一幅幅秀丽的景观画卷；洱海东西南北四大名阁使洱海呈现出了“千尺长堤三尺柳，绿荫临水水含烟”的美妙景象。20世纪90年代后，云南各州市如保山、大理、玉溪等的依山傍水的园林建设得到了前所未有的发展，形成了各地异彩纷呈的滇派山水园林景观。

3. 民族园林

云南各民族依据所处区域的自然环境、气候条件，在融合本民族传统文化的基础上，挖掘了多种类型的造景要素，并将其运用在园林造景设计中，以此形成了多变的少数民族园林风格。云南各少数民族之间存在的文化差异使得云南少数民族园林具有比较显著的文化特性。白族园林中不乏江南园林的特色，因白族人尚白，融合江南园林的意境后，白族园林变得更加清新秀丽，且富含韵味；傣族聚居地具有丰富的动植物资源，且保存了完整的热带雨林，外加民族风情十分浓郁，使得其民族园林呈现出美观实用、生动灵气、自由别致的自然野性。其他各个少数民族的园林、风情老街、乡土动植物园等，在增强云南少数民族文化认同感的同时也建造出了独特的滇派民族园林。

二、滇派园林艺术的多元特征

（一）园林建筑艺术

我国古典园林造园思想来源于山水画。宋代的郭熙评说：“山水有可行者，有可望者，有可游者，有可居者。”园林中有建筑，要能够让人居住，使人获得休息，但它不只是为了住人，它还必须可游，可行，可望。因此，云南传统园林传习了中国古典园林的造园手法，为了丰富对于空间的美学感受，在园林建筑中就要采用种种手法来布置空间、组织空间和创造空间，如借景、分景、隔景等等。总之通过空间的艺术处理来创造令人驻足和欣赏的“可望”空间。

而以云南民族村、大理三塔公园、保山清水海公园、西双版纳傣族园等为代表的当代园林则将滇派民族建筑特质尽情展现了出来，如：邛笼谱系——滇西北德钦藏族土库房、哀牢山彝族土掌房、哈尼族蘑菇房；板屋谱系——怒族井干房，纳西族、彝族木楞房，香格里拉藏族土墙板屋；干栏谱系——傣家竹楼、壮族吊脚楼；天幕谱系——瑶族叉叉房、拉祜族挂墙房、佤族鸡罩棚等；合院谱系——昆明地区的“三间四耳倒八尺一颗印”，大理白族地区的“三坊一照壁，四合五天井”等等，多民族建筑特质如数家珍。现代滇派园林反映了云南地方文化与中原文化的紧密联系，其在园林建筑和环境艺术空间的处理中体现出来的多样性特征不止在我国，甚至在世界范围内都是首屈一指的。

（二）园林装饰艺术

园林的装饰艺术是艺术审美的重要组成部分。滇派园林的装饰艺术强调文化的原真性、本土性以及与多民族文化的融合性，其装饰特色受到古滇文化、南诏文化、傣族文化、中原文化的影响，建筑彩绘、门窗装饰、雕刻艺术、地域植物配置等结合本土民族特色，形成了一种具有融合性、多样性、民族性的装饰艺术风格，表达了滇派园林装饰艺术独有的区域景观人文魅力。雕工显示了尤其注重技艺的传承，凸显出高浮雕的技艺；色彩华丽，彩绘更是强调色彩的多姿多彩与相互协调，如大理白族建筑的彩绘艺术可谓是一绝，其体现出丰厚的文化内涵与审美意趣，多在山花与檐口出现，伴随着建筑门头、檐下等砖墙形式使得其富有独特魅力。

陈设具有典型的滇式风格，造型拙朴，伴有红色与金色的色彩的勾勒与点缀，时常伴以大理石镶嵌、漆做深暗沉着。以剑川木雕为代表的木雕技艺在建水朱家花园和喜洲名居中都有很好的体现，尤其是通海三圣宫的大门木雕技艺，可谓中华一绝；大理张家花园的园林窗和厅房窗皆以木雕为主，镶嵌大理石雕刻，将带有吉祥蕴意的蔬菜瓜果、飞禽神兽等雕于其上，造型图案丰富。代表福、禄、寿、喜、财的招财纳福窗和表达屋主追求仕途、崇尚儒雅愿望的琴棋书画、文房四宝、香炉博古、梅兰竹菊等题材也多被用于各民族园林装饰中。此外，滇派园林建筑石雕工艺精湛，多体现在石柱与建筑围栏之上，有丰富的地域文化特色，如巍宝山石刻艺术、沧源崖画等都是滇派园林装饰艺术的瑰宝。

（三）园林雕塑艺术

云南传统寺观园林中的雕塑艺术强调叙事性、民俗性的融合，最有代表性的是昆明筇竹寺五百罗汉泥塑，泥塑人物栩栩如生，是国内泥塑的典型代表。此外，具有人文历史价值的雕塑，如聂耳、袁嘉谷、孙髯翁、兰茂等的雕塑有着深刻的纪念意义。由于历史文化的多元性和各民族本身文化发展的机缘，滇派园林雕塑艺术中的浮雕形式特别多，记录着各个民族的文化历史、风土人情和民间趣事。同时，在抗战文化上叙事风格形式的浮雕在滇西突出；滇南则是以滇越铁路文化为主线的形式；麒麟仙女、诸葛亮率军与彝族部落结盟等雕塑，使得曲靖市荣获“国家雕塑园林城市”的称号。

滇派园林雕刻中的文化叙事性往往伴随着雕塑的序列性与民族性。反映云南各民族团结和谐的图腾柱形式也多姿多彩。

红色文化在云南也非常突出，红军巧渡金沙江、四渡赤水的纪念性雕塑、革命领袖雕塑等在纪念性园林当中均是一个亮点。新时期的滇南军旅雕塑常常以新时期军人保家戍边形式在陵园中体现着时代风貌。

（四）园林花卉艺术

云南拥有非常多的园林花卉种类，不同花卉有着不同的特点，在园林设计中的应用也是相当灵活，可以发挥很多作用。在滇派园林花卉的应用中，对于景观的意境有非常高的追求，要在有限的空间中人工地创造出具有自然美感的景观，使人们身处美妙的环境之中。对于意境的营造，一直是园林设计中非常重要的方面。只有实现情感和景观的和谐、产生触景生情的效果，才能让园林展现出意境的美。园林花卉丰富的种类、色彩和形态，能够在景观中发挥出多种作用，是构成景观视觉效果的重要部分。在中国的传统文化中，很多花卉被文人墨客赋予了不同的精神和内涵，而云南民族文化多姿多彩，丰富的花卉更被赋予了不同的象征意义。这些花卉在构成景观时，不仅可以表现出自身的美感，还会产生相应的文化气息。在景观设计中，为了更好地形成意境，需要充分考虑花卉代表的精神和内涵，使景观的设计提升到更高的档次，花卉图案也运用于地砖雕刻、墙面手绘、服饰装饰中。

（五）园林匾联艺术

园林中的匾联其位置和表达的意境对于解读园林思想和文化内涵尤为重要。匾联如能够将修辞美与园林的内在美结合起来，可对园林建筑的装饰功能进行优化。匾联有着不同的形式，主要有楹联以及匾额。所谓的楹联就是对联，悬挂于楹柱上，是比较独立的文化形式。匾额通常挂于门房上、屋檐下。通过楹联的应用不仅能够起到装饰的作用，并且还能够达到文景相融的艺术效果。

滇派园林的匾额、楹联内容丰富、形式多样，具有不同的时代特征和明显的地域特色，有很深的历史渊源和浓郁的人文韵味。云南传统园林中保留着大量碑碣、匾额、对联、诗词题咏，多出自著名书法家之手，艺术主要体现在诗情画意的表达、风景的抒怀和人文励志上。以通海秀山为代表，大多数匾额、楹联都是文人志士游览秀美山水时寄情于山水所写下的名句，被誉为“匾山联海”。

云南名山名寺众多，寺观园林分布广泛、数量庞大、气宇非凡，且无楹不联、无壁不诗，都伴有著名的名联名诗，如鸡足山的匾额、楹联是与佛教和历史渊源故事的完美结合，建水文庙的儒家文化更是与楹联完美结合的又一体现。在风景名胜当中，孙髯翁撰写的大观楼长联把滇池秀美壮观的景色写得洋洋洒洒、美轮美奂。但滇派园林的艺术特色实则“万语千言道不尽”，今后仍需注重保护园林匾联文化，并结合现代要求探索新的匾联艺术表达。

第一节　滇派园林的民族风格建筑艺术

李慧峰[①]　廖广涛[②]

一、滇派园林的民族风格建筑分布概况

多元的民族文化、特殊的地理分布、各民族间的相互影响和交融，围绕着各民族“大杂居、小聚居”的总体格局，造就了云南地区建筑丰富的地域性文化。

表 5-1　云南传统民居分布概况

民居类型		分布地区	地域类型	主体民族
本土型民居	碉房	德钦	干冷地区	藏族
	土掌房式	元谋、峨山、新平、元江、墨江、石屏、建水、红河、元阳、绿春、江城	干热地区	彝族、哈尼族、傣族、汉族等
	井干房式	香格里拉、丽江、宁蒗、维西、兰坪、漾濞、洱源、贡山、云龙、永平、南华	高寒地区	彝族、纳西族、藏族、白族、普米族、怒族、独龙族等
	干栏式	景洪、勐腊、勐海、孟连、镇康、澜沧、双江、陇川、福贡、耿马、芒市、瑞丽、盈江、泸水	温热地区（低热平坝、低热山地）	傣族、壮族、布朗族、佤族、德昂族、景颇族、拉祜族、基诺族、哈尼族等
汉化型民居	合院式	昆明、建水、石屏、大理、丽江	中暖平坝地区	汉族、白族、纳西族、彝族、回族、蒙古族、阿昌族、傣族

① 单位：西南林业大学。
② 单位：云南省设计院集团。

二、滇派园林地域性建筑分类及建筑艺术特征

（一）云南地域性建筑分类

云南地域性建筑的发展是地区自然气候条件与社会经济状况相互合力作用的结果。随着人们生活方式的改变与家庭人口组成的变化而产生适应性调整，并最终导致地域性差异的变化。由此，不同地区的建筑类型都存在一定的差异。为统一建筑分区，将云南地域性建筑分类为合院式、干栏式、土掌房式、井干式。

（二）云南地域性建筑艺术特征

1. 合院式建筑艺术特征

合院式又称作“宫室”式、“天井”式、“院落”式，是最具有民族文化特色和代表性的形式。合院式建筑主要分布在云南腹地交通便利、与汉族交往频繁的坝区，其共承一脉，但彼此各显千秋，反映出文化传播过程中因环境的不同而产生的变异。

这类“汉式”合院式建筑的共同特征有3点。

1）空间布局的院落化：房屋由原来独立式的外向型空间转变为院落式的内向型空间。以庭院天井为中心组成对称的平面布局，有明确的构成单元（如正房、耳房、厢房、花厅、照壁、门楼、过道等）和轴线主从关系，可根据家庭大小、经济状况、用地等实际情况灵活调整布局。

2）建筑观念的世俗化：在建筑内外空间的装饰布置上，由儒家“礼乐”精神代替原有的各种神灵。

3）木构技术的地方化：将精巧的汉族传统木构建筑技术融合到地方民居建筑中，以其自身的先进性和广泛的适应性形成各具特色的地方民居技术派别。

从分布的地域情况来看，合院式又可分为紧凑生长合院式、半穿斗合院式、坊坊相接合院式。

2. 干栏式建筑艺术特征

干栏式民居是一种底层架空、人居楼上的建筑空间形式。据文献记载：“俗构压高树，谓之阁栏或干栏。”另外还有很多相似的称呼，也多是从各民族语言中转译而来的。如，在现代壮语中“干”是竹木之意，“栏”或“兰”都是屋舍之意；还有在壮侗语族中“干”表示“上面”的意思，“干栏”即房屋的上层。以前干栏式民居的分布区十分广，遍及我国古代南方百越族群的大片聚居区域，后随人口的大量迁移而重新分布。目前，“干栏式”系列的建筑除了在云南西部和西南部边境有较多保留外，其余在桂北、湘西、黔东南等地已呈孤岛状分布。

干栏式建筑主要分布于西双版纳州、德宏州、怒江州、普洱市、临沧市及红河

州部分地区，属于热带、亚热带湿热河谷的地区。

3. 土掌房式建筑艺术特征

土掌房，即在密楞上铺柴草抹泥的平顶式夯土房屋，属于生土建筑。其特点是平面呈方形，布置紧凑、节约用地；保温隔热性能良好，室内冬暖夏凉，适合干热和干冷气候地区居住；就地取材，建造方便、经济；层层叠落的土平屋顶设计，克服了自然地形的限制与不利条件，创造出了符合山地农耕生活需要的室外平台场地及生活空间，满足了当地居民日常生产生活的功能要求。

土掌房式主要分布在云南的元谋、峨山、新平、元江、墨江、石屏、建水、红河、元阳、绿春、江城、德钦等地。居住土掌房民居的民族主要有彝族、哈尼族、藏族和部分傣族、汉族。

4. 井干式建筑艺术特征

井干式是用圆形或方形木料层层堆砌而成，在重叠的木料的每端各挖出一个能上托另一木料的沟槽，纵横交错堆叠成井框状的空间，故名井干式。以“垒木为室”构成井干式，相互交错叠置的圆木壁体（也有半圆或木板状）既是房屋的围护结构，也是房屋的承重结构。井干式建筑在空间上所呈现的封闭性特征与洞穴有着某种文化上的渊源。此类建筑的屋顶多为“悬山”式，常采用坡度平缓且相互搭接的双坡木板覆盖（又称“闪片”或“滑板”），为防止木板滑落、脱落，需在木板上压上石块。

由于井干壁体所围合的空间具有良好的保温性能，且房屋建造需要的木材用量较多，因此分布在云南滇西北地区的香格里拉、丽江、宁蒗、维西、兰坪、漾濞、洱源、贡山等地气候比较寒冷但取材方便的林区，而居住于井干式建筑的少数民族主要有纳西族、普米族、独龙族、藏族和部分彝族、白族、傈僳族。

三、滇派园林建筑的艺术美学

素有“彩云之南”之称、园林文化独具特色的云南，历史悠久，经过历代的发展，成了神奇、美丽、历史遗存众多、地方文化内涵独特的地方。

云南共有26个世居民族，因为各民族文化的不同，在园林内容上也风格各异。其中以白族、傣族、彝族、纳西族在园林上最具代表性。同时云南的地理气候条件造就了云南众多地域性强的建筑，也为研究、发展具有云南地方特色的滇派园林建筑提供了良好的条件。

云南作为我国少数民族最多的省份，其特殊的自然地理人文环境，造就了形式多样的民族园林建筑类型。云南民族文化种类丰富、园林建筑风格多变，其园林建筑拥有着丰富的文化内涵和美学内涵，这些都还有待我们去积极探索和发现。对于云南园林建筑艺术美学的研究，将会为丰富少数民族建筑艺术内涵、保护和发展少数民族园林文化做出巨大的贡献。

云南因为各民族的文化风俗不同，其园林建筑种类丰富多样且各具特色。其中具有代表性的有傣族的竹楼和佛寺建筑、彝族的土掌房和“一颗印”民居、白族民居的“三坊一照壁、四合五天井”等等。云南的少数民族园林建筑把各自民族的文化融入园林建筑中，形成了各具民族特色、种类丰富的园林建筑。

（一）空间布局艺术之美

1. 白族宅园建筑布局艺术之美

白族民居建筑布局格式多种多样，“三坊一照壁”是大理建筑文化特有的典型代表，它将合院式建筑去其一坊改为一壁这一创新，既减弱了建筑的压抑感、拥挤感，又为尽展白族建筑的丰富文化提供了载体。这种布局功能齐全、分区明确，室内外交通联系方便，流线主次分明，依轴线层层深入，它以庭院天井为中心组织平面，有明确的轴线，有基本的构成核心。同时，白族民居大多按东西轴线布置房屋，重院则按横向的南北轴深入，大门布置在东北角上。

“四合五天井”，由四坊房屋围合而成，无照壁，四坊交角处各有一个小院，亦称“漏角”天井，大小共有5个庭院天井，故称“四合五天井”。从布局上看，显示了明显的理性思想，追求着人间现实的生活理想和艺术情趣，通过建筑与自然、房屋与庭院、室内与室外的有机结合，创造出某种“我以天地为栋宇”的建筑与环境相融合的境界。

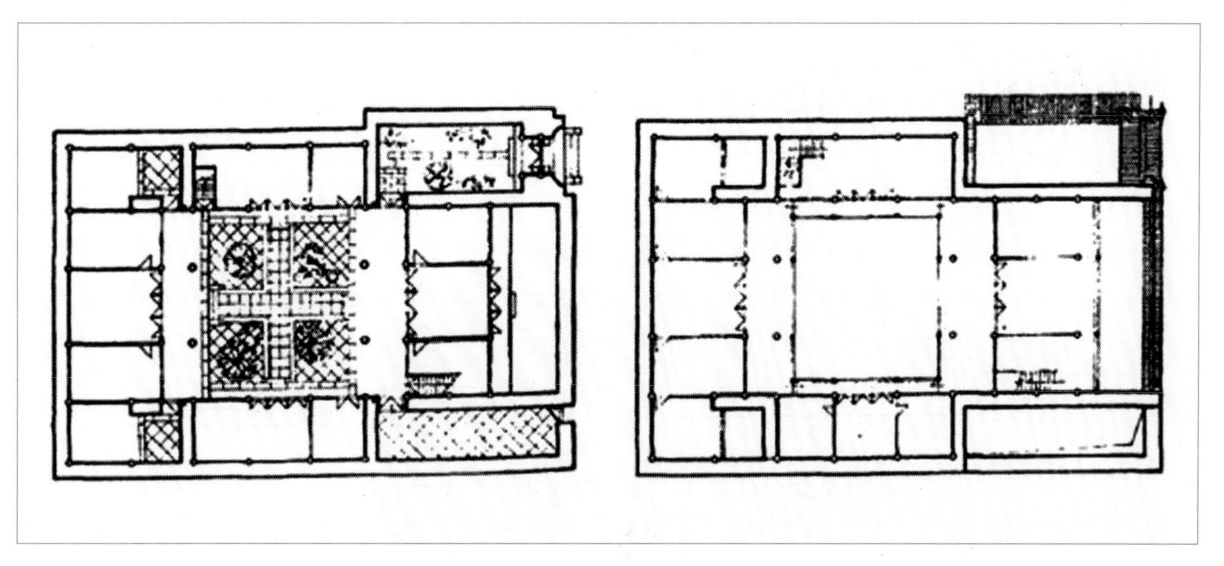

图 5-1　“四合五天井”平面

图 5-2　曼春古佛寺佛塔

2. 傣族园林建筑布局艺术之美

傣族居住的民居多为干栏式的竹楼，其宅院比较简朴，布局经营随意。在傣族人的建筑空间观里，认为竹楼左右是土地和森林、背面是水的方向最为理想，这样就使建筑入口朝向了东边。另外，傣族的宅院建筑虽然较少，但是对于这唯一主要的竹楼也很注重空间层次的划分。竹楼底层是架空的，只用竹篱或棚架围出储藏东西的空间，底层和楼上的设置创造了建筑上下层虚实空间的对比。同时，楼上前廊的设置，也把楼上空间进行有效的划分，形成了虚实对比和室内室外空间的过渡。傣族村村有寺，佛寺建筑玲珑壮观，风格突出。傣族信奉南传上座部佛教，佛寺建筑布局大多较为自由，没有明确的轴线关系，作为自由式空间布局的主要代表，体现了中国传统建筑流动的空间美。傣族佛寺在寺外都有信徒聚集的较大场地，

图 5-3　掩映于丛林中的傣家竹楼

寺门向东开设，以穿廊或露天石阶与佛殿相接，以求空间的转折和过渡。这些布局都在一定程度上反映了傣族人活泼开朗、不受拘束的性格。

3. 汉族和彝族的“一颗印”民居布局艺术之美

“一颗印”民居是由汉、彝先民共同创造的，在以昆明为中心的滇中温暖平坝地区较为常见。它宅基地盘方整，由正房和厢房组成，瓦顶土墙，墙身高耸光平，窗洞很少，平面及外观都方整如印，所以称之为“一颗印”。“一颗印”民居的布局主要有独立式、有顶院和敞院式3种。独立式即正房、厢房紧紧相接，不留空白。这种布局形式使得房屋进深较大，空间连贯、布局紧凑。有顶院就是民居的各功能空间围绕中间的内院布置，但在院的顶部有屋盖。敞院式即内院无顶，敞开向天。这种布局一般由一个正房两个厢房和大门围合而成，院子较大，采光充足，且利于种植花木，更能体现彝族所推崇的天人相通的思想，带给彝族人轻快自由的身心享受。

（二）造型艺术之美

1. 白族园林建筑的造型艺术之美

大理白族地区的建筑外部造型轮廓丰富，屋顶曲线柔和优美，错落有致。屋顶盖瓦为筒瓦板瓦相盖，并用草泥灰充填黏结，瓦屋面美观大方。尤其是照壁和门楼的屋顶造型，更突出了白族民居的特色。

照壁的形式主要有“独脚”照壁和“三滴水”照壁两种，壁顶都为庑殿式。“独脚”照壁壁面高度一致，不分段，为仕宦人家选用；“三滴水”照壁系将横长而平整的壁画直分成3段，左右两段大小对称，形似牌坊，中段较高宽，这种形式为白族民居普遍采用。白族照壁中段的壁顶屋檐较长，整个屋顶显得比较修长，给人以轻巧可爱飘逸之感。同时，照壁在建筑材料上对比很明显，整个照壁因为材料的关系出现了“实—虚—实”的变化，建筑墙脚稳重、中间轻巧，屋顶因为造型又打破了原本材料导致的生硬，整个照壁带给人的是一种灵巧飘逸的感觉。屋顶的飞动与照壁墙体的静形成对比、朴实的瓦质材料和屋檐的彩画对比，给人很强的视觉冲击力。

2. 傣族园林建筑造型艺术之美

傣族的建筑造型最大的美就是空灵飘逸。竹楼是由几十根柱子支撑起来的，属于干栏式建筑，被认为能避免过多的地表改造，尽量减少环境的破坏，实现建筑和自然的和谐相处。竹楼和佛寺等主要建筑一般是重檐歇山式的屋顶，屋脊上有火焰状和卷叶状装饰纹样以及动物状的陶饰物或金属饰物，整个屋顶层层叠叠，富有情趣。傣族建筑的造型和汉族建筑比起来更自由灵活，使得建筑屋顶在统一中寻求变化，而且在材料方面，竹楼一般用较朴实的瓦或者茅草覆盖，使建筑看着朴实亲切；而佛寺则多用颜色亮丽的红瓦，让建筑显得富丽堂皇，使人崇敬。傣族竹楼的楼身一般都有空透的廊，以方便进入各室内空间，这样的处理也减轻了傣族竹楼的厚重感，它和空透的下层一起，让竹楼显得飘逸且具有活力。除了主要的建筑，傣族的水亭、戒亭、佛塔等小型园林建筑的造型也别具一格。傣族佛塔一般是实心的，有单塔、双塔和群塔等形制；戒亭亭身是方形，有的还会在四周用柱子加以支撑，以创造出不同的样式，经过工匠们在屋顶的细心装饰，整个戒亭更显得华丽俊俏，在园林中更是引人注目。

3. 其他民族建筑造型艺术之美

土掌房是典型的彝族民居，常结合地形形成前低后高的形式，外观立面造型平稳凝重、敦厚朴实。土掌房外墙开窗较少，新建房在大门两边各开一小窗，靠内院的墙皆开有木窗，其建筑屋顶则完全是平顶的样式，用木头和稀泥等材料修建。木楞房是摩梭人和普米族等的民居建筑，它们一般为单层或者双层，有的是单栋的形式，有的则围合成院落形式。木楞房屋顶是简单的坡面，上面覆瓦，墙体则大多用原木水平排列叠成，木材纹理自然，建筑风格古拙、敦厚。

图 5-4　错落有致的彝族土掌房

其他民族在建筑造型上也有很多特别之处。如，纳西族的建筑和白族的类似，但是他们在画山花的地方一般开窗，不像白族一样采用在实墙上绘画的形式来装饰；还有哈尼族的草顶蘑菇房，景颇族的四柱一梁的目瑙示栋牌坊等等，都显示了滇派园林建筑在造型上的丰富多彩。

图 5-5 白族走廊天花板上的彩绘

（三）装饰色彩艺术之美

1. 白族建筑装饰艺术之美

最常见的3种装饰形式是绘画、雕刻和泥塑。白族建筑绘画颜色一般以白色为基调，以冷色调为主进行彩绘，表现出一种清新雅致的情趣。在汉族古园林中，庭院建筑的外墙一般不做绘画装饰，而白族却喜爱用绘画装饰建筑外墙，而且还形成了自己独有的装饰山墙山尖部分的巨大装饰图案——山花，在山花周围一般整齐排列六菱形蜂房状的几何图案或者留白；墙柱处一般都对砖缝进行刷灰勾缝或者在柱子表面绘制方砖图案，和白色的墙面绘图形成对比并区分。白族建筑的雕刻装饰主要有木雕、石雕、砖雕等，其中以木雕运用得最为普遍。总之，白族在建筑装饰上以白色为基调，注重图案颜色的搭配；在选材内容上丰富多彩而且注意吉祥幸福的寓意；在技艺上精雕细琢，注意装饰的表现效果；在位置上注意对建筑外形的美化和丰富；所以，白族的园林建筑装饰无论内容、形式、意象、技艺还是视觉上都能给人以美的享受，展现建筑的和谐美。

2. 傣族建筑装饰艺术之美

傣族信奉佛教，傣族的每个村寨几乎都有自己的佛寺。在装饰色彩选用上，傣族最常用的是金色、红色和白色。金粉在建筑装饰中的大量运用，使佛寺显得富丽堂皇。红色主要用来装饰墙体、柱子，建筑的覆瓦也常用红色，红色和金色搭配更显富丽堂皇之美。傣族的一些佛塔几乎全是白色，纯白的塔身、金色的装饰，更显得圣洁高贵，让人觉得崇敬。

图 5-6 傣族屋檐下的孔雀装饰

傣族也注重装饰图案内容的选择，装饰常见的动物形象主要有孔雀、大象、龙和金鹿等等。同时，一些佛教图案和人物也会被用来装饰建筑。傣族佛寺屋顶戗脊上排列有各种火焰状和卷叶状的装饰纹样，用以代表云彩，而戗脊首端则是各种动物形象的瓦饰，墙面则会绘上各种佛教图案和人物。在装饰材料上，傣族佛教建筑喜欢用瓦饰、铁饰、玻璃装饰和涂料装饰等，尤其是特色玻璃装饰，更显傣族的文化特色。

3. 其他民族建筑装饰艺术之美

彝族最喜欢用虎、牛等动物形象来装饰园林建筑，在大门上挂八卦图以及象征自然界灵物的羊头、野鸭、兽蹄等，在窗户和墙上挂上羊头和粮食、在屋脊或者园林小品中雕刻石虎，这些装饰带有明显的彝族风格。由于彝族有尚黑贱白的习俗，黑色被认为是高贵的，红色、黄色是次之于黑色的吉利颜色，因而彝族建筑装饰色彩或以材料的本色体现质感美，或应用黑、红、黄、灰等色彩体现纯朴淡雅的美。

纳西族融合了汉族、白族等民族的文化，建筑装饰和白族相似但又略显简朴，尤其是封檐群板中缝的木雕悬鱼装饰是纳西族建筑的特色。

图 5-7　纳西族屋檐上的悬鱼装饰

景颇族喜欢对建筑进行带状的图案装饰，他们常用丰富的图案装饰建筑木条或者他们的牌坊，特别是中间两柱间的两个交叉的大刀，显示了刀在景颇人生活中的重要性。总之，云南各民族的园林建筑装饰形式多样、色彩丰富，展示了各民族装饰的独特魅力。

（四）滇派园林建筑艺术美的共性

1. 滇派园林建筑本身具有丰富的艺术美

（1）造型多样，风格独特

滇派园林建筑注重构图外观的造型美，风格独特。白族建筑造型轻巧飘逸，屋顶曲线流动优美；傣族的竹楼空灵舒展，优美大方，而佛寺建筑造型则相对庄重威严，颇具气势；汉族、彝族的“一颗印”建筑错落有致，造型简朴敦实；摩梭人和普米族用原木搭建而成的木楞房木材纹理自然、粗犷敦厚。不同的民族文化造就了各民族其建筑的独特个性，赋予它们独特的魅力。

（2）装饰精巧，韵味浓郁

在滇派园林建筑中，装饰是最能表现各民族文化差异的形式，白族因为受汉族影响较深，园林建筑装饰细致精美、工艺精巧；傣族人性格活泼自由，建筑装饰也往往简单随意，佛寺建筑则要么金碧辉煌、要么圣洁秀丽；彝族等民族则喜欢用自己民族崇拜的神灵或动物来装饰园林建筑。在云南，不同民族的园林建筑装饰文化风格迥异、色彩变化多样，但是它们都独具特色且富有情趣，反映了各民族的个性特点。

2. 滇派园林建筑与环境相融合使艺术美升华

（1）建筑依山傍水，环境优美

滇派园林建筑大多注重选址，注重环境对园林建筑的影响，大多数建筑都依山傍水，形成了优美的村落景观。白族的喜洲山环水抱，人称“家家有流水，户户有花木”，阳光充足、空气纯净，到处都是鸟语花香；纳西族居住的丽江古城也是家家门前有流水，仿若小江南；彝族的土掌房依山势而建，村落建筑层层叠叠，错落有致；傣族的竹楼也往往掩映在茂密的热带植物林里，环境清幽。滇派园林建筑的选址使各民族园林建筑有了更让人心醉的环境美，让建筑在这些幽静的环境中得到了艺术美的升华，令人身心向往、热爱陶醉。

（2）植物种植具有民族特色

在云南，不同的民族对不同的植物赋予了不同的内涵，它们将这些不同内涵的植物按照自己的喜好种植到园林中，用来点缀美化园林建筑。白族的庭院一般喜欢种植缅桂、兰花、山茶等，村寨喜欢种植大青树和柳树；傣族的宅院喜欢种植芭蕉、椰子、铁刀木等，佛寺常种植菩提树、贝叶棕、文殊兰等；彝族喜欢种植马缨花、棠梨；等等。植物的种植代表了各民族的喜好和风格，也较好地点缀了园林建筑，创造了良好的意境。

滇派园林建筑艺术在很多地方都独具魅力，但由于民族融合和很少被系统地研究，很多具有民族特色的东西正在慢慢地消失，这些东西一旦不能继续传承，必将给滇派园林建筑艺术带来重大的损失。我们应该加快对滇派园林系统的研究，积极抢救和保护少数民族园林建筑文化。

五、滇派园林建筑小品的民族风格艺术

（一）园林建筑小品的概念、功能及设置要求

1. 概　念

园林建筑小品是在园林中供游人休息、观赏，方便游人游览活动，供游人使用或为了园林管理而设置的小型精美园林设施，属于园林中的小型艺术装饰品，它包括园灯、园椅、雕塑、喷泉、园路、栏杆、电话亭、果皮箱等小型点缀物及带有装饰性的园林细部处理。

园林建筑小品通常造型别致、富有情趣，体量小巧、功能简明，一般不能形成供人活动的内部空间。

2. 功　能

园林建筑小品内容丰富，在园林中起点缀环境、活跃景色、烘托气氛、加深意境的作用。

3. 设置要求

园林小品不仅要具有形式美，还应具有深刻的内涵，所以在应用园林建筑小品时，要注意使园林建筑小品与周围自然环境景物、建筑物、当地人文历史、文化相结合，发挥它真正的作用，要做到“景到随机，不拘一格”，在有限的空间得其天趣，切忌生搬硬套，并要符合“适用、安全、经济、美观”的原则。

要求园林建筑小品舒适坚固、构造简单、制作方便，与周围环境相协调，点缀风景、增加趣味。

无论哪一类型的园林小品，都应具备地域特色和社会文化特色，体现民族精神，只有这样才具有感染力和长久的生命力，才是成功的艺术作品。

具体应做到——

1）立其意趣；

2）合其体宜　选择合理的位置和布局，做到巧而得体、精而合宜；

3）取其特色　充分反映建筑小品的特色，把它巧妙地熔铸在园林造型之中；

4）顺其自然；

5）求其因借　通过对自然景物形象的取舍，使造型简练的小品获得景象丰满充实的效应；

6）饰其空间；

7）巧其点缀　把需要突出表现的景物强化起来，把影响景物的角落巧妙地转化成为游赏的对象；

8）寻其对比　把两种明显差异的素材巧妙地结合起来，相互烘托，显出双方的特点。

（二）园林建筑小品分类

园林建筑小品按照功能可分为以下几种类型。

1. 休憩性小品

供游人坐息、赏景之用，包括各种造型的靠背园椅、凳、桌和遮阳的伞、罩等。一般布置在安静、景色良好以及游人需要停留休息的地方，在满足美观和功能需求的前提下，结合花台、挡土墙、栏杆、山石等而设置。

2. 装饰性小品

各种固定的和可移动的花钵、饰瓶，可以经常更换花卉。装饰性的日晷、香炉、水缸，各种景墙（如九龙壁）、景窗、花池、盆景、园林雕塑小品等，在园林中起点缀作用。雕塑有表现景园意境、点缀装饰风景、丰富游览内容的作用，大致可分为3类：纪念性雕塑、主题性雕塑、装饰性雕塑。现代环境中，雕塑逐渐被运用于景园绿地的各个领域，除单独的雕塑外，还可结合建筑、假山和小型设施设置。

3. 照明性小品

园灯包括路灯、草坪灯、水景灯等。园灯的基座、灯柱、灯头、灯具都有很强的装饰作用。

4. 展示性小品

各种布告板、导游图板、指路标牌、标志牌，以及动物园、植物园和文物古建筑的说明牌、阅报栏、展览牌、宣传牌、图片画廊等，都对游人有引导、宣传、教育的作用。

5. 服务性小品

如为游人服务的饮水泉、洗手池、公用电话亭、时钟塔等；为保护园林设施的栏杆、格子垣、花坛绿地的边缘装饰等，低矮的镶边栏杆主要起装饰作用，而花坛用的石制栏杆则可坐可护；为保持环境卫生的废物箱；等等。

园林建筑小品的内容非常丰富，可分为中国模式和西方模式或称中国古典和欧美风格，而不同地方的园林建筑小品的分类方法也各有不同，按其功能大致可分为观赏型园林建筑小品、集观赏与实用为一体的观赏实用型园林建筑小品。

（三）园林建筑小品的现状及发展趋势

1. 园林建筑小品的现状

园林建筑小品作为园林景观营造的重要角色，是人与环境关系作用中最基础、最直接、最频繁的实体，在整体造园中是不可缺少的一部分，它体现了园林艺术的精华所在。随着城市化进程的加快与城市建设的飞速发展，在改善城市面貌的同时也带来了一系列负面的问题。比如：小品整体规划方面考虑不足，缺乏长远战略考虑；片面追求经济利益，景点布局缺乏层次感，人工景观堆砌较多且缺少细部处理，空间尺度比例失当；地域文化特色考虑不足；等等。

2. 园林建筑小品的发展趋势

园林建筑小品在园林环境中占有着越来越重要的作用，为园林空间增加了积极的内容和意义，随着经济的发展和人们生活水平的日益提高，它的发展将呈现以下的趋势。

1）满足人们的行为和心理需要。

2）与环境进行有机结合。

3）实现艺术与文化的结合。园林建筑小品要在园林环境中起到美化环境的作用，必须要有一定的艺术美，满足人们的审美要求，同时也应有一定的文化内涵。

（四）滇派园林代表性民族建筑小品艺术风格

滇派园林建筑小品内容丰富、种类较多，不同地域、不同时期有不同的特点。滇派园林建筑小品还以其造型新颖、具有强烈的时代气息及具有地域和民族风格等特点见长，充分体现出了其设计的独特性。对滇派园林具有代表性的民族建筑小品进行研究，发掘其在园林中的用途，发挥好它的民族优势，是一个值得研究的问题。

1. 傣族园林建筑小品

傣族园林建筑小品以其造型夸张、形象各异、用色大胆、带有鲜明的民族特色等特点，形成了与其他各民族园林迥然不同的园林风格。各种富有民族特色的生产生活用具都是园林小品构思的来源，傣族的象脚鼓、龙舟、汲水设施、佛龛、农具等，经过园林工作者的匠心独运，变成了一件件精美的装饰小品，点缀在傣族园林中，成为别具风味的园林小景。傣族建筑装修和小品装饰也十分具有民族特色，其屋顶和屋檐上常有用铁或银制成的精美装饰，墙面有五彩玻璃。在傣族园林中各种金属制品、五彩玻璃被广泛应用，五彩斑斓、灿烂夺目。

因为傣族园林以佛寺为代表，所以傣族佛寺中的建筑小品集中地体现了傣族园林建筑小品的特点，傣族佛寺中的各种瑞兽彩塑造型夸张、色彩艳丽，常见的有

图 5-8　傣族佛寺精美的墙部装饰

图 5-9　具有傣族特色的大象雕塑

麒麟、蟠龙、狮子、大象、孔雀、猴等，它们常被作为护塔、护寺的神兽放置在入口、塔旁和水井边等。傣族佛寺中的瑞兽彩塑造型往往与傣族独特的文化内涵相联系。比如，在傣族人民的生活中，大象象征着五谷丰收，与人们的生活密切相关；在民间神话中，还流传着白象全身都是福气，走到哪里，哪里就风调雨顺、五谷丰登的传说。大象被傣族人民敬为吉祥、幸福的象征。在傣族文化中，象曾是佛的象征，诵象就是诵佛，所以大象在傣族人民心中占有很重要的地位，因而不仅在傣族佛寺中大象被较多地应用，而且在整个傣族园林中大象都无处不在。

同时，傣族也爱龙，各种龙的传说不胜枚举。在傣族园林中的很多地方，都有充分利用龙的例子，比如将龙作为建筑上的装饰，各种造型的龙有时静卧在大门两边或引廊两侧，有时盘桓在矮矮的围墙上，有时又飞舞在楼梯两侧。龙在傣族佛寺园林中也有很充分的应用，比如在佛龛上的龙浮雕生动、灵秀、细致；僧座扶手上的龙简洁而神态虔诚。傣族园林中的园林小品大多造型夸张，拙朴可爱、色彩艳丽，有着较好的装饰效果，无论装饰题材、造型、用色等都与汉式佛寺不同。

总之，我们在欣赏傣族园林时，不但可以赞叹傣族园林的灵动秀气，还可以探究其中的文化内涵，可以使人们从根本上加强对多元一体的中华传统文化的深层理解。

2. 彝族园林建筑小品

彝族园林建筑小品多取材于民间文学和民间艺术中的各种彝族园林小品，构思奇异、造型神秘，往往以其特有的蛮荒气息和质朴的形象使园林充满浓郁的民族风情，如火塘、图腾柱、漆器等。崇拜物是彝族园林中同样极富特色的小品。彝族的崇拜物主要有葫芦、虎、石、火、龙鹰、黑蛇等，还有代表着彝族先进文化的十月太阳历、“五虎吞口”面具等，由于散发着强烈的民族文化气息，也作为极富特色的装饰小品被应用于园林中。彝族的各类建筑及装饰小品，外观朴素、造型独特，具有浓郁的民族特色，这些建筑和小品作为现代园林设计的重要景观素材，赋予园林新的视觉形象。

图 5-10　彝族崇拜物装饰小品——葫芦

3. 白族园林建筑小品

白族园林不仅历史悠久，而且园林形式多样，最明显的特征是地域民族化。青砖、白墙、青花、蓝色装饰都具有大理服饰的特点。白族园林文化在形成过程中受本民族宗教传说、儒、佛、道、汉文化以及其他民族的影响，形成了自己的民族园居风格。

白族园林具有深厚丰富的文化底蕴，常在门楼、照壁、屋檐等处彩绘有山水、花草、虫鱼等，屋檐下的斗拱层层出挑，十分华丽，展示出了白族园林的别具一格。除了独具特色的建筑景观、得天独厚的自然风貌，白族人在装点自己的园林时，还充分应用大理石材、卵石等，形成各种精美的屏风照壁、卵石铺路，在雕塑上反映出的白族的文化则更为普遍，从本主塑像、原始图腾雕塑像、民族人物塑像等方面可以表现出来。白族园林小品中还以白族风格的浮雕、雕塑、照壁见长。

图 5-11　白族园林中的精美彩绘

“三坊一照壁”是白族人民喜爱的传统民居布局形式，数量较多，成了白族民居布局的主要形式。

照壁作为白族的一个极为重要的建筑形象，除了用来反射阳光以增加院心及正房的光线外，主要是起到分割建筑空间并增强和丰富整体空间层次的效果。照壁是白族居民建筑不可缺少的部分，同样也是白族园林中不可缺少的园林建筑小品，具有比较好的视觉形象，是十分完美的空间形式。

图 5-12　照壁改造的白族特色园林小品

4. **纳西族园林建筑小品**

纳西族园林无论从古城的相地选址、街道水系的巧妙布局，还是住宅庭院的精心营建，无不包含了中国传统园林文化的深刻内涵。山水是纳西族园林的主要景观元素，园林布局巧于“借”，近水远山皆入院。纳西族园林中充分体现了多民族的文化融合，藏、汉、白等民族文化兼收并蓄，使纳西族园林宽容大度的风范，再加上原始拙朴的东巴小品，使纳西族园林充满着神秘的美感。

图 5-13　纳西族悬鱼装饰

在长期的历史发展中，纳西族人民创造了富

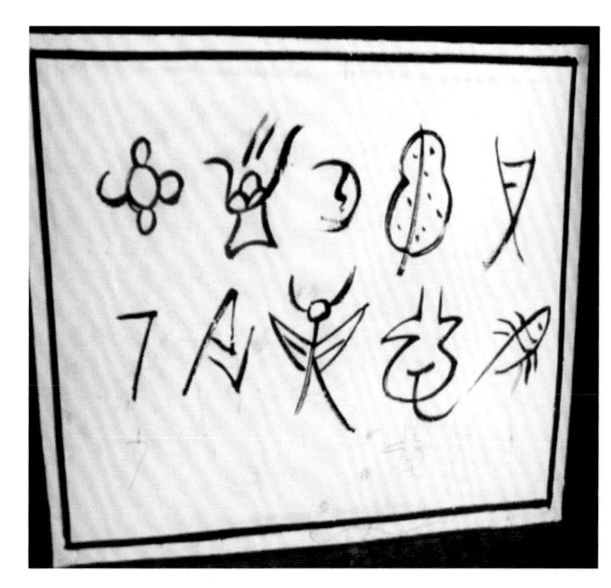

图 5–14　神秘的东巴象形文字

有本民族特点的灿烂文化，形成并发展了自己的宗教信仰和风俗习惯。纳西东巴文化在云南各民族中独树一帜，纳西象形文字、东巴牌画、东巴挂画、东巴木雕以及各种东巴祭祀物如今已成为园林中不可缺少的装饰小品。纳西族园林也多彩绘装饰，形质各异、图案优美的博风板、窗格、斗拱、梁坊、天花、栏杆等雕刻精美，彩绘绚丽，较之白族园林中的彩绘用色更浓重，建筑山墙面的悬鱼装饰也极富特色。

（五）滇派园林建筑小品民族风格实例解析——楚雄十月太阳历公园

楚雄十月太阳历公园构思以展现彝族文化为主题。公园内以十月太阳历为标志，仿彝族先民观测天象的向天坟而建，顶部的十月太阳历文景雕塑神柱是按照彝族古老的立杆观测太阳运动以定季节的原理建造的。中心立祖先神柱，正南方两根是天神柱和火神柱，正北为葫芦神柱，东方排列着竹神柱、太阳神柱、虎神柱，西方依次是龙神柱、鹰神柱和羊神柱。太阳照在竹神柱，柱影投在祖先神柱上是夏至；太阳照在太阳神柱，柱影投在祖先神柱上是春分、秋分；太阳照在虎神柱，柱影投在祖先神柱上是冬至。这4个节令在日落时太阳分别照射龙神柱、鹰神柱、羊神柱，各柱柱影投在祖先神柱上。而冬至日正午，太阳照在火神柱，柱影投在祖先神柱中心；夏至日正午，太阳照在十根图腾神柱，每根柱子的柱影都在北边，且柱影很短。

十月太阳历公园基于民族特色的园林小品设计。

图腾崇拜：彝族崇火尚黑尊左，以虎、鹰、龙等为民族崇拜的图腾，这种深层的宗教文化贯穿于彝族园林设计的始终。所以在楚雄十月太阳历公园中的小品，多采用了葫芦、太阳、鹰及虎等元素。

图 5-15　十月太阳历公园中的虎雕塑

民族色彩的运用：彝族人民喜爱的色彩是红、黑、黄。红色是神圣的象征，代表火文化；黄色象征善良和友谊，代表日月文化；黑色象征刚强坚忍和吉祥，代表铁文化。人们称之为“三色文化”，所以在十月太阳历公园的小品设计中多采用了浓烈的火焰红、经典的铸铁黑、热情洋溢的金属黄，塑造出了热情、积极的民族氛围。

图 5-16　彝族纹饰图案

图 5-17　彝族图腾柱

彝族文化中最典型的代表就是纹饰图案，彝族先民用一种古朴、自然的手法来表达对自然的热爱和崇拜，他们以日月星辰、山川河流、瓜果草树、家禽野兽和生活用具为依托，用模拟、简练、抽象的手法在很多地方形成了规律而艺术化的纹样图形，十月太阳历公园中的图腾柱上的纹样即是它的充分体现。

在十月太阳历公园的小品设计中，其园林小品设计在古老的原始意象和传统文化的遗迹中寻找创作源泉，创造出了既能传承民族文化艺术、满足民族的心理与精神需求，又符合现代文化设计意识的园林小品。

六、滇派园林建筑展望

回顾历史，云南园林的发展过程中，各民族的文化差异使园林呈现出了不同的风貌，各民族园林，无论是园林的分布形式，还是园林建筑造型、装饰装修、植物应用、园林小品等，都具有鲜明的民族特色。

园林文化在一定条件下是可以相互转化的。地域性、民族性的园林文化在一定条件下可以转化为国际性的园林文化，国际性园林文化也可吸收、融合新的地域性与民族性的园林文化。云南民族文化具有多样性及民族聚集地构景要素的独特性。

云南少数民族文化中崇拜自然、追求与自然融为一体的思想，为多姿多彩的民族园林提供了最为充实的景观，符合当今时代的需要。滇派园林建筑在与现代人们的生活环境相适应的基础上，满足了现代人返璞归真、向往自由的心理追求；在现代生活的应用中，表现出了既有对比，又有升华，既满足园林建筑小品的功能要求，又有典型化、艺术化的特点，同时也将园林建筑的发展趋向了民族化、地方化、特色化和自然化。

因此，得天独厚的地理环境、璀璨夺目的民族文化，是孕育滇派园林的沃土，这一沃土盛开的园林奇葩风格独树一帜，绚烂无比。随着祖国经济、社会、文化、技术的迅猛发展与人们生活水平的提高以及政府和业内人士的重视，这朵奇葩必将绽放出更加绚丽夺目的光彩。

参考文献

[1]李慧峰. 园林建筑设计[M]. 北京：化学工业出版社，2011.

[2]云南省设计院《云南民居》编写组. 云南民居[M]. 北京：中国建筑工业出版社，1986.

[3]王翠兰，陈谋德. 云南民居续篇[M]. 北京：中国建筑工业出版社，1993.

[4]蒋高宸. 云南民居住屋文化[M]. 昆明：云南大学出版社，2016.

[5]李玉祥，陈谋德，王翠兰.老房子：云南民居[M]. 南京：江苏美术出版社，2000.

[6]杨杰. 大理白族合院式住宅在现代居住模式下的环境设施研究[D]. 上海：东华大学，2004.

[7]秦明一，李慧峰. 景洪市基诺族人居环境研究[J]. 现代农业科技. 2012，2（3）.

[8]李珊红，李慧峰. 云南景颇族人居环境研究[J]. 现代农业科技. 2012，4（7）.

[9]张汝梅，周毅敏. 白族民居建筑的审美历程与文化意蕴[J]. 大理学院学报，2002（02）：10–14.

[10]范玉洁. 傣族民居的空间观及其布局特征[J]. 安徽建筑工业学院学报（自然科学版），2008（02）：46–48.

[11]刘月. 中国传统建筑的空间美[J]. 华中建筑，2007，（02）：139–140.

[12]刘晶晶. 云南“一颗印”民居的演变与发展探析[D]. 昆明：昆明理工大学，2008.

[13]张良皋. 傣族竹楼：中国民族建筑的奇妙发明[J]. 长江建设，1996，（05）：32–33.

[14]徐游宜.大理白族民居的彩绘装饰艺术研究[D].昆明：昆明理工大学，2008.

[15]马建武，陈坚，林萍，张云. 云南少数民族园林景观[M]. 北京：中国林业出版社，2006.

[16]马建武，林萍. 云南西双版纳傣族佛寺园林特色[J]. 浙江林学院学报，2006（06）：678–683.

[17]马建武，陈坚，林萍，张云. 从云南彝族文化看彝族园林特色[J]. 南京林业大学学报（人文社会科学版），2002（01）：86–89.

[18]张云，马建武，陈坚等. 白族园林风格探析[J]. 西南林学院学报，2002，22（2）：39–43.

[19]张方玉，杨显川. 彝族的建筑文化[J]. 云南民族大学学报，2003，20（5）：71–73.

[20]戴波，蒙睿. 云南彝族多样性图腾崇拜及生态学意义[J]. 云南师范大学学报，2004，36（5）：12–16.

[21]陈红. 园林建筑小品在园林中的用途[J]. 今日科苑，2008，19（10）：288–289.

[22]夏更寿. 园林建筑小品的应用研究[J]. 安徽农业科学，2004，32（4）：640–642.

第二节　自然奔放的造景艺术

施宇峰[①]

一、滇派园林造景艺术概述

中国的园林不管是江南园林、岭南园林、西南园林还是北方园林都讲求自然，即造园采用自然的方式进行、园林与自然结合并反映自然的趣味和审美，这成为中国园林的根本目标和特点。滇派园林是中国园林体系的重要组成部分，继承和沿袭了中国园林将自然作为第一要素的特征，而云南特殊的地理、气候及人文环境，又使得滇派园林的造景艺术呈现出奔放的特征。

（一）对自然的界定

《辞海》（2009年，第4册，第3064—3065页）对自然的定义："指统一的客观物质世界。是在意识以外、不依赖于意识而存在的客观实在。处于永恒运动、变化和发展之中，不断地为人的意识所认识并被人所改造。广义的自然界包括人类社会。人和人的意识是自然界发展的最高产物。狭义指自然科学所研究的无机界和有机界。"辞海的定义反映出我们通常对自然的理解，即自然是客观实在，不以人的意志为转移。在《老子》《庄子》等著作中也对自然进行了解释。《老子》中的"人法地，地法天，天法道，道法自然"，把自然作为最根本的规律来看待；《庄子》中的"游于空虚之境，顺乎自然之理"，强调自由不加雕饰的表现。综合来看，中国传统思想里对自然的概括有两层含义：第一是强调自然本身的美，第二是强调不加雕饰的美。

计成在《园冶》中提出"虽由人作，宛自天开"的观点，要求庭院要能够与自然环境融为一体。庭院虽然是由人建造，但因是建造在自然的环境中，这就要求庭

① 单位：云南民族大学。

院和周围的环境要融为一体，而庭院本身也可以成为自然的一部分。这种人与自然和谐共生的效果传达出了人对自然的向往和尊重。“虽由人作，宛自天开”，也是古代文人园林的核心理念之一。

（二）奔放的来源

云南地处西南边陲，与中原相比，这里的生产力一直处于相对落后状态，对自然的依赖和敬畏一直保留在这片土地上，奔放的自然风格很好地保留了这片土地的神秘。云南地处中原文化圈的边缘，因而云南的文化一直在受着中原文化的影响，然而云南的文化一直在按照自己的方式传播和发展。新石器时代的遗迹、沧源生动的崖画、古滇国充满想象力的青铜器、各个民族的建筑及园林，无不体现着这一特征。

（三）滇派园林与传统中国园林之比较

传统的中国园林大多处于城市这一大环境中，因为占地面积都不大，要在有限的空间里取得引人入胜的效果，精致小巧就成了它们的共同特点。在传统的中国园林中各要素都要经过巧妙的配置，一花一石、一阁一廊或者是很不起眼的小景，都会经过造园者的反复琢磨和精心安排。精致的手段让园林变得耐看，并会让人从心理上将园子放大，使人在不同季节、不同位置和不同角度看到的景致各不相同，造园者的情趣和品格也因此定格在园林中。而由于特殊的地理、气候、人文环境以及生产方式的差异，云南的园林呈现出不同的风格。主要原因在于，云南历史上人口密集的城市并不多，即便是作为省会城市的昆明，在历史上都会有大片的菜园和农田出现。可以说，自然的景观始终是最重要的因素。滇派园林风格逐渐形成，它以自然山水、农田作为背景，在这种环境里的造园者并不十分讲求园林自身多么别出心裁，而是把更多的精力放在园子和自然的关系上，园子要与自然完美衔接，并力图使园子成为自然的一部分。园中山石是自然地形和山脉的延续，植物不必精致名贵，甚至院墙也不是完全必不可少，因为园林本身就是自然的一部分。站在园子里举目四望，目之所及，皆是吾园。

因为是文人造园，传统中国园林就必然是传统美学思想的体现。传统美学思想里的雅致古朴成为传统中国园林的必要要求。“朴”是不烦琐、不张扬，“雅”是清新脱俗、气质不凡；雅致古朴，是平淡天真、不装巧趣的超高境界，是中国文人对美的提炼。而滇派园林却并不追求文人的雅致古朴，而是充满滇人特有的想象力。雨林丛中的竹楼水亭、峡谷中的夯土房屋，河流拐弯处、悬崖峭壁边，都可以成为园林很好的场地。树不必都是名贵，但要精心修剪；石不必都要玲珑，但要有气有势；建筑不必都是高大，但一定要有好的景致；建筑铺装围墙也不必都是灰瓦白墙青砖，组合图案也因民族和地域的不同充满神奇的变化。

中国传统园林追求山水画的意境，尤其是元代以后，中国画写意多于写实，园林也同样地表现为重意境、讲韵味，追求弦外之音。具体在造园技法上也多少会借鉴中国画的方式和方法：中国画讲究经营位置，造园强调整体布局；中国画讲究山石皴法，造园精于叠石纹理；甚至绘画也会出现对园林的要求，要绘“可望、可行、可游、可居”之境，体现了绘画和造园的共通之处。滇派园林则更多地呈现生活本来面貌：叠山理水并不刻意要求如诗如画，山水本身的样子都不难看，不一定非要加以雕琢和改造；植物也不一定非要“四时花开，处处成景”，很多植物以食物的方式出现在庭院中；建筑也保留生活的样子，没有刻意从“住”的功能角度分化出专门的园林建筑，剔去更多的观赏，留下的是我们的生活。所以说，滇派园林对中国园林一个巨大的贡献在于放大了园林概念里生活的比重，强调园林即是家园。

二、滇派园林造园元素

（一）叠山理水元素

叠山理水是中国传统园林最重要的组成部分之一，明代文人邹迪光在《愚公谷》中说道：“园林之胜，唯是山与水二物。”山水是中国画的概念，中国画把对风景的描绘概括成对山与水关系的处理。把中国画的山水观念引入造园，是中国传统园林很大的特点，使得人们在园林中游玩就好像置身于山水画中。山是骨架、水是灵魂，将园林中山与水的关系处理好，是园林建造的第一要务。中国众多的名山大川为中国园林建造提供了取之不尽的灵感和素材，各地的叠山理水也因为地域的不同有了各自特色。

滇派园林在处理山水关系的时候也有着自己的风格特征。滇派园林的叠山理水并不只是造园者对自然环境的仿制，园林外面就是真实的自然的山水，若是再对自然进行仿制就显得多余，所以滇派园林把更多的精力花在对自然山水的“观看”上。处理好园林里“观看”的关系是滇派园林的精髓之一，叠山理水只是一个对“看”的设计。因为是看，所以造园者特别重视园林的朝向，大山开阔处、河流拐弯处都成了滇派园林极好的选址位置。因而有很多前辈在提到滇派园林时都不约而同提到“园林本身并不是全部，从园林里看出去的才是精髓”这一观点。

云南高原温和的气候也提供了“自由”的可能性，由于气候适宜，所以庭院的朝向就非常自由。看，需要营造身临其境的感受。叠山理水在设计上就会借助空间的巧妙安排，让园林与自然的大山大河取得联系，如“日照金山”这一景观就是来自大自然的不确定变化，处理光与影的关系，将自然与人工雕琢结合成为滇派园林里最有意思的景致。所以，在叠山理水的设计上，园林里的石头要和远处看到大山的石头材料相同，堆叠方式也需肌理相似；水也仿佛是从远山流过来，流水的声音是来自远处山谷河水的延续，加入动态因素的理水，使水“活”了起来，这是对山地景观的巧妙设计，如去丽江古城旅游的游客，无不被那冰凉清澈又桀骜不驯的流水震撼到。但也由于气候适宜，所以滇派园林中的水在调节园林气候方面的作用并不是十分突出。

所以，滇派园林无须在叠山理水本身的精致中耗费过多精力，更多的是借用自然的条件将视线引入自然环境中。云南得天独厚的自然环境为园林的“看”提供了丰富的元素。滇派园林的叠山理水，是一个对真实山水的“看”的设计。

（二）植物元素

植物是滇派园林最有特色的元素之一，云南被誉为“植物王国”“天然花园”“香料之乡”和“药物宝库”，这些称誉都与丰富的植物资源有关。在云南，植物的种类极为丰富，热带、亚热带、温带、寒温带的植物类型都有分布，观赏、食用、药用、香料各种功能类型的植物都有很多优良的品种。植物因其自身特点，在不同地域中表现出来的组合是不一样的，不同的地域都会形成自己独特而丰富的搭配，如西双版纳的雨林秘境、德宏盈江的独树成林、罗平的农田、香格里拉的草原、云岭怒江的花谷等。

丰富的植物资源、各异的植物形态、多变的配置方式，让造园有了极大的自由度，随意组合都可以让园子和其他区域的园林有极大的差别。这种植物的丰富性让造园者不用把时间过多地花在植物搭配上，而更多的是去关注植物与造园生活的关系。在云南的园林中，无论是造园者还是生活者都强调植物不仅仅是用来观赏的，各种蔬菜水果也要从园子里产出，很多少数民族的四季水果基本都可以从自家园子里提供，甚至还有富余。除蔬果之外，还有常用的药材以及生活中常用的香料染料，都需要在园子里栽种。以傣族庭院为例，栽种的植物除了常用的青菜、瓜、豆外，还有刺五加、树头菜、臭菜、树番茄、滑板菜、香茅草、香蓼、丁香、花椒、槟榔、草寇、姜黄、兰花、白花丹、虎杖、浇地生根、接骨木、石斛、树参、椰子、杧果、波罗蜜、柚子、番木瓜、番石榴、三椏果、缅枣、酸角、芭蕉等上百种。

云南人民长期与各种植物打交道，很多人都能叫得出几百种草木的名称，也掌握了许多植物的特征、特性与用途，把野外的植物带回自己园子驯化栽培是再平常不过的事。野外带回来的野菜、野果也会在园子周围生根发芽，形成一个家用植物和野生植物交替出现的独特园林。

（三）建筑元素

中国传统园林形成了“亭台、楼阁、轩榭、廊桥”等固定的程式，并按照中国绘画的意境错落有致地布局在园林中。这些固定形式组合虽然在滇派园林中也有所运用，但在配置方式上却更加自由奔放，也更倾向使用自然的材料和自然的颜色。

云南各民族园林建筑主要有3个类型：干栏式建筑、合院式建筑、土掌房建筑。干栏式建筑结构体系和维护体系都采用竹木材料，几乎不施油彩，保留竹木本身的颜色；土掌房建筑则是临近地面取土夯制而成，泥土的墙面和当地环境形成了天然的融合；合院式建筑虽然有颜色有彩画，但也都以白色、灰色、土黄色为主，颜色用得很有节制，与自然也能完美融合。

建筑的选址往往会呈现出对山地立体空间的控制，视野最大处、视野最广处、空旷险峻处、感受奇特处，都会以建筑或构筑物控制。建筑的组合关系方面，同样也是弱化单体，强调和环境的融合。如昆明西山龙门建筑群，与其说是建筑设计，不如理解为通过一系列建筑点位的控制设计了一个观看滇池的方式。

三、造景手法

中国传统园林在长期的发展中总结出一套成熟的造园手法，如借景、框景、障景、隔景、点景、漏景等。滇派园林或多或少也吸收了这些手法，但在使用上又体现出了自己的特点，如框景、点景、漏景这类适合精致打磨的造园手法在使用中并不突出，而借景、障景、隔景这类与自然地貌紧密关联的手法得到突出的发展，并显示出了自身的特征。

纯朴奔放是滇派园林典型的风格特征，即只做简单处理的材料，不加修剪或是很少修剪的花木，杂草也是不用全部剔除的。这种造园手法很好地保留了自然的神秘，不只是精致把玩的四季有花，而是充满自然力量和粗野乐趣。但是，客观来说，简单纯朴并不是滇派园林所特有的风格，可以说，全世界各个地区的园林在早期都呈现了这种状态，只是随着园林的发展和成熟大多走向了精致和华美。而滇派园林却在经历完早期的简单之后，放弃了奔向精致的路径，踏上了与自然对话、相处的方式，最终走向了纯朴奔放。

滇派园林的造园过程中更多的是让自然做主，在云南少数民族的观念里，自然界没有废物，自然会按照自己的方式运作。所以，造园者常会以“商量”的方式与自然取得平衡，这种平衡所表现出来的是仪式，仪式背后体现出对自然的尊重。材料在大多数人们眼里只是制作出实物的必要因素，材料本身是没有生命的，而云南很多的少数民族同胞则认为材料也是有生命的，所以在砍伐材料的时候会辅以很多仪式，询问自然“同不同意”。这种和自然“商量”的方式，带来了材料使用的节制。因为是“商量”，所以在取得自然“同意”以后也需要回馈自然，这样就取得了人与自然的平衡。

中国传统园林中古树名木是园林的亮点，以名贵植物为主题的景观并不少见。为了适应当地的特征，滇派园林在植物配置上则更多利用乡土植物的群落进行景观植物的配置，这样不仅造价低廉，而且好维护、好打理，也更有利于当地生态的保护。自然本身并不丑，无须加以装饰的园子也不难看。滇派园林在风格上倾向于把自然显露出来，承认自然的周期变化，把隐藏的系统和复杂的自然过程变得可以理解。在滇派园林里，贴面和彩画就显得多余，树木除去枝干，稍加处理就可以成为柱子，即便粗细不十分一致，也是可以接受的；杂草是不用剔除的，春天小草发芽，夏天开出小花，秋天挂上瓜果，冬天枯萎凋落。承认自然的变化，就不需要刻意营造四季常绿、四季有花的精致环境。

不同区域景观、气候、山水、土壤差异极大，采用统一的造园方式是不合适的，尊重当地、采用乡土化设计是滇派园林的又一特色。石头、竹子、木材、各色泥土等，只要当地有的材料，都可以用来造园。如喀斯特地貌区域，石头很多，土地不平整，造园时平整土地需要耗费很大的人力物力，因此造园者就接受石头的不规整，只在人活动不方便的地方稍加雕琢，再配以耐旱的野草、仙人掌等植物，一个自然奔放的石头园就建成了，丝毫不妨碍喀斯特地貌区域的人们对美好园子的向往。又如，在陡峭的山谷地带，土地极为稀少，根本空余不出土地进行造园，即便如此，稍有空地就会种上大树，营造一片绿荫；不能铺开做花园，那就利用爬藤植物进行垂直绿化、利用花盆进行阳台和屋顶的绿化等，这些都是滇派园林就地取材、因地制宜的重要体现。

可以说，滇派园林是基于“利用”的生态设计。造园不全是为了美观，造园是人们生存经验的总结。云南人民在长期利用土地、改造土地与适应土地的生存过程中，总结出了一套与自然和谐相处的生态法则。红河南岸哀牢山的哈尼族梯田景观就是人与自然和谐相处的生态设计。森林涵养水源，形成地表径流，溪水引入沟渠流入村寨供日常生活需要，随后流入梯田进行农业灌溉，多余的水流入谷底的江河湖泊，形成“山有多高，水有多高”的红河哈尼梯田文化景观，森林、水系、村寨、梯田构成红河哈尼梯田农业水利系统的四要素。红河哈尼梯田文化景观使得农业生产、生态和农村生活完美结合，是人类社会与自然环境和谐发展的典范。

参考文献

[1]（明）计成著，张家骥注释.园冶全释[M]. 太原：山西古籍出版社，1993.

[2]周维权. 中国古典园林史[M]. 北京：中国建筑工业出版社，1990，12.

[3]王其亨. 风水理论研究[M]. 天津：天津大学出版社，1992.

[4]蒋高宸，杨大禹，吕彪等. 云南民族住屋文化[M]. 昆明：云南大学出版社，1997.

[5]杨大禹. 云南少数民族住屋：形式与文化研究[M]. 天津：天津大学出版社，1997.

[6]吴良镛. 人居环境科学导论[M]. 北京：中国建筑工业出版社，2001.

[7]陆元鼎. 中国民居建筑[M]. 广州：华南理工大学出版社，2003.

[8]任俊华，刘晓华. 环境伦理的文化阐释：中国古代生态智慧探考[M]. 长沙：湖南师范大学出版社，2004.

[9]潘谷西. 中国建筑史[M]. 北京：中国建筑工业出版社，2004.

[10]袁鼎生. 生态艺术哲学[M]. 北京：商务印书馆，2007.

第三节　自然风景中的艺术特色——三江并流风景名胜区老君山景区格拉丹规划设计

李进琼[①]

三江并流风景名胜区老君山景区是三江并流国家级风景名胜区十大景区之一、是三江并流世界自然遗产地的重要组成部分，是滇西旅游大环线的重要节点。格拉丹海拔3600米以上，是老君山景区高山草甸之一，属于生态敏感区域，其荒野特质是风景名胜区的重要遗产价值载体。如何实现该区域核心资源保护，促进世居民族文化的传承，实现永续利用，是其各个规划设计阶段都在思考的主脉。同时，基于实际需要，需于自然风景中构建步道、建筑等设施，因此如何与天然图画融合也是风景名胜区展示重点研究的问题。

一、设计背景

由于知名度的日益提升和游客的逐步增加，格拉丹保护建设及旅游服务基础设施的缺乏，对生态及景观环境形成较大威胁，有待有效组织资源及景观展示、规范游客活动范围，加强游客安全保障。从区域保护管理及适度资源展示、大滇西旅游环线的建设等方面考虑，遵循遗产地管理要求、风景名胜区总体规划，根据老君山景区详细规划，落实格拉丹步道及服务点项目。项目基于保护资源、保持最低限度建设、保留自然荒野风貌、资源环境承载能力、提升生态产品质量等宗旨提出。

① 单位：云南方城规划设计有限公司。

图 5-18　格拉丹片区眺望诺玛底峡谷丹霞地貌

图 5-19　格拉丹景观资源分布图

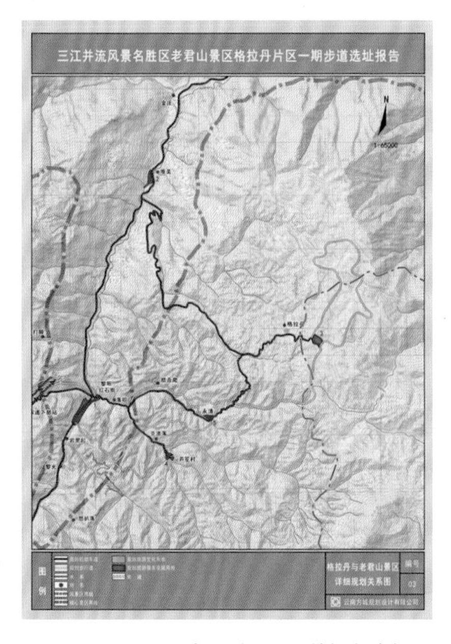

图 5-20　老君山景区详细规划

（一）上位规划

三江并流世界自然遗产地在地质多样性、生物多样性和景观多样性上都具有严谨的科学性、独特性。老君山景区为高山丹霞地貌的典型代表区，以丽江黎明—黎光、兰坪—罗锅箐一带发育最为典型，是代表三江并流地质演化历史和演化过程的关键组成地区之一，集雪山峡谷、高山湖泊、冰川草甸、珍稀动植物、丹霞地貌等自然景观于一体。格拉丹服务点项目位于三江并流世界自然遗产地缓冲区。

根据三江并流风景名胜区总体规划，风景名胜区划分为一级保护区、二级保护区，实行两级保护。一级保护区以风景游赏和生态保护为主，除必要的基础设施和必需的旅游设施、文化设施外，严禁新建其他与风景游赏无关的建筑；二级保护区以自然山体绿化和生态型户外游憩为主，可以设置必需的基础设施、旅游设施、文化设施，是可以按规划建设的区域。

根据丽江老君山景区详细规划，老君山景区是以具有世界意义的生物多样性、滇金丝猴及其栖息环境和高山冰蚀湖群、高山丹霞地貌、高山草甸为主要特征，以资源保护、科学考察、生态观光及探险旅游为主要功能的景区。对格拉丹片区的规划是突出创意型旅游模式、在受控前提下重点发展，是景区保护与社区资源利用的协调示范区。在详细规划中，格拉丹服务点处于一级保护区，离核心景观较近，由于地形条件限制，景观场所感较弱。基于详细规划，本项目进一步研究格拉丹步道及服务点项目的选线选址、建设规模、建设内容、风貌特色等内容。

（二）景观资源分析

格拉丹在老君山景区中具有较强的代表性。片区内具备草甸灌丛景观、雪山峡谷景观、森林牧场景观，资源组合度较高，杜鹃花海、鸢尾草甸、高山草甸、原始森林景色从春至秋连续呈现，冬季银装素裹、白雪皑皑；草甸丘陵起伏，近可俯瞰金沙江峡谷，远可将玉龙雪山十三峰、金丝玉峰、梅里雪山尽收眼底，还可遥望碧罗雪山山脉的落日熔金；夜幕降临，包裹在银河苍穹之中。片区内具有景观层次多、景深大，视野开阔等显著特点，极具观赏游览价值；还给予“极目旷野、雪山四面、牛羊入画、碧落迟迟、银河即现”等深刻的荒野景观体验，具有极高的景观遗产价值，是滇西大环线典型景观之一。

图 5-21　鸢尾草甸

图 5-22　玉龙十三峰

图 5-23　冷杉杜鹃林

图 5-24　哈巴雪山—玉龙雪山雪线

（三）格拉丹村落格局特点分析

项目区域属丽江市玉龙县黎明乡，总人口657人，188户，村民为彝族，以放牧、种植为生。居民点地处高寒山区，居住环境恶劣。村落选址于3600米以下海拔区域分布，生态环境良好，冷杉林环绕，金丝玉峰为西南向的景观标志。居民点基于地形条件形成了小组团聚落格局，坐北朝南，背靠山体南眺金丝玉峰，与冷杉林、鸢尾草甸和狼毒花草甸、耕地、牧场、溪谷穿插，具有背风或阻挡西南风、接近水源地、景观视野优美等特征。

该区域民居建筑为院落式，由于气候条件及民族分布的不同，格拉丹山上与山

图 5-25　各浪打村、金丝玉峰

图 5-26　木楞房民居建筑

图 5-27　石墙民居建筑

下民居各具特点。格拉丹山上民居建筑为木楞房，主屋两层，其余基本为一层；格拉丹山脚为土坯、石墙、木结构相结合的丽江纳西民居形式。

二、景观步道的科学选址

步道选线位于核心景观资源区域，进行了系统性景观资源调查与研究，以摄影师视角强调线路的荒野品质，展示景观资源的组合特征。步道串联各主要景观资源，形成了系统、完整的步道展示体系，步道形态与荒野景观融合。

（一）基于景观资源的步道选线

1. 通过景观面的资源调查支撑线路体系设计

整体提炼，突出大自然给予人心灵的生命力、震撼力，以情驭景，情景交融，展示野致无我的状态。基于摄影师作品实地资源调查的认知，保持景观资源、景观视域的完整性、原真性、系统性，确定最佳的观赏视域，以落实观景线路、观景平台、眺望点和步道避让景观面等内容。

2. 强化各景观资源特征的景观空间组织

欲扬先抑，通过线路空间组织使景观序列逐级展开，强化旷远、平远、深远、峻崖等自然特征，突出展示高山冷杉草甸的沧桑古朴及高海拔荒野景观的强感染力。重点对强化景观区入口峡谷—冷杉—高山草甸海拔地形变化及豁然开朗的空间特征，中部转换草甸—山丘—森林—雪线—峡谷景观的景观资源组合，突出“极目旷野”至“雪山四面”的心灵体验路程。

3. 景观性步道形态设计

以形成空间视觉不连续的、蜿蜒的景观道路为原则，基于保持资源完整性，对现状道路进行取舍和组织，取弯舍直。优美的弧线与地貌融合，控制道路密度，把控景观空间节奏变化，使观赏视角序列呈现。

图 5-28 观景步道选线

4. 生态空间的保护和保持

维持大部分林地、沼泽、山谷的完整性、自然特征。线路与珍稀保护植物、动物栖息森林保持距离，形成生态缓冲空间。

（二）生态施工手法与工程做法

采用自然的、生态的、对环境干扰小的、保持荒野特征的工程做法和施工手法，尺寸、形态设计要考虑景观界面的完整性和与自然天际线的协调，还应考虑材质及色彩与环境的融合，保护格拉丹景观层次多、景深大、视野开阔的自然荒野风貌特征。

三、保护并展示荒野空间的用地选址及其优化

为保护荒野风貌特征，服务点用地从一级保护区（遗产地）转移至二级保护区（遗产地缓冲区），减弱了服务设施对自然荒野风貌产生的影响。规划运用GIS技术进行地形地貌、视觉影响、视点及可视域分析，支撑项目落地和可实施性。

图 5-29　服务点用地位置

图 5-30　项目用地景观

规划布局立意在先。优化后的服务点地形相对平坦，朝向为西南向，可远眺金丝玉峰及俯瞰诺玛底大峡谷，以递层跌宕的挺拔轮廓为借景，东可览夏季星空。周边为狼毒花草甸、冷杉杜鹃矮林、大坝村田园景观，具有优美的景观环境和景观视域，利于强化荒野景观体验。用地毗邻居民点，但视域相互不干扰，并依托现有的道路、电力线路、水源点等基础设施及社区配置完善公共服务设施。

四、布局基于村庄肌理自由生长，形成门户场所并加强荒野体验

（一）展示荒野空间的总体布局

基于“建筑肌理结合场地特征自然生长，展示荒野的场所精神”的设计理念，综合布局停车场、旅游服务、科考科普、营地服务建筑及营地分区，使建筑各功能区之间疏密有致。旅游服务建筑群主要集中布局于北侧高地坡度为0°—8°度区域，北依山丘，因高借远。整体形成面向金丝玉峰聚合空间，突出加强展示荒野的场所精神和视觉感受。

建筑避免形成沿道路布局的带状形式，应根据景观扭转布局角度、穿插围合，依坡就势形成台地建筑组团聚落。功能动静分区、聚散合宜，强调建筑与自然的融合，得景随机，使各使用空间都具有极佳的景观视野和荒野体验。（图5-31）

图 5-31　设计方案总图

（二）荒野的门户场所形象设计思路（图5-32）

巧于因借，顺境营造。访客服务建筑应考虑与金丝玉峰、道路场地的关系，对建筑进行一定的角度扭转，形成与道路交角围合的建筑观赏面和聚散空间、标志景观观赏空间，构建特色的景观门户场所。访客服务建筑结合地形营建抬升、悬挑观景休闲空间，建筑形式汲取乡土石房子民居特色并根据建筑功能及空间使用要求进行创新，形成具有一定现代元素和形式设计的主体功能建筑。

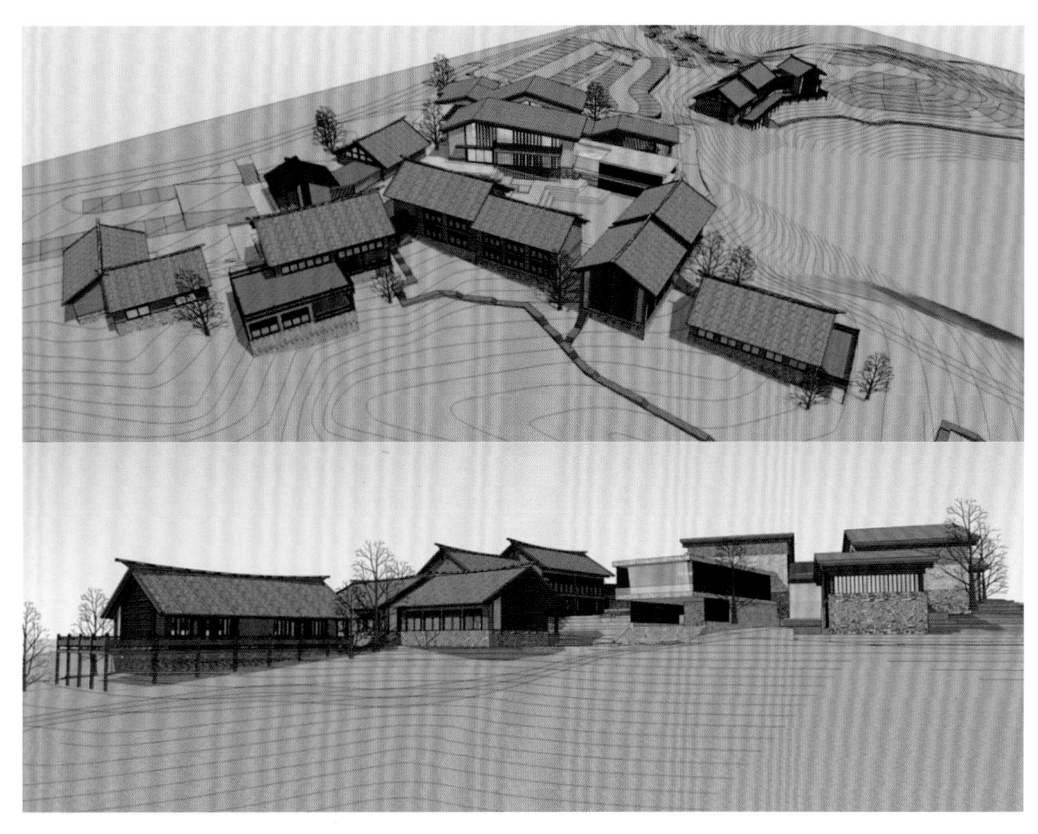

图 5-32　建筑效果图

访客服务建筑周边功能区域，借鉴小规模体量的彝族木楞房元素建筑，四合院民居形式与单体穿插，形成对访客服务建筑的包围以弱化其独立性。从而形成地方民族元素建筑围合和烘托新颖的公共服务建筑的格局风貌，巧妙兼并主体突出、群组与自然的和谐关系。

（三）丰富的观景休憩和荒野体验空间（图5-33）

外旷内聚，形成标志性和多样性结合的公共景观空间。访客服务建筑入口设置集散场地及星空平台，具有供游人集散、乘车等候、观景休憩、留影纪念以及可建筑前景空间等功能，还可观赏金丝玉峰及夜晚星空。台地露天剧场是由3面建筑围合并与金丝玉峰视线联系的开放空间，结合地形设置座位区及活动场地，可举行50—100人的户外科普及民族文化展示活动。各空间通过连廊衔接，形成丰富的台地观景休憩空间。

图 5-33　效果图

各服务建筑和营地之间留有一定的距离，借助荒野环境，设置独立的营地服务，为驴友和自然爱好者提供露营服务，营造多样、丰富的荒野体验场所。

（四）与草甸融合的建筑天际线（图5-34）

捕捉场地特征，布局高下有致。汲取村庄自然肌理特征，依山就势进行建筑布局并控制尺度，优美的建筑形态与丘陵地貌相协调，呈现柔和的变化特征，突出山地建筑地域特色，形成丰富的建筑立面景观和建筑组群景观，围绕金丝玉峰形成强烈的向心感，从而形成整体。营地服务建筑、科考服务建筑烘托访客服务建筑，且尺寸、形态设计要考虑景观界面的完整性和自然天际线融合，总体上形成与环境协调的建筑天际线，植物与建筑穿插，形成灵动的天际线景观。

图 5-34　天际线景观

（五）强调民族特色的建筑风貌设计

主体访客服务建筑以石头房为主，其余功能建筑以木楞房为主，局部穿插石墙。总体延续坡屋顶、木楞房、土坯房、石头房等乡土建筑特色，突出山地建筑的地域特色，维持原生态环境景观。建筑采用架空、挑台、台地式、下沉式、院落式、露台等多种组合形态，具有特色的建筑内部体验和多样的外部趣味空间相互穿插，使丰富的灰空间与场地景观发生关联。

图 5-35　主体访客服务建筑

控制服务设施的总体建设密度、建筑尺寸。项目建筑退距道路至少10米、停车场退距道路2米。建筑基于村落肌理根据场地条件因地布局，汲取了地域建筑的合院式建筑的形式以及建筑体量、风貌、元素。

图 5-36　其他功能建筑与主体访客服务建筑立面

图 5-37　其他功能建筑立面

五、风景式建筑群落

为加强植被恢复和生态修复、保护场地周边冷杉林带，通过微程度的人工干预，采用乡土植物进行场地内草甸、林带恢复，并局部种植草药体现草甸特色；规划鸢尾草甸及林地，恢复占用地的60%；绿地空间与建筑空间相互穿插，建筑被自然植被包围于千峦翠蔓之中。

用地选址应优先考虑项目建设、游人对生态资源环境的影响，保持生态系统的完整性和原真性，形成生态系统组成成分—结构—过程的综合化、系统化的保护思维。格拉丹服务点项目优化选址于二级保护区，避开核心景观资源视线区域，融建筑之美于自然之美中。项目布局、建设设计通过遵循与格拉丹区域自然景观状态的协调一致性，保持了自然荒野风貌。（图5-38、图5-39）

图 5-38　项目效果模拟图

图 5-39 项目与居民点关系效果模拟图

六、建筑群落与社区联动，促进遗产保护

格拉丹服务点毗邻大坝坝村，建筑内容考虑社区发展需求，设置非遗文化交流展示场所以展示民族文化，促进遗产地民族文化的展示和传承。

七、结 语

资源保护和展示利用关系微妙，作为风景名胜区、世界自然遗产地保护展示项目，强调科学选址、项目布局展示场所特征、项目设计及工程做法应与环境融合，强调生态专家的参与和现场论证，以实现遗产景观的保护和利用。

本项目基于荒野保护目标，提出格拉丹景观道路科学选线思路及服务点的荒野体验建设思路，使服务点与步道相互支撑以构建完善的遗产景观展示、景观门户和服务支撑体系。完整保护和展示该区域的“荒野”景观核心价值，将使该区域成为精品旅游目的地。

第四节 滇派园林的景观格局 ——西双版纳热带植物园园林景观格局

陈吉岳[①] 吴福川[②] 施济普[③]

中国科学院西双版纳热带植物园（以下简称“版纳植物园”）于1959年创建，位于西双版纳傣族自治州勐腊县勐仑镇，距离景洪市60千米，位于东经101°25′，北纬21°41′，海拔570米，年平均气温21.4℃。为国家AAAAA级旅游景区。罗梭江（又叫南板江）由东向西南围绕版纳植物园三面后流向澜沧江。

版纳植物园是集科学研究、物种保存和科普教育为一体的综合性研究机构和国内外知名的风景名胜区，占地面积约1125公顷，收集活植物13000多种，建有38个植物专类区，保存有一片面积约250公顷的原始热带雨林，是我国面积最大、收集物种最丰富、植物专类园区最多的植物园，也是世界上户外保存植物种数和向公众展示的植物类群数最多的植物园。（图5-40）

一、版纳植物园整体景观格局特点

版纳植物园从空间上划分为3个大的区域，A区为主要入口区，承载着停车、售票服务与办公等功能，是连接勐仑镇与植物园的重要交通枢纽和游客集散地，面积7公顷，是整个植物园景区景观的序幕。B区为主要游览区，也称为西区，由百花园、棕榈园、百竹园、奇花异卉园、名人名树园、藤本园、能源植物收集区、百果园、荫生园、国花国树园、龙血树园、榕树园、南药园、百香园、裸子植物收集区、

① 单位：中国科学院西双版纳热带植物园。
② 单位：中国科学院西双版纳热带植物园。
③ 单位：中国科学院西双版纳热带植物园。

树木园、水生植物园等28个专类植物收集区，同时植物标本馆、热带植物种质资源库、王莲酒店、热带雨林民族文化博物馆、环境教育中心、蔡希陶纪念馆等也位于该区域，该区面积200公顷，是科普展览、游览观光的主要片区，整个西区是物种栽培保育和园林植物景观营造相得益彰的典范，其中百花园、棕榈园、水生植物园、荫生园、藤本园植物景观相对较好。C区也称为东区，总面积达1127公顷，大部分区域为保护区和科研用地，包括科研中心、实验基地、引种苗圃等，游览区域主要有热带沟谷雨林片区和绿石林片区，其中热带沟谷雨林片区内部又含有野生食用植物近缘种收集区、天南星科收集区、姜科植物收集区、蕨类植物收集区等，绿石林片区也属于西双版纳热带雨林国家公园的一部分。

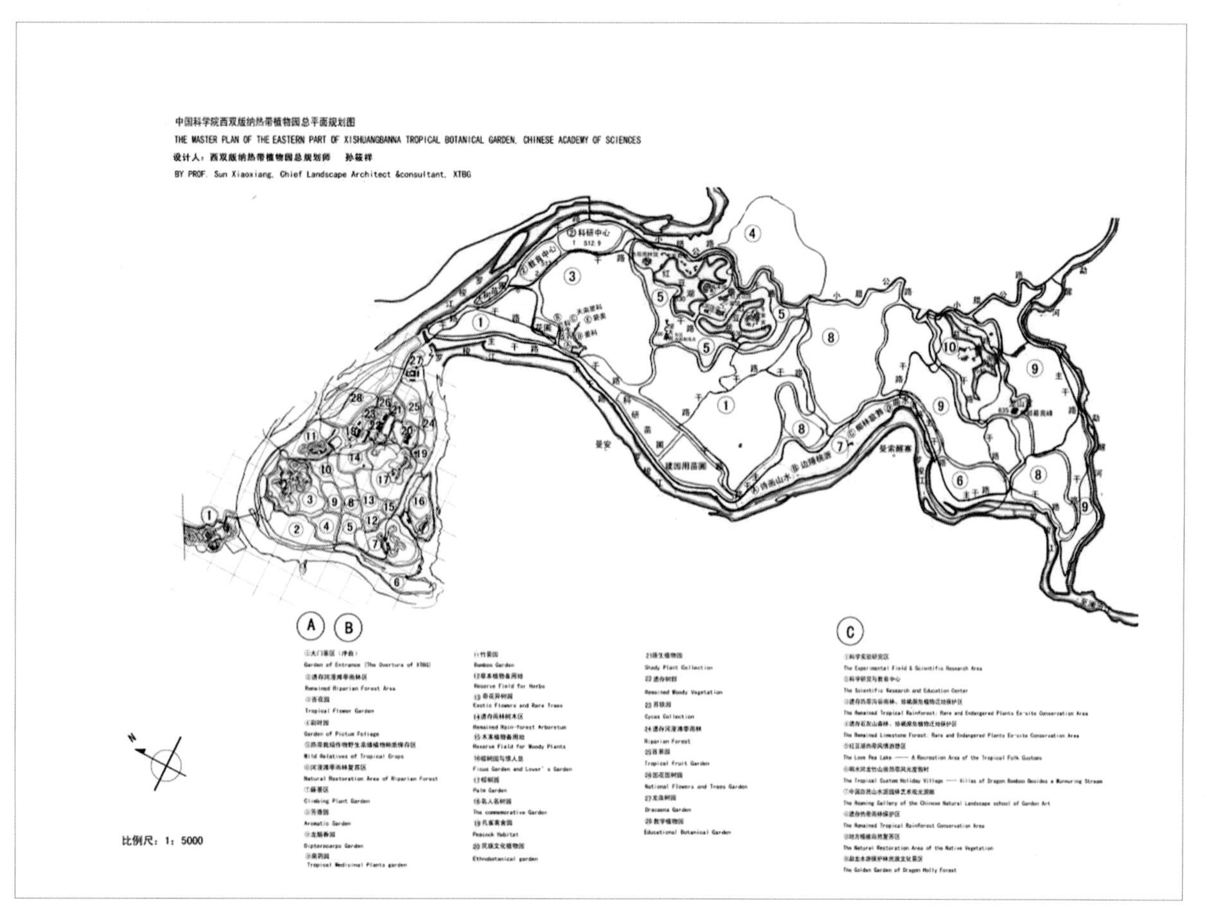

图 5–40　西双版纳热带雨林国家公园功能分区图

二、重点特色专类园景观格局展示

（一）百花园

百花园位于植物园西区入口处，占地面积约25公顷，其中水域面积约6公顷，植物布景主要采用孤植、纯林片植、同类多品种集中收集、专科专属植物集中种植等多种方式展示。该专类园区亭廊建筑有花文化馆、流水花香廊、藕香榭、南星醉月亭、荷风香远亭以及采用凤尾竹作为素材营造的儿童迷宫。主要收集了茜草科、夹竹桃科、紫薇科、豆科、锦葵科、玉蕊科、马鞭草科、茄科、爵床科等科观赏价值较高的植物，尤其龙船花属、蝎尾蕉属、鸡蛋花属、叶子花属、羊蹄甲属、紫薇属、玉叶金花属、夹竹桃属、大青属、睡莲属等属的植物收集较多。孤植树主要有火焰树、木棉树、紫花风铃木、盾柱木、凤凰木等，纯林片植植物有金凤花、羊蹄甲、玉叶金花、紫薇等。整个专类园空间感较为空旷，是热带观赏植物的集中展示区，形成一年四季花开不断的效果。移步百花园，犹如天女散花，五彩斑斓、花开花落、层林尽染，各式景色，尽在其中。

（二）藤本园

藤本园位于植物园北侧，占地面积约7.5公顷，收集引种保育的藤本植物有500余种，是国内收集保存藤本植物种类最丰富的专类园区。藤本植物是植物世界中的一类特殊群体，其中90.9%的藤本植物分布于热带地区。根据藤本植物生长方式和设计展示手法的不同，将藤本园植物区分为自然生态藤林区、综合服务区、园艺观赏藤本区、悬垂攀缘藤本区和种群藤本区等。

1. 景观特点

1）尽量保持藤本植物原有的天然生长状态，充分发挥藤本植物固有的形态美和习性美，并适当控制其无限制地蔓延生长。

2）结合当地自然条件和民族文化进行景观营造，体验区域特色。

3）充分利用地形地势及现有构筑物，营造丰富的依附支撑物，展示藤本植物的多样性。

2. 藤本园植物配要点

1）藤本植物的组合原则是灵活的，不拘泥于藤本植物的分类和种群关系，而是分区域地各有所侧重。如自然生态藤林区的种植设计可偏重科学分类和种群关系，而园艺观赏藤本区和悬垂攀缘藤本区则偏重于植物的观赏性和景观的塑造。

2）合理利用现有地形和挡墙，在原有建筑墙面构成藤本植物依附展示的支撑主体，结合藤树、藤架、藤墙、伏地、灌篱等多种方式的配置，是藤本园的景观亮点。

3）植物配置注重花期的延续、花色的搭配、香气的补充、果实的色泽、叶色叶质的对比、藤姿藤形的舒展细节和运用。

4）关注近观和远赏的视线组织，提供给人靠近观赏和触摸的机会，以及感受整体效果的空间平台。

5）适当运用藤本植物的衍生物增添情趣和扩展知识，如藤器、药材、插花、干果等的装饰。

6）为突出藤本植物，配景植物宜选择不具有鲜明特点和季相变化的品种，大树选择树形优雅舒展的遮阴乔木，草花地被植物宜花色淡雅、花朵非密非繁的品种。

（三）棕榈园

棕榈园是世界上收集种类最多的园区之一，也是保存棕榈科植物种类较为丰富、景观优美、具有热带风光的园区。于1976年建立，通过不断的改造、扩建，现有面积9.3公顷，共收集棕榈科植物约490种，按棕榈植物隶属的亚科进行分区，可分为槟榔亚科、贝叶棕亚科、鳞果亚科、腊材榈亚科、象牙椰亚科、水椰亚科6个亚科。棕榈园内通过构建多样性的生境，以满足各种类型的棕榈植物生长所需的条件。通过引水，在棕榈园创造湿地环境，形成水溪环岛、岛居水中，岛上利用不同形态的棕榈科植物高低错落、疏密交互种植；湿地周围以棕榈植物环抱，湿地上种植湿地植物与湿地棕榈，形成一个与自然界相仿的棕榈植物生长环境，配与露兜舫、槟榔榭、听雨阁、南熏轩，以曲桥及小径将小岛、亭阁相连成

图 5-41　棕榈园二期效果图

一体，游人可停步于曲桥或休憩于亭阁内欣赏不同角度的景观，尤其是可停步于南熏轩亭阁上，登高望远，俯视棕榈园全景，品味具有浓郁热带风光的棕榈与湿地景色。该园收集的棕榈类物种数量在国内外处于领先地位，成为世界上保存最多棕榈种类的植物园之一，使之成为国内外从事棕榈科植物研究的重要基地。该区是我国收集棕榈藤种类最多的园区，为我国研究与发展这一重要非木材产品提供了宝贵的种质资源基因库。（图5-41）

（四）民族森林文化园

西双版纳是以傣族为主的多民族聚居地，各民族与热带森林相互作用、相互影响，从而创造了丰富多彩的民族森林文化。民族森林文化园占地面积约5.3公顷，本专类园区的建立是在我园民族植物学和民族森林文化的多年研究的丰硕成果上，其规划围绕着“热带雨林民族森林文化博物馆”，分为民族药用植物区、食用植物区、宗教植物区、文学艺术植物区等4个小区以及傣族的“龙山林”，向人们展示了西双版纳丰富的“人与植物”“人与自然”和谐相处的传统知识和文化。园中共收集、栽培了80科360余种民族植物。民族药用植物区主要展示了以傣医药为主的多种植物药和分别展示傣医药8个著名方剂的药用植物。食用植物区主要展现了食花植物和食叶植物等。宗教植物区分为佛教信仰植物和原始多神教信仰森林及其植物两个区，其中佛教信仰植物分区以释迦牟尼一生的3个关键时期即出生、成道、涅槃与植物关系的艺术浮雕为中心，展示了佛教庭园必须栽培的“五树六花”、传说中的佛教二十八代佛祖的“成道树”以及与佛事活动有关的植物；原始多神教信仰森林及其植物区则以一山丘为中心，人工营造了一片“龙山林”及一些“神树”，并通过山丘森林与水塘的联系，进一步说明了傣族传统“没有森林就没有水，没有水就没有农田，没有农田就没有粮食，没有粮食人就不能活命”的朴素生态观。文学艺术植物区主要展示了傣族的文字载体，从古代的芭蕉叶到竹片到贝叶，以及最后用构树的树皮制造的纸张，也有植物、园林小品以及展示傣族“赞哈”（歌手）产生的与热带雨林密切相关的“滴水成歌”“凤蝶启示”“小鸟传言”等富有诗情画意的传说，并在小分区中种植了一些能比喻青年男女在谈情说爱时通过情歌歌词向对方表达爱慕的花卉和树木。

民族森林文化园除了以植物和人造森林（龙山）展示以傣族为主的西双版纳各民族以及他们的日常生活、医药卫生、生产活动、文学艺术、宗教信仰等与热带雨林及其中植物的互动关系，以进行人与自然关系的科学普及和文化传统的颂扬外，还以傣族的宗教、民居建筑和园林小品等而创造、建设了一些具有民族文化风格的园林建筑、园林小品。它们在园区中的布局恰到好处，而使本园区具有浓郁的民族风情与文化特征。该专类园因其丰富的科学内涵、优美的园林景观、显著的民族文化特色而成为民族森林文化的科研和知识传播基地，在国内外植物园中是独一无二的主体植物专类园，“赞哈”传说景点作为整个园区的重点，位于龙门外右侧，背景为人工石灰岩山及小森林和在龙门右侧的水池，靠近植物园内主干道，并与荫生园的园门相呼应。在大岩石上创有一组关于“滴水成歌”的艺术浮雕，该景点除了活灵活现的跌水和生动活泼的蜂蝶、小鸟外，还采用了观赏性极强的罗梭江缅石，高低错落、疏密有致，点缀在小溪边和草地上，该景点的植物也别有情趣。石头上有释迦牟尼的手指井：相传很久以前，释迦牟尼来到葫芦岛，见罗梭江的水围着葫芦岛流，但是岛上却没有水种植水稻和苞谷，于是释迦牟尼用手指在石头上一按，就出了一个手指坑，坑里流出了永不干枯的清泉水，老人说用水洗手可以驱除邪恶，逢凶化吉，保人平安。于是该景点建成后，来植物园旅游的人都喜欢在这里小憩、洗手，以便获得祝福。建设“赞哈”传说景点，目的在于通过对本传说的认识、理解，用现代园林园艺手法，将“赞哈”传说这个民间文学艺术通过景观的形式表现出来。该景点的设计理念是充分挖掘傣族“赞哈”的起源内涵，利用园林要素生动活泼地再现“赞哈”传说的场面。

（五）热带雨林民族文化博物馆

建立在民族森林文化专类园内的热带雨林民族文化博物馆，是一个集科普教育、文物保存、科学研究和生态旅游等为一体的综合性专题博物馆，是展示西双版纳民族森林文化科学研究、传播和开展民族森林科学研究和人与自然科学思想、科学知识的普及与传播的重要的支撑平台，也是我国第一个唯一系统介绍热带雨林及其居住在该地区的少数民族文化的博物馆，它揭示了“保护热带雨林就是保护人类自己”的“人与自然和谐共处、共同发展”的科学理念，是以“人与自然”为主题的专题博物馆。展馆面积2000平方米，馆藏展品有1000多件，各种民族风俗图片有1000多张，以独特的构思、丰富的展品和展览形式系统介绍了西双版纳的热带雨林和民族森林文化，展示了热带雨林的重要性以及生活在热带雨林中的民族对森林的利用，从另一个侧面揭示了热带雨林既是人类生存与发展的资源库、基因库和知识库，也是维持地球生态平衡的重要因素，保护热带雨林就是保护人类自己。馆内有热带雨林厅和民族森林文化厅两个主要展厅。热带雨林厅主要由热带雨林丰富的生物多样性展区、热带雨林与人类展区、地球环境平衡的重要因子展区、热带雨林现状展区、热带雨林保护行动展区组成；民族森林文化厅主要由饮食文化展区、医药文化展区、传统农业生产活动展区、民族服饰与文学艺术展区、宗教植物文化展区组成。多年的开馆实践证明，热带雨林民族文化博物馆的成功对外开放在一定程度上提升了民族生态旅游的科学文化内涵，同时也是集热带雨林之神奇、汇民族文化之精华的地方。

（六）南药园

建成于2002年，经过2012年的扩建改造，占地面积50亩，现收集保存药用植物近500种。通过不断地收集保存各种药用植物种类，建立一个以保存南药、傣药、哈尼药为主的民族药用植物资源收集区，为科学研究提供了材料，为科普教育提供了素材。园区以园林道路分割，分为南药、民族药、中华药、原料药等小区，并重点突出保存南药植物。在南药区，收集展示了有名的龙血树、槟榔、益智、砂仁、肉桂、锡兰肉桂、胖大海、檀香、印度大风子、马钱子、萝芙木、苏木、儿茶、巴豆、古柯等30多个种；中华药区保存有提取兴奋剂药物的巧茶、用于接骨的接骨丹及各种重要的药用植物，如曼陀罗、芦荟、川牛膝、金佛手、车前草、仙茅、千斤拔等；民族药区展示有西双版纳傣族、哈尼族、基诺族等民族的药用植物，如大叶火桐树、葫芦茶、锅铲叶、黄姜花等。此外，该园还保存了高含秋水仙碱的嘉兰、可提制降压药物的云南萝芙木、可防治肿瘤的美登木以及马钱子等药用植物，为今后攻克各种疑难杂症保存了重要的药用植物资源。

（七）热带雨林景区

热带雨林区占地面积约80公顷，用于对西双版纳及周边地区植物的迁地和就地保护，包括姜园、天南星园、兰园、蕨类植物区、野花区等7个热带植物专类园/区，保存有种子植物2000余种，其中稀有、濒危植物100余种。核心区的原始热带雨林集中展示了热带雨林的典型特征，可见到大板根、绞杀现象、老茎生花、空中花园和高悬于空中的大型木质藤本等，还可见到反映该地区地质历史变迁的山红树、露兜树。该景区是一个集物种收集保存、科学研究及环境教育为一体的综合平台。

兰园占地面积约9.08亩，于2000年建立，以保护和研究兰花资源为宗旨，主要从事兰科植物的引种驯化、保存培育及生物学特性等方面的研究。收集保存石斛属、万代兰属、鹤顶兰属、笋兰属、贝母兰属、指甲兰属、蜘蛛兰属、凤蝶兰、石豆兰属、钻喙兰属、虾脊兰属、竹叶兰属、美寇兰属、湿唇兰属、羽唇兰属等野生兰科植物近200种。该区已成为国内从事兰科植物研究的重要基地。

姜园从20世纪60年代就开始对姜科植物进行收集驯化与保存工作，主要以国内和东南亚国家的热带和亚热带野生姜科植物种质资源迁地保护为主。该园占地面积约100亩，现保存野生姜科植物16属170余种，其中保存有珍稀濒危植物茴香砂仁、拟豆蔻、长果姜、勐海姜，重要中药材砂仁、益智、草果、姜、草豆蔻、高良姜、郁金、莪术、姜黄、闭鞘姜等，另还保存有做香料、色素、淀粉、蔬菜以及观赏用的姜科类植物。目前西园野生姜园已成为世界从事姜科分类、系统进化、传粉生物学、生态学、植物化学、开发利用等方面研究的重要基地。

（八）野生食用植物园

本园区面积约150亩，收集保存野生食用及栽培植物近缘种400余种，分别保存在野生食果区、野生食花区、野生食茎叶区、野生食根区，野生栽培植物近缘种则点缀于各区内。这是目前世界上收集保存野生食用植物种类最多、面积最大的专类园区。

三、其他专类园景观格局特点

（一）荫生植物园

荫生植物园位于植物园的游览中心，占地面积约1公顷，收集了600余种生态各异的热带植物。荫生园的特色景观是多样和奇特的热带阴生植物群落，充分展示了热带阴生植物多样性和生境多样性。由于热带雨林地区高温高湿，许多喜阴耐阴的植物特别适应在此生长、繁衍生息，它们有的在树干、树枝、树杈甚至叶面上生存，形成空中花园；有的在地面上生长，构成了热带雨林独特的自然景观。该区集中收集展示了热带兰花，原产于美洲热带雨林最有特色的附生植物——凤梨科植物，具有特色的蕨类植物、姜科植物、天南星科植物、苦苣科植物等。奇特的鹿角蕨、皇冠蕨、鸟巢蕨，各种生活形态的兰花以及引自世界其他热带雨林地区的各种荫生植物，在有限的空间里充分展示多层、多种、形态各异的热带植物，共同构成了具有热带雨林结构特征的人工群落。

（二）国树国花园

国树国花园于1999年建立，按照亚洲、南美洲、北美洲、大洋洲、非洲、欧洲进行规划分为6个区。该园共占地20亩，收集展示了适宜本地生长的80个国家的58种国树国花，如缅甸国花——龙船花、老挝国花——鸡蛋花、利比亚国花——石榴花、马达加斯加国花——凤凰木、比利时国花——杜鹃等。如此多的国树国花齐聚一堂，使来自五湖四海的游客欣赏到世界各国的国树国花，仿佛踏上了周游世界的旅途，也使国外游客能在异国他乡惊喜地看到自己国家的国树和国花；并通过文字与科普解说，使公众更多地了解各国的风土人情、文化传统、地理地貌等知识。

（三）名人名树园

名人名树园建立于1999年，占地面积55亩，共收集展示了280余种或品种热带植物。该园有江泽民手植的相思树、李鹏手植的铁力木、李瑞环手植的小叶榕等，有国际知名人士——世界野生动物基金会会长爱丁堡·菲利普亲王手植的“热带雨林巨人”——望天树、日本秋筱宫亲王手植的黑黄檀，有中国科学院第三任院长卢嘉锡手植的锯叶竹节树、第四任院长周光召手植的天料木和第五任院长路甬祥手植的龙血树等，以及本园创始人、第一任园长蔡希陶教授手植的龙血树、第二任园长裴盛基手植的野荔枝和第三任园长许再富手植的铁力木；建有展示植物园历史的“西园谱”、纪念创始人蔡希陶教授的石群雕——“树海行”；还收集了多种奇花异树，如蔡希陶教授发现并且手植的能够提取名贵南药“活血圣药”的柬埔寨龙血树、傣族佛教植物制作贝叶经的贝叶棕、形似开屏的孔雀的沙漠贮水之树旅人蕉、被称为“见血封喉”的世界上最毒的植物箭毒木、老茎生花可食用的火烧花、花似喇叭的曼陀罗、俏似香山红叶的俏黄芦，及叶形各异、花色奇彩的洒金榕。在园中，还有西双版纳最古老的铁树——雌雄异株的千年铁树王。这些植物以美丽的形态、奇异的功能吸引了众多的中外游人。

（四）榕树园

榕树园建于1996年，占地面积20亩，收集保存榕树属植物约150种。园内收集的高榕是热带雨林的关键种，开展的树冠、粗壮的分枝为附生植物、藤本植物、喜阴耐阴植物提供了多样的生态位；丰富的果实、鲜嫩的叶片、凋落物等为热带雨林中的鸟兽、昆虫等动物提供了四季不断的食源，而它的绞杀现象调节着热带雨林的物种更新。还有些种类如菩提树等被当地民族视为神树和佛树，形成了独特的民族榕树文化。木瓜榕、苹果榕、厚皮榕、高榕、聚果榕、突脉榕、黄葛榕等是当地民族野生木本蔬菜的重要来源，其他还有较多种类是重要的民族药用植物。园内的高榕、垂叶榕、菩提树、钝叶榕、木瓜榕等已形成树包塔、独树成林、绞杀现象等独特的典型的热带雨林景观，以及丰富的科学内涵使该园日趋成为一个近于自然雨林外貌的生态人文景观。目前，该园已成为国内外开展榕树生态、民族植物文化和植物协同进化等的一个重要知识创新基地，尤其榕树与榕小蜂互动关系研究在国内处于领先地位。

（五）奇花异卉园

奇花异卉园占地10亩，园内主要以引种、栽培观赏植物为主。如：闻歌起舞、对声波极为敏感的跳舞草，会使酸变甜的神秘果，五彩缤纷、叶形各异的洒金榕，形似乌龟可为药用的山乌龟，以及赫蕉、叶子花、佛肚树、波罗蜜、日本瓜等。园内共收集各类观赏植物300多种。走进园中，到处是奇花异木，花开不败，各类花木争奇斗艳，置身其中令人陶醉，流连忘返。

（六）树木园

树木园建于1959年，占地面积48亩，是版纳植物园最早建立的植物专类园区。作为重要的木本植物种质资源库，树木园现已引种栽培750种热带植物。原产热带非洲的火焰花、可提制香精的依兰香、果似腊肠的吊瓜树、树干挺拔的艳榄仁、树冠庞大而体态优美的雨树、世界著名的澳洲坚果和腰果，以及许多保护植物如千果榄仁、金丝李、望天树、隐翼、四数木、鸡毛松等在园中枝繁叶茂，茁壮生长。经过50年的栽培管理和自然更新，园内绿树成荫、蔚然成林，已成为一个接近于自然森林外貌的“生态公园”。

（七）龙血树园

龙血树植物专类园建于2002年，占地16亩。该园依丘而建，分为栽培龙血树和野生龙血树两个区，野生龙血树区内又分中国龙血树区和国外龙血树两个小区。该园共收集栽培植物78种和品种，其中龙血树属植物31种和品种，基本收集保存了我国分布的所有种类。为了建设具有多层多种的园林群落景观和增强色彩，龙血树园还收集、栽培了30种和品种的同科不同属的彩叶朱蕉、龙舌兰、丝兰等属的植物。龙血树园是我国植物园中以保存南药“龙血竭”的原料植物种类而独有的专类园，它的建立为我园申报“珍稀药材血竭原料植物优良种源繁育高技术产业化示范工程”重大项目打下了重要基础，也为我国研究发展这一重要“活血圣药”提供优良的种质资源。

（八）龙脑香园

龙脑香园自1959年建园以来即开始从国内外引种栽培龙脑香科植物，1981年正式建立龙脑香园，占地面积101亩。先后从泰国、老挝、印度尼西亚、越南、斯里兰卡、新加坡，以及国内的广西、海南、德宏、西双版纳等地成功引种7属34种龙脑香科植物，其中还收集有热带雨林“巨人” 望天树。由于近几十年来森林破坏严重，生境恶化，龙脑香科有些种类已陷入濒临灭绝的境地，国产龙脑香科植物几乎都列为了国家级的珍稀濒危保护植物。因此，龙脑香科植物专类园对该科植物资源的保护及研究热带植物区系具有重要的科学意义。

（九）能源植物园

能源植物园占地约6公顷，收集和保存能源植物50科350余种。根据园区的地理位置和地形，以及人类对能源植物应用的历史进程，园区共划分为淀粉植物类区、纤维植物类区、薪炭植物类区、烃类植物类区、油料植物类区5个收集区，已建立较为完备的种质资源圃，为能源植物的开发研究构建基础平台，同时形成了具有优美景观的精品园区，加深人们对能源植物的认识。本专类园是种类繁多的能源植物园，别具风格的科普形式、形成各异的园林小品，向公众展示了能源植物与人类的关系，也为科学研究与经济植物开发提供了良好的平台。

（十）绿石林保护区

绿石林保护区面积225公顷，位于版纳植物园东部区，自然环境优美，森林覆盖率在90%以上，是典型的石灰岩山森林植被，生长有1000多种高等植物，栖息着上百种野生动物。区内千姿百态的象形奇石和郁郁葱葱的雨林形成的树石交融的景观比比皆是，构成世间少有的“上有森林，下有石林”的奇观，故有“绿石林”之称。绿石林保护区是多种珍稀濒危动物如双角犀鸟、灰叶猴、蜂猴、长臂猿等的原始栖息地，同时具有丰富的热带兰科植物资源，是开展这些珍稀濒危动植物回归和综合保护的示范基地。

（十一）水生植物区

水生植物区水域面积18亩，分为王莲池、睡莲池、碗莲池3个部分，收集保存有浮水植物、挺水植物、漂浮植物、沉水植物、湿生植物等不同生态类型的热带水生植物上百种。其中有“出淤泥而不染”的各种荷花，有色彩斑斓的睡莲，还有原产于亚马孙河流域的世界最大的浮水植物王莲等。

（十二）苏铁园

本园占地33.6亩，已收集、保存了国产的绝大多数苏铁种类和部分分布于世界热带的苏铁种类。

（十三）省藤园

省藤园占地面积26亩，收集、保存有棕榈科省藤属、黄藤属、钩叶藤属的藤类数十种。

（十四）百竹园

百竹园占地105亩，收集、保存了中国及东南亚热带地区的大多数竹子种类。许多珍贵的竹种如巨龙竹、刺竹、糯米香竹、版纳甜竹、方竹、紫竹、藤竹等在园中都有栽培。

（十五）百香园

百香园占地50亩，收集、保存了上百种国内外名贵香料植物，其中大多为云南的特优新品种。

（十六）百果园

百果园占地面积91亩，收集、栽培了国内外热带、名贵珍稀果树约500种（品种），是一个集果树品种保存、园艺研究、优良品种推广及知识传播为一体的重要基地。

以下为西双版纳热带植物园园林景观图。

图 5-42　热带雨林

图 5-43　空中花园

图 5-44　棕榈园与王莲湖

图 5-45　龙血树园

图 5-46 老茎结果——波罗蜜

图 5-47 巨花马兜铃

图 5-48　园中景观的一角

图 5-49　盛花的粉花山

图 5-50　巨魔芋

图 5-51　热带雨林中的气生根

第五节　滇派园林的石雕艺术
——剑川千狮山实践

牛崇荣[①]

剑川千狮山，古代称满贤林，始建于明代，当时山上就建有大雄宝殿、意翠屏、成仙桥、仙人登天、飞来石、石狮等景观。明代旅行家徐霞客也曾到此山旅游并写过游记。

图 5-52　剑川千狮山的石狮

① 单位：丝绸之路国际合作委员会旅游产业研究中心。

千狮山位于剑川县以西1千米处，海拔2780米，面积3.2平方千米。它既是一个植物多样性的森林公园，也是一个寺院公园，是自然景观与石雕狮子艺术相融合的国家AAAA级旅游景区。千狮山是世界上石雕石狮最集中和数量最多的地方，景区的石头、石崖、石壁、石路、石栏上雕有3268只石狮。

一进入千狮山大门，首先看到的一对特大石狮让游人精神振奋，随后便会看到上海大世界基尼斯总部为千狮山颁发的《大世界基尼斯之最》证书。进入大门的左侧，有宽广高远的999层石台阶通向千狮山。千狮山的路由石台阶、石板、石洞、土路、木桥组成，游客顺山路爬行，既能看到松林苍翠的森林、鲜花和大雄宝殿等景观，又能在路的中间、路边、路栏、石头、石崖、石壁上看到各种大小不一、形态各异的石狮子。这些石狮有的温顺，有的怒吼；有的爬着，有的坐着，有的站着，有的走着，有的跑着；有的扑，有的撕，有的咬；有的跳，有的滚；有的一只独居，有的三四只家居，有的数10只群居；有的像母子亲情，有的似兄弟姐妹玩要，形态各异，栩栩如生，展示了剑川白族石匠精深的雕刻艺术。

这些石狮小的似羊，大的似山，最大的狮王站在山顶上高25米、长18米、宽12米，张着的大口能容纳10多个人。这是世界上最大的石狮王，一幅高大雄伟、气吞山河、居高临下、统领千狮的模样，游客观之，叹为观止。

一个石狮的世界，它集中展现自魏晋以来我国石雕狮子的艺术风格，是云南滇派园林中石狮文化艺术的瑰宝，是中国石狮博览园，也是世界石狮文化博物馆。

千狮山最突出的亮点是石狮的数量和石雕艺术，如果从山脚至山顶增加一些花卉艺术盆景，景观质量和可观性会进一步提升。

千狮山已经入选了《大世界基尼斯之最》，但要真正提升千狮山的社会知名度，非常有必要申请入选《世界旅游之最》，它能最大限度地提升千狮山的社会知名度，从而带来最多的游客和经济收益。

第六节　滇派园林的造景艺术
——昆明金殿杜鹃山造景实践

赵瑞荣[①] 白艳荣[②]

滇派园林是云南的代表性园林，有其独特的造园艺术特点。滇派园林的形成，既依托了云南独有的山水自然地貌，又融合了来自中原地区的传统文化思想，同时具备了多民族融合的特点，最终形成了自然质朴、视觉开朗、内地文化与边疆文化融合交汇、景色秀丽多姿的造园特点。从昆明金殿杜鹃山瀑布区景观提升改造阐述滇派园林造景艺术的实践应用。

一、金殿杜鹃山瀑布景区概况

金殿杜鹃山瀑布景区始建于1986年，位于杜鹃园的东侧，是一个坡度较陡、背风向阳、温暖湿润的生态环境，面积15亩左右，建有跌水瀑布、山麓水池、亭廊小岛及上山石阶游道；有生长茂盛的带状毛鹃4—5条，长约40—50米，近千株；其余是自然种植的绿化树木，如圣诞树、地盘松、麻栗树和灌木等覆盖整个坡面。杜鹃花开时，几条带状的杜鹃，花繁叶茂，甚是喜人。瀑布区东面已修筑宽敞的道路，建起一群网架结构和桁架结构的现代化温室群。杜鹃园东坡瀑布景点恰处在温室花卉区入口处。

① 单位：昆明市金殿名胜区。
② 单位：昆明学院。

二、以水显山、以山映水，突显滇派园林艺术精髓

瀑布景区景观构思立意。瀑布景点前面地势较为平坦、开阔，瀑布坡面成为显眼的视角点，坡面上的杜鹃生长良好。采用科学的园林栽培技术，将东坡培植成规模较大的杜鹃景点，杜鹃花盛开时，有“杜鹃映红半个天”的意境。

坡面北侧的瀑布，高山流水，断壁飞瀑。晴日轻岚薄雾，七色彩虹笼罩葱绿的坡面，呈现出灿烂的气势。瀑布蜿蜒的山涧，仰望前瀑后溪，更显出杜鹃山的妩媚。种植以杜鹃为主基调，高大的松柏，间种红枫、槭树，层次错落、高矮有序、疏密有致，整个山涧色彩丰富、动静结合，显得格外幽深、俊秀。山麓一泓带状清池，伸入池中的小岛，衔接山坡的绿茵草坪，小憩的亭廊、婆娑的垂柳，以水显山、以山映水，远近呼应，更显山涧峻峭和水池、草坪的舒缓、温馨，形成一幅绝妙的自然水墨丹青。上山的游路南侧，起伏摇动的漫坡杜鹃，掩映半坡翠微深处的亭子，景色迷人。杜鹃花盛开时，整个瀑布区层林尽染、山花烂漫，杜鹃红似火，映红半个天，灿若云霞，美不胜收。

三、情景交融，融会贯通，展现滇派园林的造园手法

瀑布景区景观设计上，将整个景点划分成4个区域，即瀑布区、山涧区、水池半岛区、南坡区。围绕山涧这个中心主旋律，整个区域的绿化因山就势，注重层次的变化、色彩的搭配，使整个景点既有变化的特点，又有统一的和谐。

首先，我们进行环境清理。清除和整理整个坡面的灌木、杂草和部分高大的上层树种，如圣诞树、桉树、地盘松等。在不破坏大环境的前提下，在需要种杜鹃和其他树种的地方，清除多余的先锋树种，整理地形、改善土壤，为绿化改造做好前期的准备工作。

其次，人工修建的跌水瀑布，过去水源靠山顶生产供水池抽水溢水，已无瀑布景观。绿化改造实施过程中，首先安装了循环水抽水设备，使山上山下水池的水循环起来，解决了瀑布水源，抽水机启动，虽无想象中“飞流直下三千尺”的景象，但瀑布跌水的壮观景色已经呈现。同时，选用170盆常春藤、20余盆叶子花、180丛水竹种在跌水的石崖和石阶等处，以丰富多彩的绿色植物弥补悬崖叠水人工雕砌的痕迹，使断崖山溪显得自然、古朴、和谐。

原坡面上的上层植被是一些色彩单一、树形较差的桉树、圣诞树、麻栗树等。前后、高矮、大小凌乱，使立面空间显得杂乱无序、无层次感。选用了大规格栾树

30余株、小规格栾树80余株、红枫20余株及槭树等，在透视最佳的距离、角度组团种植，形成能控制上层空间的骨架，丰富了空间层次感，增加了季相的色彩变化，显现出生气和活力。

四、植物造景多样性，突出滇派景观特色

瀑布景点主基调植物是杜鹃，为了渲染主题，突出杜鹃，在原植被的基础上增种了20多个品种、2000多株大小、高矮、色彩不同的杜鹃，重点布局在山涧区，在透视最适宜的距离依游人垂直视线30度、水平视线40度范围内，分9个组团，用与视线不平行的若干斜线交错种植，形成视角上的近景大、远景小，增强了空间深度的感染力。与原有的植被配合，增强山涧区的景深效果，使整个景区显得更远、更深、更高，层次更丰富，更俊秀。

水池半岛区距游人水平视线最近，能看得一清二楚。（图5-53）因此，必须基调细腻、轮廓清晰，细腻中显粗犷、清晰中不烦琐，承前启后，以水平面衬托后景山涧层次和景深前后呼应、统一和谐，又自由独立的意境。几经反复，将半岛的地形整理成西接杜鹃山坡面、东连温室区平地草坪，承上启下，形成缓慢、流畅、延伸的自然过渡；环岛种草，向南与平地草坪衔接，半岛的中部环状种植毛鹃和映山红，有高矮显层次，有色彩显生气，有和谐显统一，并错落置了一些假山石，与断崖协调，显其自然朴素。

图 5-53　昆明金殿公园水池半岛

将原半岛上的一株垂柳移栽到池边亭旁，使半岛一侧的远景、近景在视角上均衡、平稳。整个水池半岛区在山涧背景的映衬下，显得舒缓、放松、温馨，倚岛旁池畔小亭观景、休憩，格外宁静。

杜鹃山东坡的中段，开辟了一条游路。游人不仅能从上面俯视观赏坡面杜鹃山妩媚的景致，也能闲步杜鹃丛中细致地观赏、品味杜鹃的花、色、形、枝，人伴花影、花映人情。在山腰曲径的步道上向下俯视，小亭倒映碧池，叠水跌入池中；远眺双乳山苍茫景色，近瞰温室鳞次栉比，无限美景尽收眼底，心旷神怡。

在绿化改造过程中，对一些不适宜的高大杂物如圣诞树、桉树进行有计划的清除，补充了一些树形优美、色泽协调的树种代替。

园林绿化工作、景点绿化培植不是一朝一夕之功，绿色景观是用有生命的音符——植物组成的，植物生命的发育、成长需要时间、空间和耐心。杜鹃园瀑布景区景观绿化提升改造工作按设计要求进行，各项工作得到领导的重视和支持，取得一些成绩。如此绚丽的景观，吸引了大量游客纷纷拍照和摄影留念。

金殿杜鹃山瀑布区景点的改造继承和发扬了中国古代园林艺术的特点，充分运用了滇派园林独有的地域文化和少数民族特色的融合，使云南形成了特有的园林艺术风格，多元的植物群落提升了金殿杜鹃山瀑布景区的观赏价值，也让金殿杜鹃山瀑布景区成为滇派园林璀璨艺术的一部分。通过项目的实施，充分展现了滇派园林艺术的内涵和特色。

第七节　滇派园林的红色文化景观
——以威信县扎西红色小镇为例

伍贤慧[①]

扎西红色小镇坐落于昭通市威信县，是红军长征史上具有重要历史意义的扎西会议的召开地，也是全国100个红色旅游经典景区之一。漫步在小镇古街上，红色文创产品琳琅满目，悠扬的红歌飘扬而来，仿佛又回到战火纷飞的峥嵘岁月。在扎西红色小镇，红色永远是最突出、最浓厚的颜色。

一、项目背景

1935年1月，遵义会议后，国民党重兵布防长江沿线，土城战役失利，红军长征北渡长江受阻，被迫向云贵川“三不管地带”具有“鸡鸣三省”之称的云南扎西集结。1935年2月，中央红军集结扎西，相继在水田花房子、大河滩庄子上、扎西江西会馆召开了中央政治局常委会议、政治局会议和政治局扩大会议，党史上将此3次会议统称为扎西会议。

红军在扎西地区的革命活动是红军长征35个重要事件之一，在扎西镇内留下的革命历史文化遗产和可歌可泣的动人事迹，是云南省最具代表性、最重要的红色文化资源。正如2020年1月21日习近平总书记在考察云南时指出的，要讲好云南故事，尤其要讲好扎西故事。扎西会议改组党中央的领导特别是军事领导，推动中国革命走向胜利新阶段。

为保护、利用、传承、发扬红色文化，威信县人民政府按云南省特色小镇建设标准要求，创建了独一无二、不可复制的扎西红色小镇，使之成为云南省红旅龙

---

① 单位：云南方城规划设计有限公司。

头、滇川黔“红色旅游金三角”的核心区、长征国家文化公园的重要组成部分，为红色基因代代传承发扬光大发挥了不可估量的作用。

二、规划范围

扎西红色小镇地处威信县城东北部，总面积3.01平方千米，其中核心区面积0.84平方千米。

三、规划思路

在小镇规划中，首先考虑的问题是：如何向世人讲述、如何演绎和传承扎西故事？我们从精神层面、生活层面、生态层面全面认识扎西，并研究场地特性、衔接上位规划、解读当地风貌特色。

规划区内完整保留有扎西会议旧址、烈士陵园、陈列馆等红色文化地标，有很好的遗迹保护和文化发展优势。规划前，小镇空间凌乱无序，虽对部分重要节点进行了保护，但整体不成体系，游览体验感较差；红色遗迹虽有，但整体特色不够鲜明。

规划确定以扎西红色遗迹保护、传承为核心，讲好扎西故事；在扎西老街植入文化与旅游功能，作为红色文化的重要补充；向北以娥通山为红色文化的户外拓展基地，串讲长征沿途故事；经长征之路步入胜利新时代。从游览体验的角度，实现从沉重的红色文化遗址地向轻松的红色文化体验、胜利之地的华丽转身，从红色扎西走向革命胜利，彰显扎西会议的革命转折意义，活态化展示红色文化。（图5-54、图5-55）

图 5-54　规划思路

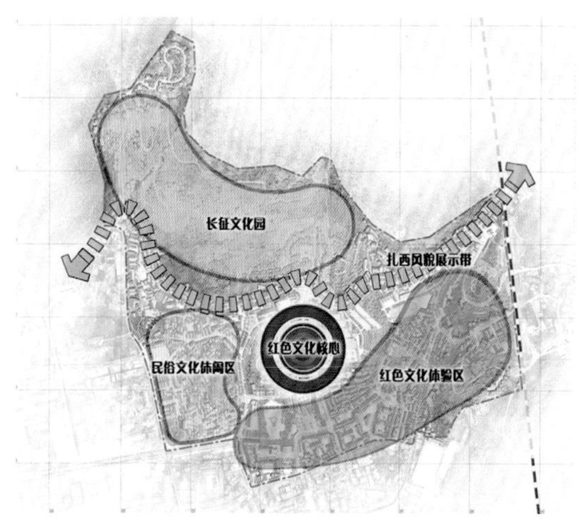

图 5-55　规划结构

四、平面布局

规划成果按照云南省特色小镇规划要求，分为总体规划与重点区域详细规划两个层面，用于指导小镇建设实施。总体规划聚焦特色小镇创建的突出特色、产业建镇、生态优美等七大要素进行，以红色文化为核心，辅以民族文化、绿色生态文化，牢固树立“绿水青山就是金山银山”的可持续发展战略，力争打造云南省范围内独一无二、不可复制的扎西红色小镇。在总体规划的基础上，确定核心区的详细规划，将发展概念切实落入小镇空间布局。

（一）功能布局

小镇以扎西会址为核心，整合北部峨通山、南部老街，景镇一体化打造，在空间上形成“一心、一园、两区、一带”的格局。（图5-56）

“一心”以扎西会址为核心，讲话扎西故事，形成功能完善、特色鲜明的小镇门户体验区，让游客对扎西会议有个全面了解。“一园”为长征文化园，以娥通山良好的生态环境引入长征沿线故事，通过合理的游线组织再现长征年代场景，形成以红色文化观光、教育培训、运动休闲、红色度假于一体的长征主题文化园。“两区”分别为利用扎西老街植入文化与旅游功能，打造扎西红色主题商业街区；规划西部大量的社区民居，作为小镇的生活休闲区；“一带”为沿胜利路线规划红色景观节点，提升沿街建筑风貌，形成小镇形象主要展示面。

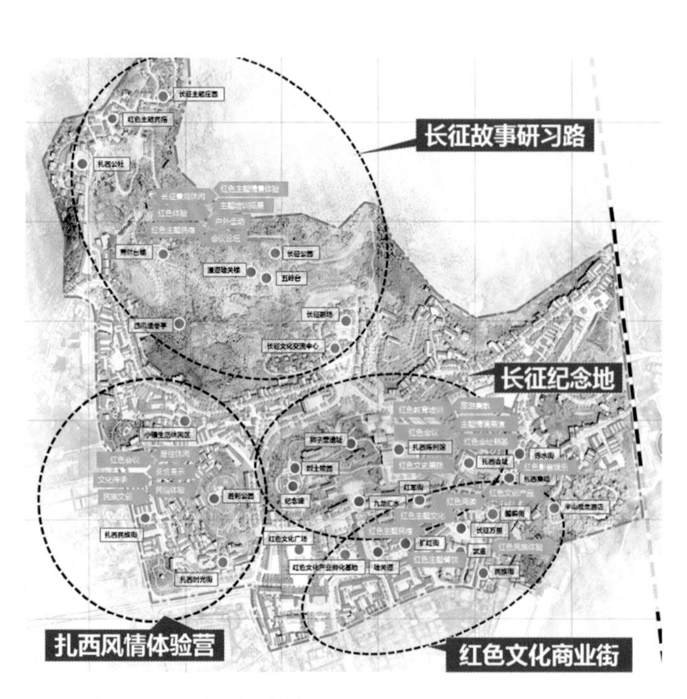

图 5-56　项目布局图

（二）项目布局

小镇以传递红军精神、展现红军长征文化为要点，改变单一的旧址观光、馆舍展览等形式，综合开发融观光、瞻仰、教育、休闲、体验、户外拓展、会议、度假等多种性质于一体的产业体系。规划构建4个重点产业项目，打造红色文化活态展示、体验博物馆。

一处“长征纪念地”：以扎西会址、陈列馆、烈士陵园、纪念碑等为重点，通过会址观光、文化体验、教育培训，缅怀革命先烈，回顾峥嵘岁月。

一条“红色文化”特色街：在保护扎西传统街巷格局的前提下，植入文化与旅游功能，让文化体验与商业消费互补共赢。

一条“长征故事”研习路：以长征文化交流中心、长征公园等为主体，颠覆历史文化的静态展览方式，通过互动参与，让游客通过重走长征路，全面了解长征这段历史。

一段“扎西风情”体验营：以胜利公园、扎西时光街等为体验点，让游客在这里回望历史，感受一段扎西生活。

（三）游览体验

通过红色“+文创”“+民族”“+民宿”“+餐饮”“+娱乐”“+智慧”等的融合发展，活化红色文化资源，构建红色文化产业体系。游客在这里可以听一段扎西故事、品一回红色生活、走一段长征之路、观一座红色之城、住一次红色庄园、看一段扎西风貌、忆一段胜利史诗，如此感受一座红色之镇，让长征精神跨越时空，代代相传！

五、规划特点

（一）全面、系统地演绎、传承扎西精神，讲好扎西故事

活态化展示扎西会议场景：重点围绕红色旧址，通过文化景观以及VR、AR多功能体验，将博洛交接、扎西集结、扎西整编、扎西扩红、红星广场等经典故事场景化、互动化，通过多维度展现的形式，让大众全面认识、了解扎西这段历史。

彰显扎西会议的转折意义：在空间布局上，以扎西会议为核心，经过红色文化体验区、长征公园，步入胜利新时代，由红色扎西走向长征胜利，四维空间传递胜利精神；在项目设置上，有胜利公园、理想塔、胜利花阶等，寓意革命胜利。

（二）活化红色文化资源，创新红色旅游体验，将红色文化元素转化为可观、可赏、可体验、可学习的游览项目

通过红色文化景观、新科技体验以及与之相关的教育、培训、餐饮、文创等，构建红色会址朝圣、红色文史展陈、主题沉浸体验、红色主题餐饮、红色主题文创、红色主题培训拓展等旅游产品，改变单一的旧址观光、馆舍展览等形式，活化红色文化资源。

（三）以长征诗歌中的重要战役、景观、故事等为特色，重构诗歌中的“长征景观”，丰富展示长征精神的主题和手段，弘扬长征精神，走新的长征路

红色文化，革命年代，一场激情燃烧的岁月，或许在诗歌中更能找到共鸣；长征路上，那些讲不完的故事，或许，在诗歌中能更好地代代相传。

规划通过长征诗性解读，以五岭台、漫道雄关楼、铁索寒桥、西风漫卷亭、萧然台、浩气亭等艺术性地重构诗歌中的“长征景观”，丰富展示长征精神的主题和手段，弘扬长征精神，走新的长征路。这是在全国红色小镇中独一无二的文化艺术景观。（图5-57、图5-58）

图 5-57　局部景观效果

图 5-58　局部景观效果

（四）延续扎西传统的街巷格局、川南建筑风貌，塑造山镇融合的生态格局

扎西红色小镇北靠娥通山、前绕扎西河，自然风光秀美。小镇中自然山体点缀，老街碧水环绕，规划凸山秀景，塑造“山中有镇、镇中有山”的整体风貌，充分体现了绿荫下的小镇。

规划延续了扎西传统的街巷格局，突出独特的川南建筑风貌，打造历史风貌街区。小镇老街始建于1856年，2019年6月被国家住房和城乡建设部授予“中国传统村落”。老街内有着大量的文物保护单位、历史建筑、古建筑等，通过“三街九巷”予以连接。建筑为川南民居风格，穿斗式梁架满柱落地、合瓦屋面带叠瓦脊、槅扇门槅心雕刻等。

六、红色文化景观节点

红色文化景观节点以“扎西会议”为主要题材，布局不拘泥于传统纪念性空间追求强烈对称、强调中轴线的设计手法，而是通过逻辑关系有序组织的同时，采取灵活、自由的布局形式，起承转合，传递和展示扎西故事。（图5–59）

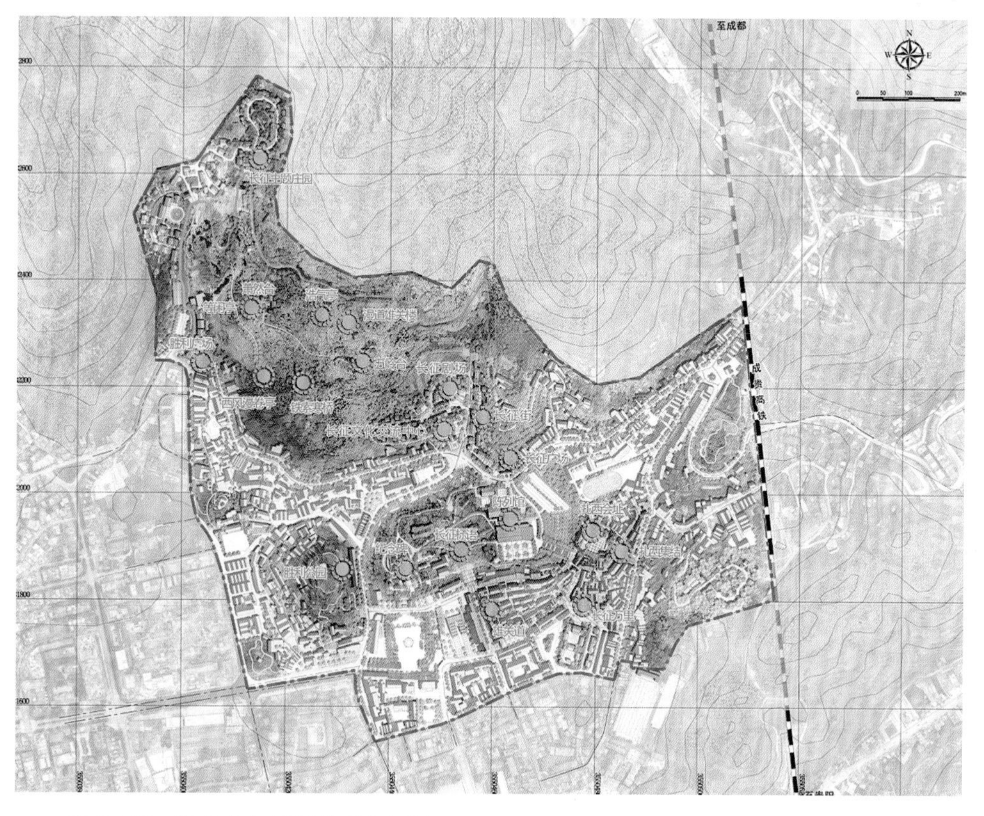

图 5–59　红色文化景观节点布局图

通过对现有建筑和场地进行分析，小镇东部街道临水，取名为赤水街，寓意一渡赤水，后沿途设置扎西集结广场、扎西整编等景观节点，到达扎西会议会址后，通过逐步升高的红色花阶到达小镇中心的制高点——扎西会议陈列馆。这一序列空间突出或暗示扎西会议所涉及的一渡赤水、扎西集结、博洛交接、扎西整编、扎西扩红等故事主线。同时，由东向西逐步升高的地势和景观，使人们在前行的过程中进一步树立起了对伟人和红军战士的敬仰心理。

在陈列馆北部为小镇会客厅，规划五星广场，以五角红星为主体造型元素，设计标志性景观构架，场地内中心的大五角星是广场的主体造型，其他空间的划分由其延伸线和4个小的五角星决定。标志性景观构筑物使人们在胜利路上甚至更远的地方也能识别到该广场。

图 5-60　红星广场节点效果图

图 5-61　聚首扎西节点效果图

通过五星广场、长征广场等连接北部的长征文化园，形成空间的转折。该区以长征诗歌中的重要战役、故事等微缩景观为特色。通过长征广场、长征街、伟人聚首、红缨栈道、五岭台、漫道雄关楼、胜利会师等，串讲长征故事。其中，伟人聚首以景观雕塑、小品设计等展现伟人聚首扎西的场景，广场中间构筑物以党徽和五角星为标志，紧扣“纪念长征”主题，寓意高举党的旗帜，长征精神“薪火不息，代代相传”；红缨栈道取“今日长缨在手，何时缚住苍龙？”中“长缨”之意，种植带状阶梯花卉植物，沿途设置栈道、雕塑、小品，打造红缨栈道；五岭台位于小镇地形最高点，俯瞰小镇，风景独好，以长征故事“五岭逶迤腾细浪，乌蒙磅礴走泥丸”为主题，建设曲折栈道和观景平台，沿途设置红星小品，打造小镇最佳鸟瞰观赏点；在“雄关漫道真如铁，而今迈步从头越”有关研究论文中指出，“从头越”为扎西会议的正确决策，规划在此设计 “雄关漫道楼”，寓意为革命胜利从这里开始。这一序列空间以景观叙事的手法，达到事件还原、情景再现、气氛烘托的效果，让人们能够全面了解长征这段历史，感受红军长征精神。

其他红色文化景观如长征万里广场，在铺地设计上采用五角星和流动的曲线，寓意两万五千里的长征之路，用曲折流线元素将长征路上的雪山、草地进行抽象化设计，广场浮雕墙采用了挥动向前的红旗造型；休憩亭以五角星为平面，立面上为富有变化的红色钢构架，充满现代气息和装饰性；在局部硬质台地升高变化的过程中，采用蚀刻图片的形式装置了许多红军长征相关故事，形成直观表达。

小镇红色文化景观以红军长征在扎西的相关活动为主线或主要题材，同时又关联到相关历史事件和长征精神，将红色元素置入若干节点中，以多元的艺术对扎西会议及长征精神进行形象化的呈现，遵循自然和地域特征进行整体布局，充分延续基地的历史记忆，运用现代的景观设计手段更好地传递红色精神、继承革命传统。

第八节　滇派园林的书院艺术
——大理明清时期的书院园林景观

余梦香[①]

书院园林景观的主要要素包括建筑、山石水景、植物以及一些文化要素。各个要素灵活布置，寓教化于景观中。

一、建筑要素

根据书院的教学、藏书和祭祀等功能，相应地形成了发挥其功能的实用性建筑，如讲学建筑、藏书建筑、祭祀建筑、师生斋舍，当然，还有一些辅助性建筑和园林建筑及小品，如门楼、照壁、亭台楼阁、厅堂轩榭等。大理书院里建筑在整个书院中占地比较大。

（一）书院建筑的组成

1. 实用性建筑

书院的实用性建筑指对书院起功能性作用的建筑，主要包括讲堂、藏书建筑和斋舍等。

书院的讲堂是书院讲学的主要建筑，大理书院讲堂一般建置在书院主轴线上，大概位于轴线的中心处，以体现出它的主体地位和“尊师重教”的理念。讲堂一般处在整个书院的中心，其他建筑和景观围绕着讲堂而布置开，如玉屏书院讲堂（图5-62）。书院的藏书建筑主要是指书楼或书阁，其主要有藏书、修书、校书、编

① 单位：西南林业大学。

图 5-62 玉屏书院讲堂

图 5-63 文华书院藏书楼

书、整理书籍文献等的功能。大理地区书院的藏书建筑名种多样，比如藏书楼、尊经阁、贮书楼、圣籍阁、观文楼等，都具有藏书的功能。藏书建筑一般处于整个书院建筑的制高点，一方面是为了防火防水，另一方面是为了体现藏书主体建筑的最高秩序和庄严。如巍山县文华书院的藏书楼建于高台之上，是五开间硬山顶建筑，整个建筑气势雄伟。（图5-63）

书院的祭祀建筑是人们对儒家先人、名人贤士等进行祭拜的建筑。大理书院中，祭祀建筑有单独成院落的，也有单个建筑的。大理市西云书院的杨公祠在书院西南侧单独成一个一进两院的院落院，院落坐北朝南。在西云书院西南侧建杨公祠。巍山县明志书院，是在原来的崇正书院旧址上重建，并更名为“明志书院”，书院里的忠武祠（汉相诸葛忠武侯）和名宦乡贤祠都是单体建筑的祠堂，是为了纪念诸葛忠武侯诸葛亮以及一些名宦乡贤而建。《明志书院记》载：“……汉相诸葛忠武平定南中，南至产里西抵洋海，大而都邑小而聚落，其丰功盛烈，在在昭著，崇立而表显之，使人知所响慕奋发。”

书院的斋舍是师生们日常起居和学习自习的建筑空间，一般布置在书院中轴线的两侧，包括两侧斋舍、厢房、厨房等。《光绪鹤庆州志》记载，玉屏书院两院落的东西均布置有学舍和厅事，学舍各五间，厅事各三间。

图 5-64　西云书院主要建筑

图 5-65　凤鸣书院主要建筑

（1）西云书院

书院为一进四院落的进院式布局，坐西向东，现存第四院落，是“四合五天井”走马转角楼建筑，建筑由檐廊连接。（图5-64）

（2）凤鸣书院

书院建筑主要有过厅、大殿以及两侧厢房，坐西向东。过厅为面阔三间单檐硬山顶建筑；大殿为面阔开间重檐硬山顶建筑，正面设有廊；两侧厢房均是硬山顶，面阔奇数间。（图5-65）

（3）文华书院

书院主要建筑由雁塔坊、魁星阁、藏书楼以及厢房组成，坐东向西。雁塔坊是单檐硬山顶建筑，面阔三间；魁星阁是重檐歇山顶建筑，面阔三间，四面皆设有廊，檐下面设七彩斗拱；藏书楼是面阔五间重檐硬山顶建筑，建筑正面设廊，建于高台之上，是整个书院立面的制高点；书院厢房多为硬山顶，面阔奇数间，布置于轴线两侧。（图5-66）

（4）文昌书院

书院主要有建筑讲堂、大殿、金甲、魁神以及厢房，坐东向西。讲堂面阔三

图 5-66　文华书院主要建筑

图 5-67　文昌书院主要建筑

图 5-68　玉屏书院主要建筑

间，歇山顶建筑；大殿面阔三间，歇山顶建筑，建于高台上，前设有月台，月台四周围有石栏杆；大殿两侧有金甲、魁神二殿，皆为三开间单檐歇山顶建筑。（图5-67）

（5）玉屏书院

据史料记载，玉屏书院原建筑有讲堂、尊经阁、学舍以及厅事，厅事皆面阔三间，学舍五间，现存讲堂和尊经阁，坐北向南。讲堂面阔五间，硬山顶建筑，前后设有廊；尊经阁面阔五间重檐，硬山顶建筑，正面设有廊。（图5-68）

图 5-69　笔山书院主要建筑

图 5-70　毓秀书院主要建筑

（6）笔山书院

书院过厅、大殿和两侧厢房围合成“四合五天井”建筑，坐东向西。过厅面阔三间，重檐歇山顶建筑；大殿为三开间歇山顶建筑，前面设有廊；两侧厢房为三开间硬山顶建筑。（图5-69）

（7）毓秀书院

书院坐北朝南，原为一进二院建筑，现存门楼和两厢房。两侧厢房为悬山顶楼房。建筑整体古朴典雅。（图5-70）

图 5-71 凤翔书院主要建筑

图 5-72 庆云书院主要建筑

(8) 凤翔书院

书院主要建筑有大殿、大成殿和两侧厢房，现存大成殿和大殿，坐西向东，大成殿是三开间歇山顶楼房；大殿重檐歇山顶建筑，面阔五间，上下檐出挑，屋脊均有精美装饰。(图5-71)

(9) 庆云书院

书院藏书楼、厢房以及照壁构成标准的“三坊一照壁”建筑，坐东向西。主建筑是藏书楼带耳房，两侧是厢房。藏书楼面阔三间，重檐歇山顶建筑，屋脊有脊饰，飞檐翘角；厢房皆为三开间楼房。(图5-72)

图 5-73　乔川书院主要建筑

（10）乔川书院

书院魁星楼、大殿和左右厢房围合成四合院建筑，坐东向西，魁星楼楼下为三开间悬山顶建筑，顶上起阁是歇山顶式建筑，阁楼屋脊装饰精美。厢房皆为三开间吊厦式楼房建筑。（图5-73）

2. **辅助性建筑**

书院的主要辅助性建筑包括大门、照壁等。

大门是书院中重要的建筑，作为这个书院的第一印象，它反映了书院的形制和地位。大理地区明清书院多为多翼角起翘，上面雕有花鸟等动植物的图案，并有典雅别致的彩绘，斗拱飞檐，画栋雕梁，重彩龙、凤、狮、虎、花鸟、鱼虫等，雕刻工艺精湛。如南涧毓秀书院大门为两层楼阁式建筑，是一间左右和前面三方均出厦的重檐建筑，下层中为通道，建筑形式和上面的精工木雕、重彩图案为南涧县内少有。（图5-74）大理凤仪镇凤鸣书院大门为三开间歇山顶牌坊式门楼，四跳斗拱挑檐。（图5-75）

图 5–74　毓秀书院门楼

图 5–75　凤鸣书院门楼

照壁又名影壁，也叫风水墙，是大理建筑中一种很有地方特色的建筑，一般大门进门处会布置，起到“藏风纳气”“阻挡邪气”和障景、对景的作用。照壁类型有“一滴水”和“三滴水”两种，大理明清书院照壁多为三滴水式。三滴水照壁屋面中间高、两边低，照壁墙面通常有墙绘或者有题字，同时为了创造优雅的氛围环境，照壁下面会有花台种植花草。如大理市西云书院照壁是“一高两低三滴水式”照壁，下设花台，照壁正面题有“西云书院”四字，背面嵌有《西云书院碑记》。（图5-76）凤仪镇凤鸣书院内的照壁是一高二低式照壁，中段高而宽，两端矮且窄，四角顶起翘出檐，檐口花空上面用砖雕花板等形成砖饰斗拱，檐口装饰有一条突出墙面的框带，由若干个规则相间的小框构成，框内或题字，或绘有山水植物，照壁正面墙面有“重教兴邦”四字，（图5-77）这个照壁素雅别致，是大理地区照壁的典型。

图 5-76　西云书院照壁

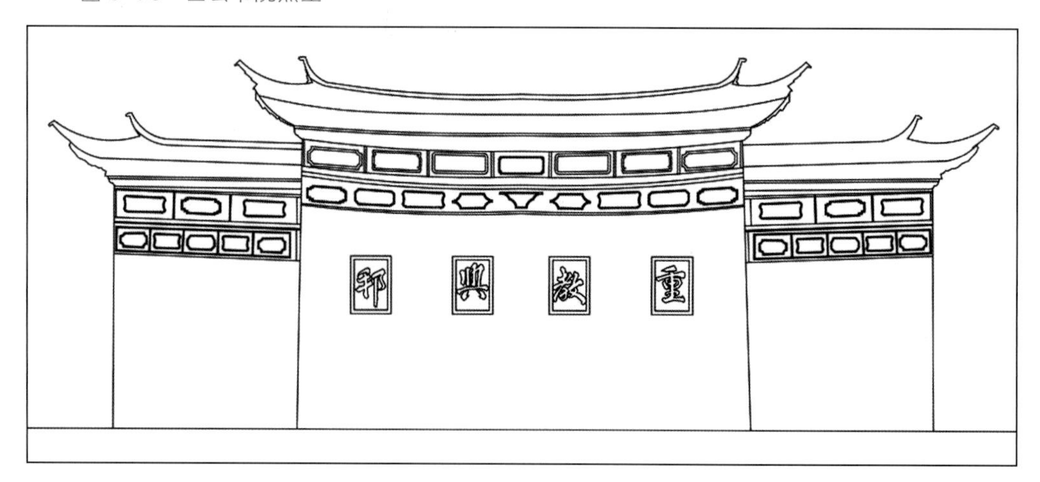

图 5-77 凤鸣书院照壁

3. 园林建筑

园林建筑作为书院建筑的要素之一，有点景、引导视线、划分空间等作用，大理地区明清书院主要有亭、廊、水榭等园林建筑，园林建筑多与山水、花园、植物等一起配置。园林建筑往往成为景观焦点，同时又是观景点。如凤鸣书院内的水榭，歇山顶，位于泮池中间，有三座小桥与陆地连通，所谓“三面桥通四面水，一池鱼戏半池莲”。（图5–78）西云书院南花厅内的水榭，卷棚歇山顶，位于水池中间，有桥连接。（图5–79）玉屏书院采芹亭，攒尖顶六角亭，布置于学海中间；（图5–80）玉屏书院射圃亭，攒尖顶四角亭，布置于书院学山最高点，俯瞰整个书院，同时又是被观赏的对象。（图5–81）

图 5–78 凤鸣书院方亭

图 5–79　西云书院水榭

图 5–80 玉屏书院采芹亭

图 5–81 玉屏书院射圃亭

（二）书院建筑朝向和布局特点

大理地区的地形复杂，形成了不同的自然条件，书院的建筑朝向也因地形、水体、风向、阳光等因素的不同而有不同的朝向，因地就势。

如西云书院，位于大理市洱海坝子洱海西边，苍山属于南北走势的横断山脉，考虑到建筑的建造问题，建筑主体朝向一般是东西向布置，另外大理地区的主风向是南风或西南风，基本全年不变，书院坐西向东，东可迎光，西可挡风，炎夏还没有太阳西晒之虑，背靠苍山，面朝洱海，形成了背山面水的理想格局。

大理地区书院建筑有明显的中轴线，主要建筑在中轴线上，轴线两侧厢房相对布置，形成一进二院、一进三院、一进四院等建筑空间。规模较大的书院如西云书院不止有一条轴线，在与主轴线垂直方向上还会布置横向套院。大理地区明清书院建筑布局有3种形式，“三坊一照壁”式、“四合五天井”式、“四合院”式。（图5-82）

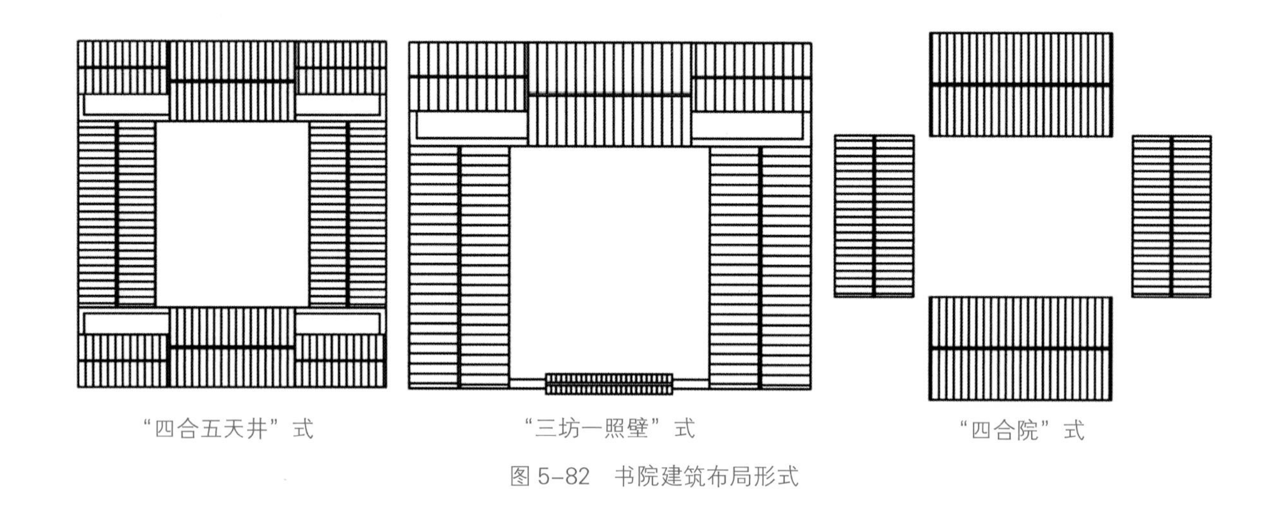

图 5-82　书院建筑布局形式

（三）书院建筑的装饰

建筑的装饰是建筑从物质层次进入文化层次的过程，是对建筑的物质构成的改造。书院建筑的装饰一般体现在山墙的山花和山尖、檐廊的围屏和屋脊装饰几个方面。大理地区古书院建筑装饰以白色、灰色为主色调，体现出整个书院的清新素雅。

大理地区书院建筑上的山花和山尖是大理地区的特色，山尖的形式通常有“人”字形、半圆形、多边形3种形式，通常在山尖处描绘大山花，描绘内容多寓意吉祥幸福。（图5-83）

大理地区书院建筑屋顶样式有歇山顶、硬山顶、悬山顶和卷棚顶，以歇山顶、

图 5–83　书院建筑山尖和屋脊装饰

图 5–84　书院的檐廊围屏装饰图

硬山顶为多。主要建筑屋脊会进行装饰。通常会借助砖、瓦拼合成各种透漏图案，两端装饰上泥塑的鳌鱼鸱吻等，鳌鱼是防火的吉祥物，重要建筑主脊中间还会有葫芦宝顶，屋脊的玲珑剔透与屋面形成强烈的虚实对比。屋脊上不饰仙人走兽，是区别于中原地区建筑的重要特征。

檐廊的围屏是指建筑的檐廊两侧的墙体，大理地区书院建筑常常设有廊，在檐下一米二到二米四不等，是建筑室内和室外天井和庭院进行过渡的场所，也是人们可以活动的场所，可以遮阳避雨，还可以与外界自然环境进行很好的互动，所以会对它进行精心的装饰，有的题写诗词，有的绘制图画。绘画题材会融入地方特色白族风格彩绘或墨画，彩绘图案常以龙、凤凰、卷草、莲花、菊瓣等为主。（图 5–84）

二、山石水景要素

凿池叠山是中国古典园林的一大特色，大理书院园林也不例外。大理明清书院园林里的山水景观除了在山林地的书院外尺度普遍较小，水体形状分规则式和自然式两种。规则式以半圆形和方形为主。书院内规则式水景多以泮池的形式出现，是书院比较有代表性的水体形式。泮池又叫泮水，是古代一些官学前面的月牙形小水池，据称中考的学子才可以从上面跨过，其建置是对书院的学子们的一种期望和祝福。如，巍山的文华书院、崇正书院、明志书院，大理凤仪的凤鸣书院，洱源的庆云书院内都设有泮池。还有的书院布置小水池为“洗砚池”，如南涧毓秀书院内的洗墨池。山景和水景往往相伴相依，营造自然之景，如西云书院南花园和公祠园有水渠相连，南花园院内设有水池，环境幽静，水池中建水榭，水池周围有回栏，东、西和北三面用石拱桥作通道可到达水榭，后面有假山，西部与公祠园相通，有小溪从公祠园流入月牙潭，再经弯曲小沟流入水池中。公祠园小巧玲珑，显得恬静秀丽、典雅。公祠园入口有两处，东有南花园入口，西可从公祠门进入。公祠园西南有人工假山，山北建碑亭，假山上及园内种植各种林木花卉，其间置石凳、石桌供人想息，林木清幽，花香鸟语，环境恬静。（图5-85）

图 5-85　西云书院水景

鹤庆玉屏书院虽然是城市书院，但整个书院建筑群完全处于山水环境之中，玉屏书院背依学山，左边是学海，右边是西海，虽处闹世但自然成趣。玉屏书院所处位置地势平坦无起伏，为了营造自然地貌景观，在有限的空间内人工堆山叠石，小

图 5-86　玉屏书院学海和学山

中见大，所谓“一拳代山，一勺代水”，有人工山水园的性质。书院内的主要山水景观是学山、学海和西海。学山位于书院南北轴线的最北边；学海在书院东侧，呈矩形，中间布置一座六角亭，四周垂柳掩映；西海在学海西侧，呈矩形，现已被填埋。学海和西海的水形都是规则的矩形，也是为了配合规整的建筑布局，突出书院建筑的庄严以及体现严谨的礼乐思想。玉屏书院的山水布置一方面是为了营造优美自然环境，另一方面是为了利用地形与闹市隔离，营造幽静氛围。（图5-86）

三、植物要素

植物是园林景观中重要的构成要素之一，中国古典园林在植物配置时常常将植物拟人化，赋予其不同的品格，书院园林植物配植更是如此，在选择植物种类上，将植物材料赋予象征和寓意，强调植物的内涵，将植物人格化。

书院的植物配置分为庭院及建筑周边和外环境两部分，庭院及建筑周边植物以对植、列植为主，突出建筑布局庄严肃静的同时以达到柔化建筑边缘的作用；外环境主要是花园、假山处，其植物配置以自然式为主，营造大自然景观，以求达到人与自然的和谐。

（一）书院植物种类

根据资料查阅和现场调研统计出大理古书院内可考的植物（表5-2），有山茶、丹桂、蜡梅、玉兰、金桂、大理罗汉松、槐树、滇朴、千香柏、紫薇、银杏、云南梧桐、竹子、垂柳、龙柏、侧柏、圆柏、柏木、扁柏、云南皂荚等。一般都用本地

图 5-87　文昌书院植物

图 5-88　西云书院植物

树种，以柏树偏多，以展现书院的肃静以及衬托书院建筑的礼制。（图5-87、图5-88）

书院在植物选择上注重植物的拟人化，寓教于植物中，同时也会寓期盼于植物中，比如以竹子比喻君子，谦虚高洁，教育学子不能只追逐名利世俗；蜡梅象征高风亮节，坚韧品格；玉兰象征高洁品质；而桂花则象征蟾宫折桂，期盼学子能一举高中等。一方面对学子有中举的期盼，另一方面希望学子不仅仅以追逐名利而学习，体现出“雅”与“俗”的矛盾与统一。

表 5–2 大理地区明清书院可考植物统计表

书院名称	书院位置	植物	来源
文华书院	巍山县	千香柏	现场调研
龙关书院、玉龙书院	大理市	柏	现存调研、大理文史资料
中溪书院、桂香书院、敷文书院	大理市	丹桂	桂香书院碑记
文昌书院、学古书院	巍山县	垂柳、侧柏、圆柏、柏木、云南皂荚	现场调研、大理丛书·建筑篇
西云书院	大理市	金桂、大理罗汉松、槐树、滇朴、千香柏	现场调研
凤翔书院	洱源县	紫薇、圆柏、银杏、云南梧桐	现场调研
庆云书院	洱源县	竹	庆云书院碑记
玉屏书院	鹤庆县	扁柏	现场调研

（二）书院植物配植方式

1. 凤翔书院

凤翔书院内遗存的紫薇、圆柏、银杏、云南梧桐4棵植物分别对植在中殿和大殿的两侧，紫薇约124年、圆柏约180年、银杏约317年、云南梧桐约104年。

2. 文昌书院

文昌书院前身是文昌宫，现遗存植物以柏树为主，植物列植于道路两侧，遗存古树有6棵侧柏，树龄均约124年；3棵柏木，树龄均约84年；2棵圆柏，树龄均约124年；1棵云南皂荚，树龄约114年。

3. 西云书院

书院建筑两侧、墙垣基本是规则式配植植物。从西云书院清末鸟瞰图可以看出当时的西云书院环境，南花厅和北花厅基本上是自然式配植植物，建筑周边基本是规则式配植。遗存植物有4棵金桂，其中3棵树龄约172年、1颗约118年；2棵大理罗汉松，树龄分别是172年和174年；2棵滇朴，树龄均约152年；1颗古榕树，树龄约152年；1棵千香柏，树龄172年。

4. 玉屏书院

遗存3棵古树，都是扁柏，有两棵树龄约222年，另一棵112年。小院落的乔木基本对植，学山及书院外围环境植物是自然式配植。

四、文化要素

书院中实体的文化要素包括楹联、牌匾和碑刻，它们本属于建筑的部分附属装饰，但是它们在书院园林中却有着极为重要的意义，是书院的灵魂，所以把它们作为文化要素单独列出。

楹联，也称对联，主要是指张贴或者挂在建筑门或柱两侧的诗词，往往对仗工整。

图 5-89 书院文化要素牌匾

牌匾，是挂在门头的匾额，一般会题有书院名字，有的还会题一些词、成语。（图5-89）

碑刻，一般是刻在石头上的文字或者画等，有些书院还会设有碑廊。如，玉屏书院建筑就设有碑廊，建筑檐廊两侧嵌有《玉屏书院碑记》《新修庙学记》。

大理地区传统书院内的碑记内容主要描述的是书院历史沿革、书院经费来源、书院历史作用、书院办学宗旨、书院建筑规模等。大理地区传统书院碑记保存下来的有大理市西云书院内的《西云书院碑记》、鹤庆县玉屏书院内的《新修玉屏书院碑记》、洱源县庆云书院内的《庆云书院记》等。由于大理地区战乱、损毁、自然灾害等各种原因的影响，大理各地明清书院多半是屡建屡废，书院内的碑刻部分已经没有踪迹，仅一部分书院的碑刻文字保存了下来，如巍山县崇正书院的《崇正书院记》、巍山县明志书院的《明志书院碑记》、大理市桂香书院的《桂香书院碑记》、巍山县文昌书院的《新建文昌书院记》、鹤庆县五峰书院的《五峰书院记》、宾川县笔山书院的《笔山书院记》《新建鹤阳书院记》等。鹤庆玉屏书院讲堂和尊经阁廊道两侧均有碑刻。

大理地区明清书院的名称命名有3种：一是本地区内的山名，二是对本地方有贡献的人的人名，三是对学子寄予期盼的词语。

《玉屏书院碑记》记载："榜曰'玉屏'，以邑之镇山名之也。"《庆云书院记》记载："先生以院枕云山麓，颜曰'庆云'。"《五峰书院碑记》记载："因其壁面五峰，故以是命名。"还有巍山县文华书院因书院建置在文华山山麓，所以取名为文华书院。大理市西云书院则以杨玉科的字来命名。杨玉科，字云阶，西云书院在清朝时为滇西规模最大的书院，所以取一个滇西的"西"和云阶的"云"，将书院命名为"西云"。

五、小　结

大理地区书院园林景观的营造主要包括建筑、山水、植物和人文要素。在书院建筑方面，根据书院的教学、藏书和祭祀三大功能，相应地形成了发挥其功能的实用性建筑，如讲堂、藏书楼、祭祀建筑、师生斋舍等，当然，还有一些辅助性建筑和园林建筑，如门楼、照壁、亭台楼阁、厅堂轩榭等等。大理古书院里建筑在整个书院中占地比较大。书院主体建筑的整体布局严谨，以中轴对称为主，反映出儒家的礼制思想，同时大理地区古书院建筑装饰体现出当地的独特魅力，让整个书院充满了素雅宁静。在山水方面，大理书院园林里的山水景观除了在山林的书院外，尺度普遍较小，水体形状分规则式和自然式两种。规则式以半圆形和方形为主。书院内规则式水景多以泮池的形式出现，是书院比较有代表性的水体形式。书院中大都有泮池的水体元素，其的建置是对书院学子们的一种期望和祝福。在植物的配置方面，选择植物种类，注重植物的内涵，将植物材料赋予象征和寓意；配置手法上，庭院和建筑周边植物以对植、列植为主，外环境以自然式为主，在人文景观方面，书院园林用楹联牌匾和碑刻来表现书院的文化底蕴。

参考文献

[1]张弢. 清代西云书院园林与竹山书院园林的建造背景研究[J]. 佳木斯职业学院学报，2017（06）：493−495.

[2]刘爽. 百泉书院园林造园要素及空间研究[J]. 江西建材，2016（20）：177−185.

[3]蒙小英，伍祯，邹裕波. 传统书院园林景观的教化作用与启示[J]. 北京交通大学学报（社会科学版），2016，15（04）：147−152.

[4]刘诗瑶. 明清关中地区书院园林之浅谈[J]. 美与时代（城市版），2015（04）：49-50.

[5]何礼平，郑健民. 我国古代书院园林的文化意义[J]. 中国园林，2004（08）：4-7.

[6]黄天. 儒学影响下的中国传统书院建筑[D]. 湖南大学，2017.

[7]邹裕波. 中国传统书院景观设计浅析[D]. 清华大学，2011.

[8]施艳林，郭镇. 当代大理书院文化资源的育人功能及其路径研究[J]. 滇西科技师范学院学报，2019，28（02）：28-32，39.

[9]李秀芳. 明清大理白族地区书院教育的流变及其特点[J]. 大理大学学报，2016，1（01）：70-74.

[10]汪德彪，康丽娜，杨兆美，杨琰. 明清大理书院碑刻史料探析[J]. 大理大学学报，2016，1（01）：75-78.

[11]梁苑慧. 明清时期云南大理地区书院园林的发展及特点[J]. 中国园艺文摘，2014，30（08）：86-87.

[12]秦小健，张洪波. 清代大理教育发展研究初探[J]. 大理学院学报，2010，9（07）：18-22.

[13]何俊伟. 大理古代书院藏书的历史与特色[J]. 大理学院学报，2007（09）：65-67.

[14]杨萍. 从西云书院到大理一中[J]. 云南档案，2004（06）：13-14.

[15]魏虹. 经验学习视角下大理读经教育研究[D]. 大理大学，2016.

[16]杨丽丽. 元明清时期白族教育思想初探[D]. 中央民族大学，2015.

[17]崔颖. 大理古城风景营造的历史经验研究[D]. 西安建筑科技大学，2014.

[18]余梦香. 大理地区明清时期书院园林研究[D]. 西南林业大学，2020.

第九节　滇中地区明清书院建筑艺术

吉成[①]

建筑是滇中地区明清书院园林中使用最多、最有特色的造景要素，搭配植物、水、石等其他要素，共同组成书院园林景观。建筑是时代发展、地域文化、园林水平的高度反映。各类建筑占比较大、功能齐全，建筑屋顶式样让建筑灵活起来、美观起来，建筑梁架结构支撑建筑并且与其他装饰一起美化建筑内部空间，屋宇门窗式样多种多样，装点建筑、造景园林，建筑匾额楹联丰富书院园林文化。

一、建筑功能

按照建筑的主要功能性质，类似于平面布局分区，书院园林中的建筑大致可以分为讲学、斋舍、藏书、祭祀、园林景观等建筑，各类建筑兼具使用和景观双重功能。

（一）讲学、藏书、斋舍建筑

讲学、藏书建筑用于传授知识、典藏书籍，多位于书院园林的平面空间轴线上，建筑规格较高，多为“堂”“楼”“厅”等；斋舍建筑用于书院师生的自习、会文、食宿、习武等，间数较多，面积较大，一般分布在平面空间轴线两侧，多为“房”“斋”“舍”等。现存的书院中的建筑基本遵循这样的布局规律。史料中对于讲学、藏书、斋舍三类建筑也有很多记载，如：康熙《南安州志》记载了山天书院有六间书楼、三间讲堂、傍列六间；康熙《楚雄府志》记载了楚雄县城西学旧址新建书院明伦堂三间，左右书舍各五间；乾隆《新兴州志》记载了敬一书院建有讲堂三间、东西书舍各三间、修业斋三间、会文舍四间、庖室二间；咸丰《镇南州

单位：西南林业大学。

志》记载了鸡和书院正房讲堂各三楹，左右厢各三舍……这些都是对于书院建筑名称和开间数量的记载。

（二）祭祀建筑

滇中地区的书院很多建于文庙之旁，而单独建制的书院则会在书院主体建筑的两旁建造祭祀建筑，一般以“祠”“庙”等命名，以纪念和祭拜圣贤先哲。如，龙泉书院万卷楼两旁的“程朱祠”，顾名思义，纪念程颢、程颐、朱熹等人及其发展的程朱理学；再如，大成书院旁的“大成殿”语取“集大成”，对孔子表崇敬之意；再有咸丰《南宁县志》的“楼左为五子祠”记载了曲阳书院中有“五子祠”，以纪念窦仪、窦俨、窦侃、窦偁、窦僖“五子登科”之典，学习其品学兼优。

（三）园林景观建筑

此类建筑多为亭台楼阁组成，主要用于休憩观赏、装点书院园林，同时方便生徒在学习之余陶冶心境，多位于书院空间次要位置，布局上较为随意灵活，单个建筑体量较小，造型优美，在书院园林中起到点景作用。如：龙泉书院一进院落的碑亭和二进院落的“揽秀亭”、各院落空间的廊架，三台书院一进院落的“德化铭碑亭”，丹凤书院中的东西游廊，台山书院外掩映山林的亭和北边次空间的古戏台……还有书院园林的园门、大门等也归为园林景观建筑，主要是向外部传递信息以及造景。

二、建筑屋顶式样

滇中地区明清书院园林中建筑的屋顶式样多种多样，除不涉及等级最高的庑殿顶和古建筑中较少见的盝顶、囤顶等屋顶式样外，其他各类均有涉及，尤以悬山顶和硬山顶居多。总的来看，建于城市的书院建筑屋顶等级高于建于乡野地带的，同一书院中位于主轴线上的主要建筑等级高于次要位置上的次要建筑，重檐顶建筑少于单檐顶建筑。屋面布瓦以青灰色为多，黄色等艳丽颜色所见较少，仅在龙泉书院的“揽秀亭”“讲堂”和台山书院的部分建筑上所见。类型多样的书院建筑屋顶凭借丰富的线条、优美独特的造型、素雅的颜色美化建筑和园林空间。建筑屋顶式样古籍中极少涉及，因此多从现存9个书院进行考量。

图 5-90　秀麓书院正堂（重檐歇山顶）

图 5-91　钟秀书院南对堂（单檐歇山顶）

（一）歇山顶

重檐歇山顶建筑所见较少，如秀麓书院中的正堂（图5-90），线条明朗，棱角分明，配合暗红门窗墙壁，让人感受到了其傲然桀立的气势，同时体现了学之上的思想。单檐歇山顶建筑所见稍多，一般为书院中的主要建筑，如三台书院（德丰寺）大殿，龙泉书院的大门、万卷楼等建筑。再如钟秀书院中的南对堂（图5-91）等，正脊一条、垂脊和戗脊各四条，白墙灰瓦，前置植物，端正厚重。

（二）悬山顶

龙泉书院内大多书院建筑，秀麓书院中除了正堂以外的其他建筑，太极书院、丹凤书院、台山书院中的部分书院建筑，浙溪书院中讲堂，三台书院前殿，等书院建筑均为悬山顶建筑。由于云南雨水较多，此类建筑可以便于屋面排水，同时显得素雅质朴。浙溪书院的讲堂由台阶连接静谧的院落空间，讲堂为砖木结构布瓦悬山顶建筑，红墙黑瓦，挺拔高耸。（图5-92）

图 5-92　浙溪书院讲堂（悬山顶）

（三）硬山顶

此类书院建筑屋顶式样虽多，但略少于悬山顶。如，钟灵书院中大部分建筑为硬山顶，白墙灰瓦，门窗暗红。（图5-93）再如，《云南名胜古迹辞典》中记载了宣威的榕城书院三房三间为单檐硬山顶，浙溪书院三间讲堂为单檐硬山顶。

图 5-93 钟灵书院建筑（硬山顶）

（四）卷棚顶

一般为次要平面空间位置和次要建筑，如三台书院（德丰寺）山门东侧倒座房、第二进院落两厢房，丹凤书院的山门倒座房、部分游廊等建筑结合卷棚顶的线条装饰。钟秀书院的北对堂为重檐卷棚顶，利用弧线装饰美化建筑和园林。（图5-94）

图 5-94　钟秀书院北对堂（卷棚顶）

（五）攒尖顶

用于书院主体建筑上的较少，多用于书院园林景观的小体量建筑上。如龙泉书院一进院落的二碑亭、三台书院的“德化铭碑亭”、台山书院的亭子和古戏台等都是攒尖顶，古戏台位于主要建筑之边，飞檐翘角，斜坡屋脊上布有鸟兽雕刻，收于宝顶并作葫芦形状向上延伸。（图5-95）

图 5-95 台山书院戏台（攒尖顶）

三、建筑梁架结构与装饰

同大多数古建筑一样，滇中地区明清书院建筑梁架结构均为穿斗式和抬梁式，梁架装饰图案颜色艳丽、内容丰富。虽井干式、干栏式建筑常见于云南等地，但在滇中地区明清书院园林中暂未见。

建筑梁架结构几乎为穿斗式和抬梁式。1）穿斗式，较密集的立柱排列。如浙溪书

图 5-96 钟灵书院建筑梁架结构（穿斗式）

图 5-97 丹凤书院游廊梁架结构（抬梁式）

图 5-98　太极书院建筑梁架装饰

图 5-99　台山书院建筑梁架装饰

院建筑梁架也为穿斗式，钟灵书院大部分建筑梁架也为穿斗式（图5-96），值得一提的是，部分受力书院建筑梁架一改传统木柱为石柱。2）抬梁式，更通透的梁架空间。如三台书院的大殿就是叠木抬梁式、丹凤书院的游廊梁架即为抬梁式（图5-97），节省园林空间。

建筑梁架本身结构的线条多变美即已经构成建筑的装饰，而梁架上的精美图案绘制和雕刻，更是对建筑结构的装饰，让建筑更灵动，让园林更生动。有些建筑书院梁架没有或仅有较少装饰图案，如龙泉书院、钟灵书院、浙溪书院的部分建筑，梁架颜色单一而显素雅。而滇中地区明清书院建筑当中，也存在很多色泽艳丽的图案装饰梁架结构。如太极书院建筑梁架装饰，横梁上书写“明月松间照”“江清月近人”等描写静谧环境的诗句，体现文人之风，并有扇形图案上寥寥几笔竹叶，菊花、兰花等图案的绘制配合动物的图案，显得生动活泼。（图5-98）再如，台山书院建筑梁架装饰，红蓝相间，横梁交织，山水图和飞龙图、祥云图等交相辉映，与建筑周边的植物环境协调相生。（图5-99）

四、建筑门窗

书院建筑的大门和窗户是书院建筑整体的重要组成部分，也是书院园林景观要素的重要组成部分。书院建筑门窗装折，主要有布图案和规则纹理两种。三台、太极、台山3个书院建筑门窗以布图案为主，龙泉、浙溪、钟秀、秀麓、丹凤、钟灵6个书院建筑门窗则以规则纹理图案为主。史料中也有对于门窗的记载，但对其门窗式样甚少提及，只是简单介绍，如光绪《续修白盐井志》中的“窗棂四启，全胜再目”，记载了灵源书院奎阁楼上有四面窗，可以清楚地看到周边的胜景；再如隆庆《楚雄府志》中的“为堂三间，厦四间，八窗玲珑，诸门洞启”，说明了龙泉书院中部分建筑的门窗形制。

门窗布山水鸟兽图案使得建筑更加生动，但其本身也可作为景观装点园林。三台书院现址大殿的门窗装饰为将人物、山水、花鸟等融为一体的彩绘木刻浮雕，其中的“八仙庆寿”图案等主要是体现其寺庙功能。就太极书院和台山书院而言，其主要书院建筑门窗图案都是以花草为暗红色底图、金色装饰鸟兽图案浮刻装饰，各不相同。在匠人巧夺天工的雕刻下，门窗上部装饰雀鸟图案，下部装饰走兽图案，每一格都不一样，如同鸟兽嬉戏，生动深刻。（图5-100、图5-101）

门窗布规则纹理图案，使得建筑显得井井有条，较多书院建筑使用此类图案。根据留存和修复的书院门窗纹理，加以整合，进行拓绘，绘制其常见门窗图案式样，基本覆盖了龙泉书院、浙溪书院、钟秀书院、秀麓书院、丹凤书院、钟灵书院等书院中的常见式样。（图5-102）此类门窗图案色彩没有山水雀鸟图案多变，多和

图 5-100　太极书院建筑门窗图案

图 5-101　台山书院建筑门窗图案

图 5-102　书院建筑常见的门窗式样图

建筑共生协调，利用长方形等几何图案的拼接组合，形成镂空窗模型。此类门窗图案多与山水鸟兽图案门窗一起装饰建筑、点缀园林，同时，多借镂窗之空，形成园林框景等。

五、建筑匾额楹联

园林匾额、楹联不仅能够装饰园林，更能表达思想寄托，为建筑点睛，为园林点景。书院是封建社会教书育人的场所，里面字画自然不少，因此匾额楹联成为书院园林的一大特色，从而尽显文人园林之雅。

匾额是中国古建筑的重要组成部分，通过匾额可以了解这个建筑的名称和用途。而对于书院而言，最重要的就是书院名称，外界可以通过书院名称的匾额了解这个书院的名称以及体现一定的文化价值，书院名称匾额一般存在于书院大门建筑或主要建筑上。现存有书院名称匾额的9个书院分别是太极书院、蓉峰书院、台山书院、凤山书院、浙溪书院、钟灵书院、龙泉书院和秀麓书院，其中仅秀麓书院为竖写，仅凤山书院是从左至右书写，匾额颜色多样黯然，字体鲜艳。（图5-103）

除了书写书院名的匾额以外，还有很多匾额楹联伴随各类书院建筑，一般匾额

图 5-103 9 个书院名的匾额

布于建筑门框之上，楹联对称布于门框两侧。有的建筑匾额书写此建筑的名称，如龙泉书院“写韵斋”“万卷楼”“揽秀亭”等；有的则是书写勉励寓意字词，如丹凤书院“春华”为珍惜春天时光、“鸣盛”为歌颂盛世，台山书院“文昌滇国”和龙泉书院“秀甲威楚”都是对本地崇文重教的理念的体现；也有一些题写景色的匾额，如台山书院“山湖揽胜”“湖山毓秀”等点出此建筑、此书院所在的环境。

同样，伴随着匾额而生的楹联，基本也都是勉励要珍惜时间、刻苦读书，歌颂山川景色、寄托情感的，如浙溪书院讲堂两侧所挂楹联便是“读书面对圣贤当知所学何事，立志胸存社稷但求无愧于心”，勉励生徒要胸怀大志，知道自己要学什么，但求问心无愧；龙泉书院的拱形园门两侧挂着“书声不绝龙泉水，器识还登万卷楼”，点出龙泉书院学子读书的刻苦和书院园林空间后部的重要建筑万卷路的高大气势；台山书院主建筑楹联“岁月沧桑文化绿洲常幻彩，湖山锦绣高原沃土总如春”，先对岁月更迭、物是人非进行描述，再对大好湖山、秀美景象进行歌颂，进而触景生情勉励对于过去事物的珍惜，珍惜光阴，不负韶华；陆良的凤山书院牌楼楹联“笔点文光光点德，斗量阴骘后量经”就明确提到了考量一个人要以德为先，再进行学习，点出德行之重。因此，书院建筑的匾额楹联便是书院文化、书院景象的集中体现。

六、小　结

滇中地区明清书院园林造景要素多样，理景手法多变。讲学、藏书、斋舍、祭祀、休憩观景等各类书院建筑利用其优美的造型、错综复杂的结构、浓郁的装饰图文、通透变化的门窗、丰富文艺的匾额楹联等为书院园林主景，挺拔茂盛的植物、灵秀活园的水石、低矮延绵的墙垣、气势磅礴的园门、纹理清晰的铺地等其他园林景观要素灵活分布，与建筑相互配合，结合借景、框景、障景等艺术手法，融入不同文化等使得书院园林形成佳景、佳境。

参考文献

[1]汪菊渊. 中国古代园林史（第二版）[M]. 北京：中国建筑工业出版社，2012.

[2]（明）计成著，陈植注释.园冶注释（第二版）[M]. 北京：中国建筑工业出版社，1988.

[3]邓洪波. 中国书院史[M]. 上海：东方出版中心，2004.

[4]白新良. 明清书院研究[M]. 北京：故宫出版社，2012.

[5]王炳照. 中国古代书院[M]. 北京：商务印书馆，1998.

[6]杨大禹，毛志睿. 云南园林[M]. 北京：中国建材工业出版社，2019.

[7]杨大禹. 儒教圣殿：云南文庙建筑研究[M]. 昆明：云南大学出版社，2015.

[8]肖雄. 明清云南书院与边疆文化教育发展研究[M]. 北京：中国社会科学出版社，2017.

[9]郑华，赵锦华. 近三十年明清云南书院、文学研究综述与展望[J]. 长江大学学报（社会科学版），2011，34（11）：11–13.

[10]敖娟. 明清时期云南书院研究综述[J]. 滇西科技师范学院学报.2017，26（2）：53–57.

[11]李天凤. 明清云南书院发展述略[J]. 教育评论，2003，（3）.

[12]党洁. 云南古代书院的历史研究[D]. 昆明：云南师范大学，2013.

[13]侯峰. 传播与交融——明清时期云南学校教育及人才的地理分布[D]. 昆明：云南师范大学，2001.

[14]薛梅.云南五华书院研究[D]. 昆明：云南师范大学，2006.

[15]云南省地方志编纂委员会.云南省志·卷首[M]. 昆明：云南人民出版社，2004.

[16]李天凤. 明清云南书院发展述略[J]. 教育评论.2003，（2）：90–92.

[17]吉成滇中地区明清书院园林研究[D]. 西南林业大学，2020.

第十节　昆明别子彩画艺术——昆明黑龙潭龙泉观彩画

兰永康[1]

黑龙潭公园是昆明著名的风景名胜区，其中龙泉观被誉为“滇中第一古祠”，上观称为“龙泉观”，下观称为“黑龙宫”。龙泉观是典型的云南道教古建筑群，始建于汉代早期，历经2000余年不断的修葺和扩建，形成了现在的建筑格局。

龙泉观古建筑群，背靠五老山，依山势而建，坐北朝南，由低到高，层层退台，有步步登高的道教设计理念。古建筑群四围方正，占地30余亩，五进院落的古建筑群，在云南省内也不多见。观内布局大气严谨，尽显道家仪轨。宫观内外，古柏森森，奇树参天，环境幽静，林润山青。

三清殿（图5-104）是龙泉观内的主要建筑，坐落在第五进院内，三清殿坐中，西为玉照堂，东为德真堂。庭院内种有紫薇树二株、金桂花树二株，都有青石围栏供信众和游客小憩。三清殿为五开间、九架十一桁抬梁式硬山结构，内外斗拱、材厚三等。斗口二寸四分，形制为三滴水品字斗拱，属于规格较高的大木建筑。步入殿堂，硕大的五架梁、精制的斗拱、雕刻细腻的挑头、柱子位置布局合理，使得殿堂阔绰而深邃。殿内供奉道教最高神祇“三清”（太清、上清、玉清）、十二金仙及道教仙众，整个殿堂庄严而肃穆。

三清殿最值得提及的是绘制在建筑物上的彩画，是典型的昆明古建筑别子彩画，别子图案熟练而繁复，色调沉着稳健而不喧宾夺主，填色工整细腻，最难得的是在外檐柱上和部分大梁上使用了传统的“一麻五灰”地仗工艺，通过线条和色彩的变化来增强建筑的美感和质感，最大限度地表现了昆明古建筑别子彩画的特点和特色。

“雕梁画栋”一词就是用来赞美古建筑彩画的实质和华美的，时至今日，它已

① 单位：云南省风景园林行业协会。

图 5-104 昆明黑龙潭公园三清殿鸟瞰图

图 5-105 昆明黑龙潭公园三清殿正面

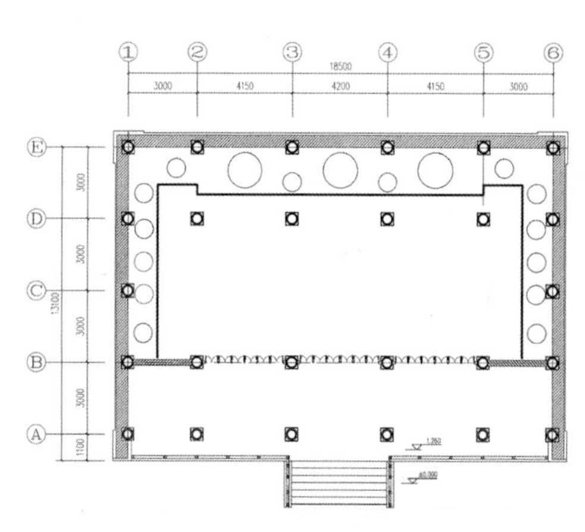

图 5-106 昆明黑龙潭公园三清殿平面图

图 5-107 玉照堂的彩画

图 5-108 德真堂的彩画

成为中国古代建筑特有的一种装饰艺术形式。

三清殿的正间的外檐彩画，内容丰富、图案复杂。在封檐板上使用的是道教常用的福寿雕刻图案，桃子代表“寿”，蝙蝠代表“福”。下托梁上开五墨，使用的是传统的别子图案。梁下雀替是透雕的鳌鱼贴满金。鳌鱼旁边有透雕的枫拱，右边的是“麒麟吐玉书”，左边的是“鹤鸣九天”。在鳌鱼的下边是白象，既承重又吉祥，称为“太平有象”。内金柱上、下梁均开五墨，使用的是传统的别子图案。立柱上端绘有传统的别子图案，中间的檀板是手绘的“老君成道”八十一图中的老君孕育在天地混沌之间的故事。整个建筑色调沉着稳定，部分五墨贴赤金泊，更彰显出了昆明古建筑别子彩画“色艳而不妖，繁复而不杂”的特色。一个正间的彩画，就包含了道教、儒教、民俗等内容和不同层次的人们的文化需求。如果整个殿宇的全部内容都展开，就可见一斑了。（图5-109）

在等级制度森严的封建社会，云南的各类建筑不能也不敢和皇家相比，在规模、体量、形制、装饰装修内容上都必须遵循等级制度，不敢僭越当时的营造规定。严格的等级制度，导致官式彩画内容和形式的单一性。云南是个

图 5-109　三清殿的正间的外檐彩画

边远省份，又是个少数民族聚居的地区，在政治上相当的敏感，稍有不慎，可能就会有“谋逆”“造反”的嫌疑。当时的彩画，既要符合彩画的基本要求，规避朝廷的有关规制，又要满足云南不同阶层使用者的需求，这就激发了彩画工匠对彩画技艺和图案形式的创作热情。彩画工匠们从云南少数民族的服饰图案和编织器物的纹样中获得灵感，运用纺织工艺和竹编工艺中“交叉”“穿插”“提”“挑”“扣”“锁”“别”等技法形成了装饰性的图案，同时结合云南的地域文化、少数民族文化和宗教文化创造出了独具特色的别子彩画。昆明古建筑别子彩画的形成，既符合朝廷对于等级制度的规定，又满足了地方官员的需求，受到了昆明各阶层的认同，因此昆明古建筑彩画得以保留和传承下来。（图5-110、图5-111、图5-112）

图 5-110　昆明古建筑的别子彩画

图 5-111　昆明古建筑的别子彩画

图 5-112　昆明古建筑的别子彩画

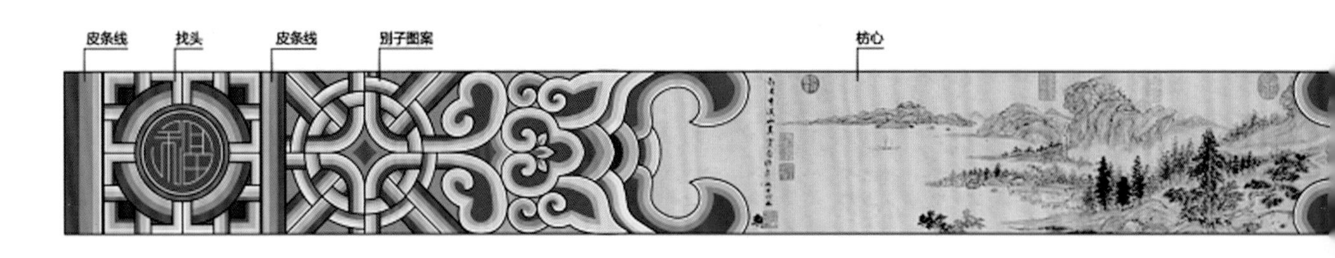

图 3–113　昆明古建筑的别子彩画

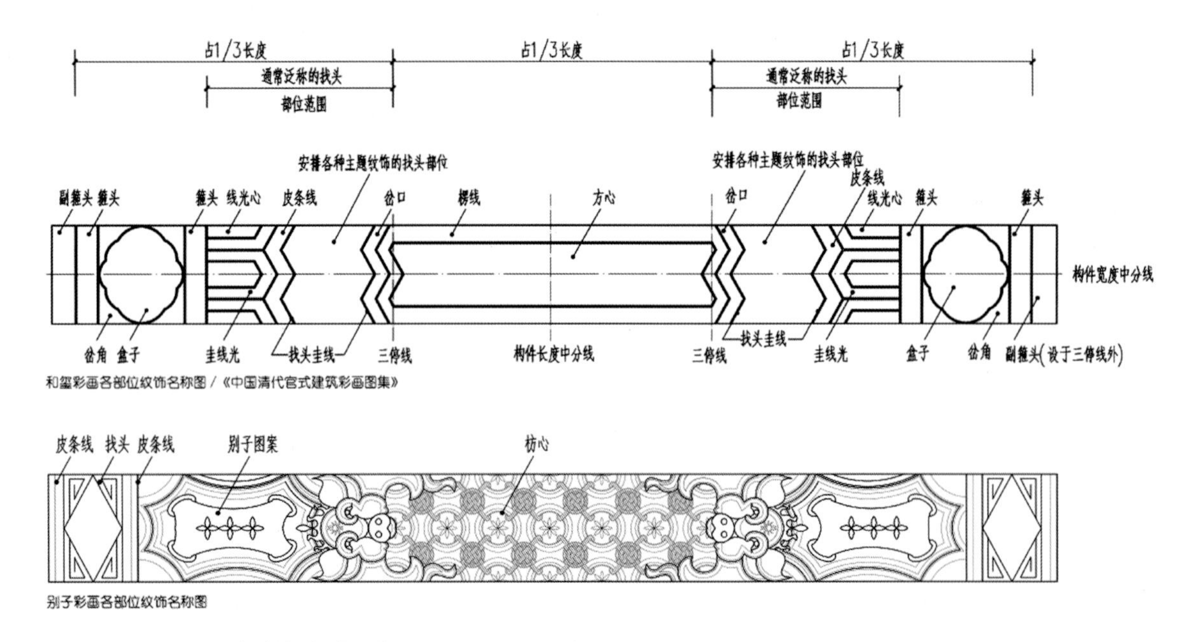

图 3–114　昆明古建筑的别子彩画平面图

昆明别子彩画与官式彩画的最大差异在于构图的灵活性，不拘泥于固定模式，可繁可简。构图比例严格地按照梁枋长短、宽窄来决定。图案的式样和绘画内容，由建筑物的使用对象来确定。

昆明古建筑别子彩画的用途广泛，装饰的对象有大型的公共建筑物如城楼、议事厅、堂、宗祠、园林建筑、园林、园林小品等；也有寻常百姓家的门头、厅堂；

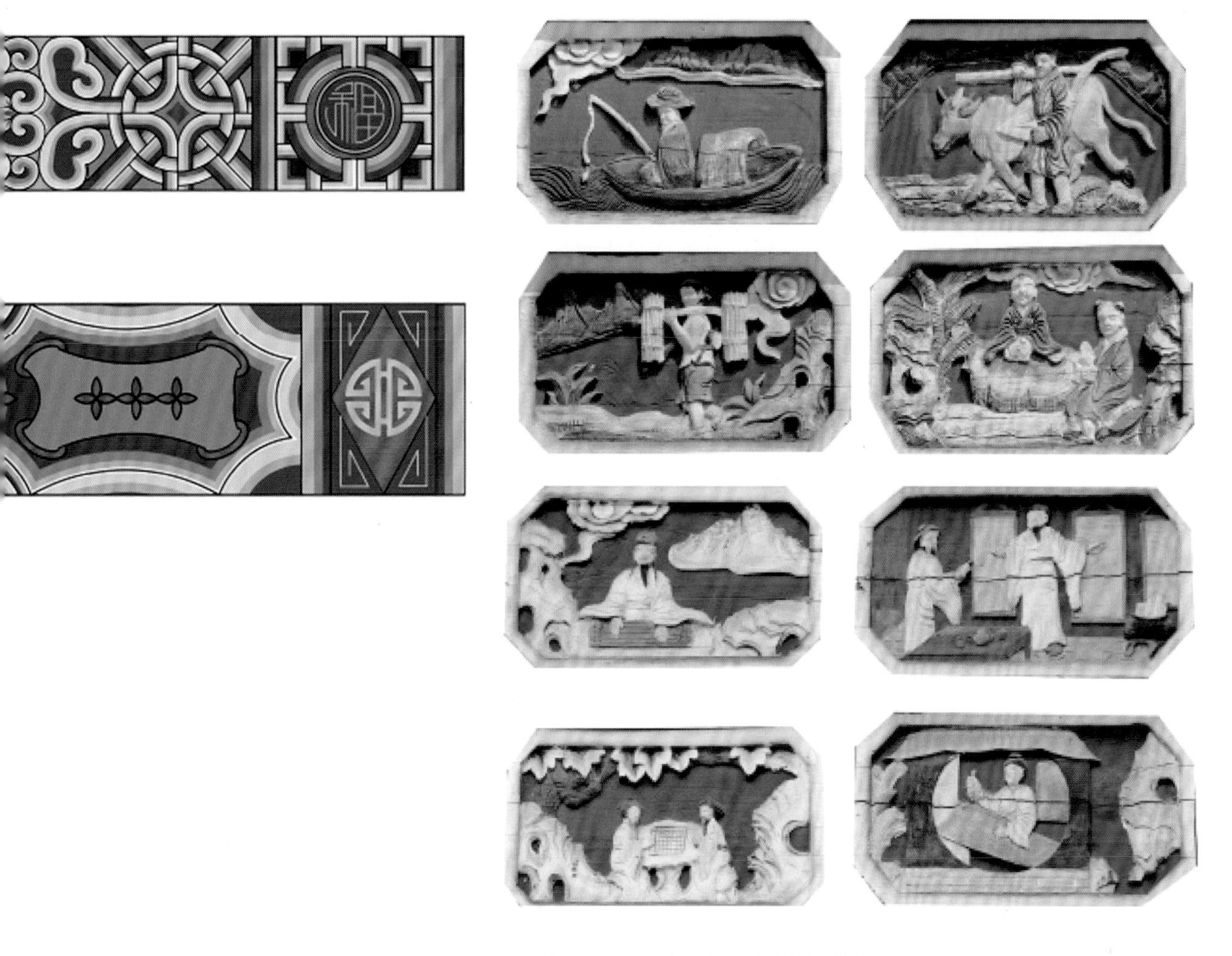

图 3–115　昆明古建筑的别子彩画

还有常见的宗教建筑如孔庙、道观、寺庙等。由于装饰对象不同，在使用的图案和颜色上也有所变化。在公共建筑物上使用的图案相对简单一点，色调相对轻松、活泼一些。在宗教建筑物上使用的图案相对复杂一点，色调相对沉稳、厚重一些，并使用体现宗教元素的典型图案。比如，道教就多为太极、福寿等图案，并且绘制道教神仙的典故和传说；佛教的卍字是必不可少的，并且绘制些佛教的故事和典故等；儒教多是忠孝节义的内容居多。当然，由于三教的融合，彩画图案、元素和主题内容的混合搭配，没有明确的具体性，这种情况在别子彩画中也是常见的现象。（图5–113、图5–114、图5–115）

昆明古建筑别子彩画是个复杂的综合体系，在保护和美化木结构建筑物的前提之下，增加了伦理道德、宗教人文、地域文化、少数民族文化和民间习俗、传说、掌故等内容，把严谨、规矩的传统彩画内容，提升到文化性、趣味性和艺术性的层面，传达着人们对美好生活的期盼和诉求。

对于昆明古建筑别子彩画，人们对他的认知仅限于它华丽的外表和赏心悦目的色彩，其实它丰富的文化内涵才是其真正的精髓，只不过是借用彩画这种形式和技艺来进行表达。今天我们对昆明古建筑别子彩画进行探索和研究，就是要让这门古老的传统技艺得到更好的保护和传承！

第六章

滇派园林的特色景观

引　言

崔茂善[①]　杨志明[②]

滇派园林作为在云南独特的自然环境和人文环境下形成的文化景观，具有众多特色景观：有以宾川鸡足山以及昆明圆通寺和筇竹寺等为代表的寺观景观；有以大理张家花园为代表的具有民族特色的私家园林、以昆明庾庄和鲁园为代表的中西合璧私家园林以及以建水朱家花园为代表的住宅与宗祠结合的私家园林；有以昆明黑龙潭公园为代表的现代园林与寺观园林结合的园林景观；有以西双版纳热带植物园为代表的集科研与旅游为一体的园林景观，以昆明瀑布公园、昆明世界园艺博览园、云南民族村和楚雄太阳历公园等为代表的现代园林景观；还有石林县的石林、昆明西山龙门、禄劝轿子雪山、香格里拉梅里雪山、丽江虎跳峡、西双版纳热带雨林、曲靖珠江源、陆良彩色沙林、腾冲热海和富民西游洞等在自然资源的基础上，契合人文因素所营造的园林景观，各类盆景、花艺等。此外，还有大量的城乡公园、广场、住宅庭院、厂矿绿化、荒山造林、道路绿化和河道绿化等众多园林景观形式，特别是充分体现“植物王国”特色的以意喻“平安、坚强和长寿”的竹景观、“美丽道路”景观、“园博园”景观、普洱茶山景观、普者黑荷花、罗平油菜花、现代农业景观、乡村振兴景观和观光型苗圃景观等等，极大地深化了滇派园林的内涵，拓展了滇派园林的外延，更加丰富了滇派园林的多样性。

本章由以下内容组成：第一节　昆明中西合璧的园林；第二节　大理张家花园；第三节　建水朱家花园；第四节　建水团山村；第五节　建水文庙；第六节　昆明黑龙潭公园；第七节　竹类植物在滇派园林中的应用；第八节　滇派园林在公路绿化中的植物景观多样性；第九节　昆明市园博园乡土植物的规划设计；第十节　滇派园林的盆景艺术。

通过对滇派园林多样性景观的赏析，进一步明晰滇派园林景观的内涵和外延，进一步坚定信心，为研究、发展滇派园林提供指导。

---

① 单位：云南省风景园林行业协会。
② 单位：昆钢本部搬迁转型工作组。

第一节 昆明中西合璧的园林

石玉顺[1]

昆明地处中国西南边陲，鸦片战争以后，英法列强将云南作为进入中国的“后门”，1910年滇越铁路通车，云南的社会经济发生深刻变化。在清末戊戌变法的影响下，清末民初，云南大批学子留学欧美、日本，西风东渐、欧风美雨渗透进了昆明。这一时期反映在建筑上，“走马转角楼”“四合五天井”“一颗印”等传统民居丛中，一幢幢英式、法式小洋楼冒了出来；反映在园林上，打破昆明寺观古典园林的格局，城内城外，翠湖周边，滇池湖畔，达官显贵、富豪商贾纷纷建起中西合璧风格的“花园洋房”“别墅花园”。这类园林多数是规模不大的私家花园。近几年被列入“昆明市历史文化遗产保护建筑”名录的，有一大批属于这类“花园洋房”。规模比较大的中西合璧园林，昆明城内有龙云的震庄公馆；大观楼草海边有庾恩锡的庾庄、鲁道源的鲁园；滇池西岸有卢汉的西园、庾恩锡的白鱼口空谷园。

中西合璧的园林，是昆明园林的重要组成部分，它反映了民国时期昆明园林的一股潮流，是时代的产物。本节举大观楼庾庄、鲁园为例，粗线条剖析昆明中西合璧园林的风貌和特色。

一、中西合璧园林的时代背景

英国资产阶级为了把中国变为商品市场和原料掠夺地，扩大鸦片贸易，对中国发动了侵略战争，这就是清道光二十年（1840年）的鸦片战争。腐败的清朝统治者妥协卖国，战争遭到失败，1842年8月29日与英国签订屈辱的《南京条约》。自此，中国开始沦为半殖民地半封建社会。

外国列强的入侵，使中国门户洞开。地处中国西南边陲的云南也未能幸免列强

① 单位：昆明市金殿名胜区。

的侵略。云南与法国殖民地越南、英国殖民地缅甸接壤，英法企图打开进入中国的“后门”，扩大势力范围。1889—1902年，云南的蒙自、思茅、蛮允（河口）、腾越（腾冲）先后按不平等条约被迫开关。1905年昆明自辟为商埠，形成云南的“五口通商”，即蒙自、思茅、河口、腾冲、昆明。云南机器局、云南招商局相继出现，工业、电力、通信、交通、商业近代化步伐加快。

1910年3月31日，滇越铁路通车，昆明从交通闭塞的边远古城一跃成为与资本主义经济直接联系的前沿城市。与近代工商业同步，英式、法式建筑在昆明古城如雨后春笋般冒了出来，西欧的园林也跟随欧式建筑应运而生。

清光绪二十四年（1898年），岁在戊戌，以康有为为首的资产阶级维新派代表民族资产阶级上层的利益，发动改良主义的政治运动——戊戌变法。变法的基本要求是：改变现状，学习西方，变法维新，发展资本主义，救亡图存。云南一大批爱国知识分子在清末民初掀起留学欧美、东渡日本的热潮。他们学成回国，学武的投身革命运动、学工的创办实业、学商的经营商贸，他们都在大力宣传西学，批判封建文化。

1911年10月30日，昆明爆发重九起义，推翻了清王朝在云南的统治。随即成立“大中华国云南都督府”，推举蔡锷为都督，分设参议院及军政、参谋、军务三部。都督府军政要员和留学回国办实业、经商的富豪商贾，多数在日本接受过“明治维新”以后的西方教育，在“欧风美雨”的席卷之下，兴建的公馆、别墅多数是中西合璧式的建筑，公馆、别墅的花园呈现中西合璧的园林风貌，称为“花园洋房”。

二、昆明早期的城市公园

昆明的园林，清代以前绝大多数是历代的寺观园林。这些寺观，大多踞名山峻崖、江河湖畔，历史悠久，景色秀丽。寺观园林的殿宇、楼阁、坊表、亭榭、石栏、拱桥等古建筑，都是云南传统的古建筑。昆明名山大川的寺观园林，包括古城内的寺观，都属于中国崇尚自然山水的古典园林。

中国最早的城市公园是清同治七年（1868年）上海黄浦滩上的外滩公园，昆明第一个城市公园是清末建于玉带河东岸的“南城外公园”（今昆华医院），因紧邻鸡鸣桥，又称“鸡鸣桥公园”，是清朝时期昆明所建唯一的城市公园。建公园前，这里原有道教的“三官殿”（供天、地、水三官）。园址地势起伏，低洼处有池塘，山坡上栽有梅花、池塘里种有莲荷、玉带河堤植有柳树，寒冬梅花、三春杨柳、九夏芙蓉，故赏花观景的游人不少。清光绪后期，在此建造亭榭，开辟公园。清宣统二年（1910年），公园内开设云华茶园，由茶园负责管理公园。民国初期，云华茶园是昆明最大的戏园，戏园兴旺，公园随之发展。

公园创办伊始，就效仿西欧“国民公园”“百货店式公园”的模式，适应各种年龄与兴趣的游人光顾。公园内有云华茶楼、林春园酒楼，1914年6月又建陈列室，征集展出参加巴拿马万国博览会的土特产、工艺品。1915年8月将昆明历史幸存的几座街市石牌坊迁入园内。同年10月，园内竖辛亥重九起义名将杨振鸿铜像。1916年6月，唐继尧当选抚军长，在这里举行庆祝活动。1918年，园内组织马戏演出。此后昆明各种纪念活动、品评会、花木展览、赈灾游艺会都在此举办。20世纪20年代中期，南城外公园被正式命名为“金碧公园”。

金碧公园的布局分为前、中、后3个部分。前部当街东西两道大门，以石坊为门，入园正面是西式喷水池，池后广场两侧石砌仿欧式几何图形花坛，花坛周围有话雨、望云、披风、延月4个瓦亭、草亭，广场东面有月牙池、浮香亭；公园中部正前方有石坊、假山组成的“石林”，往南是杨振鸿铜像、大水池，池中有“瑶岛”“棕亭”，西面是留春亭、矿产陈列室和苹果园，还有菊圃、枣园、花红园；公园后部是梅园、电影场、戏院。1929年9月，精于园艺的庾恩锡出任昆明市市长，对金碧公园进一步做了中西景观融汇的改建。这座始建于清末、培植于民国的城市公园，欧式喷水池、电影场、戏院、花坛，与中国传统园林杂糅，已有中西合璧园林的雏形。

1935年，金碧公园后面筹建昆华医院。1936年，公园全部划作医院用地。1938年1月，昆华医院门诊部建成，随着医院的发展，金碧公园消失。

三、庾恩锡与昆明园林

庾恩锡是民国年间昆明中西合璧园林的造园大师。

庾恩锡（1886—1958），字晋侯，晚号空谷散人，云南他郎厅（今墨江县）人。其兄庾恩旸系云南辛亥重九起义和护国起义的发起人之一。庾恩锡受其兄影响，早年留学日本，攻读园艺。日本在明治维新以后，曾大量参考欧美近代公园规划设计其公园，庾恩锡日本留学期间，受欧美园林风格的影响较深。庾恩锡回国后，没有机会发挥其专长。1918年，其兄庾恩旸在贵州毕节遇刺身亡，庾恩锡将其兄所遗昆明崇仁街老宅（原五华区政府驻地）设计、扩建成园林式住宅，冠名“庾园”。这是民国初期昆明较早的中西合璧园林。

庾恩旸与唐继尧系留学日本振武学校的同学。庾恩旸去世，唐继尧爱屋及乌，让其弟庾恩锡出任云南省水利局局长。1919年秋，庾恩锡弃官办实业，在上海筹办“南方烟草公司”。1922年携卷烟机回昆明，开办云南规模最大的“亚细亚烟草公司”，创“大重九”名牌。庾恩锡在经营烟草公司期间，于民国十六年（1927年）约请前清举人、昆明园艺研究会创始人赵鹤清襄助，于近华浦南面草海畔兴建“庾庄”花园别墅。赵鹤清擅长诗词书法、山水绘画、园林叠石，研究的是中国传统山水园林，与庾恩锡欧美现代园林的观念融合，使“庾庄”成为典型中西合璧的园林。

1929年庾恩旸旧部龙云时任云南省主席，约请庾恩锡出任昆明市市长。庾恩锡在市长任内，充分发挥其园艺专长，对市属翠湖、古幢、金碧、圆通等公园进行大规模改建，又邀赵鹤清按“西湖十景”中三潭印月、平湖秋月、苏堤春晓、断桥残雪、柳浪闻莺、曲院风荷的园林意境，重新规划建设大观楼近华浦。赵鹤清在近华浦垒了“彩云崖”大型假山。

20世纪30年代后期，庾恩锡再次约赵鹤清协助，在滇池西岸白鱼口兴建了中西合璧的“空谷园”别墅。空谷园有中西合璧的“石房子”，称“磊楼”，构筑了寻芳径、又一村、来旧雨轩、蕴玉山、醉眠石、浴凫池、涌金岩、得月堤、醉月轩、挽澜堤、天香坪、琼桂坛、香雪堆、流霞洞、翠微亭等36个景点，是滇池西岸规模最大的中西风格融合的园林。仅从庾庄与空谷园的园林风貌评价，庾恩锡不愧为民国年间昆明中西合璧园林的造园专家。

四、庾庄中西合璧的园林景观

中国的古典园林崇尚自然山水之美，重文人感情的抒发，突出一个“情”字，将自然山水、咫尺园林都赋予人的感情，“芳草有情，夕阳无语，雁横南浦，人倚西楼。”“人倚西楼”，有楼就有人，有人就有情，情景交融，诗情画意。

欧美园林受中世纪文艺复兴思潮的影响，崇尚人工装饰美，重造型艺术，园林建筑推崇中世纪建筑形式，立柱的哥特式、回廊的巴洛克式、穹顶的罗马式、圆顶的拜占庭式，包罗万象；园林小品设置喷水池、艺术雕塑、圆形步道；园林植物的种植、修剪呈几何图形；庭园多辟开阔明朗的大草坪……中西文化的碰撞，形成了中国特有的中西合璧近现代园林。

庾庄选址大观河汇草海入口处，濒临“喜茫茫空阔无边”的滇池，远眺“睡美人”群峰，近览“万里云山一水楼”的大观楼，“九夏芙蓉，三春杨柳”，是借景滇海云山旖旎自然风光的极佳位置。从庾庄选址可见庾恩锡不愧构筑园林的行家。

庾庄融汇中西造园艺术之精粹，将中国传统自然山水造园与欧美推崇人工装饰美的造园艺术融合，因地制宜，形成以水景为主题的别墅园林。园中挖池筑堤、沿堤植柳、溪水环绕，曲桥拱桥、景台小亭，曲径通幽。小小一座园子，潺潺溪流，泉声叮咚；临池观鱼，南浦春晓；凭栏观景，万里云山；柳荫垂钓，四面荷风。中国传统园林诗情画意的构园意境，多出自赵鹤清之构思。赵鹤清又是民国年间云南著名的叠石大师，在庾庄也垒了“壶中九华”假山，假山上留下石刻《庾庄垒石歌》。

作为园主的庾恩锡，早年受的是西方园艺教育，因此庾庄融入了不少西欧园林的造园艺术。庾庄北面，依荷塘建了一幢“枕湖精舍”别墅，二层洋楼的“晋侯楼”，前厅后榭，落地玻璃门窗，端庄气派；楼下北面濒临荷塘辟为观鱼赏莲平台，伫立赏莲，倚栏观鱼，楼台倒映，微波涟漪，柳丝轻拂，荷风送爽。

庾庄南面原是一片碧绿的草坪，边沿花畦、石雕小品。草坪入口处，哥特式石坊精雕细镂，坊墩、坊柱浮雕吉祥图案、束束稻谷，寓意吉祥如意、五谷丰登。石坊北面坊额镌刻赵鹤清书“寻芳深处”，取宋代诗人黄山谷（黄庭坚）《幽兰赋》句；南面坊额有曾熙书“亦足以畅叙幽情”，取东晋文学家、书法家王羲之《兰亭集序》句。西式石坊，中式坊额，珠联璧合，妙趣横生。

庾庄西面跨溪水青砖镶砌五孔桥，石桥多见，砖桥难觅，这也是庾庄独特的创意。五孔桥北端向西，浓密的竹林中原有青石砌筑的观景台，后来大观公园维修时在台上添了个中式八角亭。昔日登观景台远眺：茫茫滇池帆影，连绵碧鸡群峰，咫尺华浦烟柳，巍峨大观楼阁，烟霭有无，雨晴浓淡，皆入园景。庾庄的植物在南堤绿柳掩映下，浓密相间，高低错落，景深幽邃。庾庄的园景，浓郁迷离与开阔明朗搭配，既有曲径通幽，又有柳堤骋怀，堪称南浦胜境。

五、鲁园中西合璧的园林景观

鲁园位于庾庄南面，与庾庄一墙之隔，系鲁道源于民国十六年（1927年）与庾庄同时兴建的中西合璧花园别墅。建设中，赵鹤清主持规划设计。

鲁道源（1900—1985），字子泉，云南保山昌宁县珠街人。毕业于云南陆军讲武堂第十三期，历任滇军排长、连长、营长、团长、旅长等军职。1932年积极参加筹建家乡昌宁县，划永昌（保山）、顺宁（凤庆）各一部分设县，取永昌、顺宁尾字冠名。1985年3月12日在台北病逝。

鲁园中的湖塘、曲桥、假山、别墅、亭阁、不系舟、观景台、柳堤、莲池、花坛……构成一座小巧玲珑、中西合璧的私家园林。

鲁园地势比庾庄低洼，规划造园时，园东面设计荷塘、溪流，疏挖池塘、水溪淤泥，填高地势。西面临草海边建筑了一组砖石结构的法式别墅——子泉别业，别墅为平房，正房坐西向东，厢房坐北向南，呈直角布局；房门前丹墀平台，朝阳晨练，旭日东升，午间品茶，暖意融融；别墅西面架桥伸入莲池，池中石砌围栏观景台。伫立景台，滇池草海，碧鸡群峰，映入眼帘。同庾庄一样，鲁园是借景自然山水的湖山胜境。

鲁园东面，曲径连通一座木结构四方重檐阁楼，楼下四面格子雕花门，楼上四面格子镂空景窗，雕梁画栋，朱丹彩绘，翼角飞檐。中式古典阁楼与西式现代别墅东西对峙，风格迥异，相映成趣。阁楼北面，一泓小小的莲池，池塘与由东向南环绕的溪水相连。莲池中，仿北京颐和园寓意“河清海晏”的“清晏舫”，石砌“不系舟”画舫，舫头向北，舫上建中国古典式重檐舱楼，飞檐碧甍，格子门窗，玲珑剔透。水上建石舫，取意“水能载舟，亦能覆舟”，石舫稳固停泊水上，永不倾覆。石舫西面，曲桥跨莲池，桥面低平近水，凭栏赏莲观鱼，低嗅莲香，细数鲫鲤，悠然知乐。

别墅正对一座湖石假山，石峰嶙峋，造型奇巧，四面孔隙通道，八面瘦透漏皱，洞壑石磴，上下转折，逶迤盘旋，高低迷离，犹如一座小型迷宫，“花如解语还多事，石不能言最可人”。叠石假山，“咫尺山水，蕴千里江山”，受中国传统山水画影响，再现自然山景中奇特的悬崖、深壑、绝壁、洞穴奇观，因此造园难度最大为叠石垒山，需要较高的山水画艺术修养和叠石技艺。鲁园假山之风格，极似江南文人园之太湖石假山，虽未留下叠石家姓名，但从艺术成就分析，非民国年间云南叠石大师赵鹤清莫属。假山南面，溪水汇而成池，溪侧池畔，原为花畦，培植四季鲜花。后于池中增添一座小亭，荷风四面，柳丝摇曳。鲁园环绕湖堤，遍植垂柳，柔条千缕，微风吹拂，婆娑袅娜，柳浪闻莺，“湖上新春柳，摇摇欲唤人”。

鲁园北面，连通庾庄，是一条垂丝海棠林荫道，阳春三月，海棠盛开，苏东坡诗云：“东风袅袅泛崇光，香雾空蒙月转廊。只恐夜深花睡去，故烧高烛照红妆。”海棠道东面为开阔平坦的草坪，一派西欧园林风貌。西面于1982年修葺时，新增了一组弧形景廊，中间敞开式水榭，两侧对称景廊，廊外濒临草海水面，是远眺滇池帆影、碧鸡夕照景色极佳处。

鲁园法式别墅、草坪、花坛、绿篱属西欧园林风格，荷塘、溪流、湖堤、垂柳、假山、曲桥、不系舟画舫、重檐楼阁、弧形景廊，也是中国传统造园手法。中西合璧的造园风格，融汇于草海之滨，构成明朗与幽深兼容、自然山水与人工造园结合的山水胜境。

新中国成立后，昆明中西合璧的园林多做了不同功能的改建。由于缺乏对这类园林系统的研究，未能保持原有的风貌。昆明中西合璧的园林记录了一个时代的遗痕，作为管理部门，应该深入探索，尽可能恢复历史原貌，丰富昆明历史文化名城特定历史时期城市建设的特色。

参考文献

[1]昆明园林绿化局. 昆明园林志[M]. 昆明：云南人民出版社，2002.

[2]陈从周. 园林谈丛[M]. 上海：上海文化出版社，1982.

[3]石玉顺. 中国历史文化名楼大观楼[M]. 昆明：云南科技出版社，2005.

[4]《云南辞典》编委会. 云南辞典[M]. 昆明：云南人民出版社，1993.

[5]云南省工人疗养院志编委会. 云南省工人疗养院志[M]. 昆明：云南民族出版社，2010.

[6]万揆一. 昆明掌故[M]. 昆明：云南民族出版社，1998.

[7]李敏. 中国现代公园[M]. 北京：北京科技出版社，1987.

[8]曹林娣. 中国园林文化[M]. 北京：中国建筑工业出版社，2005.

[9]云南日报社. 云南概况[M]. 昆明：云南人民出版社，1980.

[10]陈从周. 中国园林鉴赏辞典[M]. 上海：华东师范大学出版社，2001.

第二节 大理张家花园

张建春[①]

大理张家花园坐落于云南省大理市大理镇上末村，距大理古城 3 千米，距大理市区10千米，距云南省府昆明330千米，传说为“白族王宫”的遗址。在20世纪90年代的体制改革中，该地块作为住宅用地出让，由大理白族建筑大师、白族民居建筑非遗传承人张建春购置。他亲手绘制“六合同春”蓝图，投资亿元，历时9年精雕细琢，用穿越千年的建筑地理文化，风格迥异、中西合璧、汉风枋屋、白乡风韵的手法，最大限度地还原了白族皇家园林“六合同春”的精髓，南诏大理国时期传奇的建筑工艺和艺术、白族传统的文化元素和高超的建筑智慧，铸就了大理张家花园。花园占地10亩，建筑面积4700平方米，160间房屋，形成白族建筑的最高艺术形式，完美呈现“六合同春”的完整格局。大理张家花园由5个“三坊一照壁”的院子和1个后花园组成，有鹿鹤同春、四合惠风、西洋红院、瑞接三坊、彩云南院、海棠春院、镜花园7个文称。

图 6–1 张家花园外景

图 6–2 张家花园门口的牌坊

① 单位：大理州白族学会建筑分会。

一、照壁：墙上岁月

照壁，也叫影壁，古称萧墙，说的是中国传统建筑中用于遮挡视线的墙壁，与房屋、院落建筑相辅相成，是一个不可或缺的重要建筑单元。照壁的形状有“一”字形、“八”字形等，通常都是砖砌成，由座、身和顶3部分组成，（图6-3）雕刻精美的影壁具有建筑学和人文学的重要意义，颇有一番欣赏价值。穿过象征“六合同春”的牌坊，一道高大的照壁迎面而立，灵秀中带着大气，朴素里显着高贵。“百忍家风”4个遒劲的大字安置在壁的中央，这道看似普通的照壁，其实承载着丰富的白族姓氏文化的内涵。（图6-4）

园内各道照壁造型不一、风格各异。依据各个院落的内涵既有相通之处，又有各自不同的格调和美感。西洋红院内的照壁，依旧是白族风格的飞檐，大方端庄、

图 6-3　照壁的组成

图 6-4　张家花园的照壁

图 6-5　张家花园的照壁

图 6-6　张家花园的照壁与花卉

图 6-7　张家花园的照壁

开阔大气；而照壁中彩绘的，却是给人带来强烈视觉冲击的色彩绚丽的精美石雕和泥塑。细细品赏，画中既有西洋元素，也有本土素材；既有泥塑的“洱海月”“苍山雪”，又有“大理国王宫”和“十六国藩使图”。整座照壁中西合璧、美轮美奂，营造了一个中西方艺术巧妙结合的完美空间。（图6–7）

彩云南院中的照壁（图6–8）与其他相比，造型上有自己别具一格的美感，整个院落和照壁取南诏国发源地巍山的道教名山巍宝山景致和鸟道雄关百鸟迁徙的奇观。照壁呈“八”字形，三叠水状，意为把南方的紫气纳入园内呈祥现福。壁上飞扬的翘角高高扬起，和两头的瓦檐错落有致地构成一曲舒缓的音符。壁中的浮雕取“百鸟朝凤”的美丽传说而成，立于壁前，仿佛听到鸟儿快乐的啁啾，感受到一曲人与自然和谐的欢歌。

照壁无言，却蕴含着深邃的文化内涵，无声却胜有声地将曾经的历史烟云、文化渊源、美好心愿，都镶嵌在一道道灰瓦青砖的岁月墙上。

图 6–8　彩云南院的照壁

二、石刻：石间温暖

大理自古以来就与石头有着不解之缘。苍山之腹盛产大理石，而在大理的传统民居中，石头也是不可缺少的元素和景致。张家花园内，随处可见大理石的踪迹和各种石雕的精美艺术。让人在欣赏白族民居建筑的同时，也领略到白族石雕的精美和灵秀。（图6-9、图6-10）

图 6-9　张家花园的石阶

图 6-10　张家花园的石刻

走进园内，一对金鱼玉螺的石刻迎着蓝天下一抹流云，安然于“鹿鹤同春”牌坊顶上。这对被视为洱海区域最古老的氏族图腾的金鱼和玉螺雕刻得惟妙惟肖，身姿灵动地游妆戏影于洱海的波澜之上，在苍洱的和风中讲述着洱海文化的历史和那段古老的传说。

踩着闲散的步子，沿着大理石铺就的“御道”缓缓而行。一低头，却邂逅了一段刻于石上的千古奇情。梁山伯与祝英台的爱情故事，被白族的能工巧匠用刻刀镌刻在张家花园迎接四方宾客的御道之上。让人在迎来送往、举步投足间都能体悟到永恒的人间真情和主人待客的一片诚挚。（图6-11、图6-12）

图 6-11　张家花园铺路

图 6-12　张家花园铺地与花卉

漫步园内，镶嵌在壁上的自然天成的大理石无声地讲述着这片风水宝地的前世和今生；一雕一刻、一凿一刀而成的围栏扶手，精致典雅、秀美端庄，在阳光下流动着凝固在石头间静谧的美。《镜花园记》《兰亭赋》《茶花赋》《张氏家训》等镌刻着园主妙笔写就的华彩文章的大理石碑，彰显着家族的历史渊源和主人的心性志趣，在花草的掩映下散发着无穷的雅趣和馨香。

穿过"走马转阁楼"，两旁壁上的石刻定会吸引住你的目光。大理的五大神话故事被能工巧匠灵巧的双手雕刻得妙趣盎然，让人浮想联翩。鸡足山、蝴蝶泉、石宝山、天宝战争、孔雀胆，一个个耳熟能详的故事，就这样精妙在石材凝固了的时光里，任由沧海桑田，光阴流转。

还有那些隐藏在角落里、目光所及的或是来不及细看的精美石雕，都在向四方宾客无声地讲述着一段段白族的历史和故事讲述着世代居住在洱海畔勤劳善良的白族对美好生活的向往和对幸福生活的不懈追求。

三、木雕：光阴故事

张家花园作为一座白族民居的典范和艺术品的"王宫"，从建筑的需要和园子文化内涵来看，都离不开本土最有名气的木雕。大到房屋的构建，小到园内每一处陈设，都是经由民间木雕大师精心设计雕琢而成，彰显着白族与木雕的渊源和历史。

穿行于园内，无处不在的精美木雕会让人眼花缭乱。雕花刻草的木门，精巧秀气的格子窗，选材精良、做工典雅的木雕家具……无不悄然言说着园主对建筑文化的理解和来自民间的雕刻大师们精巧的手艺、智慧的头脑。那些或是和园子一起生长的木雕器物，或是主人精心收集而来的有历史感的民间雕品，在每一方院落里，安静地，和着悠悠的晨钟暮鼓，成就了一座梦幻般的宏伟园林建筑。

图 6-13　张家花园木雕

图 6-14　张家花园木雕

图 6–15 张家花园木雕

图 6–16 张家花园木雕

（图6–13、图6–14、图6–15、图6–16）

园内的这些精美木雕，融汇了白族木雕的所有技法，选材上除了沿袭传统的“春夏秋冬”“松竹梅兰”和“琴棋书画”等象征图案外，还别开生面地结合了整个园子的内涵，赋予园内木雕具体生动的文化内涵和道德修养教化内容，让整座园子流动着光阴的故事和文化气韵。

四、书画：恒久馨香

张家花园，从建园开始的规划设计就将书香氛围的营造列入其中，不难看出，园主除了是个有雄才大略的成功商人外，还是一位有着文化内涵和高雅修养的学识之士。院子里，楹联匾额、书法绘画、唐诗宋词、治家古训，木雕的、石刻的、手写的，整座园子溢满了淡淡的书香。穿行其间，犹如走进一座书画的宝库，让人享受一段馨香的文化之旅。（图6–17、图6–18）

图 6–17 张家花园局部景观

图 6–18 张家花园局部景观

无论是抄手游廊两旁还是花影扶疏的小径，无论是富贵肃穆的正厅大堂还是僻静的阁楼一隅，也无论是高大的影壁还是道旁的墙上，都可以读到与之相得益彰的诗词谚语。那些书法画作依照不同的载体选择不一样风格，或豪放大气，或温婉细腻，或潇洒遒劲，或内敛素朴。不管何种风格，不论出自名家大师还是民间艺人之手，这些书画作品都鲜活在张家花园的每一个角落，将中华千年的文明和浓郁的白族民间气息悄然弥散于园子的每一个角落。

“忠孝传家之本、诗书齐家之本、勤俭治家之本、和顺齐家之本”，读着画框里的四大治家之本，感受着传统的经典话语。“气忌盛，心忌满，才忌露。”“必有容，德乃大；心有忍，事乃济。”“八月大，秋分，金银花开。”“九月小，霜降，秋木花开。”一行行，一句句，无不显示着主人的心胸和修养，传递着历史的积淀对现代人的滋养润泽。

屋内、廊里、园内、厅中，无论是主人重金求购而得的字画还是本土白族新手描绘的作品，都在这座古老而又年轻的园子里将唐诗宋词的气韵和苍洱大地厚重的文化与建筑巧妙结合，散发着恒久的迷人馨香。（图6-19、图6-20、图6-21、图6-22）

除去那些可见的可感的书画外，园子的每一处名称，也蕴含着浓浓的文化气息，饱含着主人的满腹才学。“霁雪园”“鸿儒桥”“听雨亭”“韵苍楼”“朵香

图 6-19　张家花园字画

图 6-20　张家花园字画

图 6–21　张家花园字画

图 6–22　张家花园字画

图 6–23　张家花园局部景观

图 6–24　张家花园局部景观

图 6–25　花城

图 6–26　后花园

榭”“藏秋壁”……细细品读，慢慢咀嚼，顿觉口舌生香，余音缭绕……

石刻、木雕、书画、雕栏画栋、彩绘泥塑……给人亦真亦幻的感觉。（图6–23、图6–24、图6–25、图6–26）

五、花木：流年芬芳

张家花园不但建筑精妙，那些摇曳于亭台楼阁、水榭石坊间的花草，也是花园的一道点睛之笔。这些散布于院内每一个角落的植物，使得这座名为“花园”的宏大建筑，成为真正意义上的花园。（图6–27、图6–28、图6–29、图6–30）

园内除建园时保留下来的几株古树依旧蓊郁于古朴的飞檐翘角之间外，一些新植的花草，也在这座祥瑞的院子里抽枝长叶，竞相开放。翠竹、兰草、牡丹、玉兰、桂花、秋菊、茶花，月季……亭边壁旁，廊间院内，无处不在的花草，将整座园子渲染得生机盎然。一年四季，张家花园都有盛放的花朵、葱翠的修竹、摇曳的藤蔓，花香鸟语。

园内最多的，要数秋菊和大理最有名的茶花了。秋高气爽的日子，满园尽是

图 6–27　张家花园部分花木与石景

图 6–28　张家花园部分花木

图 6–29　张家花园部分花木

图 6–30　张家花园部分花木

黄金甲。在云淡风轻的秋光里，各色秋菊竞相开放，紫红、金黄、雪白，赏心悦目的色彩伴随踩一地秋色的宾客徜徉于院内，让人尽享“采菊东篱下，悠然见苍山”的妙趣。傲霜的菊花还未凋谢，满园的山茶便在乍暖还寒的清风中悄然怒放。“云南茶花甲天下，大理茶花甲云南。”大理茶花曾经成为南诏国的国花，广植于张家花园。牡丹、绣球、童子面、雪花、玛瑙、鹤顶红、松子鳞、恨天高……除了传统的大理茶花品种，园主还依照《天龙八部》中的描绘又培植了“红十八学士”“花十八学士”“张家茶”等名品。这些茶花散布在花园的每一个角落，盛开时花团锦簇，和美富贵；不遇花期的时节亦是苍翠葱茏，每一个叶片都绿得发亮，让人一看就能想到花儿盛放时的绚烂。茶花，成为张家花园一张独特名片，这些白族人民心中的富贵花，随着大理的徐徐清风给人以美丽的遐想，也将祥和瑞气带给每一个走进花园的客人。

大理张家花园有“大理白族第一园”的美称，它的建筑文化和艺术特征像一个美好的白族民间故事，更如一部历史建筑的史书。自2008年8月8日开园以来，成功创建为国家AAA级旅游景区，并成为大理OTA旅游网络评价最高的景区，以高颜值和高性价比、高满意率赢得全世界旅游者的青睐和好评，创造了良好的经济效益和社会效应。

第三节　建水朱家花园

梁辉[①]　梁子曦[②]　黄予舒[③]　全利[④]

一、建水朱家花园概述

据说朱家祖上是湖广麻阳县（今湖南省麻阳县）人，于明代洪武年间流徙到云南建水，寓居西庄坝西高营纪五村。明末清初，其五房迁居白家营村，生子卿（真名不详），卿又生子永祜，一直都是普通平民，数代人经营茶叶、丝绸等等。

清同治年间，到了朱广福这一代，举家迁到了建水老马坊村，置田买地，建盖瓦舍，开设碾坊酒坊，人丁兴旺，家产渐丰，朱家步入中兴。是时个旧锡矿业日渐发达，农闲时节，朱家赶马经商，经年累月，利渐颇丰。朱广福筹资买下个旧多处矿址，开“朱恒泰”商号经营锡矿，在个旧兴建冶炼厂1座，集锡矿采、选、冶为一体。

朱广福去世后32年，其孙朱朝琛中了举人，授贵州桐梓等县知县，赠朱广福文林郎官阶；当时，朱朝瑛（字渭卿，清光绪丁酉科乡副进士，朱成藻之子）也中了进士，得授广东补用道，遂成为朱家的核心人物。同治十年（1871年），朱家家业丰硕，始向外投资。除营销土产百货外，还大宗贩售云土（鸦片）、锡锭，清光绪年间朱家始为滇南富绅。此后，朱家把个旧出产的锡锭，经广西百色转运香港，由香港运回棉纱、百货等，也有由蛮耗装船沿红河顺流而下通过越南海防运至香港和西欧。

清光绪年间，云南商帮中建水的“临安帮”与“昆明帮”“腾越帮”齐名，而朱家名下商号“朱恒泰”就是“临安帮”的首富。

至光绪初年，“朱氏家族已经发展到叱咤于整个滇南黑白两道的巨大家族”。

① 单位：红河州风景园林管理处。
② 单位：山东大学。
③ 单位：中南大学。
④ 单位：红河州情报科学研究院。

朱成章、朱成藻兄弟（朱广福之子）及子侄朱朝琛、朱朝瑛、朱朝琼、朱朝瑾等两代人的生意如日中天，士、农、工、商，一样不差。是时，朱家在建水城内沙泥塘购地30余亩，始建家宅宗祠。

二、家宅宗祠向社会开放

宣统三年（1911年），同盟会的影响遍布中国。朱朝瑛在滇南起义中立了功，被授予中将军衔，并被任命当了临安澄江总兵，成了滇南王。朱家修好的“花园”大门挂上了“中将第”的大匾。但是至20世纪80年代末期，房屋门窗、木板壁等已完全破损，大量的雕刻、楹联、匾额已不复存在。

1989年，云南省人民政府公布朱家花园为省级重点文物保护单位；1990年，朱家花园被建水县政府收回维修。历经百年沧桑的朱家花园又焕发了勃勃生机。1999年，朱家花园列为“ ’99昆明世界园艺博览会”旅游精品景点，对朱家花园重新修缮，并重建了后花园。修旧如旧，让南来北往的游人瞻仰。

游清代民宅，园红楼幽梦。建水县旅游部门从二进院的4个院落中增辟了“梅馆”“兰庭”“竹园”“菊园”共28个房间作为客房，供游人入住，亲身体验清代起居生活方式。房间内的床、凳、桌、椅及宫灯骨架均采用紫檀木雕刻，门童及导游小姐的服饰和接待客人的礼仪，均体现清代风格，让人有恍若置身百年前历史生活的感受，备受中外游人的欢迎。

1994年，建水经国务院批准定为第三批国家历史文化名城、国家第三批重点风景名胜区。

2013年3月，朱家花园被国务院批准列入第七批全国重点文物保护单位名单。

三、艺术景观

朱家花园坐南朝北，入口为垂花大门。左侧沿街的10间吊脚楼与其后的跑马转角楼相连，是当年的账房和物资供应铺面等，是朱家经营进出口贸易，买卖大锡、洋纱布匹、食盐、烟土的“朱恒泰”总商号。右侧前为家族祠堂，后为内院。祠堂前有水池，水上有戏台、亭阁、庭荫花木等。水池边有石栏。

整组建筑的正前为3大开间的花厅，左右两侧为小姐“绣楼”。花厅前是花园，左右对峙透空花墙，将其自然分隔为东园和西园。花园正前有荷池、树丛、苗圃，花圃散布其间，形成一座既典型而又富地方特色的南方私家园林。

朱家花园院落层出、房舍迭进，内雅外秀、形制规整、布局灵活，空间丰富、层次渐进，环境清幽、色彩淡雅、装修有度、结构统一，在丰富的形式中包容了深刻的文化内涵，是内地文化与边疆文化相结合的产物，具有较高的建筑艺术价值，是一个滇南园林建筑与民居建筑相融合的建筑群体。

一个相当豪华的大院显现出长长一串景观，既显现出朱家隔世的繁华盛居，又铺张了家庭礼仪的空间规矩。

朱家花园的每一片砖瓦、每一幅字画都在透露着这个家族内心的秘密。所有富有寓意的精妙绝伦的门窗雕花，让我们感受到的依然是一个家族在传统的道德礼仪下面，那颗丰富而深厚的内心，那种宝贵、神圣而传统的坚持。

庭院寄情，故迹怀古，这里精美的家居艺术蕴藏的是朱家族人以和为贵的宗族

图 6–31　朱家花园大门

图 6–32　朱家花园的绣女楼

图 6–33　朱家花园过廊

图 6–34　院落的枋、门、窗及优美字画

图 6-35　华庭

图 6-36　后花园

图 6-37　宗祠族人议事厅

观念和对家族兴旺的诚挚祈盼，承载着朱家族人百年来的梦想与荣耀，历史的留念渲染着朱家的传奇故事。

朱家花园是西南边疆珍贵的建筑历史文化遗产，是汉族建筑艺术和当地少数民族建筑艺术相结合的产物。雕刻绘画吸纳了少数民族的内容和技巧，增添了特色。朱家花园建设中十分重视住居与当地自然环境相协调，融为一体。花园内种植有竹木花果，建有荷花鱼水池，保留有稻田，使住居融入江南水乡景色中。水上戏台使观众感到空气清新。40多个天井增添了采光面。门窗雕刻精细，内容多样，既有利于通风，又使人感到美观。房内的床、桌、椅、凳等均是紫檀木雕，是清代风格的体现。

垂花门楼的大门，是瓦屋顶，三叠水式楹。门头上方高悬着三重错落有致、优雅精美的檐枋，上面分别雕镂出富有寓意的图案：第一重檐枋上透雕出几尾游鱼和两条金龙，寓意为“鱼跃龙门”；第二重檐枋上镂出朝阳和四只喜鹊，寓意为“四喜临门”“蒸蒸日上”；第三重檐枋上镌刻着佛手、桃梨、香炉、宝瓶等物，象征着“福禄寿”。旁边雕斗上镂空的金马、碧鸡，寓意“金碧辉煌”。在大门前，有一对刻着龙凤图案的石鼓，据说两个石匠花了一年的功夫才大功告成，把他们这件生命的杰作交给世人。朱氏家族用银两和心血留下了这幢华丽的建筑。

进了大门是家宅，是三套三进的院落，并列连排。步入中门，迎面而来的是一道透空花墙，上面开着一道鱼拱门，正上方有四个字“循规蹈矩”（寓意进门要“循规蹈矩”），背面则是“谨言慎行”（寓意出门要“谨言慎行”）。（图6-38）院子的中轴线上依次排列着前厅、中厅和后堂。前厅左接花厅，花厅三开间，卷棚顶，两侧置美人靠，在园中赏花观鱼后，可在此小憩。四面廊坊上均雕刻着精美的图样。

朱家花园大门、绣楼、蓄芳阁、兄弟连科匾、十景厅、宗祠坊、水上戏台、华堂、朱子家训、中堂、怀远厅、内宅院、二门、花厅、后花园等均别具一格，特别是水池边的石栏上的12幅浮雕和诗词书法，极具艺术价值。

图 6-38 进门“循规蹈矩”（正面），出门“谨言慎行”（背面）鱼拱门

图 6-39 古戏台栏杆

图 6-40 精美的雕花门、窗

图 6-41 精美的柱基

图 6-42 多彩的花窗

在写着“中将第”的花厅两旁，就是朱家小姐的绣楼、闺房。那香闺寂寂，“日高犹自凭朱栏，含颦不语恨春残”之类的香奁故事，似乎随时都有可能发生！

花厅内悬“中将第”匾，是朱朝瑛参与辛亥革命临安起义后获中将军衔时所制，楹柱上还挂有当年云南都督蔡锷的题赠：“做事须凭肝胆，为人莫负须眉。”朱朝瑛的居室不对称，内高且斜，园内的人解释说这就是“歪门邪道”，据说有辟邪之意。朱家花园北面居高，宅子正门进来会逐渐变高，加之轴线偏斜，于是形成了外面人看里面不清，里面人看外面准确，其用意一是可隐藏主子的隐私，二来也可以监视下人们的举动。

1998年，在重修朱家花园的施工中，管理人员还在楼上发现了朱家小姐学诗时经老师批改过、画着红圈圈的诗文。现在，它们也在朱家花园内的图片展览里，那些娟秀的字迹依然散发着青春的气息。

豪宅东面的朱氏宗祠也是一套三进院落，在墙壁上刻着500多字的“朱子家训”——“黎明即起，洒扫庭院，要内外整洁。既昏便息，关锁门户，必亲自检点”“一粥一饭，当思来之不易；半丝半缕，恒念物力维艰”“子孙虽愚，经书不可不读”“勿贪意外之财，勿饮过量之酒。与肩挑贸易，勿占便宜。见穷苦亲邻，须加温恤”，前有池名“小鹅湖”，典出南宋朱熹讲学江西铅山鹅湖寺。池前建有水榭，是朱家的戏台。池上石栏两面还刻有24幅诗词书画和浮雕，其中一首诗正描

图 6-43　建水朱家花园优美的古戏台远眺

图 6–44　古戏台水池精美绝伦的石栏杆雕刻

绘了朱家当年笙歌盈门、风光无限的佳境：

园林如画傍祠堂，桂子兰孙吐异香。
得地恰当临北极，凿池翻喜在中央。
红莲映日恩光远，碧沼无波世泽长。
最好夜深人傍槛，石栏杆外水风凉。

可以想象，当年朱朝瑛的母亲黄夫人也像大观园中的贾母一样，带领儿孙家眷们坐在华贵的华堂里看着人间戏剧上演。

华堂后面，是家族的议事厅。当年的朱氏兄弟们，就是在这里商议国家朝政、家族事务。

整个建筑群都做了精心的设计，考虑到由于南方气候相对比较温热，建筑内的各个房间的房门都是敞开的，门门相通，院院相连。亭台楼阁、过道门洞，层层叠叠，就像一个很大的迷宫。

朱家花园的建筑艺术和技巧、布局和设计、雕刻和彩绘等在今天的建筑中仍然有许多内容值得继承和借鉴，对于推进民族建筑艺术文化和装饰文化有重要的作用。

朱家花园是一个让人震撼的花园，见之就让人想起北京的颐和园，想起《红楼梦》里的大观园。说让人震撼是有原因的，一是西南边陲能出现这样大规模的建筑本身就让人惊叹，二是其为私家豪宅更令人唏嘘，三是其建筑中的人文、地理和工艺水平之高更是让人难以想象。

这是一部民族和谐的史诗、一幅工业革命的画卷、一段百年通商的传奇，是一个时代的缩影，见证了建水这座边陲小镇曾经的辉煌。

威震全省的朱氏家族，作为一代卓越的商宦富豪，他们的豪宅给后人留下的遐想太多。他们没有沉溺于自我满足与享受天伦之乐的妥协状态，而是把重心投入到了当时的政治斗争当中，其胸襟与眼光绝非等闲之辈，也并不是靠一两代人就能够积淀酝酿出来的。

尘埃落定，中国人崇尚的“光宗耀祖”的人生哲学在朱氏家族中的体现不能不让人回味。

作为私人豪宅的朱家花园，跟千百年的中国历史体制有很多的牵扯，当然也是千年历史的归结，这从朱家的兴衰史就可以看出来。如此巨大规模而又保存完好的民居建筑群在国内实属罕见。国家文物局原局长孙轶青曾挥毫题词：“朱家宗祠，华丽民居，旅游开放，建水一奇。”

参考文献

[1]朱家花园 云南民居建筑（https://baike.so.com/doc/5413354-5651495.html.）

[2]建水古城（https://baike.so.com/doc/6245480-6458883.html.）

[3]建水风景名胜区（https://baike.baidu.com/item/建水风景名胜区/3433855?fr=aladdin.）

[4]建水朱家花园（https://baike.so.com/doc/5384696-5621111.html.）

[5]梁辉.滇派园林的特色解析[J]. 安徽农业科学，2009：472-473.

[6]梁辉. 我国西南地区保护秀美山川构建山水园林城市的路径及措施[J]. 滇派园林，2015（1）：21-22.

[7]梁辉. 践行发展新理念建设绿色生态红河[J]. 中国绿色画报，2017（06）：8-11.

[8]梁辉，杨桂英. 节能环保型风景园林建设的意义、策略与方向[J]. 建筑经济，2009：102-103.

[9]卢唯，曹继红，冯莉莉.红河哈尼族彝族自治州城市湿地建设保护研究[J]. 安徽农业科学，2010：334-336.

[10]文中图片由建水县文化和旅游局提供.

第四节　建水团山村

梁辉[①]　李奇志[②]　朱江[③]　黄予舒[④]

一、团山村的由来

团山村地处云南省建水县西庄镇，距建水县城西13千米。西庄镇是国家在云南省命名的第一个特色小镇，也是云南省第一批特色小镇（紫陶小镇），国内最早第一条私营股份制个碧石临铁路穿境而过，现有建水—石屏小火车对开通达全境。团山村背靠山峦，怀浪山水，青龙镇西，白虎佑东，案山簇拥，荷田稻菜碧翠，鱼虫果藕连年，一头舀石屏海水，一头挑个旧大锡，是一座典型的滇派园林田园山水村寨。2006年入选联合国世界纪念性建筑古村落遗产。

团山村是一个自然村落，建村至今已有600多年历史，团山村最早的居民是当地的彝族，村名中的“团山”源于彝语“图手”（音）的叫法，建水方言将“图手”译为汉字“团山”。彝语“图手”的意思是“有山有水藏金埋银、物产丰富、景色秀美的地方”，过去团山村就是安居乐业的风水宝地。

二、团山村民居群历史价值

团山每一栋老房子都是一座民居博物馆，走进任何一家，都会感受到华丽建筑艺术和中国传统文化的魅力。团山村民居建筑大规模建造并形成规模是在19世纪末至20世纪初清末至民国初年的几十年时间。团山村又被称为“马背上驮回的村庄”，这是因为团山村民居建筑的建盖和云南个旧锡矿的开采有着紧密的联系。云

① 单位：红河州风景园林管理处。
② 单位：红河州规划展览馆。
③ 单位：红河州文物管理所。
④ 单位：中南大学。

南山高林深，交通运输不便，过去有依靠人挑马驮进行商品贸易和货物交换的传统。1900年前后在云南个旧锡矿由于开矿需要马帮运输，许多村民外出赶马帮谋生，还有选择到个旧一带去采矿的。经过多年的艰辛劳作，村民们辛勤致富后回乡建房，可以说没有个旧锡矿大规模开采的历史就没有今天的团山村古民居建筑群，现在所见到的古民居大部分就是这个时期建造起来的。整个团山村保留下来的古民居庭院、庭园建筑较多且完整，是有历史人文价值的建筑景观，这里与其他村落不同的是，团山原是一个完整的城池，现在团山村里有保存完好的建于清末民初的传统民居15座、古寺3座、宗祠1座、寨门4座，占地面积18000多平方米，如张家花园、将军第、司马第、皇恩府、秀才府、保统府、大乘寺、张氏宗祠、锁翠楼等私宅、宗庙、祠堂建筑群落。

团山村被誉为“云南楼兰古城”（图6-45），是地方民族文化与中原文化相融合的古建筑村落，历史遗存众多，建筑用材考究，做工精美，虽然许多老房子的木料已经百余年的风吹、日晒、烟熏，且世代有人居住，但仍然不朽，也未遭虫蛀，其价值使得古村成为世界100个纪念性建筑遗产保护对象之一。村中现存的古建筑由传统的汉族青砖四合大院、彝族土掌房和汉彝结合的瓦檐土掌房3类建筑组成。屋顶瓦作形制属传统小式瓦作类，房椽头的瓦当和滴水装饰优美，组合整齐而幽雅，

图 6-45　“云南楼兰古城”团山村古堡城池大门

有圆形文字纹瓦当、圆形图案纹瓦当、三角滴水瓦当等。民居以明清建筑风格为主，形制规整、布局紧凑、空间丰富。屋顶为青瓦，白灰粉饰外墙，青砖作墙裙，屏门、格扇、梁柱、走廊、屋檐等无一不是精美绝伦的艺术作品。这里民风淳朴、山清水秀，整个村子的民居、庙堂、宗祠错落有致，在墙体斑驳陆离的一些老房子里，至今仍住有居民。

三、团山村明清建筑群院落

以木架构为主，以间为单位，组成三间单幢建筑，称为“坊”，中间为明间，两侧为暗间，以“坊”为单位三面围合，叫作“三坊一照壁”；有的则用四方合围，四方交接处留出一个小天井，叫作“四合五天井”，也叫作四合院。富裕人家把“三坊一照壁”和“四合五天井”结合起来组成重院。

东寨门建于1904年，为两层的阁楼式建筑，地处团山村的交通要冲，是村子的主要入口，居高临下，视野开阔。楼上楼下设瞭望哨、枪眼，是团山村东部重要的防御工事。这样的大门，东西南北各有一个，整个团山村俨然就是一个布局严整的营盘，如此格局、如此规模的乡间村落实不多见。

图 6–46　院落之窗、枋、板、字画

将军第建于1905年，因房主张和任平匪建功，被云南都督蔡锷授予“将军第”牌匾而得名。宅院建筑面积近千平方米，有大小天井7个、房屋38间。门楼采用青蓝色彩绘和木雕，非常精美。推门而入，院内雕饰精美。两层的厅堂宅屋上下都可四围连通，雕花门栏、镂空窗棂巧饰各处。

图 6–47　院落之窗、枋、板、门、雀替、柱础

皇恩府始建于1900年，土木结构，整个院子有40多间房屋，全部建筑面积有2000平方米左右，是二进院建筑形式的典型代表。皇恩府有7道门可以进出，是“八大院”中门最多的。从大门进入皇恩府，经过一个占地200平方米左右的花园，进入用于接待客人的前院。前院的建筑结构为“三坊一照壁”的青瓦房。前院有“左青龙、右白虎”的绘画，表示皇恩府是一个风水宝地。这里还设有“墨池”，显示着主人的文化素养。

秀才府为清末秀才李贵明、李贵谷兄弟两人所建，因与原来的寨墙相连，为抗击入侵的土匪，这座府邸的围墙也修得非常高，墙上还留有小窗口，便于打击土匪。考上秀才的李贵明、李贵谷两兄弟投笔从商，与张树元一道，在原先就经营锡矿的基础上，借助第一次世界大战带来的商机，从建水开设的第一家“天吉昌”商号做起，把“天吉昌”商号的分号开到了蒙自、昆明等地。他们把个旧的粗锡运至香港、上海等地出口，再从香港买回各种货物进行销售，在赚足了银子的同时书写了清代的“儒商”传奇，也反击了“百无一用是书生”的观点。

四、团山村知名建筑群——张家花园

在团山村最为出名的民居当数张家花园了。张家花园由张国义、张国明两兄弟建造。19世纪末，两兄弟离家创业，在个旧开采锡矿，随着经营扩大，张氏两兄弟开设了“吉昌”商号，清光绪二十六年（1900年）又与在个旧开矿的张氏族人共同成立了商贸集团。随着财富的增长，张氏兄弟开始在团山村选址兴建房舍。清光绪三十一年（1905年），张家花园正式动工，经过6年时间，1911年整体工程基本完工。20世纪40年代以后由张国义之长子张有文、次子张有尧，张国明之长子张有武（又名张汉庭）居住。

张家花园是建水四大花园之一，是一座庭园式的私家花园民居住宅。张家花园民居建筑的整体建筑规模、占地面积、营造样式在整个团山村古民居建筑群中最具有代表性和独特性，其保护也较为完整。张家花园建筑由寨门、一进院、三进院、花园祠堂和碉堡组成，目前共有大小房屋30幢、房间119间、大小天井21个，组成一座庞大的庭园式私家宅居花园。前院是花厅，院内铺青石板、置花台、青石水缸和花木，中院为家眷生活起居的主房，后院是长辈生活起居的正房。花园祠堂在大门

图 6-48　张家花园大门

图 6-49　张家花园华庭

左边，庭院宽敞，中间有水池，祠堂坐落在十几级台阶的高台上，庄严典雅。张家花园的布局巧妙、建筑精美、功能齐全。亭台楼阁工艺精湛，组成一座城堡式的私人住宅庄园，是团山村古建筑群中最大而又辉煌的私人宅院，也是建水仅次于朱家花园的第二大庄园。

张家花园位于团山村东北边，建筑组群坐西向东，背靠团山，西高东低。现今院落占地面积3495平方米，建筑面积2955平方米，建筑总平面布局为横向并列联排组合的两组纵向合院和一组花园祠堂，纵向合院平面为云南传统民居中“三坊一照壁”与“四合五天井”的平面形式。建筑群当中的瓦当文化集绘画、书法、浮雕于一体，以独特的艺术形式和装饰手法成为中国古建筑独有的建筑构件。它历经人类发展之历程、朝代政治之需求，保持着实用与艺术并存的特色，散发着经久不息的艺术魅力。

图 6-50　张家花园司马第大门

图 6-51　张家花园镂空雕花门

张家花园是一座封闭的宅园，大门在整幢花园建筑的最右侧，走出大门便是村道。进入大门经过第一组四合院侧院院门后才能看到张家花园的正院大门，正院大门三开间，左右开间呈“八”字墙，立面造型高大挺拔，气势雄伟，显示出主人的身份地位和富有气派。正院大门内是一个较开阔的天井，天井右侧有两进门甬道，甬道连通前中后3个大院，甬道尽头向右转变为一封顶小甬道，出小甬道为张家花园后门。

正院前庭为“三坊一照壁”的合院，前庭正堂正对有青瓦粉墙照壁，照壁前设一青石鱼缸，鱼缸上雕有“静观鱼跃”4字，鱼缸两侧各刻有诗词谨句名言。合院内铺青石板，置有花台。正堂的6扇门是张家花园木雕艺术的精华部分，门的上部采用透雕手法，共有3层，由两块整木板拼合而成，第一块木板透雕为两层动植物，形成视觉上的前后空间，第二块木板透雕内容为前两层木雕图案的装饰背景，最终形成3层空间的木雕画面，门扇的门腰玉带为浮雕景物，以瑞兽、香炉佛手等，下部裙板为镂雕手法，雕以博古、宝瓶、兰草花卉等内容。穿过前厅是中庭院，中庭两侧为厢房，是

图 6-52　张家花园戏台祠堂

图 6-53　张家花园戏台祠堂水池，“活泼天机”（正面），“活泼发地”（背面），石刻石栏及后山茂盛的龙树

招待和留宿客人的地方。中庭院中轴线上依次是带阁楼的照壁，院内设青石鱼缸，中庭院的建筑梁柱、门窗亦有精巧雕刻。后院为云南常见的“四合五天井，跑马转角楼”四合院，院内廊厦环绕，正房与侧楼相连，为跑马转角楼，是张家主人及其家人的居住地。这组正院的3个合院各院相通，使用方便。

张家花园正厅的廊柱，柱墩底部有4只石狮子围绕，呼应柱墩的圆柱形，故名为狮子滚绣球。柱础雕刻造型“包浆”优美，据说用银子打磨，十分光滑。

正院三进院靠大门处还有一侧院，侧院和正院均并列坐西向东，为“三坊一照壁”的四合院，合院后有土掌房马圈。从正院正厅堂小天井有一侧门可进入侧院，张家花园正院、侧院以及花厅戏台都可连通，不出大门便可在内部自由联通。

正院大门天井的左侧是花厅，内有池塘戏台，戏台为高约2米的石筑台基，左右各修筑有11级石台阶。戏台两侧各有两层吊脚楼，左侧为公子楼，为张家男丁读书之处；右侧是小姐绣楼，是张家小姐女红之处。正中为戏台祠堂，是张家进行祭祀、唱戏、待客等公共活动的地方。花厅庭院宽敞，中间有水池，水池四边筑石板围栏和砖架围栏，戏台正对面为石板围栏，石板围栏的正面刻有“活泼发地”，临水一面刻有“活泼天机”的四字词语。戏台与水池之间有一空地，筑有花台围栏，围栏连接水池石栏，花台种植果树花卉。戏台左后侧有门，门后围墙内是张家花园的空地和菜地。

张家花园布局巧妙，建筑灵巧，屋角起翘，造型优美，雕刻工艺精湛，庭园别致清幽，当地文化特色浓郁，极具建水民居宅园特点。

图 6-54　团山古村落建筑群古照壁

建水团山村群山—田园—铁路—村落—悠闲游人—自在住民—蓝天白云，恰然一幅幽美的自然山水画，田园牧歌式生活，悠然自得，诠释了滇派园林崇尚自然，依托自然禀赋，依靠自身的坚持、努力，过上属于自己的那份生活。

参考文献

[1]建水张家花园（https：//www.fx361.com/page/2016/1118/3166979.shtml.）

[2]风物：建水团山古建筑——张家花园（https：//xw.qq.com/cmsid/20210325A0E75100.）

[3]团山村，被誉为“云南楼兰古城”，坐着小火车去看古建筑（https：//baijiahao.baidu.com/s?id=1641083286831577673&wfr=spider&for=pc.）

[4]古村张家花园，记载着张氏家族挖矿经商迁徙的百年兴衰史（https：//www.sohu.com/a/463775561_397390.）

[5]梁辉. 滇派园林的特色解析[J]. 安徽农业科学，2009：472–473.

[6]梁辉. 我国西南地区保护秀美山川构建山水园林城市的路径及措施[J]. 滇派园林，2015（1）：21–22.

[7]梁辉. 践行发展新理念建设绿色生态红河[J]. 中国绿色画报，2017（06）：8–11.

[8]梁辉，杨桂英. 节能环保型风景园林建设的意义、策略与方向[J]. 建筑经济，2009：102–103.

[9]卢唯，曹继红，冯莉莉. 红河哈尼族彝族自治州城市湿地建设保护研究[J]. 安徽农业科学，2010：334–336.

[10]梁辉. 我国西部边境城镇防灾避险绿地建设浅析：以云南省红河哈尼族彝族自治州城市绿地系统为例[J]. 安徽农业科学杂志，2009：13331–13332，13335.

[11]文中图片由建水县文化和旅游局提供.

第五节　建水文庙

梁辉[①]　陈秀平[②]　梁子曦[③]　杨桂英[④]

一、建水文庙简况

建水文庙（又称建水孔庙）隶属于红河哈尼族彝族自治州，位于云南南部红河北岸。

图 6-55　建水文庙正大门

图 6-56　中轴线上大成门

建水文庙历史悠久，有着700多年的古建筑群，经历了50多次不同规模的扩建，其建筑群规模之大在我国历史上都是少见的，其中主殿悬挂了清代8位皇帝的御赐金匾。

① 单位：红河州风景园林管理处。
② 单位：云南烟草公司昭通市公司。
③ 单位：山东大学。
④ 单位：红河州农业农村局。

文庙是中国古代用于祭祀孔子和推崇儒家思想的重要礼节性建筑，几乎在全国各地都有分布。据史料记载，明代全国就有府、州、县三级文庙约1560所，清代则增至1800多所。但是因为历史原因，唯独有建水文庙保留至今，它的规模和保存程度都是比较好的，这在全国都比较少见。

建水文庙始建于元至元二十二年（1285年），整体布局是在全国仅存的文庙中规模最大的，可谓是鳞次栉比。加之远离皇城、省府，位于西南边陲，所以它深受清代皇帝的“喜好”。拥有700多年历史的建水文庙是全国第二大文庙及最大的地方性文庙，更以其建筑的历史价值、艺术价值、人文景观和儒学内涵，被我国当代著名建筑学家梁思成先生誉为“伟大人格的圣地”。

二、建水文庙的建筑格局

经历代40多次扩建增修，建水文庙占地面积已达114亩，其现存规模、建筑水平和保存完好程度仅次于孔子家乡山东曲阜孔庙和北京孔庙，在全国大型文庙中名列前茅。建水文庙完全依曲阜孔庙的风格规制建造，采用南北中轴线对称的宫殿式，东西两侧对称布置多个单体建筑，坐北朝南分布，纵深达625米，共分七进空间。

原主要建筑有一池、二殿、二庑、二堂、三阁、四门、五亭、五祠、八坊等共37个，现除杏坛、射圃、尊经阁、文星阁、敬一亭和斋亭被毁外，其余31个建筑都得到较为完好的保存。整个建筑宏伟壮丽，结构严谨，给人以庄严肃穆之感，为建水这个国家级历史文化名城增添了极其丰富的传统文化内涵。

（一）第一进庭院空间

第一进空间从万仞宫墙（红照壁）至“太和元气”坊。“太和元气”坊（高9米）是文庙的单体大门，属四柱三楼三门道木牌坊。门头上的“太和元气”四个贴金大字，是赞美孔子思想如同天地生育万物。次间木栅栏门的门头板上刻有清雍正年间重修此坊时临安府主要军政官员的名字，左为文职官员，右为武职官员。石砌须弥座夹杆石上雕刻有龙、狮象，这是建水文庙不同于其他文庙的石作特色之一。

（二）第二进庭院空间

第二进空间为“太和元气”坊至月台边。进入“太和元气”坊，迎面便是一尊3米多高的孔子铜像，令人肃然起敬。铜像后碧波荡漾的泮池，象征孔子的思想犹如汪洋般宽广、浩瀚和深远。

（三）第三进庭院空间

从下马碑开始，进入“礼门”坊、“义路”坊、“洙泗渊源”坊前半圆形月台广场，为第三进庭院空间。第二、三进空间为建水文庙最大的游憩活动园林庭院环境空间，在这里可将远山近水、如画风光尽收眼底，让人不由得赞叹我国传统园林的奇巧与壮美。

（四）第四进庭院空间

第四进庭院空间为“洙洒渊源”坊至棂星门及横向对称的“德配天地”“道冠古今”“贤关近仰”“圣域由兹”4座牌坊及碑廊，是文庙园林气氛甚浓的历史文化

图 6-57　学海（泮池）

图 6-58　“礼门石”牌坊

图 6-59　“洙泗渊源”牌坊

图 6-60　“德配天地”牌坊

图 6-61　“道冠古今”牌坊

图 6-62　先师庙大殿

图 6-63　先师庙（十二生肖石栏杆和角上两根镂空雕彩云石龙抱柱）

图 6-64　崇圣祠

碑刻展示区。棂星门东西两侧为碑林，其间立有石碑数十块，记载了明清重修文庙的情况，是研究中原文化及儒家思想在边疆传播的重要历史资料。

（五）第五进庭院空间

从棂星门至大成门为第五进庭院空间。棂星门的4棵中金柱穿屋顶而出，高出屋脊两米余，柱顶上罩明代盘龙青花瓷罩，下段裸柱上有木制饰物，这是全国文庙中罕见的建筑形式。第五进庭院正中是专为纪念孔子办学设教建造的杏坛，内用斗八藻井，瓦用黄色琉璃瓦，彩绘金龙和玺，规格很高。坛内竖明代“孔圣弦诵图”石碑。杏坛左前有奎星阁，左后有名宦祠、金声门，右后有乡贤祠、玉振门。奎星阁、文昌阁供奉“奎星星君，文昌帝君”，取“奎主文章，魁星点斗，文运昌盛”之意。乡贤名宦祠是为祭祀建水古代有名望的乡绅、贤人和纪念古代建水籍在外地做官的名人而建的祠堂，属于地方文庙的特有建筑。

（六）第六进庭院空间

大成门以内至先师殿及两庑两耳围合的第六进庭院空间，是文庙的核心和重点。此庭院由大成门、先师殿（大成殿）、东西两庑、东西碑亭、东西两耳组建成气势恢宏、格调高雅、金碧辉煌的方形建筑群体，营造出文庙特有的建筑意境。院内还有相传植于元代的古松、古柏，植于明代的山茶和植于清代的金银桂。院内的一对伏坐石雕白象，上驮1米多高的青铜花瓶，其造型体现了中原文化、边陲文化和东西亚文化的交相辉映，取意为“象呈升平”。

大成殿即先师殿，因清代著名书法家王文治任临安知府时，曾题书“先师庙”3个榜书大字而得名。大成殿位于文庙建筑纵向中轴线后部的最高台上，以突出其在整个建筑中的核心地位。

大成殿是文庙的中心，亦是祭祀孔子的正殿。全殿用材坚固粗大，共采用28棵柱作承重构架柱，其中20棵是用整块青石斧剁凿磨而成，形成古建筑中十分特殊的石木构架承重结构。

前檐左右两棵辅柱（角柱），上半部镂雕成龙腾祥云的“石龙抱柱”，下半部采用浮雕与透雕相结合的艺术手法，雕工精巧，十分珍奇。

殿前拜台三面有石栏板望柱围护，拜台中放置清乾隆五十五年（1790年）的铜鼎香炉，高2.85米，上部为宫殿亭楼牌坊建筑式造型，4棵铜柱游龙盘绕，四足4只象头，卷曲的象鼻支撑在莲花座上，充分表现了儒家文化治理天下，力求达到四平八稳的政治效果。

大殿正面5个开间共有22扇雕花隔扇门，其中明间6扇各雕云龙1条，组成“六龙捧圣”，排列于殿内孔子圣像前，象征着孔子创建的儒学在古代意识形态领域内至高无上的地位；次间、梢间每扇为1幅中国民间传统吉祥图案，如“双狮分水”“喜鹊闹梅”“三羊开泰”“旭日东升”“竹报平安”“禄禄有福”“一路连科”等，共雕有100多个人、小动物及翎毛花卉，形态惟妙惟肖、栩栩如生，个个镂空为立体状，体现了古代木雕艺人的高超技艺，堪称木雕艺术的珍品。大殿梁架、斗拱上的彩画绘制精美，保存完好，也有极高的艺术价值。

大殿中共悬挂了摹刻清代帝王赞孔尊孔的御题贴金匾额8块，它们分别是康熙的“万世师表”、雍正的“生民未有”、乾隆的“与天地参”、嘉庆的“圣集大成”、道光的“圣协时中”、咸丰的“德齐帱载”、同治的“圣神天纵”以及光绪的“斯文在兹”，充分显示了清朝帝王对孔子及儒家学说的尊崇。

大殿两侧各有东西碑亭1座。东碑亭中立有清朝雍正皇帝的《平定青海告成太学碑记》，西碑亭中立有乾隆皇帝御制《平定回部告成太学碑记》，这是用两块巨石和满、汉两种文字书写雕刻而成的满汉碑，两块碑上镶一块完整的碑首，将其连为一体。该碑原立于北京文庙内，临安知府双鼎摹刻于建水文庙，实属全国罕见的满汉文碑。大殿后外墙脚处，还立有10多块石碑，其中元代至元年武宗皇帝追封孔子为《大圣至圣文宣王》的圣旨碑，为滇南现存最古老的碑刻。

（七）第七进庭院空间

大成殿至崇圣祠为第七进庭院空间，崇圣祠是祭祀孔子前五代列祖列宗的场所，其为五开间三进深单檐歇山顶抬梁式建筑，通面阔24米，进深16.5米，高9米，占地396平方米，前檐梁架、斗拱上施彩画，图案精美、色彩古朴，殿前有石栏板望柱（栏板24块、望柱26棵），石栏板上刻有西湖24幅风景名胜图。

在大成殿庭院东西两侧，还有体现“庙学合一”的东西明伦堂。崇圣殿东侧有二贤祠和仓圣祠。二贤祠是乡人纪念明洪武年间被贬谪至文庙讲学10余年的两位文人学士而建的祠堂；仓圣祠是祭祀我国古代发明者仓颉的场所。祠后还有象征“孔林”的古柏树林，使文庙更添庄严古雅之色。

三、建水文庙的史学意义及历史价值

智者乐水，仁者乐山。智者动，仁者静，智者乐，仁者寿。植根于中华大地的孔子开创的儒家学说，历经2000多年的风风雨雨，也成为中国传统文化的主流，孔子的学说既是中国人修身养性、向上向善的箴言，也是历朝历代治国理政、富民安邦的圭臬。

古时云南乃属蛮夷僻壤之地，远离省府的建水县更显偏远、闭塞。但是文庙的建立却也象征着这座滇南小城开始了崇文尚礼之路，“士习始变，人文始著，临安子弟殆无有不学焉者矣。而临士之第进士者自弦始，仕者相望于朝”，人以文传，文以人传，中华文化就是这样在建水一代代传袭下来，也在这个千年古城里熏陶出了一大批文人学子。

文庙里的一草一木，被熏陶得也有了圣人的味道。走过历经岁月沧桑的古树旁，穿过莲花盛开的泓清池前，漫步在上百年历史的牌匾之下，脚踏着被敬仰磨平的青石板，轻抚着静静伫立的雕刻，孔圣人的谆谆教诲仿佛穿越了几千年的时空，在耳边轻轻响起，在纷至沓来的学子虔诚目光中，感受到了中华文化的传承。任凭时间匆匆流逝，任凭过客驻足流连，文庙的一切都依旧安然伫立着，伫立在这座历史小城中，见证一代又一代的学子在这里登高望远，也见证着时光刻在建水的文化印记，它就如同我们的人生，大道从简，安静淡然。

人生的繁出于惑，以“仁”抗拒诱惑，以“智”解除困惑。不惑，才是人生由繁入简的标志。弱水三千，只取一瓢饮；人生百态，须当从一而终。

建水文庙的兴起，与当时政治、经济、文化等诸多因素紧密相连，有着极其深厚的历史背景。首先，就政治因素而言，远在1253年，忽必烈率蒙古军灭大理国后，为加强对滇南地区的控制，在加强军事威慑的同时，采用蒙古部族军事组织形式，设立万户、千户所，由地方民族酋长担任首领。尤其是至元十七年（1280年）设临安广西道宣抚司于建水城后，以此为中心，立军屯，设驿路，置马站，建文庙，办庙学，拉开了中原文化与边地文化交流的帷幕。

明洪武十五年（1382年），朝廷为完全巩固自己的政治统治，对地方各族势力采取了“招抚”“羁縻”政策，对“率土归附”的各族首领授予了世袭职务。清代开始，封建统治者为使其统治更加牢固，设州置县，废除土官制度，实施改土归流。但由于改土归流不彻底，封建制与封建领主制的格局依然并存。

其次，从经济背景来看，明代初期，建水除军屯外，还有大量汉族移民入滇屯田。汉族人口的迁入，带来了中原先进的营造技术和耕作技术，大片沃野得到开发，还兴修了水利。农业的发展致使商业兴起，形成了许多固定、半固定的市场。这时的建水物产丰富，“铜锡诸矿辗转四方，商贾辐辏”，富庶繁荣，民间称为“金临安，银大理”。

最后，就文化背景来说，历代封建统治者在政治稳定、经济发展的同时，大力推崇儒家思想。文庙作为推崇这一思想的载体，不仅数十次得到维修保护，而且庙学合一，使教化功能更为突出。由于长期受儒家文化的熏陶濡染，“临安士子讲习惟勤，人才蔚起，科第盛于诸郡”。正是上述的历史背景，建水文庙越盖越大，装饰越来越精美，形成了一殴、一阁、两庑、四门、五祠、八坊的建筑格局，加上庙学的开办和祭孔活动的举行，建水文庙最终成为一座建筑规模庞大的文化积淀深厚的文化殿堂。

参考文献

[1]建水文庙—聆听历史的回音（https：//www.sohu.com/a/325502972_715752）.

[2]建水文庙——云南地区最大的文庙建筑（http：//blog.sina.com.cn/s/blog_1a4a9339d0102z1n1.html）.

[3]讲学传礼 建水文庙（https：//www.wenmi.com/article/pzmu2j018d4z.html）.

[4]梁辉，杨桂英.发展滇派园林的对策及措施[J]. 人力资源管理（学术版），2009：209，211.

[5]梁辉，曹继红. 滇派园林的发展形势与任务研究[J]. 安徽农业科学，2012：227-229.

[6]梁辉. 滇派园林的特色解析[J]. 安徽农业科学，2009：472-473.

[7]梁辉. 我国西南地区保护秀美山川构建山水园林城市的路径及措施[J]. 滇派园林，2015（1）：21-22.

[8]梁辉. 践行发展新理念建设绿色生态红河[J]. 中国绿色画报，2017（06）：8-11.

[9]文中图片由建水县文化和旅游局提供.

第六节　昆明黑龙潭公园

杨映光[1]　罗康敏[2]

昆明黑龙潭公园是现代园林与寺观园林完美融合的滇派园林著名景观，又名龙泉观，位于昆明北郊龙泉山（又名五老山、太极山）五老峰下。这里古木参天，泉壑幽邃，修竹茂林，潭深水碧。龙潭水常年不涸，传说云南的龙王——黑龙潜于潭中，故名黑龙潭。清嘉庆年间诗人硕庆撰联：“两树梅花一潭水，四时烟雨半山云。”描绘了黑龙潭的主景梅花、潭水和四时烟云幽深的景观特色。

图 6-65　黑龙宫与黑龙潭

① 单位：昆明市黑龙潭公园。
② 单位：昆明市金殿名胜区。

黑龙潭公园由下观黑龙宫、上观龙泉观、龙潭和“龙泉探梅”梅园、杜鹃谷五大景区组成。

黑龙宫、龙泉观建筑群建于明洪武二十七年（1394年），是昆明现存规模最大的明代古建筑群，为云南省重点文物保护单位。

黑龙宫位于龙潭旁，坐西向东，三进四院，供奉黑龙王及水族神将。

龙潭有深浅两潭，深潭呈圆形，四周镶砌石堤，围石栏杆，面积600平方米，潭深11米，清澈的泉水从潭底涌出，又称“清水龙潭”。深水龙潭北面紧邻的浅水龙潭，面积2500平方米，水深1.5米，水呈淡黄色，故称“浑水龙潭”。清、浑两龙潭之间有沟道连通，沟道上架有石桥。两潭相通，但潭中鱼却互不越潭，形成了“两水相交，鱼不往来”的景观。

从龙潭旁的青石台阶上山，道路旁古树参天，浓荫蔽日，登至半山腰就到达上观龙泉观。龙泉观坐北向南，紫极玄都坊、雷神殿、北极殿、玉皇阁、三清殿五进十三院道观建筑群顺山势层层升高。清道光年间云贵总督阮元据《汉书·地理志》考证，此处为“汉黑水祠”故址，故称“滇中第一古祠”。唐代黑水祠建佛寺，唐开元、天宝年间大理罗筌寺云游僧道安和尚在寺内三清殿前亲手种植了两株梅花，即“唐梅”，其中一株于道光十年（1830年）枯萎，另一株树干于1923年枯萎，翌年春从基部萌发了新枝。1943年重修龙泉观时，此株梅花从三清殿移到了祖师殿前。直到1989年全株衰老枯萎，树龄约300年（清梅），品种为‘红怀抱子’。阮元的《咏唐梅诗》写道：“千岁梅花千尺潭，春风先到彩云南。香吹蒙凤龟兹笛，影伴天龙石佛龛。玉斧曾遭云外划，骊珠常向水中探。只嗟李杜无题句，不与逋仙季迪谈。”诗中的“千岁梅花”即指道安和尚种下的两株梅花。“是梅是图两不知，天上人间无觅处”赞叹了当时两株梅花盛开时的景象。

图 6-66　古梅

图 6–67　宋柏

图 6–68　明茶（早桃红）

宋代寺中植有柏木，即“宋柏”（图6–67），元代植有杉木，即“元杉”。佛寺毁于元代。明初兴建龙泉观，时人喜植梅树，赏梅、咏梅已成习俗，故观内现存树龄在200年以上的古梅有20余株，这在全国是绝无仅有的！且梅品种极佳，多为昆明特有品种，有‘台阁绿萼’、‘龙潭粉’、‘曹溪宫粉’、‘淡晕宫粉’等。株株古梅老态龙钟，风韵卓越，花开时疏影横斜，暗香浮动。清代“昆明八景”称之为“龙泉古梅”。1963年郭沫若游黑龙潭时曾赋诗：“茶花一树早桃红，百朵彤云啸傲中。惊醒唐梅睁眼倦，衬陪宋柏倍姿雄。崔嵬笔立天为纸，婉转横陈地吐红。黑水祠中三异木，千秋万代颂东风。”

黑龙潭公园占地91.4公顷，园内植物种类十分丰富，并有大面积的原始自然植物群落保存完好。园内乔木主要有云南油杉、麻栎、滇润楠、滇朴、滇合欢、黄连木、无患子、云南松、昆明柏、干香柏、藏柏、水松、水杉、垂柳、杨柳、龙爪柳、蓝桉、龙爪槐、流苏木、梓树、构树、梅花、玉兰、碧桃、桂花、垂丝海棠、日本樱花、云南樱花、紫叶李、棕榈、苏铁、茶花、女贞、马缨杜鹃、枫香、红枫等；灌木、地被及水生植物主要有杜鹃、云南含笑、大叶黄杨、小叶黄杨、火杷果、十大功劳、夹竹桃、南天竹、芭蕉、地涌金莲、天竺葵、麦冬、葱兰、虎头兰、金边吊兰、扁竹兰、睡莲、纸莎草、旱伞草、芦竹、芦苇、再力花、肾蕨、铁线蕨、薏苡、接骨草、红花柳叶菜等；并有金竹、紫竹、慈竹、凤尾竹、佛肚竹等大量的竹类。自然山林中地被植物种类不计其数。园内古树众多，是昆明地区古树较集中的区域。古树的树种主要有云南油杉、麻栎、干香柏、昆明柏、滇润楠、梅花、紫薇等。据不完全统计，仅云南油杉古树及后续资源群、麻栎古树及后续资源群两者的数量就达千余株，而其他树种古树数量也有数百株。其中“唐梅、宋柏、明茶”被誉为“三异木”，郭沫若诗中的“早桃红”即为“明茶”，为云南山茶花品种‘早桃红’（图6-68）。众多的古树与20余株古梅让古祠悄然生辉，“滇中第一古祠”名不虚传。

“龙泉古梅”彰显了黑龙潭公园的古梅资源优势，而云南同时又是梅资源分布中心之中心，且古梅遗存最多。梅的自然分布中心和遗传多样性中心为川、滇、藏交界的横断山区。梅在云南的自然分布主要在滇中、滇西、滇西北等区域。经陈俊愉、李庆卫等调查探明的树龄在200年以上的古梅在全国有60余株，云南就有45株。为更好地发挥黑龙潭“龙泉古梅”的传统优势，充分利用云南梅资源优势，以及弘扬源远流长、内涵丰富的梅文化。经中国花卉协会梅花蜡梅分会专家论证，在黑龙潭兴建大型山水梅园，并将梅园定名为“龙泉探梅”。

梅园占地420亩，在龙泉观西北面坡地进行规划建设，依山就势而建。园址地形地貌类型丰富，有陡坡、缓坡、山谷、溪流。东北面山顶有建于明代的风水石塔“定风塔”，西北山麓有由北向南的溪流，为梅园建成山水型景观提供了有利条件。

梅园由艺梅区、品种区、赏梅区、果梅区4个区组成。并按“寻梅、问梅、探梅、赏梅”意境营建梅园景观。

艺梅区为梅盆景精品园，位于梅园入口西侧，共收集了特色梅桩、蜡梅桩3000余盆。多数是从昆明、大理、通海等地收集的云南特色梅桩、蜡梅桩，也有四川、安徽、江苏、浙江、重庆等省市送展的梅桩、蜡梅桩。桩景形态各异、独具特色，为名副其实的精品。

品种区位于梅园西面，有叠水溪流、景观水池、展廊、亭榭，以种植展示梅花品种为主，汇聚梅花品种100余个，是欣赏梅品种的景区。

赏梅区位于梅园主入口的中心区域，建筑物有展楼、展厅、亭子。建筑物的柱子、门楣均有点景、咏梅的对联、匾额。种植梅花近万株。梅花展期间展室内展出梅花摄影作品、绘画、书法以及梅饰品、生活用品和梅花书籍等，梅文化成为梅展不可缺少的内容。

果梅区位于梅园东北面，游路在林中蜿蜒，直达定风塔所在处。这里种植了从滇中、滇西、滇西北引种的果梅1000余株，也有花果兼用的品种。花多为白色和淡粉色，花开时形成著名的“香雪海”景观。

“龙泉探梅”梅园，其建筑风格自然、独特，具有云南地域建筑特色，山、水、植物浑然一体，梅花的风姿和韵味被彰显得恰到好处。为营建诗情画意的园景，梅文化巧妙融入其中，梅诗、梅词依景刻入匾联、景石。“墙角数枝梅，凌寒独自开。遥知不是雪，为有暗香来。”“梅须逊雪三分白，雪却输梅一段

图 6-69　梅园一景

图 6-70　杜鹃花谷

香。”……梅文化的韵味展现得淋漓尽致。

1994年，梅园建成后紧接着就开始营建杜鹃花景观。在梅园品种区以东至定风塔的山谷区域范围内，大面积种植杜鹃花，并取名为杜鹃谷。这一片区有大量的原生麻栎，环境非常适合杜鹃花生长，即种植了10万余株10多种杜鹃花，有锦绣杜鹃、露珠杜鹃、马缨杜鹃、映山红等，成为全国庭园种植杜鹃花面积最大的片区。为让游人能从不同的视角观赏杜鹃花，近年又在杜鹃谷内顺山势由低到高设置了4座观景木平台。每年三四月份杜鹃花开灿若云霞，赏杜鹃花成了昆明人春游必不可少的活动。公园至今已连续举办了19届杜鹃花展，其中2008年举办了全国杜鹃花展。

梅园与杜鹃谷景区相互辉映，梅花才落，杜鹃又放，丰富了黑龙潭公园的四季景观。（图6-69、图6-70）

梅园建成后，1994年举办了“四省五市梅花展”，由此黑龙潭公园拉开了举办梅花展的序幕。为让梅园具有更多的科技含量，黑龙潭公园梅花研究课题组的专业技术人员开展了《黑龙潭梅园梅花品种鉴定、引种、繁殖及栽培管理研究》课题的研究工作，摸清了梅园的梅花品种有130余个，主要梅花品种有‘红怀抱子’、‘台阁绿萼’、‘龙潭粉’、‘曹溪宫粉’、‘胭脂’、‘扣瓣大红’、‘粉红朱砂’、‘早凝馨’、‘单碧垂枝’等；并且发现了‘异凤宫粉’、‘粉朱砂’、‘扣瓣朱砂’、‘皱瓣小宫粉’、‘龙潭玉蝶’、‘朱砂早照水’、‘长梗玉蝶’、‘长梗朱砂’、‘龙泉台粉’9个新品种。2003年1月由梅品种国际登录权威陈俊愉正式登录。梅品种国际登录权威是我国栽培植物进入品种国际登录的首次，是我国园艺界的骄傲，对梅花走向世界有着重要的意义。

“龙泉探梅”梅园的建成，即成为昆明新十六景。从1994年举办第一届梅花展至今，已连续举办28届梅花展，其中1995年、2003年和2014年分别举办了全国梅花蜡梅展。黑龙潭“龙泉探梅”梅园已成为著名的赏梅胜地和梅花研究基地，在此成立了西南梅花研究中心。梅资源在这里得以保存和利用，梅花的姿韵在这里得以展现，梅文化在这里得以传承、弘扬。

参考文献

[1]陈俊愉. 中国梅花品种图志[M]. 北京：中国林业出版社，2010.

[2]李标，罗康敏. 龙泉探梅[J]. 北京林业大学学报（特刊），2003，25.

第七节 竹类植物在滇派园林中的应用

石明[①] 杨宇明[②]

一、云南园林用竹的特点

竹子是中国最重要的资源植物和文化植物之一，竹文化是中国植物文化最重要的组成部分，英国著名科学史专家李约瑟曾说：“东亚文明是竹子的文明，中国是竹子文明的国度。”作为植物资源中的重要组成部分，竹子同样也是重要的景观植物和园林植物，而且竹文化在造园中占有极其重要地位与价值。

云南作为世界竹类植物的起源地和现代分布中心之一，拥有世界上最多的竹子种类、生态类型与景观类型。云南是中国少数民族最多的省份，也是民族文化多样性与景观多样性最丰富的地区，还是竹类资源利用最充分和最丰富的区域，可以说竹子与云南各少数民族在长期的资源利用与管理的历史过程中形成了丰富多彩的竹文化和相互依存与密切关联的关系。（杨宇明，辉朝茂，2010）同时也成为以各民族特色园林为主体的云南园林当中植物要素中的重要组成部分，因此竹类资源的利用，是云南园林在植物要素中的一个重要特点和鲜明特色。

竹在云南园林中的地位和价值体现在应用广泛，造景与实用结合。竹子作为园林器物、景观用材、文化用材被广泛使用，一些仪式性的和实用性的竹制器材往往成为饰物出现在园林景观当中。

（一）云南园林为何使用竹类植物较多

云南园林用竹多，其原因是多样的，既有资源条件方面的原因，也有人文历史的影响，有其必然性和规律性。其主要原因可归纳为以下几点。

1）云南竹类植物资源丰富、类型多样，方便造园中利用。

---

① 单位：西南林业大学。
② 单位：云南省林业科学与草原科学院。

2）各民族长期广泛利用，形成用竹的传统文化习惯。

3）云南南部地处湿热气候带，植被茂密，植物生长迅速，蛇虫活动较多，也便于各种动物藏匿，为了营造相对更为清爽安全的人居环境，充分利用了竹林下层灌草层相对不发达、蛇虫活动相对较少且不易藏匿的特点，用以营造相对更加健康宜居的生态环境。

4）竹类造景易于栽培操作。云南特别是少数民族造景相对自然奔放，而竹类植物造景成景相对更容易而且方便打理。

5）云南园林用竹一举多得、一物多用，也正因为这个特点，更加地突出了云南园林的民族性和自然性特点。如一些村社园林对于笋材的需求量大；由于竹类植物在宗教历史和文化上的价值和地位、对于景观的需求、素食制度的要求，寺观园林对于笋用的需求较大。

（二）竹子在云南园林中的应用特点

竹子在云南园林中的应用特点是鲜明的，集中表现在以下几个方面。

1）竹种资源的多样性，决定了其景观多样性、丰富性和广泛分布性。

2）竹文化的多元性，决定了其资源来源的多样性与广泛性。

3）竹类植物资源利用与景观营造结合更加紧密，相比江南园林而言，其实用性更强。

4）云南园林用竹的特点，一是丛生竹多，二是造型造景手法独特，如竹树、倒栽竹、竹花架等，这是与云南竹类生物学特点紧密相关的。

5）云南位于世界上三大自然地理区域（青藏高原、中南半岛热带季风气候和东亚亚热带季风区域）的结合部，涵盖了相当于从海南三亚热带到黑龙江漠河寒带的所有气候类型，自然地理与气候类型十分的多样化与差异性所导致的造园文化风格和造园手法多样性，也决定了用竹类型的多样性和手法的多样化。

6）云南同时还处于中原文化、古滇文化等多元文化交融接合之地，在生物地理与人文地理方面都具有强烈的本土民族特色与风格，并且也在滇中、滇西和滇东北等区域明显地受到汉文化的影响，从竹子在云南园林中的使用也可见一斑。

对于汉文化语境下的云南园林，其用竹的特点是沿袭而本土化，即沿袭了中国古典园林特别是江南园林中竹类资源利用的传统手法和特点。比如在汉文化寺观园林中的应用，其中紫竹和斑竹最为典型，因其与观世音信仰文化相联系；在江南园林中常用的有孝顺竹、凤尾竹和观音竹，金竹、人面竹和龟甲竹也常用。滇派园林的用竹，在沿袭江南园林风格的基础上，又结合筛选了其中最适于本区造景应用和种植养护的种类，同时应用了代表云南竹类特色的若干种类，形成了江南园林风格与云南本土特色相融合的风格。

在云南少数民族文化语境下的云南园林，其用竹的特点是实用性与观赏性结合，器物性与文化性并重。云南民居竹建筑多，云南食笋之风盛行，笋用竹和笋材两用竹的利用，同时满足了食用和景观需求，笋材利用也在一定程度上塑造了景观外貌，避免了竹林或竹丛的过度扩张。这与长江流域以刚竹属植物作为景观材料的情形完全不同，其原因是根植于长江流域资源背景和文化背景的江南园林用竹常为以刚竹属为代表的散生竹种，其扩张快，生长范围不易控制，常常对景观营造和保持带来一定的困难，如此杜甫才有了“新松恨不高千尺，恶竹应须斩万竿”的慨叹。

二、云南园林用竹的规律和手法

（一）竹子在云南园林中的应用方向

1. 竹类专类园

云南竹类资源丰富，竹产业广受关注和重视，用于种质资源收集和展示的竹子专类园不少。

云南省林业和草原林科院竹园和中国科学院昆明植物园竹园为云南最早的竹类专类园，但种类较少。最早的系统收集和展示的竹类专类园为西南林业大学珍稀竹种园。最引人关注的是中国’99昆明世界园艺博览会“竹类专题园”，引种竹种达41属318种，在短短1年多的时间就建成了富有特色的引人注目的世博园林景观，被载入吉尼斯世界纪录，但其面积较小，占地面积仅有38亩。

此外还有开远、瑞丽、陇川、沧源、普洱和楚雄等地先后建立了相应的竹类专类园，也各具特色。

2. 作为植物要素在园林景观中的运用

竹子作为植物要素在云南园林景观中的运用形式主要表现为地栽、盆景两种栽种方式。

地栽是云南园林中主要的栽种方式，通过范围和形体控制进行景观营造。

盆景是重要的景观形式，也是常用的造园要素。

滇派盆景是云南园林的重要景观元素，而竹子的广泛应用同样也是滇派盆景的一大特点。特别是滇西腾冲一带用孝顺竹制作的倒栽竹盆景，是云南人民对于竹类植物地下根茎系统结构和形态特点的巧妙应用。

随着人们生活水平的提高，盆栽越来越多地得到应用，云南园林中的竹类盆栽其主要竹种为本土或外来的优良中小型观赏竹。

3. 作为建筑等景观元素和家具等器物材料在园林景观中运用

竹建筑是云南少数民族园林景观中的重要特色组成部分，许多少数民族都有，其形制具有当地少数民族特色，比如傣寨的竹楼是当地最具特色的民族文化景观，翁丁佤寨的竹楼也是如此。竹制家具器物器具更是在园林景观中得到广泛应用，其加工工艺具有有别于汉族地区的特点，具有当地民族特色。

从竹种应用来看，其中最典型的为最有识别性、体型最高大的巨龙竹，分布最广泛、资源最丰富的龙竹，秆壁厚、接近实心且材质较为细腻的黄竹、云龙箭竹和云南箭竹。

（二）竹子在云南园林中的景观应用类型

作为线状景观，一般用于路边与河边，云南一般在河边用绵竹、黄金间碧竹和龙竹，泰竹用于路边行道树。庭院内多用中小型竹种，庭院外多用大中型竹种。

作为面状景观，一般作为背景，植于建筑周边。“竹林深处是我家，竹墙竹瓦竹篱笆。竹筒竹碗盛竹酒，远方的客人迎进家。”前半句就生动地表现了傣族村寨位于竹林深处的景象。

作为点状景观，一般作为庭院点缀、房前屋后散植和田间地头零星种植。

（三）竹子在云南园林中的造景和造型手法

固定范围：通过路、石、沟等固定范围，防止范围无限扩大，改变景观外貌。

修剪整形：通过修剪整形保持或改变竹林特别是竹丛外貌，形成独特的竹类景观现象。

活竹造型：活竹造型又叫人工艺术竹，就是采用人工措施控制活竹在笋期的生长方向、横向生长或表面色泽，对活竹进行艺术造型的方法。其原理是在竹笋尚未出土或刚刚出土时将模具套在笋尖上，由此使竹笋顺中空模具生长。随着竹笋的不断生长，模具不断增加，循序渐进，从而使竹子长成预期的形状和颜色。

形体控制：在重要景观竹丛特别是盆景或盆栽竹的养护管理过程中常通过技术手段控制竹子形体以营造特殊景观效果，主要包括以下造型方式。

1）通过水肥管理和竹林竹丛管理实现对竹丛和竹秆形体大小的控制。

2）通过剥箨缩节的技术方法实现竹秆矮化。

3）通过在外围反复打笋，仅使竹丛朝内部方向发笋，越发越高，最终形成竹树造型。

图 6-71 慈竹

三、云南园林中的特色及其景观

（一）慈竹（*Neosinocalamus affinis*（Rendle） Keng f.）

慈竹广泛分布于四川盆地和云贵高原，是各类园林中广泛应用的竹种，在滇中、滇东和滇东北地区广泛栽培应用。

（二）绵竹（*Bambusa intermedia* Hsueh et Yi）

绵竹耐旱性较强，是云南高原地区最重要的丛生竹之一。绵竹是滇中地区常用的绿化竹种，常见栽培于道路两侧和沿河两岸作为防护林，群植效果极佳，在禄丰村一带有大面积的河岸林，形成了极具观赏价值的河岸景观。

图 6-72 绵竹

图 6-73　黄金间碧竹

（三）黄金间碧竹（*Bambusa vulgaris* Schrader cv. *Vittata* McClure）

竹秆表面光亮，秆色金黄而间有深绿条纹，秆箨鲜时绿色具黄白色条纹，十分美观，是秆色观赏价值最高的竹种，在滇西南、滇南、滇东南和滇中地区广为栽培。广西、海南、云南、广东和台湾等省区的南部地区庭园中有栽培。常见丛植或与山石搭配，也可列植路旁，南部热区也常见植于沿河两岸，作为护岸和观赏之用。

（四）佛肚竹（*Bambusa vulgaris* Schraber ex. *wamin* McClure）

又称大佛肚竹，以与小佛肚竹相区分。是南部热带地区特别是滇南和滇西南广泛栽培观赏的竹种，特别是傣族地区，因其秆形奇特又称佛肚竹，更受欢迎。一般丛植或与山石搭配，亦可修剪矮化植于庭院中，以突出其节短腹鼓的奇特观赏特征，也常见各地盆栽观赏。

（五）小佛肚竹（*Bambusa ventricosa* cv. McClure）

秆高和直径较佛肚竹略短，畸形秆节间短缩而其基部肿胀，呈瓶状而颇具观赏价值。云南西双版纳州、红河州、昆明市广为栽培，并多用于盆景。在我国南方广东、广西、福建等南亚热带地区均有栽培，是我国南方竹类造园的主要竹种，也是云南园林的代表竹种之一。

图 6-74 泰竹

（六）泰竹［*Thyrsostachys siamensis*（Kurz） Gamble］

傣语：埋桑滇。

在滇西南和滇南傣族地区常见栽培，是传统的优良观赏竹种。秆形通直，密集，分枝高，枝叶细密，颇为美观，是产区重要的观赏竹和秆用竹。

（七）甜龙竹［*Dendrocalamus brandisii*（Munro） Kurz］

又名勃氏甜龙竹或云南甜竹，笋味甜，鲜食甚佳，故有“甜竹”之称，是世界上最优良的笋用竹，也是云南南部热带地区最常用的笋用竹，深受产区人民喜爱，多植于房前屋后和村寨周边。其秆箨绿中带橙红，秆上带白毛，节间有白粉，颜色明亮，颇具观赏价值。

秆材质地细致，亦是上好材篾兼用竹，同时秆形高大是重要的竹楼民居和家具用材。

（八）巨龙竹（*Dendrocalamu ssinicus*Chia et J. L. Sun）

别名：歪脚龙竹；傣语：埋博。

巨龙竹是中国云南特有的巨大型热带丛生竹，截至目前所知，是世界上最高大的竹子，故称“巨龙竹”，仅分布于云南，为中国珍稀竹种。秆径一般均在20—30

图 6-75　巨龙竹

厘米，最粗在30厘米以上，秆高30米，单秆重量可达79—100千克，每丛平均有15—30秆，是世界上生长最快、秆形最高大、单秆出材率和单位面积产量最高的竹种，是分布区佤族、拉祜族、傣族等少数民族生活生产的重要原材料，佤族群众居住的竹楼，寺庙和室内的床、桌、凳、水桶、甑子等几乎所有生活生产用具全由巨龙竹制成，竹笋极粗壮，是佤族群众腌制酸笋和制笋干的主要原料。最好的利用方式是作为建筑原料，建造竹楼、竹亭等富有民族的竹建筑。巨龙竹对当地少数民族生产生活以及维护生态环境起着重要作用。

巨龙竹秆形巨大，秆箨宿存且长于节间，故新秆前2—3年均包裹于秆箨当中，十分独特美观。

图 6-76　龙竹

（九）龙竹（*Dendrocalamus giganteus* Munro）

龙竹是云南南部热区直至南亚东南亚分布最广的大型热性丛生竹。秆形高大，分枝高，梢头略下垂，秆上白粉明显，基部数节常见气生根，具有十分显著的观赏价值，常植于村寨周边、道路两侧以及沿河两岸。

同时，本种竹种秆材较好，是产区最重要最常用的材用竹之一。园林建筑和景观小品中常常用到。

（十）小叶龙竹（*Dendrocalamus barbatus* Hsueh et D. Z. Li）

别名：凤尾竹（江城）；傣语：埋桑朗（西双版纳）、埋桑（金平）；哈尼语：哈辅（江城）。

该竹种秆壁厚实而坚韧，竹纤维长而细，因此是加工竹板材、烧制竹炭及造纸的最好原料。秆材节间长、篾性好，是产地最重要的编织和材用竹。竹笋品质细嫩，可鲜食或加工笋干，是西双版纳和德宏地区用途最广泛、笋材品质最高的笋材兼用竹。

傣族所称的凤尾竹主要指此种，枝细叶小，梢头下垂，秆形高大而外形婀娜秀丽，观赏价值极高。

凤尾竹的例子说明了云南民族植物文化特别是观赏植物文化中的一个重要现象，即泛称现象。傣族所称的凤尾竹实为泛指，凡是叶小枝细、梢头下垂、婀娜多姿者均可称为凤尾竹，但最具代表者为小叶龙竹；就如藏族的格桑花泛指美丽之花，但最具代表者为制作东巴纸用的瑞香狼毒，当然近年也逐渐有被外来种波斯菊所替代的趋势，这同样也反映了文化的变迁及其与植物资源变迁的关系；再如彝族的索玛花泛指各种杜鹃花，但最具代表者为分布广泛、树形高大的马缨杜鹃。

（十一）黄竹（*Dendrocalamus membranaceus* Munro）

傣语：埋桑。

黄竹分布于滇南至滇西南热带河谷及中低山下部，并以双西版纳澜沧江流域为分布中心，在澜沧江流域形成大面积天然竹林，是我国境内面积最大的大型天然竹林。

夏季发笋，笋量大，笋肉细嫩，竹笋制成笋秆颜色金黄，品质极佳，色泽纯黄，称黄笋，“黄竹”也由此得名。竹秆材质细致、材性优良，是竹楼用竹和傣族编制各类用具的极佳天然用材，是西双版纳地区重要的笋材兼用竹。天然黄竹林主要分布于澜沧江流域的汇水面山，对跨境流域的水上保持、水源涵养、水文调节发挥着不可替代的生态

图 6–77　黄竹

服务功能，同时还是亚洲象、印度野牛等珍稀野生动物的重要栖息场所和最主要食物来源，故在澜沧江流域的跨境生态安全和生物多样性保育和当地居民的生产生活中发挥着重要作用。

黄竹分枝整齐，枝细叶小，观赏价值较高，村寨周边也常见自然分布或人工栽培。

（十二）油簕竹（*Bambusa lapidea* McClure）

别名：凤尾竹、橄榄、油竹、石竹（广东）、马蹄竹（广西）、蛮竹（四川）；傣语：埋漂。

在云南南部西双版纳、德宏、临沧、普洱及楚雄、大理等田边地角、道路、河堤、村寨附近广泛栽培。秆材壁厚、坚实，多用作梁柱、椽子、脚手架、扁担、围篱，极少用于编织，笋可腌食。

其分枝极低，下部分枝极密，小枝略呈刺状且交错密织，防护功能极佳，基部数节有黄色条纹，也颇具观赏价值。故在南部热区常植于河沿河两岸，作为防护林。

图 6–78　油簕竹

图 6–79　料慈竹

（十三）料慈竹［*Bambusa distegia*（Keng et Keng f.）Chia et H. L. Fung］

分布于云南南部、越南北部的料慈竹，秆壁薄、纤维长、材质柔软，是优良的编制用竹。

（十四）粉单竹（*Bambusa chungii* McClure）

暖热性大中型丛生竹，分布于滇东南文山州及广东、广西、湖南等地。因新秆节间表面被白粉、秆壁薄而得名，秆材篾性很好，为优良的篾用竹，主要用于编织。竹秆与枝叶形态美观，亦宜作行道树和园林绿化，笋可食用。

（十五）丽江镰序竹［*Drepanostachyum rbiculata*（Yi）D. Z. Li］

中型丛生竹，滇西北一带常见野生，也在房前屋后栽培观赏，是当地重要的绿化竹种。秆型中等，枝叶秀丽，观赏价值高，目前已引种至各处园林栽培。

图 6-80　秀叶箭竹

（十六）秀叶箭竹（*Fargesia yuanjiangensis* Hsueh et Yi）

又称元江箭竹，秆细叶小丛密，十分秀丽，目前园林中被广泛利用。

（十七）云南箭竹（*Fargesia yunnanensis* Hsueh et Yi）

主要在滇中、滇西地区栽培，也有自然分布，当地常以“香笋竹”相称。笋质优良，秆壁厚，基部数节几为实心，是优良的笋材两用竹种。

秆箨有紫色条纹，十分美观，叶形秀丽，观赏价值极高。因笋质美，寺观中常栽培作食用和观赏用，农村庭院周边也常见栽培。

图 6-81　云南箭竹

图 6-82　筇竹

（十八）筇竹（*Qiongzhuea* spp.）

为筇竹属各竹种的统称，又称罗汉竹，秆形中等，节突出，枝细叶小，观赏价值极高，笋味鲜美，极受欢迎，是久负盛名的优良笋材两用竹。

（十九）方竹（*Chimonobambusa* spp.）

泛指寒竹属所有种类，在园林利用中常不区分具体种类，仅以形体大小区分，应用于不同造景需求场景。

方竹为中小型观赏用竹，同时也是优良笋用竹，其秆四方、节上环生刺状气生根，其笋颜色鲜艳，观赏价值极高。

（二十）香竹（*Chimonocalamus* spp.）

泛指香竹属所有种类，在园林利用中常不区分具体种类，仅根据形体大小区分，应用于不同景观空间。

香竹为特产于云南南部的中型丛生竹，个别种（如小香竹）秆形小，秆稍密集，枝叶亦细密，竹姿婀娜飒飒，十分美丽，实为著名观赏竹。竹秆空腔内可分泌挥发性香油精，有芳香味，对害虫有驱赶作用。当地群众用竹筒装茶叶，使茶叶具有特殊香味。

图 6-83　香糯竹

（二十一）香糯竹（*Cephalostachyum pergracile* Munro）

别名：糯米香竹（西双版纳）；傣语：埋邦（西双版纳）、埋毫唧（德宏）。

香糯竹在云南南部和东南亚国家自然分布较广，是栽培较多的优质笋材两用竹。秆壁薄，纤维长，柔性强，编制篾性好，适于编织各类用具，是产地最重要的编织用竹和材用竹。竹笋品质细腻，为优质笋用竹。在西双版纳、德宏及其邻近的东南亚国家，民众用竹筒烧制米饭使其具有特殊的糯米香味而得名。

由于其秆箨颜色为板栗色，箨片外翻且具金色茸毛，十分具有观赏价值，在傣族地区栽培于村寨周边或列植于路旁。

图 6-84　小玉山竹

（二十二）小玉山竹（*Yushania yunnanensis*）

目前所知国内最小的竹子，用于地被，景观效果极佳。

（二十三）粉竹（*Yushania falcatiaurita* Hsueh et Yi）

少量引入湿地种植，特产于滇西，是体现云南竹类植物多样性特色和湿地景观丰富特点的景观竹类，目前在部分湿地景观中利用。

（二十四）梨藤竹（*Melocalamus* spp.）

为梨藤竹属所有种的统称，是中型藤本状竹类，在南部热区广泛分布，常在森林中形成藤竹林景观，引入园林中作为花架。

（二十五）新小竹［*Neomicrocalamus prainii*（Gamble）Keng f.］

小型藤本状竹类，在滇西北至滇东南地区常见野生，引入园林中营建藤本景观。

（二十六）七彩红竹（*Indosasahispida* McClure cv. *Rainbow* Y.M.Yang et Juan Wang）

大节竹属浦竹仔选育出的栽培新品种，秆形小，为近年来培育发展起来并在云南

图 6-85　七彩红竹

园林中逐步应用的彩色竹类，由于秆色红以及叶具黄色条纹而得名“七彩红竹”。

四、竹类在云南园林中的应用前景展望

作为世界竹类植物的起源地和现代分布中心，云南被称为“世界竹类的故乡”，民族竹文化灿烂丰富，竹类植物在园林中广泛应用，深刻而自然地融入云南园林的景观与景观之中的生产生活，已是用之不觉，失之无味。

随着生活水平的提高和景观需求的增长，加之竹子深刻而丰富的文化内涵与广泛多样的用途，以及造型造景的多样性与便利性，竹子在今后的城市公园建设和美丽乡村建设中将会发挥越来越大的作用。

随着云南园林学界和业界对云南园林传统的认识深化、对云南园林特点和规律的认同和深入发掘，竹类植物的应用必定不断深化和提升，近些年来，可以明显地感受到竹子在园林中的应用越来越多，其造型造景手法也日趋精致和成熟。

可以预见的是，将来竹类植物在云南园林中的应用必定呈现出几个明显的趋势。一是竹子利用的种类必然逐步增加，当前许多藏之山野的优异观赏竹类植物资源必定得到进一步的开发和利用；二是造景和造型手法在保持传统特色的基础上必定进一步发展；三是竹类植物在云南园林中的应用必定越来越多地体现出民族特色和区域性特点，同时也必然借鉴融合其他区域和流派的特点、手法和资源；四是竹类植物必然进一步成为云南园林在植物要素和植物造园造景材料上的突出特色。

参考文献

[1]杨宇明，辉朝茂主编. CHINA’S BAMBOO [M]. 北京：国际竹藤组织（INBAR），2010.

[2]杨宇明，王慷林等. 云南竹类图志[M]. 昆明：云南人民出版社，2019.

[3]吴静波，李增耀. 竹文化[M]. 昆明：云南民族出版社，2003.

第八节　滇派园林在公路绿化中的植物景观多样性

陈学平[①]　毕显爽[②]　江玉林[③]　王琪[④]

近年来云南省交通建设蓬勃发展，截至2021年，省内高速公路通车里程已突破9000千米，位居全国第2位。公路是一种线形景观，其路基、桥梁、隧道、立交区、服务区等不同设施，形成公路自身景观。同时，公路起到连接各地景区景点作用，随着公路的发展，各地美景被串珠成链，提升了景区景点之间的通达性，促进了经济发展，也提高了区域旅游吸引力。公路建设中不可避免地又会对沿线景观与生态环境造成负面影响，如占用耕地、破坏植被、新增水土流失、噪声污染、水体污染、破坏生态系统的完整性等，使景观碎裂化，造成自然景观结构与功能退化。针对公路建设对生态系统造成的负面影响，探索修复缓解措施成为公路行业生态环境保护的重要内容。云南省属于多山省份，也是景观多样性极其丰富的省份，滇派园林围绕着公路植被景观建设开展了大量研究与实践探索，对于全国其他地方公路生态环境保护与恢复提供了有益参考。

一、云南省公路路域植被景观要求

云南兼具低纬气候、季风气候、山原气候的特点，省内气候类型丰富多样，有北热带、南亚热带、中亚热带、北亚热带、南温带、中温带和高原气候区等气候类型带。公路作为一种线型结构物，往往要穿越多种气候带，沿线分布着许多具有区域特点的地带性植物。公路景观绿化设计首先要处理好保护与利用的关系，尤其

① 单位：交通运输部科学研究院。
② 单位：交通运输部科学研究院。
③ 单位：交通运输部科学研究院。
④ 单位：交通运输部科学研究院。

是对公路沿线古树名木、珍稀植物以及有生态价值的其他植物要进行控制性保护设计；其次，在公路景观建设中，在不同气候带采用的植物种类也应体现区域特点，以提高植物适应性，同时防范外来植物利用可能引发的物种入侵问题，也向公路使用者充分展现云南路域植被景观的多样性。

不同地带的环境条件、景观资源特点不一，公路建设造成的影响程度有差异，恢复目标也不尽一致。同时，公路作为区域景观的“窗口”，是旅客获得的对当地景观的第一印象。滇派园林要求在公路景观设计时，充分挖掘区域植物景观特色与景观资源，并通过合理的表现形式在公路沿线设施、观景平台及绿化植物选择设计之中。结合区域自然植被景观特点，可分为如下主要区域进行绿化设计。

（一）南部边缘热带雨林、季雨林区

本区域自然植被类型为热带雨林、季雨林、热带竹林及竹木混交林。本区降雨充沛，水土流失严重，植物种类丰富，可充分筛选公路路域植物资源，在公路植被建植设计中可以采用竹林及竹木混交林模式、速生型热带灌木-草本混交林、热带稀树高草地、热带乔灌草混交林等速生种植模式。

（二）热带稀树草原旱生植被类型区

本植被类型分布于元江、潞江坝及金沙江元谋等地干热河谷，由于河谷地带山高谷深，为雨影区并有焚风效应，气候土壤干旱，边坡多为稀灌草原景观。此区温度高，气候土壤干旱，需要重点解决植物的抗旱性问题，选择速生及中旱生树种，建立草灌混播群落，如短萼灰叶（山毛豆）、山蚂蟥、小叶羊蹄甲、坡柳（车桑子）等灌木与草本植物弯叶画眉草、狗牙根等建立混播群落都是比较成功的组合类型。

（三）南亚热带植被类型区

南亚热带类型中，可分为南亚热带山地雨林、南亚热带栎类混交林、南亚热带思茅松林、南亚热带石灰岩区植被类型及南亚热带山地苔藓林。本区域可以通过穴播思茅松结合喷播灌草、栽植棕叶芦类等，建立与本土自然植被相协调的速生植被类型。

（四）中亚热带植被区

本区植被包括云南松林、栲树栎类林、松栎混交林、中亚热带石灰岩区植被及山区灌丛草地植被。采用马棘、苦刺、坡柳、滇橄榄、火棘等植物易于建成草灌混播植被，实现与自然环境相协调的群落。

（五）滇西北高寒植被山区

本区植被类型有干热河谷灌丛植被、云南松林、华山松及栎林、云杉林、红杉林、冷杉林、高山杜鹃灌丛、高山蒿草草地及高山砾石冰凉荒漠群丛带等。在目标植被建立中，可以在山谷地采用干热河谷灌丛植被、云南松林，在高山采用披碱草、草地羊茅等建立低草地等类型。

二、路域植物景观设计原则

（一）实现路内景观与自然景观相统一，展现自然景观之美

公路绿化景观设计应尊重自然、师法自然，即要处理好路内景观与路外景观的视觉关系。公路景观设计应使公路与周边地形地貌景观、河流湖泊、森林草地等自然景观协调并融为一体。在山区，路侧山体（山峰）高低形态、峡谷开敞闭合、溪流曲折深浅、岩石突兀形状等构成了较为生动的自然地貌景观。公路绿化景观设计中应充分利用封、透、露、诱等方法，通过视线诱导，展现自然景观之美。公路景观设计要对游客赏景起到诱导视线、警示提醒的作用，不能喧宾夺主、哗众取宠。对于沿线较好的自然景观（如山峰奇石、溪流及红叶等），结合低矮植被设计避免遮挡使其显露或透出；对于行车视线中需要静态把玩的美景，还可通过设置路侧观景台为游客提供停车赏景的场所，并种植特征植物进行提醒诱导；对于有碍观瞻的滑坡、裸岩或部分人工建筑物，通过适当的路边设施或构筑物植被绿化造景将其封

图 6-86　简化绿化，展现路侧乡村与森林之美（楚雄—大理高速路、国道 214 公路）

挡、遮蔽等。

滇派园林的设计思想强调路侧绿化应减少人工痕迹，尤其应避免传统大量整齐划一栽植路侧行道树的方法，以减轻绿化造成的枯燥感、压抑感与乏味感。

（二）突显乡土植物利用，展现不同地带景观多样性

乡土植物资源利用是滇派园林设计思想的核心，其理念主要体现在如下几个方面。

1）路域植被状况能在很大程度上反映出路域环境质量的优劣，通过建立富于变化的多种植被类型配置的景观，替代单一的混合草地景观，营造林地、草地、花卉组合，提升美感度，充分利用植物丰富的花色、花形、叶形、树形及季相变化等，构建色彩与结构层次、季相表现丰富的路域植被景观。

2）种植地方物种而不是外来物种，展现地域之间的差异。建群植物生态习性应与种植地生态条件相适应，不宜强行建植不适应当地环境气候条件的植被类型。如在滇西北高寒草甸区，可进行草本群落构建，而在其他区域则可以建立灌木乃至乔木群落，宜以灌木为主体，将低矮乔木、灌木、竹类、花草相搭配。

3）充分结合公路对植物功能性要求，贯彻适地适树（草）、宜树则树、宜草则草草灌乔相结合的原则，科学选择植物搭配建植目标群落。植物群落应与公路不同部位环境特点相适应，如中分带往往土层较薄，受汽车尾气污染影响大，在路面吸热作用下夏天地表温度较高，应选用抗尾气污染、耐高温灌木种类；公路边坡则坡度大、土质差、保水性弱，选择固土能力、抗逆性强、生长迅速的护坡建群植物

坡柳—云南狼尾草群落　　苦刺群落

图 6–87　云南省楚大高速公路边坡建植的乡土植物群落

种类。

为此，需要开展各地本地乡土物种调查、筛选、栽培、驯化与利用研究，丰富路域景观内容。如以往依托楚大、大保、元磨等高速公路所筛选出的草本、灌木种，不仅在云南本地边坡绿化应用，还应用于全国其他生态环境相似地区，促进了我国公路植被恢复整体水平的提高。

（三）兼顾野生动植物保护，丰富桥梁与隧道景观

公路作为一种线性建筑，会破坏自然植被、切割自然植被景观、阻碍野生动物通行、影响栖息地的完整性。公路建设中减少路面占地外植被的砍伐，是保护与提升路域植物多样性的有效手段。充分利用公路跨越沟谷、河川等地形中建设桥梁与涵洞，通过隧道穿越山脉等保障陆栖与水陆两栖野生动物的通行，是保护野生动物多样性的重要手段。思小（思茅—小勐养）高速公路在桥梁建设中有效保留了桥下植被，不仅增加了植物多样性，同时也为亚洲象迁徙提供了通道，在隧道洞门建设中实施了“零开挖”进洞，最大限度地保留了路侧植被，取得了良好的视觉景观效果。（图6–88）

图 6–88　思小公路桥梁下方与隧道口上方植被

（四）综合考虑植物根系固土功能，丰富边坡植物多样性

在边坡绿化植物配置上，要综合考虑根系固土效应，通过主根固土、须根防蚀，实现早期水土流失防治，并诱导后期自然植物群落的建成。在植物群落设计上，通过先锋种与建群种、豆科灌木与禾本科草的结合，从而实现群落整体性能最优，达到近期效果与长远效果的统一。在植物配置上，要充分利用植物生长习性及植物组合中竞争优势特点，根据其生长特征包括持续性、扩散习性等将护坡植物分

图 6-89　云南省安楚高速公路岩石边坡乡土灌草植物群落形成过程

为混播先锋种、伴生种及建群种等类型进行选配利用。并通过合理化的种类选择与种子密度配比，建成早期草本植被防止水土流失，后期实现灌木建成，最终形成草灌混交植被。（图6-89）

通过种类比较试验，我们筛选出的适合于云南省亚热带地区的草本建群种有云南狼尾草、弯叶画眉草、紫花苜蓿、狗牙根、云南知风草、白三叶、高羊茅等以及芒和戟叶酸模等草种，灌木有苦刺、坡柳、黄槐、马棘、波叶山蚂蟥等；先锋种包括多年生黑麦草、鸭茅等；伴生种有百脉根、紫羊茅、红三叶等。

（五）发挥视线诱导功能，提高行车安全性

公路绿化景观设计首先要考虑行车安全要求，首先是增加路侧植物层次性与路侧净区的设计要求，在弯道及靠近公路区域采用低矮草坪与灌木为主，避免大量采用生长旺盛的乔木树种增加修剪养护工作量，减少对行车视线、公路标志标牌遮挡，保障行车安全。在边坡绿化中，充分发挥植物根系固土作用，维护山体地质安

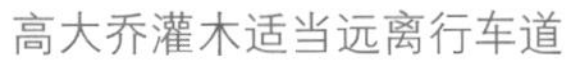

高大乔灌木适当远离行车道　　山区路段营造路侧开阔视域

图 6-90　营造路侧开阔视域景观

全。在中央分隔带绿化设计中，发挥公路绿化植物诱导视线、防眩遮光的功能，同时还要多应用生长缓慢的植物种类，减少公路修剪作业，高大乔灌木适当远离行车道，避免压缩行车视域空间，营造通透的视觉环境，提高行车安全性。（图6-90）

（六）树立经济节约的绿化理念，诱导恢复自然生态

高速公路路线长、绿化面积大，植被养护难度大，在绿化设计时应多应用低养护甚至无须养护的植物种类。边坡建群植物具有抗旱、防水力侵蚀、耐瘠薄等优良性能，通过乡土植物的选择与搭配利用，诱导近自然植被群落的形成。形成与自然协调的路侧景观、近自然边坡防护景观、安全防眩中央分隔带景观、休闲放松服务区景观，保障建设经济性、养护的便捷性等。（图6-91）

近自然的边坡植被　　低养护修剪的中分带

图 6-91　低养护的路侧植被

三、公路景观设计案例

（一）路侧植被景观设计

为了更好地展现路线两侧的地形地貌特征、自然植被景观和沿线的风土人情，大理东环海公路在公路路侧植被景观设计中采用了“保、藏、透、引、仿”的设计手法，代替传统的“一条路两排树”简单设计，将边坡与路侧余宽结合设计，打造个性化景观，突出地域特色。（图6–92）

“保”，即保护沿线具有景观价值的古树名木，并利用其成为视线焦点景观，展现洱海东的悠久历史；“藏”，对沿线视觉效果较差的裸露岩石景观，以密植乔灌木造景手法屏蔽，引导驾乘人员视线；“透”，摒弃路侧规则式行道树绿化方法，在洱海侧以低矮地被绿化为主，在临近水体的浅水区栽植芦竹，起到净化水质的同时，展现沿线开阔海景与苍山景观；“引”，以整齐乔灌木规则式栽植，加强

图 6–92　大理东海环海公路利用乔木与竹类遮挡开挖山体，并点缀低矮花灌木丰富路侧植被景观立体植物群落结构

图 6–93　大理东海环海公路采用“透”“藏”式设计手法，展现洱海之美，弱化山体开挖痕迹

图 6–94　怒江美丽公路路侧种植采用“显、引、仿”设计手法构建乔、灌、花、草

诱导，帮助司乘人员提前做出判断，调整行车方向，保证安全；“仿”，模拟周围生态环境，使绿化与周围自然环境有机融合。（图6–93）

基于以上设计手法，云南路侧绿化做了许多创新。如，怒江美丽公路充分利用线位优势，将怒江美景纳入路域内，成为滇派园林在公路景观绿化中的应用典范。（图6–94）

（二）中央分隔带防眩的植物多样性

中央分隔带立地条件较差，可绿化面积有限，植物多样性表现难，总体以满足防眩功能要求为前提，体现安全性及人性化。绿化上考虑景观韵律变化与景观特色带的打造，突出体现云南省不同地区的风土人情，形成整体协调统一、张弛有度的景观序列。如思小公路采用小乔木＋常绿灌木＋地被的方式组成立体植物群落，凸显多层次、多结构、多功能的中分带特色景观。（图6–95）

图 6–95　云南思小公路中分带乔 + 灌 + 地被立体结构防眩兼顾景观

（三）互通立交区的植被景观设计

通过自然式设计手法、乔灌草等多层次本土植物搭配，以及丛植、片植、团植、花境、模纹栽植等手法，以行车视线诱导为重点，确定植被、人文景观的布置，打造互通立交区景观，实现行车视觉景观效果与生态性能的有机融合。

景石应用丰富景观　　孤植与群植搭配增加景观层次

图 6-96　互通立交区景观展现形式

在实践中，采用大空间、大尺度、大色块、大花卉等方法来体现滇派园林特色。充分利用云南省植物多样性优势，通过乔灌草花组合、植物与景石利用，匝道围合区域独立造景，整个互通绿化景观又相互呼应，利用植物规格差异、树形变化、季相变化，营造不同景观效果。（图6-96）

（四）服务区景观绿化设计

服务区是高速公路上人员暂时停留及休憩的场所，也是整个路线的重要景观节点。服务区可以结合其所处位置，充分体现滇派园林的民族性、融合性、山水

小沙坝服务区结合地势造景　　维拉坝服务区色块应用体现七彩云南

图 6-97　怒江美丽公路利用地形地貌设置色块

性等特征。通过保护周边地形地貌，充分利用自然地形进行空间规划设计，以及植被合理布置分区划分不同车型的停车空间，起到提高安全性、美观性、功能性的作用。通过植物绿化实现诱导行车视线、屏蔽不良景观、打造特色景观等功能。（图6-97）

（五）隧道洞口设计的滇派园林特色

隧道洞口采用自然与人文景观融合设计模式。绿化设计以自然式组团栽植为主，靠近洞口处可用高大乔木、棚架藤本式栽植适当遮挡光线，以与隧道内暗黑环境实现顺畅的明暗过渡，远离洞口处以灌木、花灌木为主，既满足防眩，又在色彩、景观效果上区别于中分带绿化。隧道洞门根据外观形式可分为端墙式和削竹式，削竹式洞门以绿化为主，端墙式洞门可结合当地人文、民族特色，凸显出自然与人文的和谐。将文化景观与自然景观融为一体，通过区域民族文化与公路设施建筑设计、绿化设计相结合，是滇派园林在公路行业的典型特点。如，云南省思小高速公路隧道洞口，洞门外观不同于常规端墙式，将其与当地建筑风格、民族特色相结合，取得了较好的景观效果和社会效益，形成了特征鲜明的滇派园林景观。（图6-98）

①②③

①树木年轮展现树之美

②塑石洞门展现石之美

③隧道洞门傣族建筑造型体现民族特色

图 6-98 思小高速公路隧道口景观设计

四、公路行业滇派园林理念总结

总的来看，在公路绿化领域，滇派园林思想集中表现为设计的自然观、生态观、安全观、节约观，依托丁丰富的植物景观应用，实现路域人工植被与路外自然环境的融合，提升公路景观性能；通过公路沿线服务设施、桥梁等建筑风格与区域历史民族文化的融合，增加公路的文化景观内涵；通过沿线乡土植物大力开发应用与自然植被环境融合，提升路域植物景观的多样性，并保护野生动物栖息生境的完整性；通过不同区域植物护坡防蚀、视线诱导、水源涵养、防眩造景等功能设计，提高公路行车的安全性。

参考文献

[1]陈济丁.绿色公路建设理论与实践[M]. 北京：人民交通出版社. 2017.

[2]江玉林. 公路路域生态恢复技术研究与实践[M]. 北京：中国农业出版社. 2004.

[3]交通运输部科学研究院. 公路路域生态工程技术研究（研究报告）[R]. 2007.

第九节　昆明市园博园乡土植物的规划设计

刘敬[1]

云南是青藏高原与中南半岛的过渡地带，是中国植物区系地理成分的重要过渡和交汇区，是泛亚地区贸易、文化、交流的中心区。这些独特的地理地貌、植被花卉、山水人文等综合因素，以及云南独特的民族文化，植被、花卉和建筑文化等，形成了西南山水园林的重要分支——滇派园林。

滇派园林不断地建设发展，使得一大批具有云南特色的园林景观在滇域涌现，其中就包括昆明市各县区建设的各类园博园。该类园博园在规划设计之初，结合区域植被特色以及原有自然景观，应用现代造景手法推陈出新，选用云南松、云南油杉、云南樟、马缨花、云南山茶花等乡土树种，以及各类本土灌木，旱生、水生湿地云南乡土植物，在山林、广场、景观布点之间形成多层次的丰富视线结构。

一、园林景观和城市绿化使用云南乡土植物的优势

近年来，在政府的大力扶持和推广下，城市绿化建设和林业生态建设对乡土植物的选用及多品种的应用也在逐步增加。这主要得益于乡土植物的几大优势。

（一）原生的气候、温度、地理环境，容易成活

乡土植物均为在本土的自然环境下，经过无数年的进化、优胜劣汰后存活下来的物种，对本土的病虫害和灾害性气候等恶劣环境具有较强的适应能力和抵御能力。

（二）具有安全稳定性

一个新物种的引入，也会相应地引入新的植物疫情、侵害及病媒生物，必定会

① 单位：昆明市黑龙潭公园。

对原有稳定的生态群落造成影响。但乡土植物在本土的自然生态系统中已经形成了一个稳定的生态群落，在园林绿化中合理科学地运用乡土植物，能保证当地自然生态系统的安全稳定性。

（三）大面积推广应用后，能体现本土地方特色

我国国土面积广阔，横跨多个气候带，且境内地形多样，使得乡土植物的地域性十分显著。云南的乡土植物繁多且有自身特色，其中以云南松、华山松、云南油杉、翠柏、云南含笑、云南樟、香果、木姜子、旱冬瓜以及各种山茶、杜鹃等植物分布最广，几乎遍及全省。我们科学合理地选用合适的乡土树种进行构建植物景观，对改善城市文化氛围具有重要意义，而且能呈现云南特有的绿化景观效果，是云南地区的人文情结、风俗风貌的体现和表达。

二、乡土植物在昆明市园博园建设规划设计上的介绍

昆明市委、市政府按照贯彻落实科学发展观的要求，树立“唯有绿化，才有变化”的思想进行工作部署，在遵循自然与人文、传统与现代、生态与城市相融相存的原则下，由昆明市园林绿化局作为牵头责任单位，为更好地展示昆明市园林园艺事业发展水平，挖掘历史文化底蕴，创新园林园艺建设理念，并巩固昆明市国家园林城市及前期举办园博会取得的成果，以建设世界知名的“中国春城、历史文化名城、高原湖滨生态城市、西南开放城市”为目标，全力推进生态环境建设，大力加强基础设施建设，做精做美昆明新六大片区，全面提升城市管理水平，分别于2009—2011年、2012—2014年、2014—2016年在昆明市所辖的县市区举办了3轮园林绿化博览会（以下简称园博园）。

园林博览会共建成50余个各具特色的园博园，不同类型的园博园根据其所在区域的自然环境和原生植被，对乡土植物的选用和应用有不同的规划设计，具体为三大类型的园林景观公园。

（一）新建的绿地公园类型

该类园博园在原有绿地的基础上，应用园林造园手法，精心打造建设新公园，包括五华区石盆寺公园、呈贡区春融公园、禄劝县掌鸠河公园、盘龙区瀑布公园、寻甸县汇龙湿地公园等。本节以2015年开建的五华区石盆寺公园为例进行阐述。

（二）提升改建绿地公园类型

该类园博园是在原有公园的基础上进行改造、提升及扩建的公园类型，包括

宜良县万家花园、五华区隅山公园、安宁市东湖公园、高新区渔浦寒泉等。本节以2015年开建的宜良县万家花园为例进行阐述。

（三）建设形成湿地，对生态有一定保护作用，并能为市民提供休闲游乐的公园类型

该类园博园主要以围绕滇池驳岸边进行新兴建设或者改造提升，对生态水体的净化保护有一定作用，同时为市民提供休闲游乐，包括官渡区海东湿地公园、官渡区西亮塘湿地公园、晋宁区东大河湿地公园、度假区捞鱼河湿地公园、呈贡区彩云公园等。本文以2013年开建的官渡区海东湿地公园为例进行阐述。

三、五华区石盆寺公园

五华区石盆寺公园属于新建的绿地公园类型。

（一）项目原生环境

五华区石盆寺公园位于昆明市主城区西北方向，五华区普吉街道办事处与沙朗街道办事处结合部的石盆寺郊野公园中部的矿山主题区。因长年挖山采石造成了悬崖断壁和深坑，让整个项目地形变得满目疮痍，北部冲沟、中部大坑、南部台地，且原生植被几乎已被破坏殆尽。现存植被主要有云南松林和华山松林等人工植被，各种类型组成的植物种类和丰富度均不高。

（二）项目的规划设计思路

项目的规划设计以“两片三林七园”为主要的功能分区（图6-99），通过工程措施、生态措施和人工治理，将规划区内千疮百孔、生态景观系统破坏殆尽的矿坑、峭壁及石漠化严重的难造林地进行生态修复。因此，植被再造与生态修复是五华区石盆寺公园建设的前提和特色，是其建设的灵魂，也是其规划的理念依据。规划定位是以“植被再造，生态修复”为目标，通过对原生植被的修复和保护，以及通过大量引种栽种并结合场地的特点，栽植多种类型的乡土树种，打造一个集家庭旅游、大型活动、会议接待为一体的特色园博园。

（三）森林保育片区中乡土植物的规划设计

对靠近园区沿线的原生林带进行保护的森林保育片区，种植耐旱性能好的乡土植物，如侧柏、龙柏、柳杉等。

（四）园博园入口区中乡土植物的规划设计

因地造景，使用乡土树种银杏、石楠、香樟等，在园博园入口处建银杏林，以栽植银杏树为主，搭配小叶女贞、紫叶小檗、美人蕉等灌木，带领游客在银杏林的时光隧道中穿梭，见证园博园的美好变化。

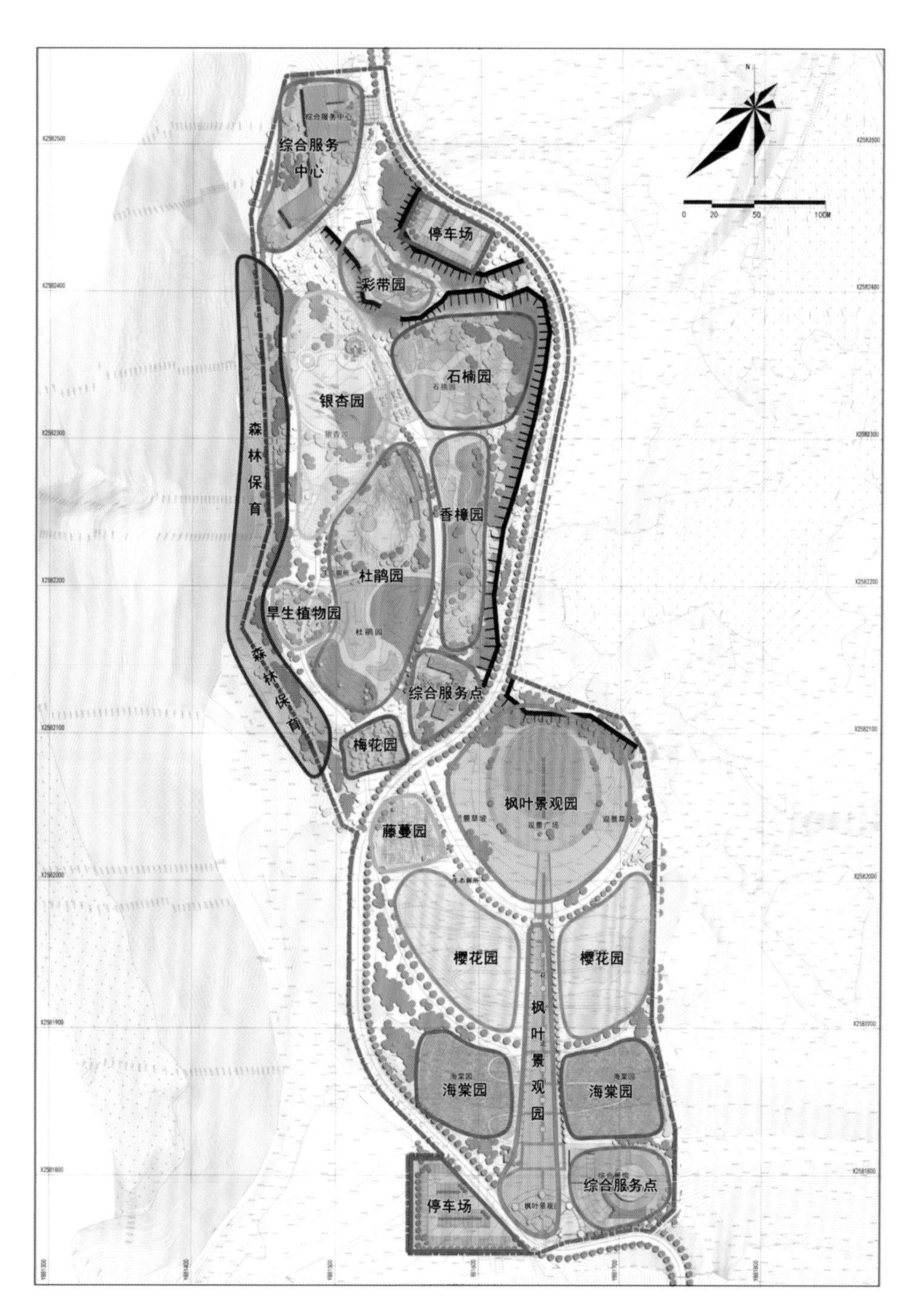

图 6-99 五华区石盆寺功能分区图

（五）石楠园区中乡土植物的规划设计

在原采石开挖的区域建石楠林，以栽植球花石楠、红叶石楠为主，搭配铁线蕨、石韦、凤尾蕨、南天竹和十大功劳等，岩石与植物的自然结合，利用现有的自然景观，展示石楠属的专类园，适当数量的植物点缀在山石之中，营造出石中有树、树中有石的优美景观。紧邻石楠林建香樟林，以大叶香樟、云南樟等为主，在密林小道中感受大自然的美丽。

（六）“七园”中乡土植物的规划设计

主要根据不同片区的地形地貌规划设计梅花园、樱花海棠园、枫叶景观园、杜鹃园、彩带园、藤蔓园和旱生植物园共七园。种植各类乡土小乔木、灌木、爬藤类以及地被植物，包括小乔木类的梅花园、樱花海棠园和枫叶景观园，使用以梅花、云南樱花、垂丝海棠、枫香等为主的乡土植物进行栽植；灌木类的杜鹃园和彩带园，主要搭配灌木造景，使用以锦绣杜娟、马缨花、小花杜鹃、毛叶杜鹃、蜘蛛兰、红花继木、美人蕉、南天竹、金叶女贞等为主的乡土植物进行栽植；另外，藤蔓园和旱生植物园使用以紫藤、常春油麻藤、常春藤、牵牛花、金银花等为主的爬藤类乡土植物，和在砂石区域种植以龙舌兰、芦荟、大叶醉鱼草、宝塔花等旱生地被植物。

四、宜良县万家花园

宜良县万家花园属于提升改建绿地公园类型。

（一）项目原生环境

该项目位于昆明市宜良县万家凹村，三面环山，地形变化丰富，植被茂密，土壤、气候适宜植物生长。因万家凹村家家长年种植和培育多个品种的山茶花，种植面积达75.2亩，占全县种植面积的45.5%，现存茶花近100万株，50年以上的茶花有近千株，故万家凹村又被称为“万家花园”。

（二）项目的规划设计思路

万家花园的原生植被以云南松、昆明柏、麻栎、构树、毛竹、滇朴等林带为主，又因其从明代洪武年间就已开始发展花卉种植经济，后在90年代纳入昆明苗圃基地，经近30多年的经营，原生植被中又融入从古至今经花农栽花育种的植物，包括数百年的古梅、山茶及桂花上万株，70年树龄缅桂数百株，以及数千盆兰花、山茶、杜鹃、紫薇、玉兰、扶桑、叶子花等，为园博园的建设提供了良好的基础。园区按“一园、三区、多点”的总体规划设计思路进行建设（图6-100），使公园内的原有林、人工林、苗圃、农田有机结合，并适当增加色叶乡土树种（如枫香、栾树等）和春季开花树种（如云南樱花、垂丝海棠等），植被按不同区域、不同景点特色布置。

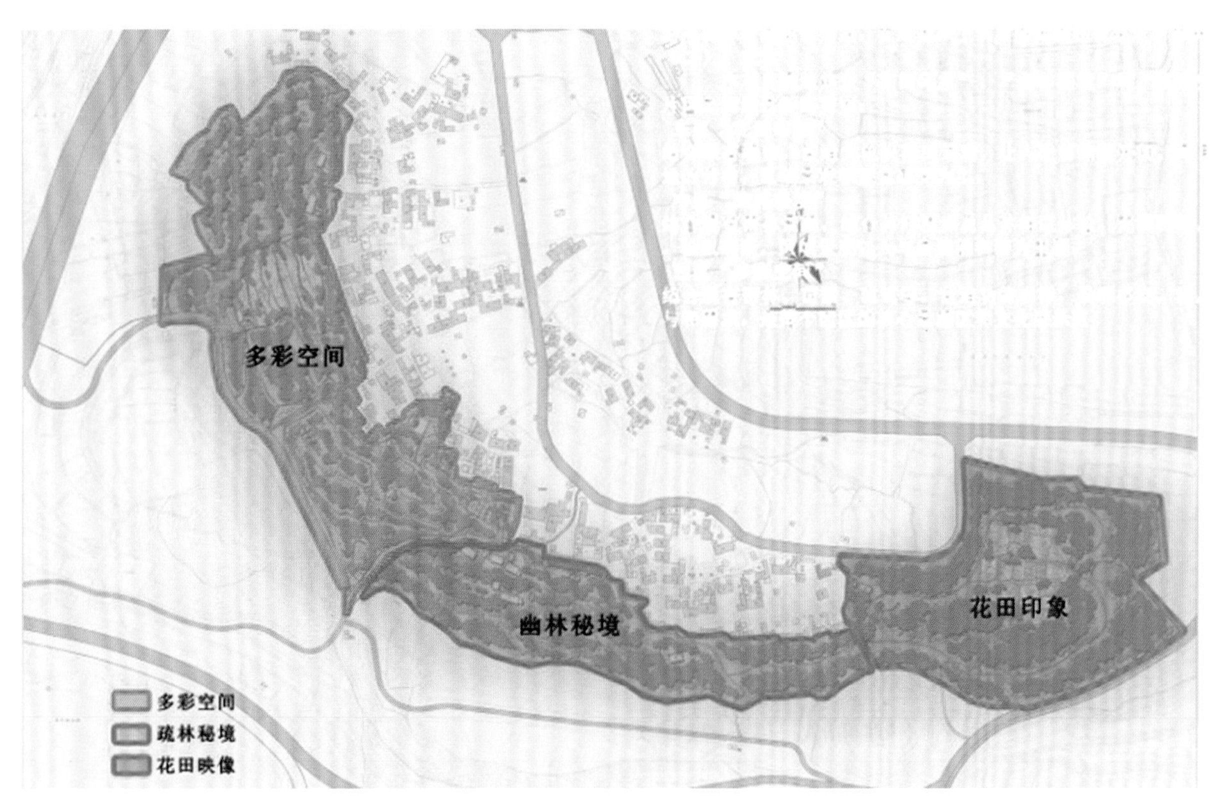

图 6-100　宜良县万家花园功能分区图

（三）东区“花田印象”中乡土植物的规划设计

结合原有坝田，并根据游览需要修整地形，进行经济型苗木及花卉大面积种植，营造大地景观。

（四）中区“幽林秘境”中乡土植物的规划设计

结合原生林、人工林及苗圃的原有乡土植被自然景观，使游人在充满野趣的林间漫步，其间鸟类栖息、松鼠跳跃。

（五）西区“多彩空间”中乡土植物的规划设计

结合部分原有林区、苗圃和建筑等，多样功能与多变景观相结合，使游人能参与到多种园区的文化展示。

五、官渡区海东湿地公园

官渡区海东湿地公园属于建设形成湿地，对生态有一定保护作用，并能为市民提供休闲游乐的公园类型。

（一）项目原生环境

该项目位于昆明市滇池北面，场地整体地势平坦。现状植被主要由临时苗圃、河长林、原生芦苇群、农田、宝丰湿地等组成，局部区域呈现出较强的滨湖湿地特征，场地内生态状况较好，景观类型丰富。

（二）项目的规划设计思路

海东湿地的原生植被主要分布在水岸线周边，以水岸挺水植物、芦苇、香蒲、滩涂草地以及沿线零星条带状乔木为主；人工植被为原有苗圃遗留的植物，以水杉、滇朴、桉树、杨树、垂柳等为主。生态特征突出，且原生湿地已经具有一定景观效果，因此项目规划设计以引入现代湿地污水净化处理体系为主，对现有风景资源加以利用，借用西山滇池湖光山色之景，通过合理的视线引导梳理出风景观赏点。

乡土湿地植物具有抗逆性强、对滇池水体有一定净化能力、综合利用价值高、景观效益好、维护成本低的特点。因此，海东湿地设计向游人展示湿地净化系统的

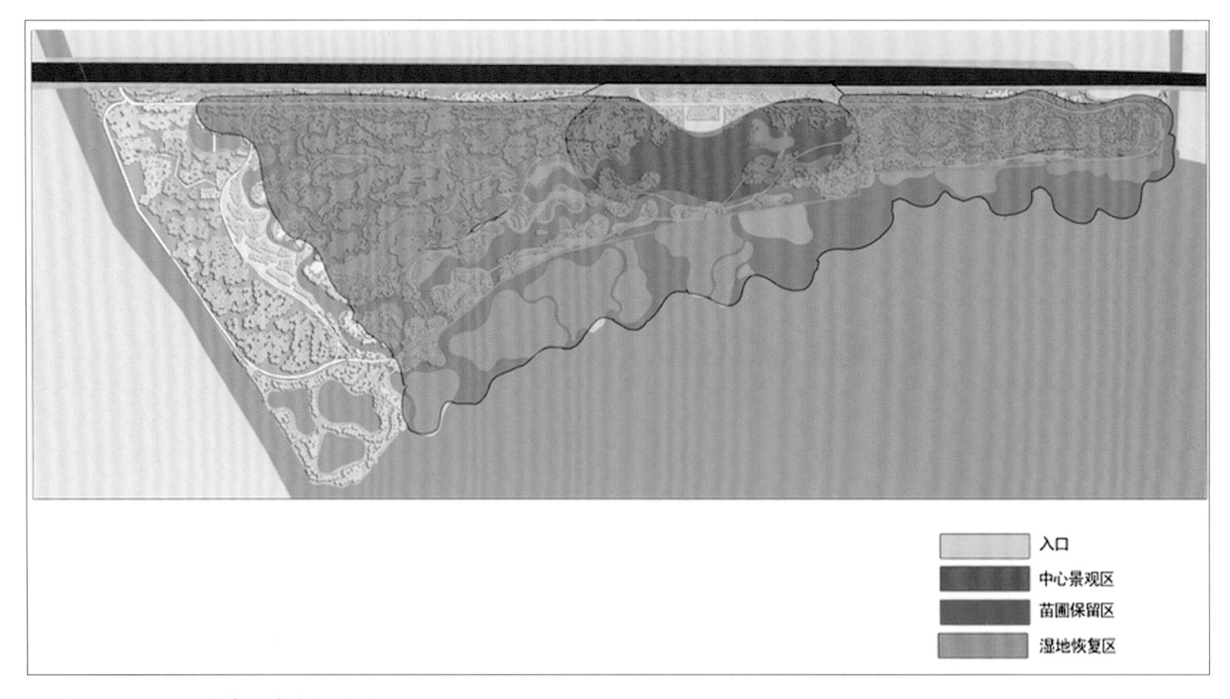

图 6–101　官渡区海东湿地功能分区图

功能。（图6-101）植物的配置以本土乡土植物为主，以是否满足湿地功能需要为出发点，选择和引种原有乡土水生植物和耐水常绿乔木，以上中下不同层次的乔灌草综合搭配，实现湿地植物群落的丰富层次和全方位湿地的绿量覆盖，并在人流集中的绿地及湿地区域采用观赏效果好的乔木、灌木、地被和水生植物，营造优美的观赏植物特性的集中展示区域，形成湿地公园的景观观赏亮点。

（三）入口景观区域中乡土植物的规划设计

选用香樟、红花木莲、云南樱花、乐昌含笑等观赏性较突出的乡土植物，营造精致整齐的景观特色。

（四）中心景观景区中乡土植物的规划设计

选用水杉、水松、池杉、落羽杉、红千层、垂柳等观赏特性强的水生植物，大面积群植生态观赏林带，除营造舒服休闲的氛围外，还兼顾净化水质的功能。

（五）湿地恢复区中乡土植物的规划设计

选用浮水植物、沉水植物和挺水植物配置，其中浮水植物有荇菜、野菱、乌菱、田字萍等，沉水植物有金鱼草、海菜花、眼子菜、苦草、虎尾藻等，挺水植物有芦苇、香蒲、菖蒲、再力花、花叶芦竹、荷花、千屈菜、水生鸢尾、水葱、慈姑等。作为一个功能特色最突出的区域，除景观功能外，还承担着湿地公园水体净化的责任，通过浮水、沉水、挺水三级植物的层层过滤，将湿地中的水质还原。

（六）湿地保留区中乡土植物的规划设计

选用水松、水杉、杨树、池杉、落羽杉、垂柳等乡土植物或原有苗圃栽种植物，利用这些树种的高大优势，密林群植形成绿色的围墙，作为整个湿地与外界隔离的区域，保持湿地内部独立。

六、结　语

中国有着悠久的造园历史和精湛的造园艺术，其中滇派园林是中国园林的特色景观之一，是云南传统居住、休闲、观赏等综合营造的艺术表现形式。同时，云南省拥有我国所有的气候带，且有明显的气温垂直变化，造就了植物资源的丰富多彩，奇花异草、美叶良木不计其数。在滇派园林的景观中，根据不同地区的环境，选择适宜的乡土植物，更能体现当地文化底蕴，也能产生地域文化认同感，容易和当地历史共鸣，让人有家的感觉。在一定程度上也反映着云南地理环境的特色，甚至成为云南省各个城市的特色标志之一。滇派园林发展至今，进一步升华和打造滇派园林内涵，研究发挥乡土植物在云南城市绿化和园林景观中的作用，增添历史性、文化性、趣味性和园林意境，更好地表现云南的绿化特色和地方特色，对丰富城市生物多样性具有现实意义。

第十节　滇派园林的盆景艺术

张学文[1]　徐国富[2]

盆景作为中华民族传统艺术之一，以植物、山石、土水等为材料，将栽培技术和造型艺术有机结合，融自然美和艺术美于一体，是蕴含文学和美学的“移天缩地、小中见大、诗情画意、个性特色”的综合性造型艺术，被誉为“无声的诗、立体的画、活的艺术、有生命的雕塑品”。滇派盆景作为滇派园林的有机组成部分，是中国传统桩景流派之一。研究滇派盆景艺术对传承与创新发展滇派园林乃至丰富和发展中国盆景事业都具有重要的理论价值和现实意义。

一、中国盆景的历史与流派

盆景起源于中国。中国盆景的历史悠久、源远流长，据考古文献记载，盆景起源于东汉、形成于唐、兴盛于明清，解放后尤其是改革开放后实现了快速发展。新石器时代到东汉时期（前5000—220年）为盆栽阶段，主要特点是以观赏植物的自然美为主，多流传于民间；唐宋时期（220—1270年），盆景从盆栽中脱颖而出，成为自然美与艺术美结合的高级艺术品，宋代盆景被赋予了诗情画意；明清时期（1368—1912年），盆景技艺已趋成熟，盆景理论和制作专著不断出现；近代盆景（1912—1949年），盆景的发展处于停滞状态；现代盆景（1949年以后），特别是改革开放尤其是进入21世纪以来，盆景迎来了发展的春天，1981年成立了中国花卉盆景协会，极大地促进了盆景事业的发展。

中国幅员辽阔，自然环境和人文环境差异较大。盆景在长期发展中，形成了多个流派。有人划分为两大类五大流派，即树木盆景和山水盆景两大类；岭南派、川派、扬派、苏派和海派五大流派。也有人划分为七大类八大流派，即树木盆景、山

---

① 单位：中共昆明市委办公厅。
② 单位：昆明卉生园。

水盆景、水旱盆景、花草盆景、微型盆景、挂壁盆景和异型盆景七大类；苏州、扬州、岭南、四川、安徽、上海、浙江和南通八大流派。当然，每一个类型、每一大流派还可再细分为若干类型、流派。随着我国经济社会、政治文化、生态文明建设的发展，结合盆景不断创新、流派纷呈的状况，众多的人把中国传统桩景又分为两类十一派：一类是古典格律类，包括川派、扬派、苏派、徽派、通派和滇派6个流派，另一类是现代自然风格类，包括岭南派、海派、浙派、闽派和中州派5个流派。并且受书法艺术以及表示吉祥如意和福禄寿喜康等文化习俗影响，逐步形成了将书法艺术与盆景艺术融为一体的“书法盆景”。

二、云南盆景与滇派盆景

云南盆景的雏形始于明末清初，形成于清末民初。在明朝洪武年间，随着汉族大量进入云南，把“书法式”盆景艺术带入云南，并与云南的盆景植物、盆景石材及地域文化特别是民族文化相融合，逐渐形成了具有自身特色的盆景，并不断发展。在1985年的上海首届盆景艺术展上，张跃昆、林石友和孙瑜选送的“小象俯身”“丹凤朝阳”“边陲傣家”获奖。1998年在昆明关上建立了全国第一家盆景公园。在’99昆明世界园艺博览会的有力推动下，以2000年6月9日成立“云南省盆景艺术协会”为标志，云南的盆景得到了快速发展，以西南林业大学尹五元教授和韦杰群教授等为代表应用云纹石、汤泉石造型制作的盆景在省内外产生了很大影响；以白忠为代表完成的立体花瓶图案造型盆景作品“炎黄瓶”，在国内引起了轰动，把滇派盆景艺术提高到一个新的台阶。

经过几代滇派盆景人的砥砺奋进，特别是滇派书法盆景袁锡章、阚庆余和白忠三位已过世大师及徐宝大师的默默耕耘，滇派盆景逐渐被世人所公认。按照中国传统桩景十一派划分：“滇派盆景以云南命名。滇派盆景先辈艺人袁锡章所创作的‘寿比南山·福如东海’字迹树桩一直流存至今。书法盆景是滇派盆景的主要特色。滇派盆景的代表人物是昆明的徐宝（1926年生）和白忠（1942年生）。”当然，在滇派盆景的传承与创新发展中，还有众多的人士从不同角度做出了贡献。

三、书法盆景的历史与滇派书法盆景

书法盆景，始见于宋代，受古禅文化及传统习俗的强烈浸染及影响，在喜庆环境和气氛的熏陶下产生，表现出喜庆、文化传统及意喻。书法盆景在我国古代曾经一度辉煌，但是由于战乱、技法太难等原因，明代时书法盆景就在中原地区绝迹了。书法盆景在明代洪武年间传入云南后不断发展，形成了滇派盆景的主要特色。

滇派书法盆景的主要形式是以草书的笔势和篆书的笔法为造型基础的书法盆景。始于清代康熙年间，现存于昆明大观楼公园盆景园的紫薇大型双条“寿”字盆景（由两棵紫薇枝条造型而成，作者不详），至今已有300多年历史，几经沧桑，阅尽人间春色，迄今仍枝繁叶茂，充满生机，这是云南目前所见到的最古老的书法盆景（图6-102）。已故滇派盆景阚庆余大师的作品至今生机盎然，（图6-103）。

图 6-102　紫薇双条“寿”字盆景

图 6-103　阚庆余大师的书法盆景

图 6-104　徐宝用罗汉松制作的“山、东、寿”字盆景

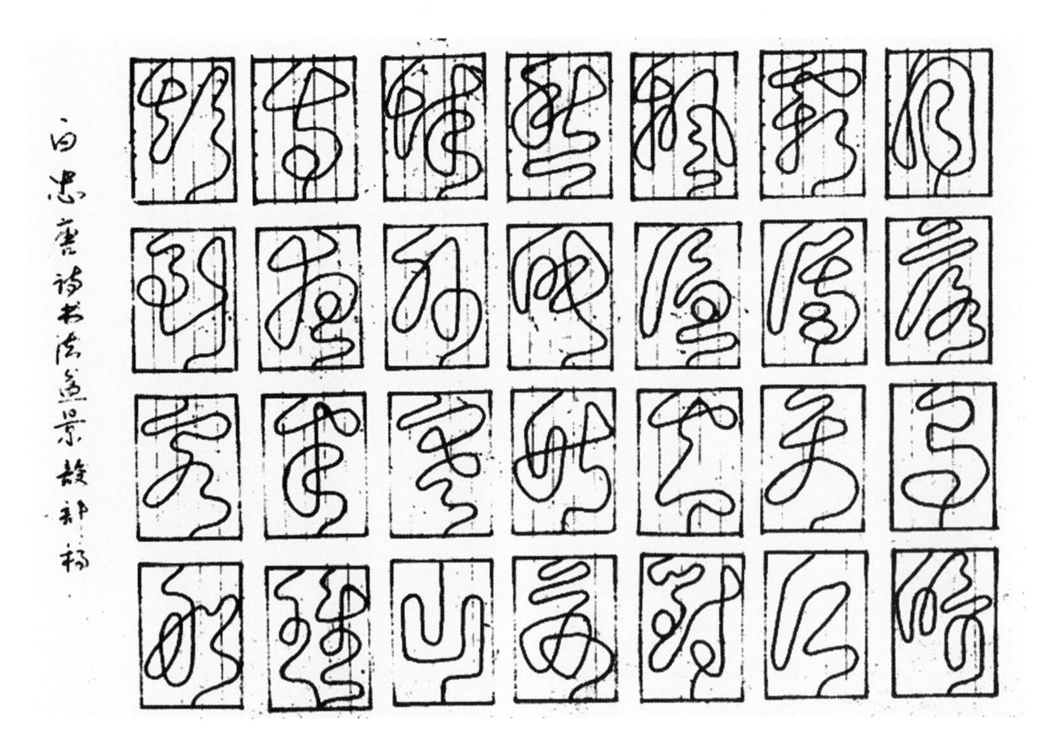

图 6–105　白忠的字模

生于1926年的滇派盆景代表之一的徐宝大师，用罗汉松制作的书法盆景富有特色。（图6–104）

作为滇派盆景代表人物之一的白忠（已故，生前为云南轮胎厂高级工程师，云南省盆景艺术家），自幼跟随其父亲白嘉祥（盆景大师）学习盆景，他的书法盆景作品现存不多，散见于一些公司和私人苗圃和花园里。1987年春，他和郑天佑（云南轮胎厂师傅）合作以唐代诗人张继的诗作《枫桥夜泊》为基础创作的“炎黄瓶”盆景，拿到北京参加了中国第一届花卉博览会，“炎黄瓶”以其巧妙的构思、富于变化的图案、精湛的蟠扎靠接技术和鲜明的民族特色，荣获博览会授予的蟠扎佳作奖。

作为白忠大师同门师弟的张学文（高级园艺师，退休前长期在中共昆明市委办公厅工作），他虚心向白嘉祥大师学习，结合民族风情、紧扣时代主题，创作了一些技艺精湛的作品。（图6–106、图6–107、图6–108）昆明市大观公园高级工程师徐联庆等人，作为徐宝大师多年的同事、朋友，也制作了一些书法盆景。（图6–109、图6–110、图6–111）

滇派盆景的造型手法以播种、扦插、嫁接成活的幼树材料为主，仅留主干，将其移栽在较深的盆中，加强水肥管理、病虫害防治，使其主干茁壮成长，当年主干可长到1.5—2米，再按事先选定的字谱的要求和盆景的需要，同时采用草字的形体笔势和篆字的圆润笔法，字谱要先考虑如重心、出势、收尾和结顶等关系。将主干

图 6-106 张学文用紫薇制作的“寿、比、南、山”字盆景

图 6-107 张学文用贴梗海棠制作的“鸟、语、花、香”字盆景

图 6-108 张学文用松树制作的“鸟、语、花、香”字盆景

图 6-109 用银杏制作的“明”字盆景

图 6-110 用梅花制作的“凤”字盆景

图 6-111 徐联庆用贴梗海棠制作的“静、福、寿”字盆景

按字谱样式弯曲，转折成所需要的字形。在造型过程中，先插支撑物用竹竿和细钢筋扎成“井”字形支架，要边弯曲、边蟠扎，并紧贴字体，用棉线和胶布将字绑扎在“井”字架上，并使其呈一平面以防止倾斜、变形和歪曲，字体固定好之后，再进行枝条顶端修剪和造型。一般结顶为半球形，如枝条不够长，第二年再培养枝条继续完成字体造型。字体树干上的萌芽要及时摘除，以免影响字体定形。字形一般为一次成型，如果树干不够长时，可分为二次或三次完成。落叶树种的造型一般在秋季以后植物进入休眠期进行，这时由于植物体内含水量少，具有韧性，枝干没有叶子遮挡，易于造型，在这时期造型不易伤害植物和影响其生长发育。常绿树种和松柏树科，则在冬季或初春植物苏醒前造型为好。经1—2年培养定型稳固后，不歪斜即可拆除支架，以便观赏。通过观赏盆景的具体形象如干、枝、叶、花、果、根等和汉字书法文字符号的有机结合，使人从盆景本身形体所具有的自然美感和从文字本身（如福、禄、寿、喜等吉利字句）所代表的美好愿望上获得心理上的满足和愉悦。书法盆景与欣赏植物的主干字形变化为主要对象，其线条的圆润和流畅性有如游龙腾飞，变化万千。由于书法盆景常以观花、观果的植物为素材，因而随着四季的变化而产生不同的景观。春赏花、香飘四溢，夏看叶、郁郁葱葱，秋观果、硕果累累，东瞻枝条、鹰爪虬枝。四时观赏、各得其所。滇派书法盆景一般以大型为主、中行次之，小型长粗后容易变形，影响观赏。

滇派书法盆景除昆明外，保山、腾冲、大理、通海、丽江、鹤庆等地也有制作、传承和发展。

四、滇派盆景的其他创作形式及主要类型与表现形式

在滇派盆景发展进程中，除了以书法盆景为主要代表外，其它形式的盆景和谐共存、共同发展，如昆明卉生园徐国富师傅以大观楼长联为意境的“五百里滇池”等滇韵创新盆景。（图6–112、图6–113、图6–114、图6–115、图6–116、图6–117、图6–118）

（一）创作形式

滇派盆景的创作形式为“一式主导多式并存”，即以书法盆景为主导，“枯木逢春式”“立体图案式”“平面图案式”等形式共同发展。

（二）主要类型

滇派盆景包括树桩盆景（树木盆景）、山石盆景、山水盆景、水旱盆景、工艺盆景、花草盆景、果树盆景、微型盆景和砚式盆景等类型。

图 6-112　徐国富以昆明大观楼长联为意境的作品“五百里滇池”（徐国富先生的滇韵创新盆景）

图 6-113　用红枣树制作的“盛世红果”

图 6-114　用铁马鞭制作的“观沧海”

图 6-115　用枫树制作的“层林尽染”

图 6-116　用羽毛枫制作的“盼儿归”（徐国富先生的滇韵创新盆景）

图 6-117　用山雀花制作的“闲居”

图 6-118　用荀子制作的“家乡好”

（三）表现形式

据云南省园艺行业先贤、园艺专家卢开瑛的研究（卢开瑛，2014），滇派盆景的主要表现形式如下。

1. 古桩盆景

为云南最古老的盆景。从明末清初就已出现，创作者在名山、郊野选择主干已断或早已被砍断的老果树，老干上还保留少部分小枝，将其挖出在盆中栽培，成活后进行整形或嫁接到新枝后再次整形。这样的盆景看似老态龙钟，实则体现了枯木逢春，这是云南各地常用的一种手法，多选用桃、李、杏、梅、野樱桃和紫薇等树木。

2. 提根（露根）盆景

将材料栽在盆中，上部用瓦片培土露出形态多变的根部和基部，成活后另移植在盆中，其特点是形态奇异、苍劲，充满诗情画意，通常用罗汉松和金银花制成。

3. 书法盆景

这是云南一种古老的盆景艺术，用枝条根据篆书和草书的文字笔画蟠扎成如“寿、比、南、山”等字样，常用的材料是贴梗海棠、紫薇，在组字的基础上应用嫁接的方法又引出了图案盆景。

4. 块茎和块根桩景

如树萝卜、倒栽竹、山茶、迎春花和青香木等。

5. 附石桩景

有些植物依附在石灰岩上生长，如高山榕、七叶榕、鹅掌木等，取之做盆景。

6. 山石盆景

云南石材丰富、形态万种。20世纪80年代西南林学院王红兵等人将云南特有的石种以云南名山名川或名胜古迹为题，用硅化木、云纹石、汤泉石、石灰岩、麻石等制作成盆景，层次分明、色调明快，雄伟、秀丽，整体艺术效果明显，在全国盆景大赛中多次获奖。

7. 壁挂盆景

利用天然石灰石附着在浅盆盆景盆上，配上小型植物，造型构图如立体的国画、山水画。根据石材大小和盆的大小，可制作成室内挂件，室外可制作浮雕式山水盆景，把国画艺术和盆景艺术有机结合，成为立体的山水画。

五、传承与创新发展滇派盆景艺术

当前，我国已进入全面建设社会主义现代化国家的新时代，广大人民群众的生产生活条件有了翻天覆地的变化，人们对美好环境的需求有了新的内涵和外延，给滇派盆景的发展带来了良好机遇。

“打铁还需自身硬”，传承与创新发展的关键在于盆景人、园林人。一是更新观念、坚定信心。要树立“大盆景”理念，即对盆景需求从少数人变为多数人，需求场景从个别场景（公园、少数人家）变为众多场景（除了传统地点外，一些医院、学校、办公场所、公共场所、道路旁等都有需求）；坚定滇派盆景必定能够发展好的信心，盆景事业属于朝阳事业。二是发挥优势、突出特色。据卢开瑛专家介绍，云南有盆景植物47种92属146种，有云南独特的盆景植物铁马鞭、羊蹄甲、倒栽竹、树萝卜、雀梅、榆木、管花木樨、青香木、红牛筋、白牛筋、含笑、山茶、胡秃子和云南榕等，有丰富的硅化木、云纹石、汤泉石和片麻石等约400种，结合文化多样性优势和时代精神，以书法盆景为主体，多种类型协同发展。三是广泛交流、注重提升。在省内加强交流的同时，加大与省外甚至国外的交流，汲取最先进的科技知识、技艺手法和运营模式。四是固本培元、守正创新。要强化“民族文化”“乡土材料”“古朴天成、清新秀丽”“构思新颖、技艺精湛”等根本，汲取时代精神，不断从思想理念、技艺方法和运营管理3个方面进行创新，不断创新融资方式、运营模式。五是合作共赢、协同发展。在全力争取政府部门扶持和社会各界支持的同时，充分发挥协会作用，强化展览活动效应、加大普及宣传力度，组织科技攻关、做好人才培养，创新商业模式、加强沟通协调，加强信誉建设、增进合作实践，凝聚各方力量，相互协调、共同发展，盆景人必将实现更高质量的发展，滇派盆景必将迎来更加辉煌璀璨的未来。

参考文献

[1]卢开瑛. 滇派盆景的形成及展望[R]. 第四届云南科协学术年会“生物种业论坛”，2014.

[2]中国盆景-搜狗百科- baike.sogou.com/v...- 2021-5-7.

第七章

滇派园林的传承与创新发展

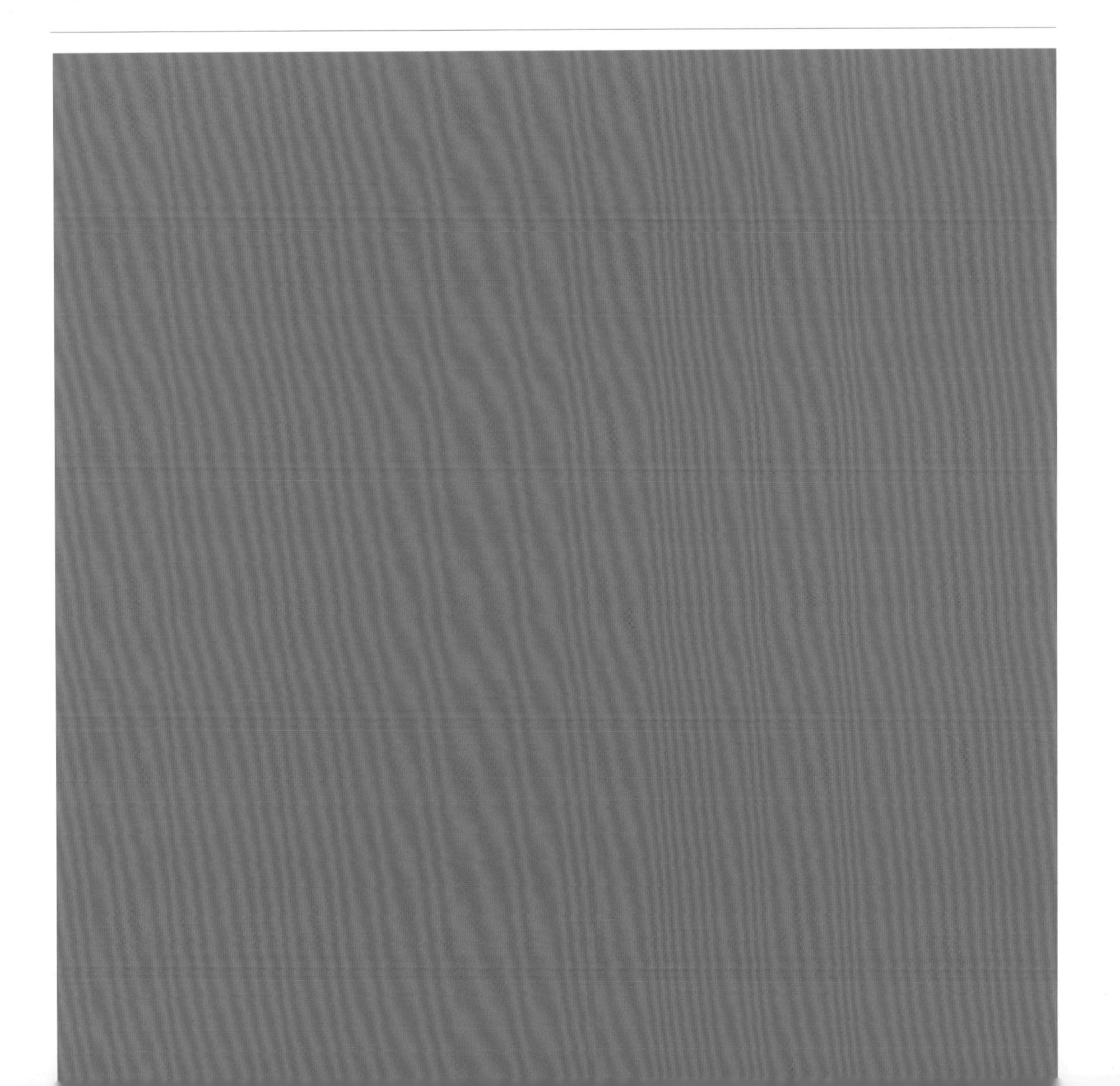

引　言

崔茂善[①]　杨志明[②]

传承与创新发展滇派园林是园林人的共同使命，在全力争取社会各界人士关心支持和广大人民群众认可和喜爱的同时，需要从古老文化中汲取营养，需要发挥好“植物王国”优势，在院校培养人才、研究机构进行研究的同时，滇派园林实践者们相互协同、合作共赢，攻坚克难、砥砺奋进。

本章由以下内容组成：第一节　沧源崖画对滇派园林的承启作用；第二节　滇派园林的乡土苗木；第三节　观光型苗圃的规划发展探析——以石林占屯苗木基地为例；第四节　滇派园林红河州发展与特色；第五节　滇派园林传承与创新发展的实践。

① 单位：云南省风景园林行业协会。
② 单位：昆钢本部搬迁转型工作组。

第一节　沧源崖画对滇派园林的承启作用

唐文①

中国有着丰富的崖画资源，分布在各地著名大遗址中，如广西左江流域崖画、云南沧源崖画和大王崖画、新疆阿尔泰和天山崖画、内蒙古阴山崖画、宁夏贺兰山崖画、福建仙字潭崖画、西藏崖画等，不同的环境显现出不同的历史基因与文化价值。沧源崖画以其珍贵、丰富和形象的资料，显现出滇派园林独特的价值与特色，其与新石器时代的人文文化有着密切的关联，它和云南雄浑的大山大水格局、沟谷纵横的空间形态、丰富的植物群落关系、多彩的民族文化特色、聚落与领地的存在性等有着天然的续接，是人类童年时代的艺术作品，是一种失落的古文明，其活化石的作用毋庸置疑。

一、沧源崖画所反映出的滇派园林的原始雏形特征

（一）滇派园林的溯源性

人类的园林史料许多时期会与同期中的特定文化遗迹有着密切的关联，而云南沧源崖画正是这一现象的典型体现。（图7-1、图7-2）

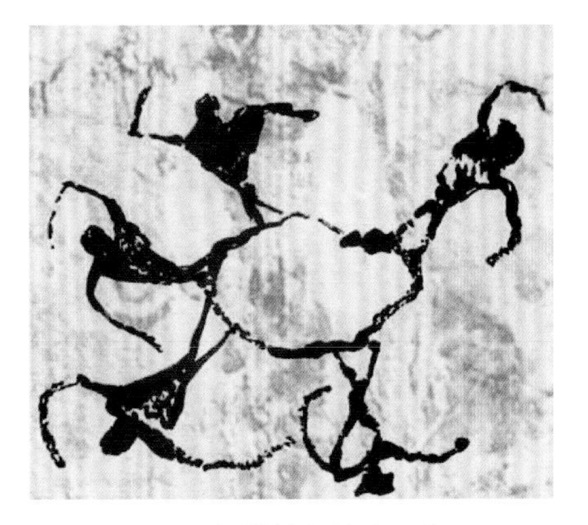

图 7-1　领地特征的沧源崖画

大自然才是孕育云南本土文化诞生的最为根本的温床，滇派园林正是逐渐在云南独特的自然因素及人文因素影响下形成的园林流派。云南地处边疆，因其极大的地域差别，使得本地的民族的文化都只能依赖自身环境而存在，更依赖环境能给予足够的生存

① 单位：昆明理工大学建筑与城市规划学院。

图 7–2　多种形态和谐共生的沧源崖画场景

条件，在生活条件极为艰苦、甚至是与世隔绝的情况下，迫使他们只能依托自身的原始文明形式发展下去。

（二）滇派园林的原始雏形特征

1. 沧源崖画的原始生活场景特征

所谓原始特征，即是人类最为基本的诉求，而崖画，正是记录该特征最为直接的表现形式之一，而且经久不衰。岩画反映的内容均是源于生活场景。早自1965年始，在云南省临沧市沧源县先后共发现崖画10处。10个崖画点分布在县境内的糯良山、班考大山和拱弄山之间的小黑山、南滚河的河谷地带，面积400多平方米，可辨认图像1063个，其中包括人形、动物、房屋、道路、村落、山洞、树木、舟船、太阳、手印及示意符号等。画面最大为3米×27米，多为狩猎和采集场面，也有舞蹈、战争等内容。沧源崖画图像成暗红色剪影，用铁矿粉和黏性动物血调和为颜料绘制而成，据测定距今已有3000多年，为当地先民的绘画，对研究云南民族文体艺术有重要的价值，为云南省重点文物保护单位、全国重点文物保护单位。崖画图像除了与生活场景密切关联外，还与包括部落文化、图腾崇拜、辟邪驱魔等精神层面相关联。对于生活历史的文脉的交代性，让滇派园林的雏形在本土历史文化中更有溯源性。这一特色体现了远古时期人与环境密切沟通、和谐一体的生活方式，它是生活与精神场景的提升，特别是作为环境氛围的启示。

2. 沧源崖画对原始生存习性、生活状态的交代特征

相比中国其他地区的岩画，云南沧源崖画的形式最多，造型方式也最多，反映的生存生活状态也是最为丰富的，语汇独特夸张。崖画对原始生存习性的交代形式多样，有狩猎形式、祈祷、神话、战事、舞蹈、构筑家园、场景描绘、家禽圈养、生产等9种形式，符号多样、图案精美，许多习性或多或少都延续到了现在。

3. 精神和文化层面的交代特征体现领地感

领地感是一个既有所属地域概念的词语，又有通过与天、环境、人与人的战事等得到的基本确定的生存范围，再由此得到归属感、家园感，从而达到和谐共生的理念的词语。

合力的体现：多姿多彩的人物特性，主体人物不限于透视与比例，做到夸大处理，形成中心，这种特征可将其理解成“领地”的作用性，不是唯我独尊的形象，而是和睦的群体概念，三个一群、两个一组，产生序列情节，战争元素在画面中几乎没有，而是体现防御的概念。生活洞穴、巢居、干栏等都是原始生活具体场景的空间范围提示——构成更为确定的领地，恰恰是云南民族和谐的真实写照。

祈福特征的体现：大于辟邪特征的主体，太阳到太阳人的出现、羽人的概念，也是领地的益彰。

动物和谐共生的体现：象、鹿等大的动物排列于岩画中间，形成画面的中心，猪、羊、牛等动物在外围，构成动物与领地的和谐。

道具的体现：通过以罗罩伞为中心的构图，体现罗罩伞下主要人物的普通人物

的关联，体现领地中精神场所的聚合感。

符号的体现：几何形的妙用、卷云纹等代表天地、气候多变的特征性，三角、圈状纹等的排列，形成诸多画面的中心，表现了领地场景的多样性环境特征。

4. 沧源崖画记录了原始聚落形态

与沧源崖画处于同一地区的就有翁丁古村的生活形态，这不是偶然。伴随着沧源崖画，翁丁古村的传统形式凸显出格局的特殊风貌，文明化生活状态的现实遗传性、村落建筑形式的原始架构得以延续，在蛮荒的基础上更注重生态性，文化环境更为具体、丰富，更为可贵的是沧源崖画科学记录了原始聚落的特色。寨墙寨栏的范围界定、建筑有洞穴到干栏式样的合理演变、寨心的中心场所格局性、图腾柱、祭司杆的标志、神树和墓地的形式都与沧源崖画有着密切的关联，经过沧桑岁月的变迁，起到了一个合理的具体化的继承作用。

图 7–3　延续了沧源崖画中的大屋盖、棚架的民居

二、云南滇派园林的“活化石”

崖画形式在人类历史上是最为简便、易于保存的形式，它对原始生活习性有最明细的交代。云南沧源崖画作为人类早期的文化遗迹，可称之为滇派园林的“活化石”。

图 7–4　具有沧源崖画符号特征的翁丁村落标识

三、历史文化的记载作用

沧源崖画所反映的图像特征、符号特征、图案特征最为直接地反映出原始的文化状态，有着文化的可追溯性。所谓承启，就是在滇派园林形成过程中承前启后的作用，在云南园林应该追溯到新石器时代人类起源。这个阶段十分漫长，由于历史的延续性，古崖画艺术和园林艺术的发展密切相关。

四、生活状态的记录作用

沧源崖画不是传统意义的生活状态的呈现，而是有序列地升华，人们在此寻找到了精神家园，不完全是刀耕火种，而是有种植、家畜的养殖，人们不再迁徙，有了领地感。这种独特的领地感是由云南地域环境安逸、与世隔绝所造成的，它构成了云南人生存（生活）—领地—家园—园林的不可分割的一体化效应。

图 7-5　延续沧源崖画精神场景的佤族大型祭祀活动

五、自然环境的影响作用

在部落迁徙中，生物多样性所构成的生存环境在云南并不是荒山蛮地而是富饶秘境，局部的战事开拓了安逸的领地，从而构成了佤族先民聚落和睦、交融、安逸的生存格局及归属感，滇派园林的雏形也由此成型。

六、艺术价值的延展作用

（一）构图与艺术造型

独特散点构图形式，中间突出放大的人物，形成中心，其他形式都伴随或围绕其展开，构图之间又分为几个序列，相互之间有着关联，同时在艺术造型上，人物的装饰艺术符号已具备了延续至今的现代符号理念，它在保持人物的结构特征的基础上，强化蓄力、敦实的腿部与手部臂膀的特征，大多采用盘腿的造型形式，内敛而不张扬、具有防御性而非攻击性。带毛带刺的人物肢体适合云南地域多植物的特性，既具有植物附着人体的特性，又强调肢体外挂各类飘带的特点，使得人物更有张扬特性，手部与腿部的不等却产生了更高层面的协调。在道具上装饰也极为简练，同时主次分明，有大有小。

图 7-6　可以清晰地看到当地先民的太阳崇拜、领地特征明显的沧源崖画

（二）场景的动态表现

常常运用几个左右不对称的形式来表现风吹舞起的树林，运用螺旋环绕圆形来表现洞穴的进深，道路往往采用直线，可以说是极为简洁概括的形式。

（三）动物的表现

崖画表现被猎杀后的动物场面极少，而是采用弱化凶残的捕杀感，强化人和动物之间的对峙。大部分图上的动物均是受到制服后的温顺形象，画中特意表现人和大象、鹿之间的和谐逗趣。家畜猪、牛、羊则是穿插在人物中间，形态稚拙、憨态可掬，如团一样地和谐分布，特别温顺的动物往往远离画面的中心，使得画面更加和谐。

（四）色彩的表现

崖画大部分呈红色，是用赤铁矿之类的颜料所绘，画具均用手指。图形较小，以人像为例，大者身高不过20—30厘米，小者身高不足5厘米。画面集中，常连贯地表现出当时人们的狩猎、斗象、舞蹈和战事凯旋等场面，内容明显可辨。暗红色为很多远古民族最喜爱的颜色，它象征着生命和欢乐。画人不绘面部，而着重表现其四肢，通过四肢的不同姿态，可以看出人的动作、行为，甚至可以看出人的身份和地位。动物则着重表现耳、鼻、角等特征，通过这些特征可以辨别动物的种属。无论动物或人物，一般都是遍身涂色，只有少数图形仅绘轮廓。这种绘画形式可延续至云南重彩画的风格形式。

图 7-7　沧源崖画战事场面极少，主要反映合力的场景，突出和谐共生的场景，左下角有明显的环境纹样特征

（五）装饰手法表现

采用剪影式轮廓画法描绘人物，绘制技法简单但这种剪影式的手法更直接，具有强烈的视觉感，传承久远。

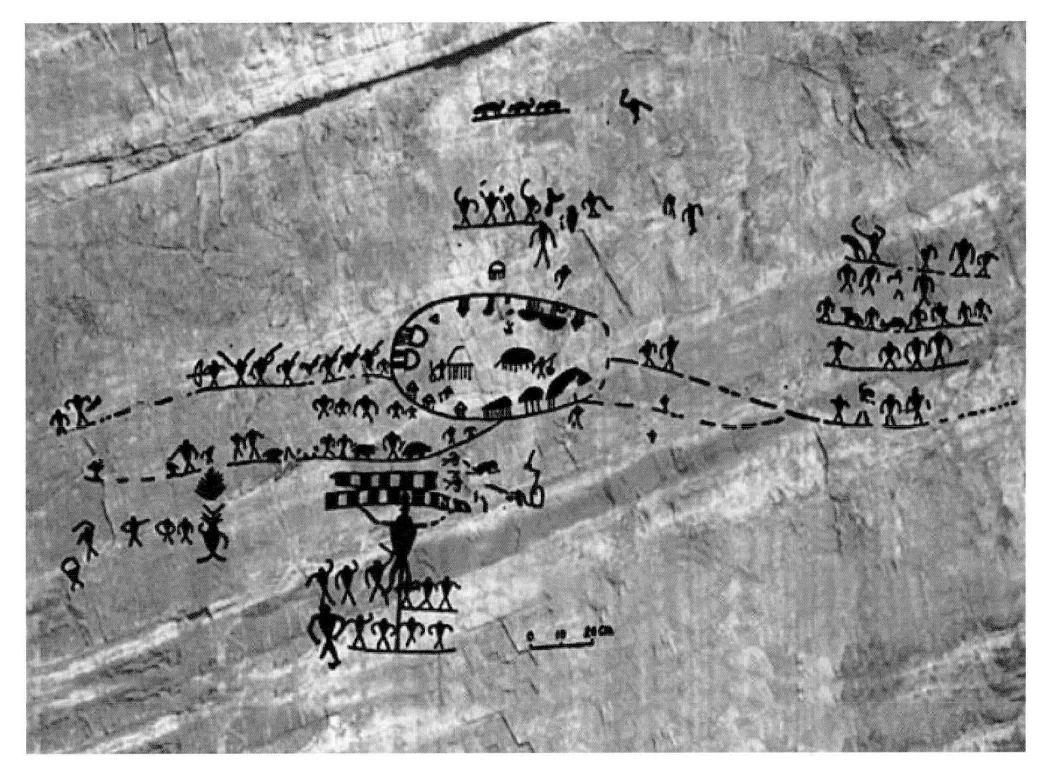

图 7-8　村落图

七、沧源崖画反映出滇派园林的承启效应

滇派园林是在云南独特的自然因素及人文因素的影响下，以大山大水为表现形式，以亲近自然、尊重自然、再现自然为核心，经过长期的发展、演进形成的园林流派。

沧源崖画以山水为背景的格局，与滇派园林大山大水的表现形式如出一辙；沧源崖画蕴含的和谐共居的家园理念，与滇派园林的共享性、亲和性特质高度吻合。滇派园林有别于江南园林、粤派园林的私人格局、京派园林的皇家气派。

此外，沧源崖画朴素地表达出一种聚落的概念，也可以称为领地的概念。例如，沧源崖画中著名的《村落图》（图7-8），从这幅图中可以观察到佤族先民生存家园的大致布局。画面中心是一个村寨，椭圆形的轮廓线代表地面，立在地面上的为十几座干栏式房屋。史前村落“房屋排列多呈圆形分布，更显示出这一时期聚落的本质结构与功能，它是村落内的团结和内聚力极强的标志”。云南园林艺术多种多样，演绎出多种体系，以聚落为概念的园林体系是其中一种独特的园林体系，体现领地感、归属感的特质。

总之，沧源崖画作为中国滇西南地区岩画的典型代表，无论从主题表现还是图像特征上都具有独特的研究价值。其功能价值和精神意义随其物质形态一同传承至今，并借助滇派园林等文化艺术形式得以呈现，其本身的“活性”也在这种呈现的过程中得以保留和延续。

参考文献

[1]王震中. 中国文明起源的比较研究[M]. 西安：陕西人民出版社，1994.

[2]张捍平. 翁丁村聚落调查报告[M]. 北京：中国建筑工业出版社，2015.

[3]苏和平. 云南沧源崖画探析[J]. 西南民族学院学报（哲学社会科学版），2002（23）：72–75.

[4]文定艳，张怡芳. 翁丁古村落景观元素现状探析[J]. 美与时代（城市版），2019，12：72–73.

[5]杨逸平. 佤族优秀传统文化的时代价值重构研究：以临沧佤族为例[J]. 云南社会主义学院学报，2021，23（01）：41–49.

[6]于帆. 沧源岩画的艺术特性及现代呈现[D]. 上海：复旦大学，2009.

第二节　滇派园林的乡土苗木

曹声贤[1]

虽然云南植物种类繁多，但云南的城市绿化主要品种多年来一直依赖于从省外调入，具有云南本省特色的绿化品种只有极少的几种，随着现代新昆明建设步伐的加快，这种现象越来越突出，特别是园林生态城市的创建也不可回避地摆在我们面前。云南是植物资源较为丰富的省份之一，它拥有中国一半以上的植物种质资源。多年来，由于云南在苗木生产上起步较晚，引种云南乡土品种则更晚一步，导致目前云南苗木市场上本地品种规格小、品种少。而租地价居高不下，很可能是长期制约乡土品种发展的障碍，可能在很长的一段时间里，云南乡土品种批量小、品种单一、规格参差不齐的现象会很突出。但尽管如此，毕竟我们有了一个良好的开头，乡土品种在当地种植所具有的极强适应性是不可否认的。

我们从1994年引种云南乡土品种，至今已引种260余种，包含了热带、亚热带、北温带、寒带等不同气候带类型的品种。我们最初引种的小叶香樟至今胸径已达50—60厘米，其耐寒耐水，适应性、抗病虫害能力远远优于外来香樟及天竹桂，在同等立地条件下，外来香樟、天竹桂会产生白粉病和煤烟病，而小叶香樟不会产生，外来香樟、天竹桂产生盘蚧等害虫，而小叶香樟不会大量产生。

大树移植从某种意义上讲缓解了城市绿化没有大树的矛盾，但从长远来看，许多大树并非人工种植培育的，而是天然的自然林，其中有一部分是名木、古树，在移植过程中，难免因运距过远或起运困难而脱水、死亡。大树的树龄一般不低，大都属于高龄树木，就是移植成活了，它的根也已经老化，不能比胸径5—6厘米的树木生长得快，生长得结实，遇春季大风易倒伏，长势更是区别较大。

云南是一个多山省份，“一山分四季，十里不同天”的现象随处可见，随处可以体验区位的多样，导致了独特气候的多样，在不同的气候带上形成了众多的物种

① 单位：云南省风景园林行业协会。

群落，从而形成了云南的生物多样性，形成了云南多样的物种。随着社会的进步和经济的发展，云南的生物资源得到了开发利用，但云南的物种开发利用远没有形成强势，就园林用的乡土绿化苗木的开发利用来讲就远远落后于周边省。云南乡土绿化苗木的开发利用从根本上没有得到很好的重视。1994年以来，我们先后引种260余种云南乡土品种试种，通过试种，可大力推广的云南乡土绿化品种有150余种，其中有一部分品种在城市园林中得到了应用。如蒙自种植的大叶海桐、肋果茶、香油果、红木荷、银木荷、金丝桃等应用效果相当显著，这些品种适应性、抗病虫害能力都较为突出，管理成本低，对水、肥要求不高；又如，石林、大理、弥勒、宜良、曲靖种植的小叶香樟、滇润楠、短萼海桐、大叶海桐、桢楠、金沙槭、冬樱花、三角枫、银木荷、小果冬青、珙桐、球花石楠、长梗润楠、头状四照花、肋果茶、小果枇杷、地瓜榕、高山杜鹃、火棘等，这些乡土品种的应用，给城乡绿化增添了色彩，为城乡绿化、推进物种多样性迈进了一小步。

西南地区降雨量充沛，长期受雨水的侵蚀，土壤大都为酸性，由于长期物种进化，适者生存，形成了南方土壤上生长的植物大都喜微酸性的土壤。而且云南的土壤分布以山地红壤居多，紫色土次之，紫色土壤的酸性比山地红壤还酸，肥力也较红壤差，山地红壤成了园林绿化栽培基质的主料，以致在人们的印象中就形成了栽花种树须在花池里填上红土，再配以有机肥、化肥及其他肥料就可以进行定植施工。云南的乡土绿化品种自然条件并非优异，大多云南乡土品种的母本树的生存地土层较薄，多年的人为开发林区木材资源形成的地表径流突出，生态环境每况愈下。自古以来云南冬春季节的气候都比较干燥，空气湿度较低，特别是每年的1月，是全年气温最低的时候，形成了干燥、低湿、低温的现象，很多外来物种在这一时期生长不良，甚至染上病虫害。而云南的本地品种在这一方面表现得比较好，不仅不会出现生长不良及染上病虫害现象，而且生长良好，能抵御自然灾害，如球花石楠、桢楠、头状四照花、短萼海桐、肋果茶、香油果、华榛、金沙槭、五裂槭、地瓜榕、金丝桃、黄连木、皮哨子（无患子）、滇润楠、火赖等。

云南的气候受印度洋暖湿气流、南海季风气候及西伯利亚冷空气南下的影响，在夏、秋季节雨水较多，这时期空气湿度也较大，花木生长较旺盛；冬、春季节降雨较少，空气干燥，湿度较低，这一时期较考验花木抵御自然的能力，抗寒能力弱及对湿度要求高的一些品种在这一时期生长不良，易染病虫害，对于这类品种的花木，在冬、春季节需加强管理，做好防寒、防冻及病虫害防治工作，而这样管理养护成本无疑会增加。有的品种在下霜之前就因寒害而死，如国王椰子、油棕、酒瓶椰子、槟榔等不耐寒的品种要通过引种、试种，试种成功才能推广种植，种植品种要考虑气候因素和适地适树的原则，切不可盲目地引进。

云南独特的气候孕育了众多的植物种群，也孕育了众多的民族和文化。以高黎贡山为例，如在其以西及西坡，以及与缅甸相连的区域，由于受印度洋暖湿气流的影响，湿度较大，物种也较为丰富，在这一区域分布的有西南桦、光皮桦、尖叶杜英、华木荷、银木荷、香油果、竹类（多种）、蒲桃、多花含笑、南亚含笑、大叶木莲、宽叶百花木莲、冬青（多种）、丽江三角枫、马醉木、云南山茶花、马樱花、黄杯杜鹃及许多高山杜鹃等，这些品种中有相当一部分品种通过人为引种，试种后可以用于我们的园林工程之中；又如在高黎贡山的东坡，这一坡面从山脊到怒江边，植物种群的分布与西坡又有所差异，故这一坡面在坡脚一带属干热气候，有相当一部分物种具有热带的特色，如木棉树、树瓜、木豆等，到了坡中部有滇丁香、五加、山苍子、五裂槭、三角枫、杉木、长蕊木兰、川滇桤木、灰岩含笑等，坡的中上部有尼泊尔桤木、高阿丁枫、桦叶荚莲、花秋、冷杉、铁杉、高山竹类等，到达海拔3100米处乔木品种消失，取而代之的是高山草甸、灌丛、高山竹类等，由于东坡降雨少，湿度没有西坡高，上部干冷，中部湿热，中下部干热。因此，东坡的植物种类与西坡的植物种类不尽相同。

通过植物品种分布的不同海拔，我们在引种驯化、试种、推广方面，根据相关品种的区域参数，与异地种植和差异进行理论分析，然后依据推断进行试种，试种期一般不能低于3年，一般乔木品种、大灌木品种以播种为主。通过播种培育的苗木，主根明显，根系能长得深，树木的寿命长，不易在春季被风刮倒，我们在选择乔木树种和灌木树种作城市绿化品种时要选择寿命长、景观效果好、叶色光亮、易移植、适应性强、抗病虫害能力强的品种为宜。云南的乡土品种可作城市绿化用的有2000余种，但这些品种有的能适应城市的环境生存，有的则不适应，我们引种的260余种中，其中有150余种能适应城市环境生存，不适应城市环境生存的品种形形色色，有的不耐汽车尾气，有的不耐灰尘，有的不耐地下水，有的不耐干旱等等。低海拔地区的部分品种到滇中地区还不到冬季就开始死亡，高海拔地区的部分品种到滇中地区，因温度过高，往往出现种子不发芽或出苗后因生长不良死亡的情况，总之，情况各异。这就要求我们在试种过程中，充分发挥我们的才智，采取一些技术手段，创造一些条件满足其生长发育（这类品种的种植往往具有地区特色），不断总结经验，逐步掌握各品种的规律，培育出适应市场需要的各类品种，满足城市绿化需求，为城市绿化的物种多样性创造条件，逐步形成城市绿化的生物多样性，只有做到生物多样性才可以做到生态园林的要求。

云南乡土品种的开发利用不仅丰富了本省的城市绿化用种，对全国的城市绿化用种也有极重要的意义。云南的乡土品种从700米的低海拔到3000多米的高海拔，物种极其丰富，有的品种除用于观赏外，还有重要的药用价值，如红果树球花石楠、云南樟、枳、华榛、喜树、小叶七叶莲、皂角、白蜡树、大叶女贞等。

物种的开发利用不是简单的挖掘移植，这种做法会破坏生态，有的濒危种很可能会因此在短时间内消失，这是人类的损失。物种的消失会给人类带来灾害，每一个物种都与人类生存的地球形成共生关系，缺一不可，物种不可能人为地再造，我们人类要善待每一个物种，合理开发和利用自然资源，有利于物种延续，为人类的生存提供保护。在开发每一个物种过程中，首先，我们要认识这个物种是播种繁殖还是无性繁殖，有的低等植物则是孢子繁殖，有的可能还要利用组织培养进行繁殖，为使每一个物种都能取得成果，要求植物科技工作者具备一定素质，掌握相关的技能，只有这样才能把这项工作做实做好。

云南是一个植物资源大省，把云南的资源优势转变为经济优势一直是植物工作者的夙愿。

第三节　观光型苗圃的规划发展探析——以石林占屯苗木基地为例

吴凡[①]　高鸿[②]　王伟[③]

观光型苗圃是现代园林苗圃发展的必然趋势。但由于观光型苗圃的规划设计还没能形成一个完整规范的体系，特别是缺乏科学合理的理论指导，所以观光型苗圃的建设方面还存在很多问题。本节以石林占屯苗圃基地为例，分析观光型苗圃的发展思路与规划设计，探究观光型苗圃的发展模式。

一、传统苗圃发展休闲观光的三大模式

（一）综合型观光游览园

综合型观光游览园游览内容十分丰富，其占地面积较大，旅游服务设施及旅游体系都相对成熟，其功能上更偏重观光休闲，旅游经济回报大。

1. 发展要点

明确发展定位，确定以观光旅游为主体发展，项目从各方面突出体现休闲林业“乡（乡村）、野（山野）、民（民俗）、体（体验）、创（创意）”的要点。

2. 主要市场人群

周边大中城市人群。

3. 经营形式

1）大型企业一站式发展；2）政策引导，企业牵头，农户加盟。

① 单位：昆明睡美人生态修复研究所。
② 单位：昆明睡美人生态修复研究所。
③ 单位：昆明睡美人生态修复研究所。

4. 案例：北京世界花卉大观园

北京世界花卉大观园位于北京南郊，全园面积41.8公顷，是北京市四环以内最大的植物园，2005年被评为“精品公园”，2008年被评为国家AAAA级旅游景区。（图7-9）

图 7-9　北京世界花卉大观园

北京世界花卉大观园景观由7大温室和15个花园广场组成。温室内全部采用电脑控制的通风、加湿、恒温、滴灌等新技术，营造出适宜植物生长的环境，各温室内的植物千奇百怪、花团锦簇。热带植物馆中有数百年的佛肚树、重阳木、古榕树等乔木1800余种；沙生植物温室有上百种仙人掌、仙人球；精品花卉厅有生动风趣的植物生肖园、精品盆景园，电子触摸屏为游客介绍丰富多彩的各国花卉知识；颇具农家田园风光的蔬菜瓜果园中有重达150千克的巨人南瓜；在茗赏百花厅可以赏花品茶；还专门为游人提供了直接参与花卉组培技术的活动空间和各类娱乐项目。

室外景观有各具特色的百花广场、凡尔赛花园、水花园、夜花园、花之广场、花之谷、牡丹园等园中之园；颇具异国风情的荷兰花园、俄罗斯花园、德国花园、奥地利花园让世界花卉文化和精美的园林艺术在这里交相辉映，巧妙和谐地融合在一起。

北京世界花卉大观园年接待中外游客100多万人次，旅游收入达3个多亿元。

（二）专业主题类观光园

专业主题类观光园具有“小而精、专而美”的特点，一般根据生产植物种类来划分。此专业主题类观光园在面积、资金、人力等多方面可以灵活变动，存在多样形式，适合各种类型的公司及个人苗圃发展。在花木产业园规划和功能分配上，以生产示范为旅游开发的依托，专业研究为发展旅游的卖点，产品文化为旅游的切入点。

1. 发展要点

各方位挖掘专类植物品种、文化等特征，开发或引进时代先进设备和技术，发展主题化、行业示范类的休闲观光。

2. 主要市场人群

花木从业人士及周边城市居住人群。

3. 经营形式

1）花木行业领军企业；2）小型专类花木种植经营者。

4. 案例：紫海香堤香草艺术庄园

“紫海香堤”香草艺术庄园，位于北京密云区境内，与中国长城之最——司马台长城毗邻，“无垠的香草田”“安静的汤河水”和“茂密的金山林”构成了一幅绝美独有的风景图画。（图7-10）

紫海香堤香草艺术庄园始建于2005年，建园时从香草的分类种植要求着手，投

图 7-10　紫海香堤香草艺术庄园

入资金进行了土地、水利配套培育的农田基础改造。2006年又引进欧洲较为名贵的香草品种110余种，并配置基本生产设施，进行多项实验栽培，栽培面积40亩。2007年又投入资金进行了道路改造、参观场所以及温室大棚等设施的建设。目前，香草种植面积达到190亩，有机蔬菜、特色农作物种植面积达50余亩。

园区整体布局为一区、一廊、两营地、三中心，即香草种植区、岸休憩长廊、帐篷宿营地和汽车营地、高地服务中心、香堤服务中心以及香堤会所服务中心，其中香堤会所服务中心用于举办主题活动与时尚派对，同时为游人提供一个休憩之地，香草主题展览厅是对香草文化的集中诠释，园区内还建有特色建筑如爱情渠、星座爱情柱、爱情小木屋、香草迷宫等，游客可以亲手制作香草茶、香包、香草皂、蜡烛等作为纪念品自己珍藏或送给亲朋好友。

香草植物具有产品附加值高、加工过程无污染、栽培过程有机化等特点，它可改善农业种植业结构，使当地生态优化发展。同时紫海香堤香草艺术庄园本着带动当地农民共同致富的原则，在香草园雇佣当地农民参与香草种植、基础设施建设、旅游接待服务等工作，使当地农民获得除种地之外的工作收入。在运营期间保证在有需求的情况下，以当地市场价优先购买当地农民自种自产的蔬菜、禽蛋等，因此庄园对当地的社会发展、经济增长和生态环境保护等方面都做出了巨大的贡献。

（三）花木市场

1. 发展要点

以交流博览为载体，集合宣传与展销，吸引游人拉动休闲服务发展，在市场和花木交流中成为打造企业品牌的花木，以其自身的观光特性广受大家喜爱，其经济和观赏兼备的属性成为各地区大力支持发展行业之一，而依托花木发展旅游打造苗木之乡的案例亦是层出不穷，而各花木企业在这种环境下，可通过联合打造花木街、花木交流市场吸引游人，发展旅游业的同时加强行业交流，更是宣传企业自身品牌的一个窗口。

2. 主要市场人群

花木行业终端从业者及周边城市居住人群。

3. 经营形式

1）政府引导+企业参与；2）行业协会主办+企业承办。

4. 案例：深圳荷兰花卉小镇

深圳荷兰花卉小镇，前身是南山花卉世界，是由深圳市兴润花卉物流有限公司经营管理，集商务展示、花卉贸易、休闲观光于一体的现代花卉物流中心。（图7-11）

荷兰花卉小镇不仅为商家提供了一个花卉交易的平台，也是现代花卉集散地，

图 7–11 深圳荷兰花卉小镇

更是一个向人们展示国内外流行花卉品种及花卉文化的展览中心；异国情调的咖啡与酒吧文化，古典欧陆风格的园林景观小品使人们在与花卉的交流中，感受南山花卉文化独有的古朴、浪漫的异国风情。

深圳荷兰花卉小镇以“打造中国最佳花卉贸易平台”为目标，从建筑设计、市场经营、牧业管理、配套服务、花卉文化推广等各方面都进行高标准的花卉林木园规划建设，并注入更广泛的文化内涵，力求成为一个集花卉展示、现代化管理、国际化经营的综合性花卉物流中心。

它是全国唯一一个以浪漫风情为主题的古典欧式建筑风格花卉市场，积淀了醇厚的文化品位，更因它在寸土寸金的深圳盛开而显得尤为珍贵，成为集花卉、苗木从业人员交易以及花木爱好者游览休闲的胜地。

二、石林占屯苗木基地概况

（一）项目地概况

项目所在地为石林彝族自治县石林街道办事处占屯村，位于石林县城东北方向，距离石林县城约20千米，占屯村地理位置优越，背靠AAAAA级著名风景名胜区乃古石林，毗邻台湾农民创业园，距石林火车站约5千米，交通便利。村庄周围拥有3座大型水库，其中有两座与土地同期租赁使用，水源条件优越，十分适于苗木生产，是发展观光休闲、旅游度假、科普教育基地的理想场所。

（二）主题定位与规划目标

1. 主题定位

石林占屯苗木基地建设贯彻落实园林苗圃与观光一体化的目标，遵循自然生态规律，因地制宜，利用现代林业的高新技术，把苗木生产作为苗圃建设的出发点和立足点，以自然化、人性化、高品位的规划理念为核心，以独特的地方生态资源和优美的乡村田园风光为依托，以高端观光游憩、田园养生度假为中心，打造一个集苗木生产、科普教育、观光休闲、旅游度假、仓储功能为一体的现代化、集约化和全方位多层次宽领域的旅游生态观光苗圃、可供人们一年四季观赏游玩的度假胜地，同时与石林旅游业发展建设相呼应。

2. 发展目标

项目的规划目标是将苗圃打造成为一个以学术研究、苗木种植研发为主导的高新技术园区，以旅游、观光、展销、科普教育为附属功能，大力开展休闲旅游、科普教育、宣传推广的同时结合农业定位，适时策划开展具有参与性、趣味性、互动性的活动，如采摘、种植、捕捞等趣味活动，打造成为人们旅游休闲、康养体验的最佳场所。

3. 规划思路

石林彝族自治县是阿诗玛的故乡，拥有世界独一无二的喀斯特风景地貌，每年旅游观光人数众多，利用石林景区旅游发展的契机，将苗圃建设与当地彝族文化特色相结合，并融入自己的原创IP，充分利用项目地理优势发展拥有自己特色的产业链，将苗木生产与特色旅游产业结合起来，打造一个综合型观光游览园。

4. 规划原则

（1）尊重自然现状，充分利用现有资源

项目规划设计时，尽量按照场地原有现状进行规划，如有需要可以在原有基础上做出略微调整，尽量不大幅改变原始现状，在原有的自然风貌上，按照规划建设一系列设施形成景观效果，这样既保留了原始特色，也充分利用了资源，可避免浪费。

（2）产业多样化

在园区总体规划时将苗木生产和旅游观光作为主要产业，同时再根据园区内的资源优势及特色发展其他产业，如渔业、养殖业、商业等多产业交叉的发展模式，为园区创造更多的经济价值。

（3）科学运用分层控制原理

生态观光苗圃属于多功能性且风格独特的专类休闲观光区，规划中应考虑到其既是花木产业基地，又是花木规模化生产基地，同时还要综合考虑其观光旅游功能。总体布局分为3个层次控制，即花卉苗木观光游赏、生态休闲活动和综合管理服务。花卉苗木观光游赏具有规模较大、效果明显、影响深刻等特点。生态休闲活动和综合管理服务与花卉苗木观光游赏层次比较，空间规模小，微环境变化多样，灵活性强。

（4）采用合理的结构

根据生态观光苗圃的景观背景特点，对一级控制层、二级控制层和三级控制层分别采用不同的理念进行规划和实施。由于项目所在地用地性质较为复杂，为国家保护区范围，不允许出现永久性建筑，故配套设施建设均采用临时性建筑，以木质为主，并辅以植物搭配，回归自然，以使游客感受到犹如进入生态氧吧的氛围，亲近自然。

三、建设现状

（一）道　路

园区目前处于建设初期，道路未进行硬化处理，仅使用机械按照园区总体规划修整出施工便道，方便前期工作车辆以及苗木种植拉运时能够正常通行，后期完成种植计划后再按照整体规划设计进行完善处理。

（二）排　水

苗圃内的排水系统主要由大小不同的排水沟组成，排水沟分为明沟和暗沟，目前多采用明沟排水，在道路与排水沟交叉区域使用暗沟排水。一般先挖向外排水的总排水沟，中排水沟与道路两侧的边沟相结合，与修路同时挖掘而成，作业区内的小排水沟可结合整地进行挖掘，排水沟的宽度、深度、位置根据苗圃内的地形、土质、雨量、出水口的位置等因素综合决定，保证雨后能尽快排除积水，同时尽量占用较少土地。园区内排水系统基本闭合完成，主副排水沟配合，能保证雨季正常排水。

（三）灌　溉

石林县政府各有关单位对外来投资企业给予良好的扶持政策，在云南城投园林园艺有限公司与石林县水务局的积极推动下，决定进行PPP项目合作。作为试点，于石林占屯苗圃开展“石林占屯农业园高效节水灌溉项目”的建设，由石林县水务局及石林县政府补贴建设主体工程，企业出资建设田间末端工程，旨在共同打造一个高效节水灌溉工程示范点，作为展示地方及公司的一张亮眼名片。

本工程共分为两个标段进行施工，由园林公司与石林县水务局分别招投标于两家施工单位共同建设。于租地范围内建造一座高位水池，满足相应的高程要求，后在两座水库处建造抽水泵房连接至高位水池，将水抽至高位水池后由水池中自流至田间末端管线进行灌溉工作。具体工程建设为水务局方面负责进行抽水泵站、高位蓄水池及提水、输水主管线等工作建设；施工方主要负责分支管线以及抽水配电室、变压器等安装架设工作，双方共同施工后完成整体连接。整体工程于2019年2月完成并投入使用，浇灌范围覆盖约1800余亩，由田间末端管线出口处分接相应管线即可进行日常浇灌工作。

（四）主体苗木

截至目前，石林苗圃项目一期二期苗木主体栽种工程栽种面积共计约1600余亩，占项目总面积的约2/3，栽种乔木22个品种，包括美国红枫、滇朴、紫叶李、紫薇等合计约11万株；栽种灌木球5个品种，包括欧洲荚蒾球、红叶石楠球等合计约2.5万株；栽种观赏草9个品种，包括新西兰亚麻、紫叶狼尾草等合计约2万株；栽种水生植物6个品种，包括再力花、梭鱼草等合计约2万株。（图7-12、图7-13）

图 7-12　美国红枫套种金森女贞球

图 7-13　上袋熟化观赏草

四、后续发展思路

截至目前，占屯苗木基地已基本完成苗木的主体种植工作，各品种苗木生长状况良好。苗圃目前种植面积广，苗木数量多，补水、林下杂草清理及病虫害防治等工作任务较重，所以目前的整体工作重心在于养护工作，在苗木的日常养护工作趋于稳定后，再按照观光型苗圃规划思想进行后续工作的建设。

（一）打造特色产业链

图 7–14　山楂制品产业链

例如，除了观赏性苗木以外，可以培植山楂树作为附加产业链，打造一个“山楂树之恋”的主题农庄，充分挖掘其观赏、食用、加工等价值，以老少皆宜的产品以及代表着“纯洁爱情”和“长寿果”的文化内涵形成原创IP。山楂既有良好的观赏效果及游客参与体验效果，游客可观赏山楂花、山楂果，进行采摘、自制山楂产品，将其作为伴手礼赠送亲朋好友。

山楂制品包括：冰糖葫芦、山楂茶、山楂蜜、山楂酒、药品、膳食辅料、罐头、果脯、饮料等，产业链丰富，产品多样化。（图7–14）

项目通过山楂产业链的深层次打造，不仅有丰富的文化内涵，还可挖掘出符合健康、养生、收藏的特色产品，满足人们健康生活的需求。

（二）花卉产业与婚庆产业结合

可于园区内打造出婚庆摄影等场所，打造婚庆产业园区，以各种观赏花卉作底色，形成浪漫的彩色花海。

（三）多元化娱乐相结合

园区内设置不同的功能分区，可在传统的垂钓基础上，增加一些捕鱼、摸虾、捉泥鳅等系列娱乐方式，并定期开展一些比赛活动，在调动游客积极性的同时做好宣传，打出知名度，同时引入其他一些相关联的乡土娱乐模式，构筑一个田园休憩娱乐综合体。（图7–15）

图 7–15　多元娱乐相结合

（四）与科普教育相结合

打造云南省青少年农业科普研学基地，争取国家及省、市相关扶持资金。让青少年近距离融入农业生态、生产、生活，了解石林撒尼特色民俗文化。来这里可以充分体验到动物饲养、苗木栽种、植物科普、观赏摄影、DIY植物标本、运动拓展等趣味十足的寓教于乐项目。（图7–16）

图 7–16　与科普教育结合

参考文献

[1]王艳. 观光农业园景观特性表达初探[D]. 西南大学，2010.

[2]石迎. 我国园林苗圃生产现状及发展策略[J]. 现代农业科技，2011（12）.

[3]陈艳. 多功能苗圃研究进展[J]. 黑龙江农业科学，2014（01）.

[4]赵鑫. 观光游览苗圃发展研究与规划设计初探[D]. 北京林业大学，2006.

[5]李明智，王克涵. 浅析园林苗圃的建设[J]. 天津科技，2011（02）.

[6]刘嘉. 农业观光园规划设计初探[D]. 北京林业大学，2007.

[7]张蓓，万俊毅，文晓巍. 国外农业旅游的模式比较与经验借鉴[J]. 农业经济问题，2011（05）.

[8]涂强. 可持续发展概念在设计中的应用[J]. 重庆教育学院学报，2003，16（2）.

[9]赵文怡. 天津城郊观光苗圃规划设计研究[D]. 东北农业大学，2016.

[10]白德龙. 双峰县洪山殿镇观光苗圃景观规划[D]. 中南林业科技大学，2016.

[11]崔雯婧，刘志成. 浅析观光苗圃规划设计[J]. 现代园艺，2015（23）.

[12]杨俊霞. 观光游览苗圃发展研究与规划设计初探[J]. 现代园艺，2016（18）.

[13]陈远吉. 景观苗圃建设与管理[M]. 北京：化学工业出版社，2013.

[14]张志国，鞠志新. 现代园林苗圃学[M]. 北京：化学工业出版社，2015.

第四节　滇派园林红河州发展与特色

梁辉[①]　李奇志[②]　朱江[③]　陈秀平[④]　梁子曦[⑤]　全利[⑥]　杨桂英[⑦]

一、红河州园林发展概况

红河哈尼族彝族自治州（简称“红河州”）秉承资源应用，遵循经济规律、自然规律、生物规律，大开放大产业大格局，自建州特别是改开以来，大实验场、大工地、大成果，兼收并蓄、兼容发展，红河园林作为滇派园林重要组成部分，已经成为当地经济发展新的增长点、第三产业的龙头，有力地拉动了数字产业、农业、房地产业、建筑业、市政及公用事业等第一产业、第二产业、第三产业、第四产业（智能产业）等相关产业的发展，综合带动效应突显。另外红河州2014年在省内率先评出“双姊妹”州树州花（香樟、清香木；木棉花、凤凰花），2016年在由联合国环境规划署、联合国人类住区规划署、联合国开发计划署、联合国粮农组织指导，第七届中国绿色发展高层论坛岳阳会议上，红河州获评2015年度“中国十佳绿色城市”，一位个人获得“践行生态文明 坚定绿色发展 特殊贡献奖”；2009年个旧市获得“中国十佳绿色城市”，一位个人获得“中国十佳绿色新闻人物”。

红河州13个县市中，已经有7个县市至少有1个湿地公园，3个国家级自然保护区分布于6个县市，3个县市各有1个省级自然保护区（点），10个县市有园林城市（县城），其中国家级园林城市（县城）3个、省级园林城市（县城）7个，有11个县市是风景名胜区，其中国家级风景名胜区2个、省级风景名胜区6个、州级风景名胜区3个。建水是国家级历史文化名城，石屏是省级历史文化名城。国家级、省级53家历

① 单位：红河州风景园林管理处。
② 单位：红河州规划展览馆。
③ 单位：红河州文物管理所。
④ 单位：云南烟草公司昭通市公司。
⑤ 单位：山东大学。
⑥ 单位：红河州情报科学研究院。
⑦ 单位：红河州农业农村局。

史文化名镇（村），建水团山古村落是世界纪念性建筑遗产。

截止“十三五”末，红河州风景名胜区总面积已经达到1080余平方千米，占全州总面积的3.3%，其中有自然保护区面积741.3平方千米，占风景名胜区总面积的68.6%，占州面积的2.3%。

红河州已建立起完整的风景园林体系，成为国家重要的风景名胜区和动植物种质基因库，治理全球北回归线附近沙漠化、石砾化，特小动植物物种种群、特少民族及西南地区传统民居等自然、人文研究的理想场所，并且已经成为重要的红河州特质化的旅游资源禀赋。

二、红河州的特色

（一）13个县市公园、广场：硬铺装+旱喷泉+金属硬雕塑

“十二五”“十三五”时期，红河州经济有了极大发展，环境理念有了极大提升，以房地产开发为标志的城镇建设，促进了“三个一”（每个城市有一个公园、水厂、垃圾处理厂）、“三个八”（人均各八平方米城市道路、公园绿地、住房面积）发展，带动了红河州城市公园、广场环境建设，同时为迎接1992年昆明中国艺术节、1999年昆明世界博览会召开，全州13个县市除面积大小外，几乎均建了清一色大理石硬铺装+旱喷泉+须弥座上的金属雕塑的城市广场，作为一种刚刚改革开放时面对“大开放大发展”时局的一种“文化现象”，有力地支持了城市防灾避险绿地建设，对发展滇派园林起到了一定的促进引领作用。

注册在红河州的云南唯一两家上市的“红河绿化公司”：绿大地绿化公司、吉成绿化集团公司。

云南首家上市公司云南绿大地绿化公司，20世纪90年代中期在越南隔河相望的河口农垦橡胶农场热作所诞生，主要从事花卉、绿化工程等相关业务，企业营运、经营效益均做得风生水起，绿化业务社会占有率、社会口碑很好，到了中后期，公司业务拓展，顺势而为，成为云南首家上市绿企。后由于各种原因退市，但作为云南绿企和国际接轨走向国际大市场的范例，对建立现代企业制度在云南的应用起到推动作用，也为滇派园林的确立与发展，给后人留下一笔“可研究”的遗产。

云南第二家上市公司吉成绿化集团公司成立于20世纪90年代后期，是企业产业转型以及集团化发展的成功案例。至2020年，企业已经发展成为省内外知名企业之一，取得了资源利用与企业生存发展的巨大效果，产值连年飙升，企业文化、人才优势明显，有了自己的知识产权、目标市场、网络人脉，为政府脱贫攻坚、劳动力就业做出贡献，为产业、企业转型升级，绿企经营管理提供示范样板。

（二）云南红河“四洞一山”格局

红河州自20世纪80年代初始陆续开发开放“四洞一山”（云南建水燕子洞、弥勒白龙洞、泸西阿庐古洞、开远南洞、屏边大围山等国家级省级风景名胜区、历史文化名城），1992年红河州全部13个县市实现对外国人开放，进入发展“红河旅游”时代，同时滇派园林、云南旅游业声望得到有力助推，特别是2013年后“哈尼梯田世界遗产”成功申报，滇派园林的外延与内涵得到丰富，云南旅游业呈多极发展态势。

近10年来，红河州城市建设以弥勒、蒙自、建水等县市为代表，城市绿化园林苗木产业综合产值在2020年达到50亿元以上。2016年城市园林绿化苗木产业吸纳农民112000人就业，弥勒、开远等的绿化公司通过“公司+基地+农户”的订单模式，组织3000户农户参与种苗生产，并提供全程技术服务，按照合同进行回购，辐射带动达40余万亩。

（三）云南滇派园林现象阐释

自20世纪90年代倡导滇派园林发展至今，各地均有许多深刻发展案例。

1. 昆明1992年中国第三届艺术节及’99昆明世博会

艺术节是国家首次在云南举行，’99昆明世博会是世界在中国首次举办的重大活动。1999年，出于国家对云南的信任及云南自身丰富的资源禀赋，加之1992年的艺术节各地州均做了大量文化、风景区、城市建设等精品项目工程，道路交通、城市形象、大型综合组织管理能力均得到预演、实践和提升，特别是国家重视、世界各国支持、云南努力，’99昆明世博会得以成功举办。这两件盛事均是国家尤其是云南滇派园林发展史上的浓墨重彩，也为国家承担举办诸如此类国际级重大活动积累了成功经验。

2. 云南民族村

云南民族村是继国内深圳世界之窗、北京世界公园之后发展起来的专类园，位于美丽的滇池畔、风景名胜区西山脚下，表现了世居地与各民族生产生活，为云南人文资源在滇派园林发展过程中的有益尝试。

3. 屏边滴水苗城特色小镇

屏边滴水苗城头枕云南屏边大围山国家级自然保护区、云南屏边省级风景名胜区、国家园林县城，依占“崖疆锁钥”，滇越铁路“人字桥”衔接越南“两廊一圈”，对接“自由跨境贸易区”，联系蒙自“经济开发区”“综合保税区”，迈向南亚东南亚“战略高地”、绿色生态屏障等，已经通高铁、高速公路，但是它是一座大的村活的城，依托苗族这一特定少数民族、云海、绿林等元素，投入优质人财物力，综合运用海绵城市等现代城市建设理念，充分借景屏边“雾海绿洲”，充分利用大围山葱郁优质亚热带原始森林、火山口渗流出来的无污染碱性水资源，通过九大连湖绽放出美妙的符音，多彩的苗族生活，成为国家级河口口岸避暑大后方、对越贸易前沿、“中国天然氧吧”，是云南省特色小镇建设的成功范例，也是发展滇派园林的有力写照。同时为云南发展山地城镇，发挥“滇派园林”优势提供了案例。

4. 哈尼梯田世界遗产

哈尼梯田世界遗产位于北回归线附近，与赤道上菲律宾梯田世界遗产齐名，是世界农耕文明之一。哈尼族是世居于中原的氐羌部落族群的后裔，由于战事，生存的环境生态破坏严重，逐步南迁，客居于红河沿岸哀牢山山区，红河南岸是其主要聚居地，依靠“森林+河流+梯田+云海”四度共构的环境生态系统生产生活。哈尼梯田是天然滇派园林生态系统、稻作文化、人工湿地、国家重点文物保护单位、自然保护地、风景名胜区重要的展示地，是北回归线上新的重要的新物种诞生地，是滇派园林发展的又一范例。这一国家湿地公园是“绿水青山就是金山银山”实践创新基地。2010年被联合国粮农组织认定为“全球重要农业文化遗产”。2013年被联合国教科文组织批准列入《世界遗产名录》。

（四）造园特点

1. 坐拥山水，山水环抱，自然山水

借景问题　坐拥山水：无论云南建城、坐村还是开商埠，都非常讲究“风水”，依托山峦，顺应自然，合理利用坝子，就建筑材料、风格、样式、体量，结合向阳背风理水依山就势、循规蹈矩拐弯抹角七拱八翘，形成远景近景，合理设置布局运用“六线”（红线，绿线、紫线、黄线、黑线，蓝线），与周围环境和谐、自在、圆满，“紫气东来”，“虽为人作，宛自天开”。

体量问题　山水环抱：根据城镇发展规模定性定位，合理划分功能，分区建设用地产业布局，建筑高度密度色彩、人口总量、城市规模等容量、体量，与山水田城，园林绿道融为一体，相映成趣、和谐共生，气象万千，“人丁发展”“六畜兴旺”。

镜像问题　自然山水：“天地堪舆”，城镇与自然山水互为依衬，山水交融，形成镜像、相辅相成的山水城市、大地景观与人类生存空间相得益彰的滇派园林环境生态系统。

2. 移步成景，转身成致，公园城市

浑然天成，移步成景：在云南置身于城市内，由于视觉、感觉，深远、层次、大小不同，前后左右每每平行垂直，移动步伐都自成景观，楚楚动人，美不胜收，宛自天开。

流莎梦幻，转身成致：置身于城市中，每每向左、向右、向后转身，都出现不同方位的美丽景观，美轮美奂，犹如梦境。

天开文运，公园城镇：坐视观天，天人合一，和而大同，俯瞰云岭，彩云山水，四季气候变幻，四时阳光映衬，犹如天公作美，异彩豁达，景致纷呈，好运连城，城在绿中、绿在城中，美不胜收。

三、造园的发展路径和方向

作为新兴理念发展起来的滇派园林，体弱力小、幼稚柔嫩，需要大力发展，尤其需要政府扶持、社会关注，在遵循自然、经济发展规律的发展路上，任重道远，没有捷径可走。

（一）理念确立，创园与书画诗词戏曲文学关联

中国优秀的书画诗词戏曲文学是滇派园林发展的基石，确立滇派园林发展理念，是其发展方向的基础，相辅相成，共同发展。滇派园林与各类文化现象的依存关系和发展还须进一步追根溯源。

（二）名胜园林是滇派园林重要组成部分

由于大锡开采，经济发展，借助滇越铁路、马帮文化、红河文化、“四洞一山”（云南建水燕子洞、泸西阿庐古洞、弥勒白龙洞、开远南洞）喀斯特地貌、土司文化、陶瓷文化（建水紫陶，中国四大名陶之一，建水紫陶甲天下）发展，加之中原文化与边地少数民族文化融合，以及欧美、海洋文化影响（与海洋国家越南毗邻，美国、法国等国均对越南曾经有重大影响），哀牢山、牛栏山、红河山川活化而形成红河园林文化特色，同时也是发展滇派园林的重要养分。经济是铸就滇派园林辉煌的重要物质基础。

（三）红河州作为云南滇南中心城市群的优势

近年来，云南滇南中心城市群的个旧、开远、蒙自、建水、弥勒，经济增速有所放缓，主要原因是个旧市锡冶金矿源枯竭，开远、建水建材化工企业升级换代与市场脱节等原因。目前依托蒙自经济开发区，引进了一些欧美产品、高附加值企业，为本城市群发展成为云南省副中心城市群提供坚实条件，打下强势的基础，随着总部型经济高质量发展，滇派园林也将进入发展的快车道。

（四）盆景是微缩的滇派园林

滇派园林是流动的诗。盆景分为可移动的和不可移动的，前者如通海等地各类盆景、丽江家植兰草、大理社会盆栽茶花，后者如各民族各地区的寺观、景观大树等。当盆景进入城市，先前的栽培技术将成为城市绿化成功的先决条件，也是构建滇派园林的重要手段。

（五）滇派园林发展之气度

发展滇派园林需要大格局、大产业、大发展，兼容并蓄，不抛弃、不忘记、不离去，利用多种宣传手段，制造各类氛围，注入各种文化，培育各类人才，狠抓以公路交通、航空业等为主的物流交通运输业，以利益为基础联合闯市场。

（六）认证—认可层次—认可度

滇派园林需要精英，需要怪才，需要专家，同时需要社会认可、行业认可、同行评议、第三方评估，也需要市场检验，取得良好的生态、社会、经济效益，占GDP一定比重，成为经济部门，方可得到政府重视，实现高质量跨越式迅猛发展。

（七）提倡模糊评述

鉴于当前滇派园林处于发展阶段的实际，宣传手段、尺度把握都要求一定度量，把控量级、客观、公正、真实、公平，模糊评价、述评，营造滇派园林发展的宽松环境。

（八）社会精英推动滇派园林应用于私宅、庭院、企业集团

政界、商界、学界精英，对推动滇派园林发展具有重要作用，先富起来人士、重要商贾、上市企业集团是应用滇派园林建造私宅、庭院、单位绿化的重要力量，宣传、挖掘、团结这部分力量对于发展滇派园林具有历史的、深远的、持续积极的作用。

参考文献

[1]全球TMT.伟达公关推出联合国COP15大会专项战略传播与公共事务服务生物多样性_网易订阅（163.com）.

[2]梁辉，杨桂英.发展滇派园林的对策及措施[J].人力资源管理（学术版），2009：209，211.

[3]梁辉，曹继红.滇派园林的发展形势与任务研究[J].安徽农业科学，2012：227-229.

[4]梁辉.滇派园林的特色解析[J].安徽农业科学，2009：472-473.

[5]梁辉.我国西南地区保护秀美山川构建山水园林城市的路径及措施[J].滇派园林，2015（1）：21-22.

[6]梁辉.践行发展新理念 建设绿色生态红河[J].中国绿色画报，2017（06）：8-11.

[7]梁辉，杨桂英.元阳建设现代化“绿色”城市的发展方向及对策[J].安徽农业科学，2009：480-482.

[8]梁辉，杨桂英.红河州风景名胜产业化发展问题及措施建议[J].城乡建设，1999：32-33.

[9]梁辉，杨桂英.节能环保型风景园林建设的意义、策略与方向[J].建筑经济，2009：102-103.

[10]卢唯，曹继红，冯莉莉.红河哈尼族彝族自治州城市湿地建设保护研究[J].安徽农业科学，2010：334-336.

[11]梁辉，杨桂英.现代风景园林科学的学科建设[J].中国园林，1998：19-20.

[12]梁辉.云南省红河州的屋顶绿化特色[J].绿色建筑，2010：46-47+51.

[13]梁辉.我国西部边境城镇防灾避险绿地建设浅析：以云南省红河哈尼族彝族自治州城市绿地系统为例[J].安徽农业科学杂志，2009：13331-13332，13335.

[14]梁辉.区域农业产业化发展问题研究：以云南省泸西县逸圃乡为例[J].安徽农业科学杂志，2009：9156-9157，9191.

[15]梁辉.确保董棕产业化地位的对策及措施[J].热带林业，2009：19-20.

[16]梁辉，杨桂英.地被草坪的栽培管理[J].云南农业，1999：9.

[17]云南省林业和草原局.红河州有了自己的“州树”“州花”_云南省林业和草原局（yn.gov.cn）.

[18]我国西南铁路大动脉：南昆铁路正式通车.中国铁建股份有限公司[引用日期2019-05-18].

[19]广西壮族自治区地方志编纂委员会编.广西通志·铁路志（1991—2005）[M].南宁：广西人民出版社，2016：36-41.

第五节　滇派园林传承与创新发展的实践

滇派园林的传承与创新发展，既要充分发挥云南省风景园林行业协会的桥梁纽带作用和加大宣传普及工作，营造良好的社会氛围；又要加强法规政策和技术标准建设，提供法规保障和标准支撑；还要加强多层次人才培养及理论研究、应用研究、开发研究和运营研究，提供人才保证和理论指导；更要广大园林企业加强沟通交流、相互协同，凝心聚力、合作共赢，固本培元、守正创新，攻坚克难、砥砺奋进，高质量地传承、创新发展滇派园林。

从以下一些企业的实践介绍中，可以获得启迪和激励。

一、昆明市滇派园林设计院

园林显特色，设计是灵魂。专家学者、行业精英、工匠企业等为更好地传承和创新发展滇派园林，通过云南省风景园林行业协会与民政部门沟通，批准成立不以营利为目的的社会服务机构——昆明市滇派园林设计院，崔茂善出任院长并把握方向，接受中共云南省风景园林行业协会支部和云南省风景园林行业协会指导，被誉为滇派园林导航舰。

根据民办非企业单位管理规定，已组建专家领衔的研究室、工匠领衔的传习馆、设计师领衔的设计所，一方面为风景园林行业培养滇派园林人才，另一方面为滇派园林全方位的社会需求提供服务。滇派园林研究成果的应用转化、组织对外合作与交流活动、肩负建立展馆、研学基地、博览园的带头作用。先后加入到本设计院的骨干力量，有风景园林专项设计甲级资质六家和乙级资质十余家，有设计师和工匠百余人，有施工企业、花卉苗木企业及辅材企业数十家。本院为云南省内多地的美丽城市、美丽县城、美丽乡镇、美丽村寨、美丽家园、美丽公路、美丽田园规划设计或咨询指导，最终为建设美丽云南而全力以赴。

应山东、广西、陕西、贵州以及越南和老挝当地政府或企业之邀，滇派园林设计院最先介入服务工作，真正发挥导航功能。

设计的北京园博园项目

设计的酒店景观

设计的别墅景观

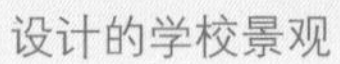

设计的学校景观

设计的农业观光景观

设计的办公区景观

设计的文化广场景观

二、云南高夫——滇派园林护卫旗舰

高夫企业包括云南高夫生态园林实业发展有限公司和云南高夫园林规划设计监理有限公司等。

别墅区项目

作为云南省风景园林行业协会会长单位的云南高夫生态园林实业发展有限公司和作为昆明市园林设计协会会长单位的云南高夫园林规划设计监理有限公司，一是积极倡导滇派园林，定期、不定期地组织不同层次、不同范围的交流活动，不断普及滇派园林的思想；二是主动引领滇派园林，先后赞助了2008年、2012年、2015年“滇派园林高峰论坛”等系列活动；三是扎实践行滇派园林。以龙都、保山320国道、太徐公园、保山三馆、腾冲热海路、腾冲四馆、卢西阿庐古洞公园、开远59医院、昆明43医院、昆明市世博园等项目作为滇派园林园林绿化的代表项目；以大保高速、砍单高速、平锁高速等项目作为滇派园林高速公路生态防护代表项目；以宣威美奂山公园、临沧工业1园区、楚雄军分

广场项目

公园项目

区、宜良城区绿化、王溪城区绿化、曲靖城区绿化、大理环湖绿带、昆明环湖东路、昆明耳季路等项目作为设计项目的代表；以昆百大野鸭潮万亩别墅群、世博生态城私家别墅、印象首日封别墅绿化等项目作为滇派园林高端项目的代表，高质量地践行着传承与创新发展滇派园林。

公园项目

住宅区项目

三、昆明统一生物科技有限公司

作为昆明市级重点农业龙头企业、高新技术企业、云南省科技型中小企业和科技型创新型试点企业，一是与日本、马来西亚、越南、新加坡、斯里兰卡等国家和地区保持长期合作关系，从世界各地引进最新蝴蝶兰、大花蕙兰、香草植物的品种到昆明进行种植，并繁殖、培育适合世界各地摆放的蝴蝶兰新品种，不仅持续地为滇派园林的室内花卉摆设增添光彩，而且推进滇派园林走向世界；二是与云南农业大学建立了蝴蝶兰新品种研发与永生花技术研发合作平台，进行新产品开发及新技术、新工艺、新设备的推广与应用，形成相应的科技成果转化，促进了滇派园林的应用研究和开发研究；三是建立智慧农业系统，对种植基地、订单管理、物料管理、库存管理等进行全程监控和数据化管理，促进滇派园林智慧化水平的提升；四是采用“公司+农户+基地”运营模式，与农户签订蝴蝶兰、大花蕙兰等种植协议，将分散的农户组织起来，实现了生产加工销售的集约化、专业化、组织化经营，促进乡村振兴和滇派园林的普及；五是发挥优势，积极参与滇派园林的展示、宣传和普及等工作，例如：在联合国《生物多样性公约》第十五次缔约方大会（COP15）在昆明召开之际，呈现了“云台花立方”作品。

项目名称：云台花立方

设计主题： 文化多样性共鸣之声

设计理念： 生物多样性是人类赖以生存和发展的基础，是地球生命共同体的血脉和根基。对广大市民展示、普及推广“生物多样性共舞之美、文化多样性共鸣之声”，展现可持续未来人居生活环境与生态美学。

效果展现：

云台花立方全景

云台花立方夜景

云台花立方近景

云台花立方透视景

云台花立方侧景

云台花立方局部

四、云南瑞丰生态环境建设有限公司

作为拥有市政工程总承包叁级、房屋建设总承包叁级、公路工程总承包叁级、水利水电工程总承包叁级、环保工程专业承包叁级等资质的企业，依托自身优势，紧密融合生态农业、生态环保、美丽乡村、民俗民化，深度研究人居环境，密切关注新农村建设与城镇化建设以及乡村振兴项目。打造人与自然和谐的优美环境，融人文景色和自然风光于一体，使历史文化与现代文明交相辉映，建传统与现代交流互融的幸福家园，做全球最具核心竞争力的美丽中国建设者，从市政工程、建筑装饰、石漠化治理、荒山治理、水土保持、节水灌溉、园林绿化以及花卉草坪、苗木中药材的种植、培育和销售的角度，传承与创新发展滇派园林。

主要项目：昆明市寻甸县2011年国家农业综合开发3200亩泡核桃名优经济林示范基地建设项目，昆河公路与石林生态工业集中区之间绿化带建设项目，2012年、2013年、2014年石漠化综合治理建设项目（林业项目、水利项目），松华坝水库水源保护区水环境综合整治二级区农田面源污染控制工程项目，东川区2016—2018年农村公路绿化项目，泸西县城子古村特色小镇提升改造项目，昆明市盘龙区人民武装部整体搬迁新建项目（军事设施建设工程）绿化工程施工项目，宜良县柴石滩水库大兑村片区水土保持综合治理项目，锦湖湿地公园管护服务项目，云南省2013—2017年城市棚户区改造省级统贷项目（六期）嵩明县长松园片区景观绿化工程，总厂绿化分期补充种植项目，丰源路市容景观提升改造工程等。

私家花园项目

公园建设项目

边坡绿化项目

湿地公园项目

五、云南神彩农业发展有限公司

公司以“树滇派园林品牌、扬植物王国美誉”为愿景，从培育、运营滇派园林苗木的角度，传承与创新发展滇派园林。应用寻甸陡箐核桃基地、会泽娜姑苗木基地、神彩花千谷（盘龙区农林科技示范园）、小哨苗木基地、寻甸长冲苗木基地、石林乡土大树移栽基地和东川木树朗苗木基地七大基地3000余亩的土地，培育特色苗木，推广新型苗木产业以及林下生态经济种植养殖、名贵中药材种植及销售，特别是以培育滇派园林特色的桃花系列、梅花系列、海棠花系列、紫薇系列、樱花系列、风铃木系列、大树杨梅以及乡土苗木为主，林下种植有滇重楼、紫花白及、油用牡丹、附子、射干、桔梗等。

小哨基地苗木

神彩花千谷基地苗木

石林基地苗木

寻甸长冲基地苗木

六、云南九泰建设科技有限公司

作为集研发、设计、制造、施工为一体的具备土建、钢结构、装饰装修等二级总承包资质的科技型建筑企业，在传承与创新发展滇派园林的实践中，一是发挥团队专注于装配式建筑领域十多年，有丰富的实践经验和创新理念，在乡村振兴建设、住宅别墅、旅游度假、智慧康养、城市建筑体等领域中有独特的技术优势，从完整建筑产业链角度，为客户提供抗震、绿色、节能、低碳的综合房屋解决方案；二是建筑与园林有机结合，形成质优价廉、安全美观的整体效果；三是除了国内项目外，还将滇派园林的理念和行动带到柬埔寨、老挝、金三角、缅甸等国家和地区。

七、昆明钻宸园林绿化工程有限公司

公司作为从事园林绿化、室内外装饰、土方工程以及销售各种肥料的综合型企业，旗下企业包括云南省会泽县钻宸科技农业有限公司和云天化智能化肥微工厂等。在多年传承与创新发展滇派园林的实践中，一是除了室外的园林绿化外，注重把室内的花艺布置与装修装饰和防腐有机结合，给客户综合性的解决方案；二是全力组织创新，根据客户的具体需求以及现场环境状况，制订因地制宜、满足需求的针对性服务方案；三是注重先进设备的购买和推广使用，极大地提升工作效应；四是突出信息化、网络化、智慧化建设，不断提高服务效率；五是从专业咨询、可行性研究、项目施工、养护管理等方面给客户提供全方位、全流程的服务。

公司形象宣传

公司苗木基地

别墅区景观

道路景观

别墅区的设计项目

八、云南滇派园林集团有限公司

集团以“滇派园林”命名，旨在以传承与创新发展滇派园林为使命，组建滇派园林的航空母舰，全方位、系统化、网络化地推进滇派园林的传承与创新发展。一是规划设计企业，发挥引领、灵魂作用。二是施工企业进行高效、安全、优质、低耗施工，通过实施昆明、普洱、红河、玉溪、大理、昭通等地的城市道路、公园等工程施工，建造了一批滇派园林特色景观，起到了较好的示范作用。三是养护企业进行科学养护。四是苗木企业，培育滇润楠、滇楸、滇丁香、滇朴、云南樱花、云南杜鹃、云南山茶等云南特有苗木产业化，为云南本地用苗和云南苗木服务周边各地奠定基础。五是咨询服务企业，提供从项目科研、规划设计、项目施工、后期养护等全产业链的服务。六是发挥大企业优势，给政府提出众多合理化建议，促进政府宏观调控和出台相关政策，推进滇派园林的传承与创新发展。

紫陶瓶

澜沧县体育馆足球场草坪

临沧三角梅园艺园

云南师大附中新校区绿化

昆明市部分城区大树移植

后 记

滇派园林作为在云南特有的自然环境和人文环境孕育下所形成并不断发展的园林流派，具有了上千年的历史。在新时代的背景下，为满足人民大众对美好环境的需要及传承与创新发展滇派园林的需求，尤其是COP15在昆明召开之际，编辑滇派园林专著迫在眉睫、势在必行。

《滇派园林——美丽云南的文化景观》是众多专家学者等编撰人员智慧的结晶。既有中国科学院昆明植物研究所、云南大学、昆明理工大学、西南林业大学、云南农业大学、云南师范大学、云南民族大学、昆明学院、云南省林业和草原科学研究院、昆明城市管理局、中国科学院西双版纳热带植物园、昆明市滇派园林设计院等单位的专家学者共同编撰，又有行业行政主管管理部门、交通部、国有企业和知名民企的专家学者参与编撰，还有技艺精湛的工匠参与撰稿。同时，这也是云南省风景园林行业协会凝心聚力的成果。此外，云南省专家协会、云南省植物学会、云南省风景名胜区协会、昆明传统文化促进会给予了大量支持配合。

因篇幅原因，张学文高级园艺师、梁辉正高级工程师、陈兴荣高级工程师、杨利德师傅和徐国富师傅等许多人士的文稿、方案、项目、作品和精美图片未能入编本书，实属遗憾！王仲朗研究员、陈吉岳研究员、杨宇明教授、陈学平研究员、李慧峰教授和石明老师等人用心准备的大量精美图片被痛舍！并因编撰时间紧，本书难免存在不足，恳请读者给予指正，以便再版时修订。如发现问题或提出意见建议，请联系云南省风景园林行业协会，可通过协会公众号或电话（0871-65018939）联系。

在本书编辑出版过程中，得到社会各界以及园林行业内部众多人士的关心帮助，在此深表谢意！

本书编委会

2021年9月27日

滇派园林之歌

1=C4/4　　　　　　　　　　　　　　　　　　　　　　　　（词：崔茂善）

（1=120）稍快　豪迈　　　　　（齐唱　合唱）　　　　　（曲：王志达）

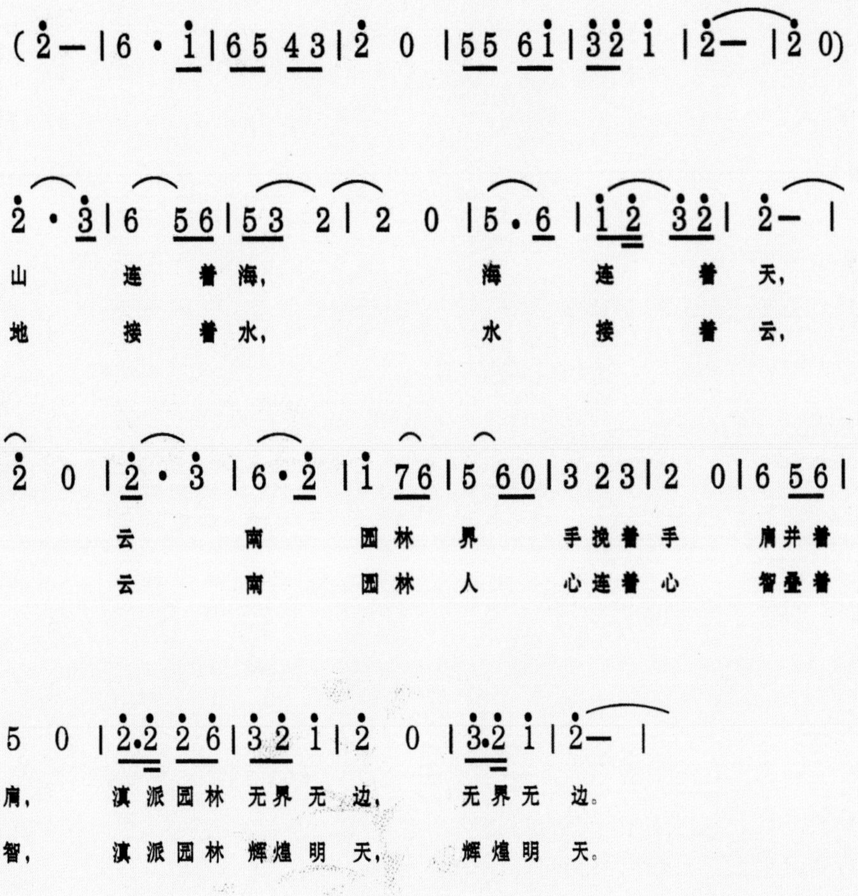

(2 — | 6 · 1 | 65 43 | 2 0 | 55 61 | 32 1 | 2 — | 2 0)

2 · 3 | 6 56 | 53 2 | 2 0 | 5 · 6 | 12 32 | 2 — |

山　连　着海，　海　连　着　天，

地　接　着水，　水　接　着　云，

2 0 | 2 · 3 | 6 · 2 | 1 76 | 5 60 | 3 23 | 2 0 | 6 56 |

云　南　园林界　手挽着手　肩并着

云　南　园林人　心连着心　智叠着

5 0 | 2·2 26 | 32 1 | 2 0 | 3·2 1 | 2 — |

肩，　滇派园林无界无边，　无界无边。

智，　滇派园林辉煌明天，　辉煌明天。